KB068976

통계학원론

김동욱

박영사

머리말

　　사회구조가 복잡해짐에 따라 축적된 자료가 방대하고 다양해지며 이에 따라 통계처리 및 분석의 필요성은 더욱더 가중되고 있다. 통계학의 기본개념 및 이론과 통계적 로직을 설명하기 위해 1999년부터 강의해온 강의록을 모아 출간한다. 통계학을 실질적으로 처음 공부하는 학부 학생들에게 전달하려는 수준과 학생들이 습득해야 하는 수준의 균형점을 찾기 위해 고민하면서 강의록을 매년 업데이트하여 왔다.

　　본서는 총 11장으로 구성되어 있다. 1장 서론에서는 통계학이 적용될 수 있는 실질적인 문제를, 2장 자료의 기술에서는 기술통계량 및 그 성격을, 3장 확률에서는 확률에 대한 개념, 사상의 독립 및 확률의 계산 법칙을 설명하였다. 4장 확률변수에서는 확률변수의 개념, 이산형·연속형 확률변수 및 확률분포 등을 설명하여 5장 확률분포에서 다루는 여러 확률분포의 특성과 적용사례와 연결되도록 하였다. 6장 이변량 확률변수에서는 이전의 일변량 확률분포와 그 분포의 특징을 확장하여 이변량 확률변수, 이변량 확률분포의 특징 및 확률변수의 독립과 조건부 분포를 다루었다. 6장까지의 연역적 추론과 8장 이후의 귀납적 추론의 연결고리인 7장 표본분포에서는 통계적 추론을 위한 기본적인 확률 및 분포 이론과 모집단 추론의 접점으로 표본분포의 개념 및 활용을 설명하였다. 8장 점추정은 점추정량, 점추정량이 갖추어야 할 성격, 그리고 점추정 방법을, 9장 신뢰구간에서는 신뢰구간의 개념과 여러 가지 구간추정 방법 및 표본크기 결정 등을 기술하였다. 10장 가설검정은 가설검정의 기본 개념 및 이론과 함께 9장의 신뢰구간 방법들이 가설검정 방법과 연결되도록 여러 검정방법들을 기술하였다. 11장 범주형 자료분석은 지금까지 다뤄온 양적 자료 분석 대신 질적 또는 범주형 자료로 확장하여 범주형 자료의 중요성 및 범주형 자료 기본개념을 설명한 후 적합도 검정과 독립성 검정을 소개하였다.

　　각 장마다 많은 예제를 통해 학생들의 개념적 이해와 실질적 적용능력을 향상시키도록 하였으며 예제의 결과와 함께 통계패키지인 SAS와 R의 실행프로그램과 출력결과를 제공하여 실질적인 자료분석 능력 배양을 기대하였다. 그리고 각 장마다 연습문제를 제공하여 실제 문제를 해결할 수 있는 능력을 갖추도록 하였다. 본서는 한 학기의 강좌에 적합하도록 편성되었으며, 추가적인 통계자료 분석방법은 개정판에 포함시키려고 한다.

이 책이 나오기까지 도와준 많은 분들께 감사한다. 원고 검토, 연습문제 해답정리 그리고 교정 등 많은 도움을 준 이준석 박사, 최재혁 박사, 임찬수 박사, 안치경, 남진현 박사, 문병준, 현수영, 박찬에게 감사의 마음을 전한다. 또한 본서의 출판을 위해 많은 도움을 준 박영사에게도 감사한다.

2015년 2월
저자 김동욱

차 례

제3장 | 확　률

제4장 | 확률변수

제 9 장 | 구간추정

제10장 | 가설검정

제11장 | 범주형 자료분석

부 록

제 1 장

서 론

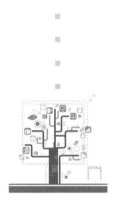

제 1 장   서   론

1.1 통계학이란?

통계학은 관심 또는 연구대상이 되는 집단(모집단)의 특성을 파악하기 위해 모집단으로부터 일부의 자료(표본)를 수집, 정리, 요약, 분석하여 표본의 특성을 파악하고 이를 이용하여 모집단의 특성에 대해 추론하는 원리와 방법을 제공하는 학문이다.

통계학은 일차적으로 기술통계학과 추론통계학으로 구분할 수 있다. 하지만 자료를 분석하는 경우에는 두 분야를 따로 구분하지 않는다. 분석 단계에서 기술통계를 먼저 이용한 후 추론통계를 사용하는 것이 일반적이기 때문이다.

> [정의 1.1]
>
> ● **기술 통계학**(descriptive statistics)은 수집된 자료의 특성을 쉽게 파악할 수 있도록 자료를 표나 그림 또는 특성값 등을 통하여 정리, 요약하는 방법을 다루는 분야이다.
>
> ● **추론 통계학**(inferential statistics)은 모집단으로부터 추출된 표본의 정보를 사용하여 모집단의 특성을 파악하는 분야이다.

복지나 국방에 대한 국가 보고서, 분기 이익에 대한 기업 보고서, 야구 또는 골프 선수들의 기록 등을 자주 보았을 것이다. 이처럼 우리는 여러 종류의 주제에 대한 자료와 그래프의 홍수 속에 살고 있다. 대부분의 사람들은 통계학의 기본이 자료요약이라고 생각하지만 이보다 더 중요한 것이 있다. 그것은 관찰되는 사실을 통해 특정한 문제에 대해 과학적으로 결론을 내릴 수 있는 추론통계학이다. 다시 말해 추론통계학은 수집된 자료를 이용하여 사회현상에 대한 주요한 결론을 도출을 할 수 있다.

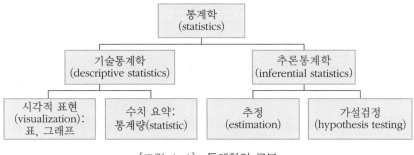

[그림 1-1] 통계학의 구분

추론통계학이 어떻게 사용되는지 몇 가지 예제를 통해 알아보자. 한 연구자가 특정 교차로의 교통량을 연구하고자 한다면 출퇴근 시간, 주중 또는 주말 등 대표적인 시간대에 교통흐름을 관찰해야 한다. 그리고 시간당 교차로를 지나는 교통량의 평균을 파악해야 한다. 이 연구에서는 실제 관찰이 매우 중요하지만 시간 간격이 넓기 때문에 관찰만으로는 교통량을 확인할 수 없다. 대신 관찰 결과를 통해 실제 교통량에 대한 추정으로 해결해야 한다. 또 다른 예로 품질관리 연구자가 특정 생산품에 대해 생산 과정에서 주기적으로 표본을 추출하여 불량 여부에 대한 조사를 실시한다고 하면 추정된 불량률은 생산 과정을 수정해야 하는지를 결정하는데 좋은 정보를 제공한다. 검정 예제로 어떤 제약회사가 특정 암치료에 사용되는 신약을 개발하려는 경우 임상시험을 실시하여 기존 약을 사용하는 대조군과 시험약물을 사용하는 시험군 각각에서 임상시험 참여자의 생존시간을 측정하고 두 군 간에 생존시간의 차이가 있는지를 가설검정 절차를 통하여 결론을 도출하게 된다.

예제를 통해 살펴본 대로 추론통계학은 다양한 주제에 대해 여러 방법이 사용되고 있다. 통계학에서는 자료에 대한 기술통계 계산이나 그래프 표시 등 자료의 기술도 중요하지만 모수 추정이나 가설검정을 통하여 모집단에 대해 추론하는 추론통계학이 더 중요하다. 추론통계학의 과정이 현대통계학과 이 책의 가장 주요한 주제이다.

통계학을 방법론적인 측면에서 살펴보면 연역적 방법(deduction)과 귀납적 방법(induction)으로 구분된다. 연역적 방법이란 모집단에 관한 정보를 이용하여 모집단으로부터 추출된 표본의 특성을 파악하는 방법을 말하며 귀납적 방법이란 반대로 표본의 정보를 이용하여 모집단의 특성을 파악하는 방법이다. 예를 들어 라디오 공장에서 생산되는 라디오의 불량률이 5%라는 것을 알고 있다고 가정하자. 이 공장에서 생산되는 라디오 중에서 표본을 추출하여 라디오의 불량률을 조사한다면, 그 불량률은 5%에 가까울 것이다. 이러한 경우를 연역적 방법에 의한 추론이라 한다. 반대로 전체 생산품 중 표본을 추출하여 불량률을 조사한 경우 불량률이 5%이었다면 마찬가지로 우리는 그 공장에서 생산되는 전체 라디오의 불량률이 5%에 가까울 것이라고 생각할 수 있을 것이다. 이러한 경우를 귀납적 방법에 의한 추론이라 하고 추론통계학의 기본방법이다. 현대통계학에서 주로 관심을 갖는 방법은 귀납적 방법이다.

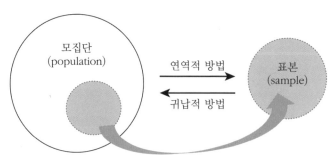

[그림 1-2] 연역적 방법과 귀납적 방법

1.2 통계학의 실질적인 문제

통계학은 어떻게 적용되는가? 통계학이 실증적인 문제들을 해결하는데 어떻게 도움을 줄 수 있는가? 이 문제에 대한 답을 내리기 전에 몇 가지 실제적인 예제를 통해 이를 확인해 보자.

선거의 결과를 예측하기 위해 조사원들은 사전에 결정된 수만큼 표본을 추출하여 그들의 의식을 조사하고 성향을 기록한다. 그 후 귀납적 방법을 통하여 이러한 정보를 바탕으로 국민 전체의 특성을 파악하여 선거결과를 예측할 수 있다. 이와 유사한 방법들은 다른 분야에서도 이용된다. 예를 들어 시장조사분야에서 각 브랜드의 담배를 선호하는 흡연자들의 비율 추정, 사회학분야에서 어떤 지역의 선거 투표율 추정, 산업분야에서 구매된 물건들과 생산된 물건들 간 불량률 차이의 추정 등은 모두 표본조사를 통해 정보를 획득하여 모집단 전체의 특성을 파악할 수 있다.

다른 예제로 초·중·고 학생들의 평균 연간 사교육비를 추정하기 위해 모집단에서 무작위 추출된 학생들을 대상으로 연간 사교육비를 조사하는 경우를 생각하자. 이때 사교육비는 학생들의 거주지역, 학교급 또는 학년 등 여러 요인에 따라서 차이가 있을 수 있으며 각 요인별 변화에 따른 연간 사교육비 예측에 관심을 가질 수 있다. 이를 위해 학생들의 사교육비와 해당 지역, 가구소득, 학교급 그리고 학년 등에 대한 여러 요인들의 정보를 같이 조사함으로써 관찰된 요인들과 초·중·고 학생의 연간 사교육비에 관련된 통계적 예측 모형을 구축할 수 있다.

통계학은 단순히 특성값을 예상하는 것에 그치는 것이 아니라 관찰된 자료를 바탕으로 가설검정의 절차를 통하여 의사결정을 하는 학문이다. 예를 들어 새로운 독감 백신의 유효성 여부를 결정하는 문제를 생각해 보자. 100명의 임상시험 참여자들에게 새로운 백신을 접종하였고 일정기간동안 그 사람들을 관찰하여 100명 중에 80명이 독감에 걸리지 않았다고 하면 이 자료를 토대로 백신의 유효성 여부에 대한 결정을 통계적으로 내릴 수 있다. 교육학 예로 학업능력이 비슷한 두 집단의 학생들에게 어떠한 주제에 대해 두 가지 다른 교수법으로 강의할 경우 강의종료 후 각각의 집단에 대해 성취도를 측정하여 하나의 교수법이 다른 교수법보다 학업성취도가 더 높은지 통계적으로 검정할 수 있다.

또 다른 예로 제조공장에서 구매한 물품의 표본조사를 생각해보자. 구매한 물품들은 각 로트 단위로 수용하거나 반품을 해야 한다면 각 로트로부터 10개의 물품들을 무작위로 추출하여 불량품의 개수를 파악한다고 하자. 이러한 방법으로 검사를 하여 각 로트 내의 불량품의 개수를 근거로 각 로트들의 수용 여부를 결정 할 수 있다.

1.3 모집단과 표본

1.1과 1.2절에서는 추론통계학의 기본적인 개념에 대해 살펴보았다. 1.3절에서는 통계학의 또 다른 개념들을 살펴보자. 통계학의 적용은 관심 있는 모집단의 규정에서부터 시작된다.

[정의 1.2] **모집단**

연구대상이 되는 모든 가능한 관측값이나 측정값의 전체 집합을 **모집단**(population)이라고 한다.

예를 들어 A공장 생산품에 대한 신뢰도에 관한 연구라면 모집단은 A공장에 의해 생산된 모든 제품으로 규정되며 운송 상의 제품의 품질관리에 대한 연구라면 모든 운송 상의 각 항목에 대한 제품 전체로 규정된다. 모집단의 특성을 나타내는 미지의 수를 **모수**(parameter)라고 하고 모평균(μ), 모표준편차(σ), 모비율(p) 등이 있다.

물론 모집단은 알려져 있지 않고 완전하게 구성되어 있지 않다. 예를 들어 A공장에 의해 생산된 모든 제품은 시간상 모두 검사할 수 없고 시간의 여유가 있다하더라도 검사하는 동안 제품이 판매되어 없기 때문에 모집단 전체에 대한 정보를 알아 볼 수 없다. 이런 경우에는 모집단의 일부를 추출하여 그 일부를 통해서 모집단의 특성을 파악하는 것이 보다 효율적이다. 즉, **실험**(experiment)을 통해 모집단을 대표할 수 있는 일부 집단을 추출하여 조사하면 이를 해결할 수 있다.

예를 들어 A공장 생산품에 대한 신뢰도 연구에서 이 공장에서 생산되는 제품 중 40개를 무작위로 추출한 후 불량품의 개수를 파악하여 불량률을 산출할 수 있다. 이 실험의 결과를 통하여 공장에서 생산되는 모든 제품의 불량률을 추론할 수 있다. 여기서 무작위로 추출된 40개의 제품과 같이 실험에 사용되는 모집단에서 추출된 일부 집단을 표본이라고 한다.

[정의 1.3] 표본

모집단 전체의 특성을 파악하기 위하여 모집단으로부터 추출된 일부분을 **표본**(sample)이라고 한다.

통계학의 목표는 모집단에 대한 추론이며 표본으로부터 얻은 정보를 이용하는 것이다. 표본은 추출방법에 따라서 약간의 차이가 존재하지만 일반적으로 모집단의 성질을 간직하고 있다고 가정한다. 따라서 모집단의 특성을 얼마나 잘 반영하고 있는지가 좋은 표본을 결정하는 기준이 된다. 표본의 특징을 나타내는 함수를 **통계량**(statistic)이라고 하고 표본평균($\overline{X}$), 표본표준편차(S), 표본비율($\hat{p}$) 등이 있다.

표본추출에서 중요한 것은 추출방법과 크기이다. 한 연구자가 특정 교차로의 교통량을 연구하고자 한다면 카메라 등 측정 장치에 의해 조사할 수 있고 조사원이 직접 관찰을 통해 조사할 수도 있다. 또한 어느 정도의 시간을 조사해야 신뢰할 만한 추정을 할 수 있는지 파악하는 것도 매우 중요하다.

공장 기술자가 특정 기계에 대한 강도를 연구하는 예를 생각하자. 이 연구는 기계 파괴를 통하여 강도에 관한 검사가 필요하지만 특정 기계는 가격이 매우 높다고 하자. 이 경우 기술자는 최소한의 표본으로 검사를 실시하고 싶을 것이다. 그러면 신뢰할 만한 결정을 하기 위해서 몇 개의 표본을 검사해야 할 것인가를 결정해야 한다. 환경연구자가 한 호수의 박테리아균을 추정하고자 한다면 반드시 표본을 통해 조사해야 하고 표본에서 박테리아의 배양균을 이용해야 한다. 이 조사에서는 각 표본의 물의 양은 얼마로 해야 하는지, 표본이 몇 개 필요할 것인지에 대한 결정을 내려야 한다. 또 다른 예제로 공장의 생산 공정에서 표본을 추출하여 불량률을 조사한다면 과연 시간간격을 어떻게 하여 표본을 추출해야 할 것인지에 대한 결정도 해야 한다.

한 농업연구자가 농작물의 생산에 대한 연구를 한다면 실험을 통해 최적의 조건을 결정해야 할 것이다. 예를 들어 온도, 기압, 강수량, 비료종류, 품종 등의 실험조건을 만들어야 하는데 모든 조건에 대해 실험할 수 없으므로 이를 합리적이며 과학적인 근거로 적절하게 조절해야 한다. 이러한 예제들은 표본추출의 중요성을 설명한다. 그리고 위의 예제들에 대한 정답은 통계학을 공부하면서 자연스럽게 알게 될 것이다.

제 2 장
자료의 기술

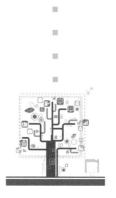

자료의 기술

수집한 자료를 정리하여 표나 그림으로 나타내면 자료가 가진 개략적인 분포의 특성을 쉽게 파악할 수 있다. 수집한 자료를 정리, 표현, 요약, 해석할 수 있는 기본적인 통계량을 기술통계량(descriptive statistic)이라 한다. 일반적으로 자료를 일일이 열거하기보다는 몇 가지 수식적인 통계량으로 자료를 요약해 나타내는 것이 더 효과적이다. 특히 둘 이상의 집단의 자료가 있을 때 각 집단의 특성을 적절한 기술통계량으로 요약하여 설명하면 여러 집단을 비교하기 쉬운 장점이 있다.

2.1 자료의 종류

2.1.1 범주형 자료

원칙적으로 숫자로 표현될 수 없는 자료를 집단화하여 나타낸 자료를 범주형 자료 (categorical data) 또는 질적 자료(qualitative data)라 하고 이는 명목형 자료(nominal data)와 순서형 자료(ordinal data)로 나뉜다. 명목형 자료는 분류만 하여 값을 부여한 자료로 순위가 없는 자료이다. 분석의 편의상 숫자로 값을 부여하기도 하는데, 예를 들어 성별 자료에서 남자는 1, 여자는 0을 부여하여 구분한다. 다른 예로 종교, 혈액형 등이 있다. 순서형 자료는 범주형 자료로 생성된 값이 순위(order)의 개념을 갖는 자료를 말한다. 예를 들어 대·중·소 등으로 순서 관계를 나타내는 자료로 평점, 선호도, 학력 등이 있다.

2.1.2 측정형 자료

각 관측 대상이 되는 자료에 측정 단위를 이용한 측정값이 부여되고 숫자의 크기가 의미를 갖는 자료를 측정형 자료(measurement data) 또는 양적 자료(quantitative data)라 한다. 자료 자체가 수를 나타내어 수치적 자료(numerical data)라고도 한다. 측정형 자료는 0 또는 양의 정수를 가지며 셀 수 있는(countable) 이산형 자료(discrete data)와 기준 및 단위에 의해 실수로 측정되는 연속형 자료(continuous data)로 나뉜다. 이산형 자료는 소수점 이하로는 사용이 불가능하며 항상 0을 포함한 양의 정수로 표현되는 것으로 가구의 가족 구성원 수, 가구의 자동차 보유 대수 등이 있다. 연속형 자료는 일정 구간 안에 있는 숫자로 측정되고 연속성을 띄며 무한개의 값을 가질 수 있는 자료로 실수상에서 임의의 값을 취한다. 측정값으로 소수점 이하를 표시할 수 있는 키, 몸무게, 혈압, 수학능력평가점수, 월급, 온도 등이 있다.

2.2 위치의 측도

자료를 도수분포표(frequency table)나 히스토그램(histogram)과 같은 도표를 이용하여 정리하면 자료들이 어느 위치에 가장 많이 모여 있는지 또는 전체적으로 어떠한 형태로 분포가 이루어져 있는지를 한 눈에 알아 볼 수 있다. 관찰된 자료들이 어느 위치에 집중되어 있는가를 나타내주는 측도를 위치(location) 측도라 하며 이를 자료의 대표값이라고 한다. 이런 위치 측도에는 평균, 중앙값, 최빈값, 사분위수, 백분위수 등이 있다.

2.2.1 평   균

흔히 산술평균으로 알려진 평균(mean)은 자료 전체를 합한 값을 자료의 전체 개수로 나누어 구한다. 평균을 구하는 과정은 주어진 자료가 모집단이나 표본이나 같지만 모집단의 평균은 그리스 문자 μ로 나타내며 표본의 평균은 $\bar{x}$로 나타낸다.

[정의 2.1] 분포에 있어서 **평균**은 모든 자료의 합을 자료의 개수로 나눈 것이다.
이것은 관찰값이 모두 동일한 가중값(1/자료개수)을 가진다는 의미이다.

N개로 구성된 모집단의 첫 번째 관찰값을 x_1, 두 번째를 x_2, ... , N번째를 x_N이라 할 때 모집단의 평균인 모평균(μ; population mean)을 구하는 공식은 다음과 같다.

$$\text{모평균: } \mu = \frac{x_1 + \cdots + x_N}{N} = \frac{1}{N}\sum_{i=1}^{N} x_i, \quad N : \text{모집단의 크기}$$

N개로 구성된 모집단에서 n개의 표본을 뽑았을 때 표본의 첫 번째 관찰값을 x_1, 두 번째를 x_2, $\cdots$, n번째를 x_n이라 할 때 표본의 평균인 표본평균($\bar{x}$; sample mean)을 구하는 공식은 다음과 같다.

$$\text{표본평균: } \bar{x} = \frac{x_1 + \cdots + x_n}{n} = \frac{1}{n}\sum_{i=1}^{n} x_i, \quad n: \text{표본크기}$$

2.2.2 중 앙 값

중앙값(median)이란 자료를 크기의 순서로 나열해 놓았을 때 위치적으로 중앙에 있는 값이다. 여기서 자료의 개수를 n이라 할 때 크기 순서대로 나열된 관찰값을 순서통계량 (order statistic)이라 하며, $x_{(1)}, x_{(2)}, \cdots, x_{(n)}$으로 표시한다. 여기서 $x_{(1)}$은 자료의 최소값 (minimum value)이고, $x_{(n)}$은 자료의 최대값(maximum value)이다.

[정의 2.2] n개의 순서통계량을 $x_{(1)}, x_{(2)}, \cdots, x_{(n)}$이라 하면,

$$\text{표본중앙값: } \tilde{x} = \begin{cases} x_{((n+1)/2)}, & n\text{이 홀수일 경우} \\[2mm] \dfrac{x_{(n/2)} + x_{(n/2+1)}}{2}, & n\text{이 짝수일 경우} \end{cases}$$

다음 두 가지 보기를 살펴보자.

보기 1 　n이 홀수일 때

관찰값의 개수가 홀수일 때는 크기 순서대로 나열했을 때, 바로 중앙에 있는 값이 중앙값이 된다. 다음 모집단을 살펴보자. 3, 5, 8, 10, 11인 모 집단의 중앙에 있는 관찰값 8이 중앙값이 된다.

보기 2 n이 짝수일 때

관찰값의 개수가 짝수일 때는 크기 순서대로 나열하여 중앙에 있는 두 개의 관찰값의 평균이 중앙값이 된다. 다음 모집단을 살펴보자. 3, 3, 4, 5, 7, 8인 모집단의 중앙에 있는 관찰값(4, 5)의 평균인 4.5가 중앙값이 된다.

자료를 수직선상에 표시할 때, 다른 관찰값과 동떨어져 있는 관찰값을 특이값(outlier)이라고 하고(특이값의 판정 기준은 다음 절에서 설명함) 특이값에 따라 크게 달라지지 않는 통계량을 "로버스트(robust)하다"라고 한다. 이러한 관점에서 생각해 보면, 중앙값은 단지 자료의 크기 순서에 의해 결정되므로 "로버스트하다"고 할 수 있다. 반면에 평균은 특이값에 민감하게 변화하는 특징이 있다. 따라서 특이값에 민감하지 않기를 원할 때는 평균보다는 중앙값을 대표값으로 사용하는 것이 좋다.

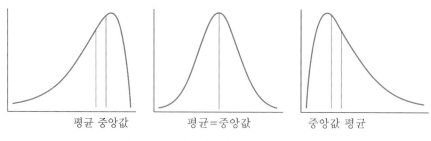

[그림 2-1] 평균과 중앙값의 비교

분포가 좌우 대칭이면 평균과 중앙값은 분포의 중심에 위치하게 된다. 만약 자료에 특이값들이 존재한다면 평균이 중앙값보다 더 영향을 받게 된다. 예를 들어 자료가 작은 특이값을 갖는다면 [그림 2-1]의 첫 번째 그림처럼 평균<중앙값을 갖는 분포의 형태를 갖는다. 반면 큰 특이값들을 갖는다면 중앙값<평균으로 [그림 2-1]의 세 번째 그림과 같은 분포를 가지게 된다. 자료의 특성상 평균은 특이값에 민감하고 중앙값은 특이값의 개수에 민감하다.

2.2.3 최 빈 값

발생 빈도(frequency)에 대한 대표값으로 가장 빈도가 높은 관찰값을 최빈값(mode)이라 하며, 도수분포표에서 빈도가 제일 큰 계급(class)을 최빈계급이라고 한다.

[정의 2.3] 자료 중에서 발생하는 도수가 가장 많은 값을 **최빈값**이라 한다.

최빈값은 쉽게 구할 수 있는 장점이 있으나 대표값으로는 부적절하다. 예를 들어, 모든 관측값들의 도수가 같다면 최빈값이 존재하지 않고, 가장 큰 도수를 가지는 값이 여러 개 있을 경우에는 최빈값이 여러 개가 된다.

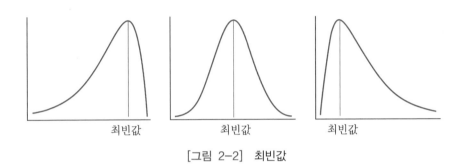

최빈값   최빈값   최빈값

[그림 2-2] 최빈값

2.2.4 백분위수

앞에서 설명한 중앙값은 자료를 크기 순서로 배열하여 자료를 두 개의 부분으로 나누었다. 자료는 필요에 따라 여러 개의 부분으로 나눌 수 있는데 자료를 100등분하는 수를 백분위수(percentile)라고 한다.

[정의 2.4] 크기순으로 배열한 자료를 100등분하는 수를 **백분위수**라고 하며 제$100p$ 백분위수란($0 \leq p \leq 1$) 자료를 크기순으로 배열하였을 때 $100p$%의 관찰값이 그 값보다 작거나 같고 $100(1-p)$%의 관찰값이 그 값보다 크거나 같게 되는 값이다.

중앙값은 50%의 관찰값이 그 값보다 작거나 같고 50%의 관찰값이 그 값보다 크거나 같으므로 제 50백분위수다.

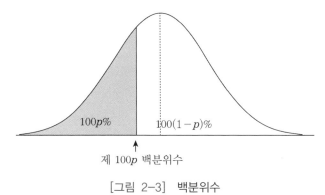

100p% 100(1-p)%

제 100p 백분위수

[그림 2-3] 백분위수

2.2.5 사분위수

자료의 관찰값을 작은 값부터 크기순으로 배열했을 때 전체 관찰값을 4등분하는 위치의 값을 사분위수(quartile)라고 한다. 사분위수는 쉽게 구할 수 있다는 장점이 있으나 대표값으로는 부적절하다. Q_1을 제1사분위수(first quartile; 25th percentile) 또는 하사분위수(lower quartile), Q_2를 제2사분위수(second quartile; 50th percentile) 또는 중앙값, Q_3를 제3사분위수(third quartile; 75th percentile) 또는 상사분위수(upper quartile)라 한다.

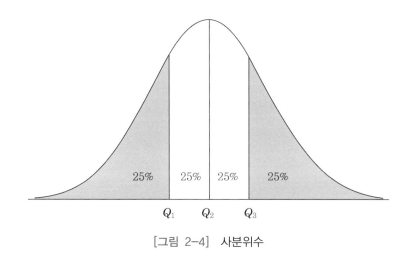

25% 25% 25% 25%

Q_1 Q_2 Q_3

[그림 2-4] 사분위수

사분위수를 계산하는 방법은 다음과 같다. 여기에서 n은 관찰값의 총 개수이다.

• 자료의 관찰값들이 크기순으로 배열되어 있을 때, 제1사분위수(Q_1)는 $0.25(n+1)$

번째 관찰값이고, 제3사분위수(Q_3)는 $0.75(n+1)$번째 관찰값이다. 제2사분위수 (Q_2)는 중앙값과 동일한 방법으로 구한다.

- $0.25(n+1)$와 $0.75(n+1)$의 값이 정수가 아닌 경우에는 인접한 두 개의 값을 이용하여 보간법으로 사분위수를 구한다. 다음은 여러 가지 보간법 중 한 가지 예이다.

  7.25번째 관찰값 : $x_{(7)} + 0.25 \times (x_{(8)} - x_{(7)})$

  7.75번째 관찰값 : $x_{(7)} + 0.75 \times (x_{(8)} - x_{(7)})$

예제 2-1 다음 자료는 A상품의 우유를 생산하는 60가구의 젖소 보유 수(단위: 마리)이다. 이 자료를 이용하여 평균, 중앙값, 사분위수를 구하라.

17	18	20	20	20	20	22	23	23	23	23	23
23	24	24	24	25	25	25	25	26	26	26	27
28	28	28	29	29	29	29	29	30	30	30	31
31	31	32	32	33	33	34	35	36	37	37	39
39	40	41	44	46	47	50	55	58	65	78	91

풀이
- 평균 : $\bar{x} = \dfrac{17+18+\cdots+78+91}{60} = 32.767$
- 중앙값 : 관찰값의 수가 60(짝수)이므로 중앙값은 30번째 관찰값(29)과 31번째 관찰값(29)의 평균인 29이다.
- 사분위수 : 제1사분위수와 제3사분위수의 위치가 정수가 아니다. 제1사분위수는 $0.25(n+1)$번째로 15.25번째 관찰값이므로 15번째와 16번째 관찰값 사이의 1/4에 위치하는 값이다. 제3사분위수는 $0.75(n+1)$번째로 45.75번째 관찰값이므로 45번째와 46번째 관찰값 사이의 3/4에 위치하는 값이다.
  - $Q_1 = 24 + 0.25(24-24) = 24$
  - $Q_2 = 29$
  - $Q_3 = 36 + 0.75(37-36) = 36.75$

[통계패키지 결과]
```
> summary(data)
   Min. 1st Qu.  Median    Mean 3rd Qu.    Max.
  17.00   24.00   29.00   32.77   36.25   91.00
```

위치측도	
평균	32.76667
중위수	29.00000
최빈값	23.00000

분위수	추정값
100% 최대값	91.0
99%	91.0
95%	61.5
90%	48.5
75% Q3	36.5
50% 중위수	29.0
25% Q1	24.0
10%	21.0
5%	20.0
1%	17.0
0% 최소값	17.0

Computer Programming 예제 2-1

```
# Using R
data=c(17,18,20,20,20,20,22,23,23,23,23,23,23,24,24,24,25,25,25,25,26,26,26,27,
        28,28,28,29,29,29,29,29,30,30,30,31,31,31,32,32,33,33,34,35,36,37,37,39,
        39,40,41,44,46,47,50,55,58,65,78,91)
summary(data)

# Using SAS
data data;
input cow @@;
datalines;
17 18 20 20 20 20 22 23 23 23 23 23 23 24 24 24 25 25 25 25 26 26 26 27
28 28 28 29 29 29 29 29 30 30 30 31 31 31 32 32 33 33 34 35 36 37 37 39
39 40 41 44 46 47 50 55 58 65 78 91
run;
proc univariate data=data; var cow; run;
```

2.3 산포의 측도

자료들이 퍼져 있는 정도를 나타내는 산포도(measure of variability)에는 분산과 표준편차, 범위, 사분위간 범위, 변동계수 및 왜도와 첨도 등이 있다.

2.3.1 분산과 표준편차

예를 들어 S대학의 두 학과 입학자들의 IQ의 평균이 110으로 동일하다면 이 두 학과는 지적능력 면에서 비슷하다고 할 수 있다. 그러나 첫 번째 학과에서는 IQ 100 이하의 학생이 한 사람도 없을 뿐만 아니라 120 이상의 학생들도 없는 반면, 두 번째 학과의 학생들의 IQ범위가 80부터 140까지라면 이 두 학과 사이에는 집중경향의 차이는 없으나 퍼져 있는 정도에서 큰 차이가 있다는 것을 알 수 있다. 첫 번째 학과의 학생들 IQ는 평균에 밀집되어 있어 동질적인 집단인 반면, 두 번째 학과의 학생들 IQ는 평균으로부터 많이 떨어져서 이질적인 집단이라는 사실을 알 수 있다.

> **[정의 2.5]** 분포에 있어서 **분산**은 자료의 변동(variation)의 평균이다. 여기서 변동이란 관찰값과 평균과의 차의 제곱이다. 분산은 관찰값이 평균으로부터 떨어져 있는 정도를 의미한다.

만약 모집단의 관찰값이 $x_1, x_2, \ldots, x_N$이라면, 모분산(σ^2; population variance)과 모표준편차(σ; population standard deviation)는 다음과 같다.

$$\text{모분산: } \sigma^2 = \frac{1}{N} \sum_{i=1}^{N} (x_i - \mu)^2$$

$$\text{모표준편차: } \sigma = \sqrt{\sigma^2}$$

만약 표본의 관찰값이 $x_1, x_2, \ldots, x_n$이라면, 표본분산(s^2; sample variance)과 표본표준편차(s; sample standard deviation)는 다음과 같다.

표본분산: $s^2 = \dfrac{1}{n-1}\displaystyle\sum_{i=1}^{n}(x_i - \overline{x})^2$

표본표준편차: $s = \sqrt{s^2}$

표본분산과 표본표준편차는 표본평균을 중심으로 각 자료들이 얼마나 떨어져 있는가를 측정하여 얼마나 떨어져 있는가를 하나의 값으로 표시한다. 참고로 표본분산식에서 $(x_i - \overline{x})$을 편차라고 하는데 편차합 $\displaystyle\sum_{i=1}^{n}(x_i - \overline{x})$은 항상 0이다. 또한 모분산과 다르게 표본분산에서 사용되는 $n-1$은 모분산의 추정과 관련된 값으로 자유도(degrees of freedom)라 한다. 그 의미는 변동을 계산하는 데 이용되는 독립된 정보의 수이다. 표본분산은 편차를 제곱한 값을 사용하기 때문에 표본분산의 단위는 자료의 단위를 제곱한 것과 같다. 따라서 자료와 같은 단위를 갖는 산포도를 나타내는 것으로 표본표준편차를 사용한다.

표본분산을 통계패키지를 이용하지 않고 수계산으로 구하는 경우 좀 더 간편한 공식을 이용하여 구할 수 있다. 이는 모든 관찰값을 합한 후 제곱한 값과 모든 관찰값의 제곱합을 이용한다.

[정리 2.1] n개의 관찰값을 $x_1, x_2, \ldots, x_n$이라 하고 표본평균을 $\overline{x}$라 하면,

$$s^2 = \frac{1}{n-1}\sum_{i=1}^{n}(x_i - \overline{x})^2 = \frac{1}{n-1}\left[\sum_{i=1}^{n}x_i^2 - \frac{\left(\displaystyle\sum_{i=1}^{n}x_i\right)^2}{n}\right]$$

증명 $\displaystyle\sum_{i=1}^{n}(x_i - \overline{x})^2 = \sum_{i=1}^{n}\left(x_i^2 - 2\overline{x}\,x_i + \overline{x}^2\right) = \sum_{i=1}^{n}x_i^2 - 2\overline{x}\sum_{i=1}^{n}x_i + \sum_{i=1}^{n}\overline{x}^2$

$\qquad\qquad = \displaystyle\sum_{i=1}^{n}x_i^2 - 2\overline{x}\,n\,\overline{x} + n\overline{x}^2 = \sum_{i=1}^{n}x_i^2 - n\overline{x}^2$

여기서 $\overline{x} = \displaystyle\sum_{i=1}^{n}x_i/n,\ n\overline{x}^2 = \left(\sum_{i=1}^{n}x_i\right)^2/n$이므로 $\displaystyle\sum_{i=1}^{n}(x_i - \overline{x})^2 = \sum_{i=1}^{n}x_i^2 - \frac{\left(\displaystyle\sum_{i=1}^{n}x_i\right)^2}{n}$ 이다.

표본분산에 대한 두 공식 모두 반올림에 민감할 수 있으므로 가능한 정확한 값을 중간 과정에서 사용해야 한다. 다음의 몇 가지 특성들은 표본분산에 대한 이해를 쉽게 하고 계산을 용이하게 할 수 있다.

> **[정리 2.2]** n개의 관찰값을 x_1, x_2, $\cdots$, x_n이라 하고 c를 0이 아닌 상수라고 하자.
>
> 1. $y_1 = x_1 + c$, $y_2 = x_2 + c$, ..., $y_n = x_n + c$ 이면 $s_y^2 = s_x^2$
> 2. $y_1 = cx_1$, ..., $y_n = cx_n$이면 $s_y^2 = c^2 s_x^2$, $s_y = |c| s_x$
>
> 여기서 s_x^2은 x들의 표본분산이고 s_y^2은 y들의 표본분산이다.

첫 번째 정리는 상수 c가 각각의 자료에 더해진다고(혹은 빼진다고) 해도 분산에는 변화가 없다는 것을 의미한다. c를 더하거나 빼는 것은 자료의 위치를 이동시킬 뿐 각 자료의 값들 간의 거리는 변하지 않기 때문에 분산에는 변화가 없다는 것을 직관적으로 알 수 있다. 두 번째 정리는 각 x_i에 c를 곱할 경우 원자료인 x_i의 표본분산 s_x^2에 c^2을 곱하는 것과 같음을 의미한다.

2.3.2 범위와 사분위간 범위

위치의 측도와 마찬가지로 산포의 측도에도 여러 가지가 있다. 가장 단순한 산포의 측도는 범위(range)이다.

> **[정의 2.6]** 범위 $= x_{(n)} - x_{(1)}$

범위 이외에도 사분위수(백분위수)를 이용하는 사분위간 범위(Interquartile Range; IQR)가 있다. 상사분위수(제3사분위수; 제75백분위수)와 하사분위수(제1사분위수; 제25백분위수) 사이의 거리를 사분위간 범위라 한다.

> **[정의 2.7]** 사분위간 범위(IQR) : $IQR = Q_3 - Q_1$

범위나 사분위간 범위는 두 관찰값의 차이만을 사용하기 때문에 많은 정보가 손실된다. 범위는 특이값이 존재하지 않는 경우 이용하기 편리하나 특이값이 존재할 경우 상대적으로 범위가 커지므로 매우 불안정한 산포도가 된다. 사분위간 범위는 범위와는 달리 특이값 존재에 영향을 받지 않는다.

예제 2-2 예제 2−1의 자료를 이용하여 표본분산, 표본 표준편차, 범위, 사분위간 범위를 구하라.

풀이
- 표본분산 : $s^2 = \dfrac{\displaystyle\sum_{i=1}^{60}(x_i - 32.767)^2}{60-1}$

$$= \frac{(17-32.767)^2 + \cdots + (91-32.767)^2}{59} = 191.199$$

여기서 표본평균은 $\bar{x} = 32.767$이다.

- 표본 표준편차 : $s = \sqrt{191.199} = 13.827$
- 범위 : $range = x_{(n)} - x_{(1)} = 91 - 17 = 74$
- 사분위간 범위 : $IQR = Q_3 - Q_1 = 36.75 - 24 = 12.75$

[통계패키지 결과]

```
> var(data)
[1] 191.1989
> sd(data)
[1] 13.82747
> range(data)[2]-range(data)[1]
[1] 74
> IQR(data)
[1] 12.25
```

변이측도	
표준편차	13.82747
분산	191.19887
범위	74.00000
사분위 범위	12.50000

N	60	가중합	60
평균	32.7666667	관측치 합	1966
표준편차	13.827468	분산	191.19887

Computer Programming 예제 2-2

* 예제 2−1에 이어서 작성

 # Using R
```
var(data)
sd(data)
range(data)[2]-range(data)[1]
IQR(data)
```

 # Using SAS
```
proc univariate data=data; var cow; run;
```

2.3.3 변동계수

· 같은 평균을 갖는 여러 종류의 자료가 있을 경우 각 자료들의 표준편차를 이용하면 산포도의 비교가 용이하다. 그러나 서로 다른 평균과 표준편차를 갖는 자료들의 산포도를 비교하기는 쉽지가 않다. 이러한 경우 평균과 표준편차를 동시에 고려한 상대적 변동을 나타내는 변동계수(coefficient of variation)를 사용하는 것이 유용하다. 일반적으로 표준편차를 절대산포측도, 변동계수를 상대산포측도라 한다. 표본변동계수는 다음 [정의 2.8]과 같이 정의된다. 변동계수는 측정단위와 무관하며, 측정단위나 평균이 다른 변수들 간의 비교에 유용한 측도이다.

[정의 2.8] 표본변동계수 : $CV = \dfrac{s}{x} \times 100(\%)$`

예제 2-3 다음 두 자료의 변동계수를 구하라.

자료 1: 30 45 30

자료 2: 50 110 50

풀이 자료 1의 경우 평균이 35이며 표준편차는 8.66으로 변동계수가 24.74(%)이다. 자료 2의 경우 평균은 70이며, 표준편차는 34.64로 변동계수는 49.49(%)가 된다. 자료 1과 자료 2는 평균이 2배나 차이가 나서 절대적인 산포의 정도를 비교하는 것이 쉽지가 않으나 변동계수를 이용하여 비교하면 자료 2가 자료 1에 비해 상대적으로 넓게 퍼져 있음을 알 수 있다.

예제 2-4 다음의 두 가지 투자정보를 가지고 있다면 어느 기업에 투자하겠는가?

	기업 1	기업 2	기업 3
평균수익률	10%	14%	15%
수익률의 표준편차	7%	4%	7%

풀이 세 기업의 평균수익률과 표준편차를 이용하여 변동계수를 계산함으로써 상대적인 투자 위험률을 알 수 있다.

	기업 1	기업 2	기업 3
평균수익률	10%	14%	15%
수익률의 변동계수	70%	28.57%	46.67%

기업 1에 대한 변동계수가 가장 크므로 세 기업 중 투자위험이 가장 크다는 것을 알 수 있다. 더욱이 기업 1은 평균수익률이 가장 작으므로 투자 대상에서 제외시킨다. 나머지 두 개의 기업을 비교하여 보면 기업 2는 기업 3에 비해 평균수익률에도 큰 차이가 없으면서 상대적인 투자위험률도 작다. 그러므로 기업 2에 투자하는 것이 바람직하다.

2.3.4 왜도와 첨도

대표값이나 산포도 이외에 분포의 특성을 좀 더 자세히 파악하기 위해서는 왜도와 첨도를 측정할 필요가 있다. **왜도**(skewness)란 자료의 대칭정도를 나타내는 측도로서 자료의 분포가 기울어진 방향과 정도를 나타낸다. 즉, 분포가 좌우대칭인가 아니면 한쪽으로 얼마나 치우쳐졌는가를 나타내 준다. 반면에 **첨도**(kurtosis)는 자료의 중앙 집중도를 나타낸다. 즉, 분포의 뾰족한 정도와 꼬리부분의 두터운 정도를 나타내는 척도이다. 자료가 중앙에 많이 모여 있으면 분포는 뾰족해질 것이고, 자료가 퍼져 있으면 분포가 평평해질 것이다.

[정의 2.9]

$$\text{왜도계수: } S_k = \frac{E[X-\mu]^3}{\sigma^3} = \frac{\frac{1}{N}\sum_{i=1}^{N}(x_i-\mu)^3}{\left[\frac{1}{N}\sum_{i=1}^{N}(x_i-\mu)^2\right]^{\frac{3}{2}}}$$

$$\text{첨도계수: } K_u = \frac{E[X-\mu]^4}{\sigma^4} - 3 = \frac{\frac{1}{N}\sum_{i=1}^{N}(x_i-\mu)^4}{\left[\frac{1}{N}\sum_{i=1}^{N}(x_i-\mu)^2\right]^2} - 3$$

왜도를 이용하여 분포의 특징을 알 수 있는데, 만약 [그림 2-5]의 가운데 그림과 같이 좌우대칭이며 유일한 최빈값을 갖는 분포이면 왜도가 0이다. 이 경우 평균, 중앙값, 최빈값이 일치하게 된다. [그림 2-5]의 세 번째와 같이 우측으로 긴 꼬리와 좌측으로 짧은 꼬리를 갖는 비대칭 분포는 왜도가 양으로 나타난다. 여기서 우측으로의 긴 꼬리는 대부분의 관찰값보다 큰 값이 많이 존재한다는 것이기 때문에 평균이 중앙값에 비해 커져 최빈값<중앙값<평균의 관계가 성립된다. 반대로 [그림 2-5]의 첫 번째와 같이 좌측으로 긴 꼬리와 우측으로 짧은 꼬리를 갖는다면 음의 왜도를 갖는다. 여기서 좌측으로 긴 꼬리가 대부분의 관찰값보다 작은 값이 많이 존재한다는 의미이므로 평균<중앙값<최빈값의 관계가 성립하게 된다.

첨도를 이용하여 분포의 특징을 살펴보면, [그림 2-6]과 같이 첨도계수가 양이면 정규분포의 밀도함수보다 중앙에 밀도가 더 높은 것이다. 즉 분포의 중심이 정규분포보다 높고, 꼬리부분이 얇고 짧다. 첨도가 음이면 정규분포보다 중심이 낮고 꼬리부분이 두텁다.

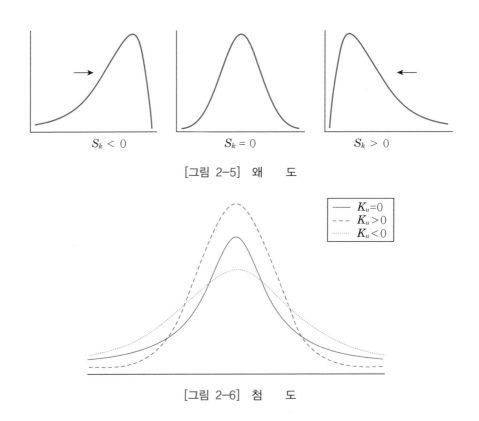

[그림 2-5] 왜　　도

[그림 2-6] 첨　　도

예제　2-5　　예제 2-1의 자료를 이용하여 표본변동계수, 왜도, 첨도를 구하라.

풀이　• 표본변동계수 : $CV = \dfrac{s}{\overline{x}} \times 100(\%) = \dfrac{13.827}{32.767} \times 100(\%) = 42.20(\%)$

여기서 표본평균은 $\bar{x} = 32.767$이고 표본표준편차는 $s = 13.827$이다.

- 왜도 : $S_k = \dfrac{\dfrac{1}{60}\displaystyle\sum_{i=1}^{60}(x_i - 32.767)^3}{\left[\dfrac{1}{60}\displaystyle\sum_{i=1}^{60}(x_i - 32.767)^2\right]^{3/2}} = 2.172$

- 첨도 : $K_u = \dfrac{\dfrac{1}{60}\displaystyle\sum_{i=1}^{60}(x_i - 32.767)^4}{\left[\dfrac{1}{60}\displaystyle\sum_{i=1}^{60}(x_i - 32.767)^2\right]^{2}} - 3 = 8.453$

[통계패키지 결과]

```
> library(moments)
> skewness(data)
[1] 2.171853
> kurtosis(data)
[1] 8.45311
```

왜도	2.22794284	첨도	6.04347942
제곱합	75700	수정 제곱합	11280.7333
변동계수	42.1998005	평균의 표준오차	1.78511844

Computer Programming   예제 2-5

* 예제 2−1에 이어서 작성

# Using R	# Using SAS
library(moments)	proc univariate data=data; var cow; run;
skewness(data)	
kurtosis(data)	

* 컴퓨터 프로그램 중 SAS와 Excel은 왜도와 첨도를 다른 방식으로 구한다. 사용되는 공식은 다음과 같다.

$$S_k = \frac{N}{(N-1)(N-2)}\frac{\displaystyle\sum_{i=1}^{N}(x_i - \mu)^3}{\sigma^3},$$

$$K_u = \frac{N(N+1)}{(N-1)(N-2)(N-3)}\frac{\displaystyle\sum_{i=1}^{N}(x_i - \mu)^3}{\sigma^4} - \frac{3(N-1)^2}{(N-2)(N-3)}$$

2.4 자료의 시각적 해석

표본을 통하여 모집단의 특성을 파악하기 위한 방법으로 자료를 그래프나 도표에 의해 나타내면 보다 많은 정보를 시각적으로 빠르게 전달할 수 있게 된다. 여기서는 그

예로 도수분포표, 히스토그램, 줄기-잎 그림(stem-leaf plot), 상자 그림(box plot)을 소개한다.

2.4.1 도수분포표

이산형 자료의 경우에 변수가 취할 수 있는 각 관찰값이 나타내는 빈도를 도수(frequency)라고 하며, 이 도수를 전체 자료의 숫자 n으로 나눈 것을 **상대도수**(relative frequency)라고 한다. 연속형 자료의 경우는 관찰값들이 정확하게 같은 값이 존재하지 않기 때문에 적절한 계급(class)으로 나누어 이산형 자료처럼 간주하여 도수 및 상대도수를 구한다. 실제 관찰값이나 규칙에 의해 나눈 계급구간, 도수 및 상대도수를 표현한 표를 **도수분포표**라고 한다.

다음 [표 2-1]에 있는 자료는 30명의 통계학과 신입생의 학점을 나타내는 자료이다. 가장 높은 학점이 3.3점이고 가장 낮은 학점이 1.9점이라는 것을 쉽게 알아볼 수 있다. 하지만 나머지 28명 학생들의 학점 분포는 어떻게 되는가? 이러한 질문에 답하기 위하여 우리는 동일한 길이로 계급을 구간으로 나누어 살펴보아야 한다.

[표 2-1] 통계학과 신입생 30명의 학점

2.0	3.1	1.9	2.5	1.9	2.3	2.6	3.1	2.5	2.1	2.9	3.0	2.7	2.5	2.4
2.7	2.5	2.4	3.0	3.3	2.6	2.8	2.5	2.7	2.9	2.7	2.8	2.2	2.7	2.1

스터지의 규칙(Sturges' law)에 따라 선택된 계급의 수 k는 $k \geq \log_2 n$를 만족해야 한다. 여기서 n은 관찰값들의 총 개수를 나타낸다. 위의 자료에서 n은 30이므로 $\log_2 30 = 4.9$이다. 따라서 계급의 수는 5개 이상이어야 한다. 또한 각 관찰값은 오직 한 계급에만 속하게 된다. 관찰값들은 계급에 따라서 분류되며 도수분포표로 나타낼 수 있다.

[표 2-1]의 학점에 대해 우리는 동일한 길이로 5개의 구간으로 나눌 수 있다. 위 자료의 범위가 $(3.3-1.9)=1.4$이며 구간 길이는 $(1.4 \div 5)=0.28$이나 0.3으로 반올림하여 사용한다. 첫 번째 구간의 시작점을 가장 적은 값인 1.9에서 시작하는 것보다 1.85로 선택하고 첫 번째 구간을 1.85에서 2.15, 두 번째 구간은 2.15에서 2.45, 세 번째 구간은 2.45에서 2.75와 같은 방법으로 계급을 만든다. 자료가 갖는 최소단위보다 작은 단위를 사용

하여 계급을 결정함으로써 어떠한 값도 계급의 경계선에 놓이지 않게 하는 것이 좋다. [표 2-1]의 자료를 이용하여 [표 2-2]와 같이 도수분포표를 만들 수 있다.

[표 2-2] 통계학과 신입생 30명의 학점에 대한 도수분포표

계급	계급구간	도수	상대도수
1	1.85 − 2.15	5	0.167
2	2.15 − 2.45	4	0.133
3	2.45 − 2.75	12	0.400
4	2.75 − 3.05	6	0.200
5	3.05 − 3.35	3	0.100

2.4.2 히스토그램

관찰값들을 동일한 구간에 대한 도수분포표로 만든 경우에 각 구간에 대한 히스토그램을 그릴 수 있다. **히스토그램**은 각 구간의 상대도수를 구간의 길이로 나눈 값을 기둥의 높이로 나타낸다. 상대도수를 구간의 길이로 나눈 값을 **밀도**(density)라 하고 상대도수의 합은 1이므로 히스토그램에서 각 기둥면적의 합은 1이 된다. 히스토그램을 그리는 것은 길이가 동일한 구간에 대한 상대도수를 기둥 면적으로 표시함으로써 자료의 분포에 관한 정보를 시각적으로 알기 쉽게 보여준다. 또한 도수를 기둥의 높이로 하는 그래프를 도수

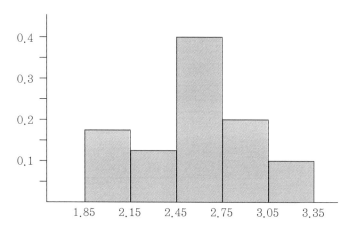

[그림 2-7] 통계학과 신입생의 학점에 대한 상대도수 히스토그램

히스토그램(frequency histogram)이라고 하고 상대도수를 기둥의 높이로 하는 그래프를 상대도수 히스토그램(relative frequency histogram)이라고 한다.

앞서 설명한 통계학과 신입생 30명의 학점으로 상대도수 히스토그램을 그려보았을 때 학점이 1.9부터 3.3의 구간 사이에서 어떻게 분포하고 있는지 한눈에 알 수 있다. [그림 2-7]에서와 같이 상대도수 히스토그램을 고려해 보자. 학생들 중 얼마만큼의 비율이 2.75점보다 더 높은 학점을 받았는가? 상대도수 히스토그램을 확인함으로써 그 비율은 2.75의 오른편에 모든 계급을 포함하는 것을 알 수 있다. [표 2-2]를 보면 9명의 학생들의 학점이 2.75점보다 더 높음을 알 수 있다. 그 비율은 9/30이 되며 30%임을 알 수 있다. 이 값은 또한 [그림 2-7]의 상대도수 히스토그램에서 2.75의 우측에 놓여있는 각 기둥들의 높이의 합과 같다.

2.4.3 줄기-잎 그림

줄기-잎 그림(stem-leaf plot)은 자료를 재배열할 필요 없이 줄기 부분과 잎 부분을 구분하여 시각적으로 표현하는 방법이다. 관찰값의 자리 수 중 적당한 부분을 줄기로 선택한 후, 줄기로 사용한 관찰값의 나머지 자리를 잎으로 정의하여 관찰값을 줄기와 잎으로 나눠 나타낸다. 줄기-잎 그림은 히스토그램처럼 자료를 시각적으로 볼 수 있게 표현할 수 있을 뿐만 아니라 각 자료의 실제 관측된 값을 유지하므로 시각적 표현과 표의 형태를 동시에 갖는다.

다음 [표 2-3]은 서울시 종로구에 속한 정육점 중 무작위로 추출된 40개의 정육점에서 특정한 날에 거래된 쇠고기 판매량이다.

[표 2-3] 무작위로 추출된 40개의 정육점의 쇠고기 하루 판매량(단위:kg)

22.88	5.49	4.40	3.44	2.88	6.27	4.81	3.78	3.11	2.68
7.99	5.26	4.05	3.36	2.74	6.07	4.79	3.69	3.03	2.63
7.15	5.07	3.94	3.26	2.74	5.98	4.55	3.62	2.99	2.62
7.13	4.94	3.93	3.20	2.69	5.91	4.43	3.48	2.89	2.61

이 자료들로 줄기-잎 그림을 표현하기 위해 줄기와 잎 두 부분으로 관찰값을 나눠야 한다. 첫 번째 방법으로 소수점을 기준으로 관찰값들을 나눌 수 있다. 소수점을 기준으로 왼편은 줄기 부분이 되고 오른편은 잎 부분이 된다. 두 번째 방법은 소수점 첫째 자리

와 둘째 자리를 기준으로 나눌 수 있다. 따라서 관찰값 7.15에 대한 줄기-잎은 다음과 같이 나타낼 수 있다.

첫 번째 방법		두 번째 방법	
줄기	잎	줄기	잎
7	15	7.1	5

줄기와 잎의 선택은 자료의 특성에 의존하여 나눌 수 있다. 줄기와 잎 그림은 다음 절차들을 사용함으로써 구성할 수 있다.

줄기-잎 그림 작성요령

1. 열에 순서대로 줄기 값을 나열한다.
2. 줄기의 값 오른쪽에 수직선을 긋는다.
3. 각 관찰값에 대해 적절한 줄기에 대응하는 행에 관찰값들의 잎 부분을 기록한다.
4. 각 줄기의 행의 가장 작은 값부터 크기순으로 잎을 배열한다.
5. 만약 각 줄기의 잎의 수가 너무 크다면 줄기를 두 부분으로 나눈다.

[표 2-3]의 자료에 대한 줄기-잎 그림은 다음과 같다. 만약 소수점 첫째 자리와 둘째 자리 사이에서 나눈다면, 26부터 228까지의 많은 양의 줄기가 생기기 때문에 자료에 대한 좋은 시각적인 설명이 어렵다. 따라서 줄기와 잎을 나누는 기준점으로 소수점을 택하는 것이 좋다.

2	61　62　63　68　69　74　74　88　89　99
3	03　11　20　26　36　44　48　62　69　78　93　94
4	05　40　43　55　79　81　94
5	07　26　49　91　98
6	07　27
7	13　15　99
HI	22.88

[그림 2-8]　40개의 정육점의 쇠고기 하루 판매량의 줄기-잎 그림

[그림 2-8]에서 어떻게 줄기-잎 그림이 40개 정육점의 쇠고기 하루 판매량을 표현하고 있는가? 만약 이 줄기-잎 그림을 측면에서 본다면 히스토그램으로 표현하고 있는 것처럼 볼 수 있다. 대부분의 관찰값들이 2kg에서 5kg 사이에 분포하고 있으므로 자료가 대칭적이지 않음을 알 수 있다. 줄기-잎 그림은 실제 자료를 재구성할 수 있다는 면에서 히스토그램보다 더 좋은 장점을 가지고 있다. 또한 크기대로 관찰값들을 나열하기 때문에 가장 작은 관찰값이 2.61kg이고 가장 큰 관찰값이 22.88kg임을 줄기-잎 그림을 통해 쉽게 알 수 있다. 만약 다섯 번째로 작은 관찰값을 찾고자 한다면 가장 작은 관찰값부터 나열된 값에서 2.69kg이 다섯 번째로 작은 관찰값임을 쉽게 확인할 수 있다. 때론 너무 많은 줄기(그리고 그 줄기들은 매우 적은 잎을 가지게 된다) 혹은 너무 적은 줄기(그리고 그 줄기들은 매우 많은 잎을 가지게 된다)를 생성하는 결과를 초래할 수도 있으므로 적절한 줄기 개수를 결정하는 것이 중요하다.

2.4.4 상자 그림

상자 그림(box plot)은 다섯 가지 통계량을 이용하여 만든다. 다섯 가지 통계량이란 최소값, 제1사분위수, 중앙값, 제3사분위수, 최대값을 말한다.

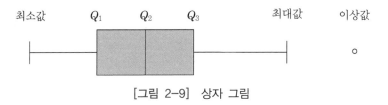

[그림 2-9] 상자 그림

먼저 제1사분위수와 제3사분위수를 이용하여 상자를 만든다. 이때 상자의 길이는 사분위간 범위(IQR)가 되고 상자 가운데 중앙값을 선(수염; whisker)으로 나누어 표시한다. 그리고 상자 양 끝에서 선으로 최소값과 최대값까지 표시하여 중앙의 상자를 완성한다. 이때 최소값과 최대값은 특이값(이상값)을 제외하여 구한다. 앞서 설명한 특이값은 사분위간 범위의 1.5배를 제1사분위수(Q_1)에서 뺀 값과 제3사분위수(Q_3)에서 더한 값의 범위(울타리)에 포함되지 않은 관찰값을 말한다. 다시 말해 울타리 내에서 가장 큰 값과 작은 값이 상자 그림에서의 최대값과 최소값이 된다.

[표 2-3]의 자료를 이용하여 상자 그림을 그리기 위해서는 먼저 사분위수를 구해야 한다. 총 40개의 정육점 자료이므로 Q_1은 10.25번째 관찰값이고 Q_2는 20.5번째, Q_3는

30.75번째 관찰값이다. 따라서 $Q_1 = 3.00$, $Q_2 = 3.86$, $Q_3 = 5.21$이다. 이를 이용하여 울타리를 정의하면 사분위간 범위가 $IQR = Q_3 - Q_1 = 5.21 - 3.00 = 2.21$이므로 위 울타리는 $Q_3 + 1.5 \times IQR = 8.53$이고 아래 울타리는 $Q_1 - 1.5 \times IQR = -0.315$이다. 울타리 안에 포함되지 않는 관찰값 22.88kg은 특이값으로 판정되며 최소값은 2.61kg, 최대값은 7.99kg이 된다. 이와 같은 방법으로 구한 값들을 이용하여 상자 그림을 작성하면 다음 [그림 2-10]과 같다.

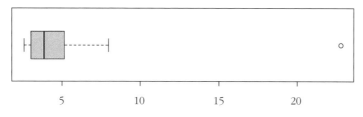

[그림 2-10] 40개의 정육점의 쇠고기 하루 판매량의 상자 그림

예제 2-6 컴퓨터 프로그램 R을 이용하여 예제 2-1의 자료의 도수분포표를 만들고 히스토그램, 줄기-잎 그림, 상자그림을 작성하라.

풀이 • 도수분포표

```
> freq.table=cut(data,breaks=6)
> Freq=data.frame(table(freq.table))
> R.Freq=data.frame(round(table(freq.table)/length(data),3))
> cbind(Freq,Relative.Freq=R.Freq[,2])
  freq.table Freq Relative.Freq
1 (16.9,29.3]   32         0.533
2 (29.3,41.6]   19         0.317
3   (41.6,54]    4         0.067
4   (54,66.4]    3         0.050
5 (66.4,78.7]    1         0.017
6 (78.7,91.1]    1         0.017
```

• 줄기-잎 그림

```
> stem(data)

 The decimal point is 1 digit(s) to the right of the |

 1 | 78
 2 | 000023333334445555666788899999
 3 | 00011122334567799
 4 | 01467
 5 | 058
 6 | 5
 7 | 8
 8 |
 9 | 1
```

• 도수히스토그램과 히스토그램

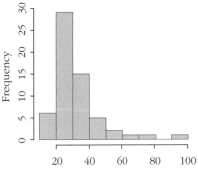 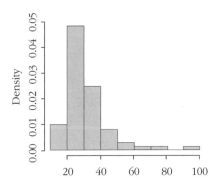

• 상자 그림

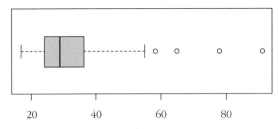

Computer Programming   예제 2-6

* 예제 2−1에 이어서 작성

Using R

```
freq.table=cut(data,breaks=6)
Freq=data.frame(table(freq.table))
R.Freq=data.frame(round(table(freq.table)/length(data),3))
cbind(Freq,Relative.Freq=R.Freq[,2])
hist(data,breaks=6)
hist(data,breaks=6,freq=F)
stem(data)
boxplot(data,horizontal=T)
```

연/습/문/제

01. 다음은 한 교과목의 중간시험 성적이다.

65, 70, 20, 50, 60, 25, 55, 40, 10, 73, 50, 60, 20, 40, 35, 15, 25, 45, 60, 40
30, 10, 27, 55, 65, 78, 35, 40, 65, 40, 30, 35, 75, 60, 70, 45, 30, 45, 80, 100

a) 적절한 줄기－잎 그림을 그려라.
b) 평균, 표준편차, 중앙값, 최빈값, 사분위수를 구하여라.
c) 상자 그림을 그려라.

02. 두 개의 표본 $x_i(i=1,...,m)$와 $y_j(j=1,...,n)$가 다음과 같이 각각 표본평균을 가진다고 하자.

$$\bar{x}=100, \ \bar{y}=110$$

만약 이 두 개의 표본을 하나의 표본으로 합쳤을 경우에 이 합쳐진 표본에 대한 표본평균 $\bar{w}$를 구하고자 한다. m과 n이 각각 다음과 같을 때 $\bar{w}$를 구하시오.

a) ① $m=30, \ n=70$
   ② $m=80, \ n=20$
   ③ $m=50, \ n=50$
   ④ $m=15, \ n=15$

b) 위의 a)번을 통해서 $\bar{w}=\dfrac{m\bar{x}+n\bar{y}}{m+n}$ 이라고 할 수 있는가? 만약 옳지 않다면 $\bar{w}$을 구할수 있는 공식을 만들어라.

03. 다음 나열된 5개의 숫자를 이용하여 다음 문제를 해결하라.

3, 7, 8, 12, 15

a) 평균을 구하라.
b) a)번의 경우에서 각 자료에 대한 표본평균으로부터의 편차 즉, $x_i - \bar{x}$, $i = 1, ..., 5$를 구하라.

c) 편차합이 $\displaystyle\sum_{i=1}^{5}(x_i - \overline{x}) = 0$이 됨을 보이고, 임의의 n개의 자료에 대해서도 편차합

이 $\displaystyle\sum_{i=1}^{n}(x_i - \overline{x}) = 0$ 이 성립하는지를 보여라.

04. 아래의 관찰값은 6종류의 식물의 잎에 함유된 단백질의 양(단위: mg)을 측정한 자료다.

11.7, 16.1, 14.0, 6.1, 5.1, 4.9

a) 표본범위를 구하라.
b) 중앙값을 구하라.
c) 표본분산과 표본표준편차를 구하라.

05. 다음 자료의 평균, 중앙값, 표준편차, 변동계수, 범위를 구하라.

a) 3, 2, 5, 6, 4
b) -2, 1, -1, 0, 3, 2, -1, -2
c) 5, 10, 15, 20, 25

06. 다음은 어떤 대학교에 속한 28개 학과를 대상으로 흡연률을 조사한 결과이다.

0.45 0.74 0.80 0.95 0.84 0.82 0.75 0.81 0.85 0.83 0.77 0.87 0.77 0.71
0.99 0.89 0.75 0.55 0.77 0.89 0.82 0.78 0.75 0.73 0.76 0.34 0.66 0.75

a) 위 자료의 평균, 중앙값, 최빈값을 구하라.
b) 사분위수와 사분위 범위를 구하라.
c) 줄기−잎 그림과 상자 그림을 작성하라.
d) 상대도수 히스토그램을 작성하라.

07. X의 표본평균과 표본표준편차가 각각 $\overline{X}$와 S_X이라고 할 때, 0이 아닌 임의의 값 a, b에 대해서 $Y = a + bX$라고 한다면 Y의 표본평균과 표본표준편차가 각각 $\overline{Y} = a + b\overline{X}$와 $S_Y = |b|S_X$이 됨을 보여라.

08. 자료 4, 7, 2, 6, 4, 7의 표본분산은 4이다. 이 값과 위 문제 7의 결과를 이용하여 다음을 계산하라.

a) 12, 21, 6, 18, 12, 21의 표본분산을 구하라.
b) 5, 8, 3, 7, 5, 8의 표본분산을 구하라.

09. 다음은 다섯 품종에 대한 수확량 비교를 위해 실시한 실험결과이다.

	품종 1	품종 2	품종 3	품종 4	품종 5
평균수확량	58	58	85	100	100
표준편차	10	35	20	20	25

위 실험의 상대적 변동을 계산하고 어떤 품종을 생산하는 것이 바람직한지 설명하라.

10. 표본을 추출한 결과가 다음과 같다고 한다.

$$68, 72, 78, 60$$

a) 평균과 표준편차, 표본범위를 계산하라.
b) 위의 표본 자료를 x라 하고 y를 $y = 2x + 2$로 정의할 때 y의 평균과 표준편차를 구하라.

11. 다음의 자료를 이용하여 물음에 답하라.

$$25, 22, 26, 23, 27, 26, 28, 18, 25, 24, 12$$

a) 평균, 중앙값, 사분위수를 구하라.
b) 상자 그림을 그려라.
c) 평균과 중앙값이 차이가 나는 이유를 설명하라.
d) 컴퓨터 프로그램 R로 평균, 중앙값, 사분위수를 구하고 a)의 결과와 비교하라.

제 3 장
확   률

확   률

귀납적 방법은 표본정보에 근거하여 우리가 모르는 모집단의 특성에 관해 추론하는 것이고 연역적 방법은 알고 있는 모집단에서 추출된 표본의 특성을 추론하는 것이다. 불확실한 현실 상황에서 예측을 하기 위한 연역적 추론에는 확률에 관한 이론들이 필수적이다. 본서는 7장까지 연역적 추론에 관하여 확률을 이용하여 설명한다. 우리는 불확실한 상황에서 결정을 내리게 되고 확률은 그 불확실한 정도를 나타내게 된다. 불확실한 상황에서의 결정을 위해서는 확률에 관한 이론이 필수적이며 그것은 통계적 추론의 근간이 된다. 본 장에서는 이러한 확률이론 중 가장 기본이 되는 사상과 표본공간, 확률이론, 베이즈 정리 등에 관하여 설명한다.

3.1 사상과 표본공간

예를 들어 동전을 한 번 던져서 동전의 앞면을 관찰하는 것을 생각해 보자. 여기서 동전을 던져 관찰하는 과정을 실험(experiment)이라 한다. 통계학에서 사용되는 실험의 개념은 다른 어떤 분야에서 사용되는 실험의 개념보다 더 넓은 의미로 무작위 실험 또는 확률실험을 의미한다.

> [정의 3.1] **무작위 실험** 또는 **확률실험**(random experiment)이란 시행하기 전에는 확실히 예측할 수 없는 결과를 유발하는 행위 또는 과정을 말한다.

실험에서 나타낼 수 있는 모든 가능한 결과(outcome)는 사전에 알 수 있으며, 실제 한 번의 실험에서 나타날 결과는 우연에 의해 나타나게 되며, 동일한 조건하에서 반복이

가능한 실험을 확률실험이라고 한다. **표본점**(sample point)이란 무작위 실험의 근원이 되는 결과를 의미한다. 간단한 예로 동전을 던지는 실험을 생각해 보자. 동전 1개를 던질 때 나타나는 결과는 앞면과 뒷면이다. 또 주사위를 1번 던지는 실험을 할 경우 1, 2, 3, 4, 5, 6의 6개의 눈이 관찰된다. 그러나 그 결과는 확실하게 예측할 수 없다. 이러한 기본결과를 근원사상(elementary event), 단일사상 또는 표본점이라 하며 근원사상은 분해할 수 없는 무작위 실험의 가장 기본적인 결과이다.

실험에서 발생 가능한 모든 근원사상들의 집합을 그 실험의 표본공간이라 하고 보통 S로 표기한다. 그리고 근원사상을 하나도 갖고 있지 않는 공집합($\varnothing$) 역시 표본공간에 포함되며 이를 공사상(null event)이라 한다.

[정의 3.2] **표본공간**(sample space)이란 어떤 실험에서 발생 가능한 모든 단일사상들의 집합이다.

즉 동전을 한 번 던지는 실험의 표본공간은 $S = \{$ 앞면, 뒷면 $\}$이며, 주사위를 한 번 던지는 실험에서의 표본공간은 $S = \{1,2,3,4,5,6\}$이다. 여기서 앞면, 뒷면, 1, 2, 3, 4, 5, 6 등을 원소라 하며 표본공간을 구성하는 각 원소는 동시에 발생할 수 없는 상호 배반적인 사상이다. 그러나 주사위를 던져 홀수 눈을 관찰하여 얻는 결과는 주사위의 눈이 1, 3, 5가 나오는 3개의 결과를 갖는다. 홀수 눈이 나오는 것을 관찰하는 결과는 단일사상이 아니라 더 세부적인 결과로 분해할 수 있으므로 복합사상(compound event)이다. 복합사상이란 단일사상의 집합을 의미하며 단일사상과 복합사상 두 가지를 합쳐 사상이라 한다.

[정의 3.3] **사상**(event)이란 하나 또는 둘 이상의 단일사상의 집합을 말한다.

표본공간은 단일사상의 집합이므로 사상은 표본공간의 부분집합이라고 할 수 있다. 표본공간과 그의 단일사상은 다음 예제 3-1의 [그림 3-1]과 같은 벤 다이어그램(Venn diagrams) 또는 트리 다이어그램(tree diagram)을 사용하여 표현할 수 있다.

예제 3-1 동전을 두 번 던져서 나오는 결과를 관찰하는 실험을 생각해 보자.

a) 이 실험의 표본공간을 나타내라.

b) a)의 표본공간을 벤 다이어그램으로 표시하고, 첫 번째 동전을 던질 때 앞면이 나오는 사상을 A라 할 때 이 사상을 벤 다이어그램에 부분집합으로 표시하라.

풀이 a) 동전의 앞면이 나오는 사상을 H, 뒷면이 나오는 사상을 T라 하면, 표본공간은
$S = \{(H,H),(H,T),(T,H),(T,T)\}$ 로 나타낼 수 있다.

b)

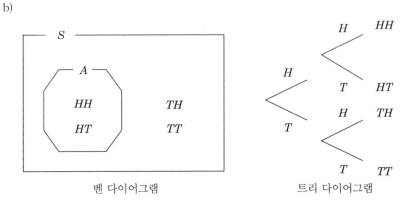

벤 다이어그램   트리 다이어그램

[그림 3-1] 벤 다이어그램 및 트리 다이어그램

사상 A의 **여사상**(complementary event)은 사상 A가 발생하지 않는 사상을 말하며 사상 A에 포함되지 않는 표본점으로 이루어진 사상이다. 사상 A의 여사상을 $\overline{A}$, A^c, 또는 A'로 나타내며 $P(A \cup \overline{A}) = P(S) = 1$이 성립한다.

[정리 3.1] $P(\overline{A}) = 1 - P(A)$

예제 3-2 동전을 두 번 던졌을 때 앞면이 적어도 하나 이상 나오는 사상을 A라고 하자. 사상 A의 여사상은 동전이 모두 뒷면이 나오는 사상이 된다. 사상 A의 확률을 구하라.

풀이 $P(A) = 1 - P(\overline{A}) = 1 - \left(\dfrac{1}{2}\right)^2 = \dfrac{3}{4} = 0.75$

3.2 확   률

확률은 어떤 사상의 발생 가능성을 숫자로 표현한 값이다. 실험의 결과로 관찰할 수 있는 사상이 발생할 가능성을 측정하기 위하여 확률이라는 개념이 필요하다. 고전적 개념, 상대도수적 개념, 주관적 개념에 의해 어떤 사상에 확률을 부여한다.

3.2.1 고전적 개념

어떤 실험에서 발생 가능한 모든 단일사상들이 n개 존재하고 각 단일사상들이 발생할 가능성이 모두 같다고 하자. 이때 사상 A가 k개의 단일사상들로 구성되어 있다면, 사상 A의 확률을 k/n라고 정의하는 것이 고전적 개념에 의한 확률 정의방법이다. 즉 고전적 개념에서는 실험의 각 결과에 $1/n$의 확률을 부여하게 된다.

주사위를 던지는 실험의 경우 정상적인 주사위라면 한 번 던질 때 6개의 단일사상이 존재한다. 각 사상들은 발생 가능성이 동일하고 동시에 발생할 수 없는 상호 배타적인 성격을 갖는다. 따라서 주사위의 각 눈금이 나올 확률은 각각 1/6이다. 또한, 주사위의 홀수 눈이 나오는 사상의 확률을 생각해 보면, 홀수 눈이 나오는 사상은 주사위의 눈이 1, 3, 5가 나오는 사상으로 구성되어 있다. 따라서 홀수 눈이 나올 확률은 3/6 = 1/2이 된다. 실험의 결과에 나타날 수 있는 사상들의 발생 가능성이 동일하고 상호 배타적인 성격을 갖는다면 그 사상이 일어날 확률은 다음과 같이 정의된다.

[정의 3.4] 임의의 사상 A에 대하여

$$P(A) = \frac{\text{사상 } A \text{에 속하는 단일사상수}}{\text{표본공간 전체 단일사상수}} = \frac{N(A)}{N(S)}$$

고전적 개념에 의한 확률 부여 방법은 간단하지만, 현실세계에서 단일사상이 발생할 가능성이 동일하다는 전제가 만족되기 어려우므로 다른 방법도 고려해야 한다.

3.2.2 상대도수적 개념

정상적인 동전을 던지는 실험을 생각해 보자. 실험횟수가 적은 경우 동전의 앞면이 나올 확률은 1/2과 거리가 멀 것이나 이러한 실험을 충분히 많이 반복하여 시행한다면 전체 시행횟수 중에서 앞면이 나오는 횟수가 차지하는 비율은 1/2에 가까워질 것이다. 이 방법은 상대도수적 개념으로 확률을 부여하는 것으로 확률은 실험을 무한히 반복할 경우 얻어지는 그 사상의 상대도수의 극한값이 된다.

[정의 3.5] 임의의 사상 A에 대해

$$P(A) = \lim_{N \to \infty} \frac{n}{N}$$

여기서 N은 실험의 총 시행횟수이고 n은 사상 A가 발생한 횟수이다.

[그림 3-2]의 막대그래프는 R을 이용하여 주사위를 던지는 실험에 대한 모의실험 결과이다. 시행횟수가 적은 경우에는 주사위 각 눈금이 나올 확률이 동일하지 않지만, 실험을 무한히 반복하면 각 눈금이 나올 확률이 동일하게 나온다는 것을 보여준다.

[그림 3-3]은 주사위를 N번 던지는 실험에서 1의 눈이 나올 상대도수를 각 시행횟수별로 나타낸 것이다. 시행횟수 N이 커짐에 따라 1의 눈이 나올 확률이 1/6로 접근해 가는 것을 볼 수 있다. [표 3-1]는 위의 주사위 실험에서 시행횟수에 따른 1의 눈의 상대도수를 나타낸다.

상대도수적 개념에 의한 확률계산은 반복실험을 충분히 많이 시행해야 한다는 전제조건을 만족해야 한다. 그러나 충분한 실험횟수에 대한 기준이 명확하지 않다는 문제점이 있다.

[표 3-1] 시행횟수에 따른 1의 눈의 상대도수

시행횟수(N)	10	30	50	100	300	500	1000	3000	5000
상대도수	0.200	0.233	0.180	0.140	0.133	0.160	0.177	0.173	0.168

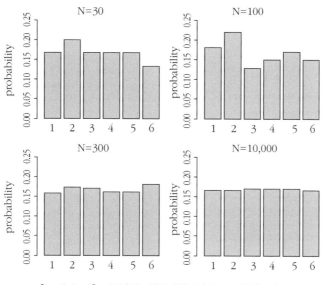

[그림 3-2] 주사위 실험에서 각 눈의 상대도수

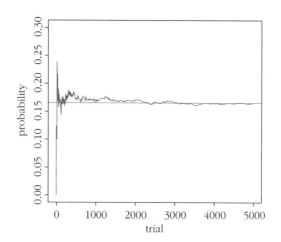

[그림 3-3] 주사위 실험에서 1의 눈이 나올 상대도수 확률

```
# Using R
# 표 3-1
dice_3=function(trial) {
 spot=rep(0,trial)
  for (i in 1:trial) {
```

```
    if (runif(1)<=1/6) spot[i]=1
    }
  sum(spot)/trial
}
dice_3(10); dice_3(30); dice_3(50); dice_3(100); dice_3(300)
dice_3(500); dice_3(1000); dice_3(3000); dice_3(5000)


# 그림 3-2
dice_1=function(trial) {
 spot=rep(0,trial)
  for (i in 1:trial) {
    spot[i]=ceiling(runif(1)*6)
  }
barplot(table(spot)/trial,ylim=c(0,0.25),xlim=c(0,6),ylab="probability",main=paste("N=",tria
l))
  }
par(mfrow=c(2,2)); par(oma=c(1,1,1,1)); par(mar=c(3,4,3,4))
dice_1(30); dice_1(100); dice_1(300); dice_1(10000)


# 그림 3-3
dice_2=function(trial) {
 spot=rep(0,trial)
  for (i in 1:trial) {
    if (runif(1)<=1/6) spot[i]=1
  }
 plot(1:trial,cumsum(spot)/1:trial,type="l",xlab="trial",ylab="probability",
      ylim=c(0,0.3),col="red")
 abline(h=1/6,col="blue")
}
dice_2(5000)
```

3.2.3 주관적 개념

주관적 개념에 의한 확률의 부여는 어떤 사상에 대해 자신의 지식, 경험, 정보에 의
해 자기 스스로 그 사상이 일어날 가능성을 판단하여 확률을 부여하는 방법이다. 예를 들

어 축구와 야구 같은 스포츠 경기에서 특정한 팀이 승리할 확률이라든지 어떤 회사의 주식이 1년 이내에 2배가 될 확률 등은 반복하여 시행할 수는 없으나 사람마다 자신의 경험적 지식으로 확률을 부여할 수 있을 것이다. 앞에서 살펴본 고전적 개념과 상대도수적 개념은 어떤 사상에 대해 누구든지 똑같은 확률을 갖게 된다는 점에서 객관적이라고 할 수 있다. 그러나 주관적 개념은 하나의 사상에 대해 사람마다 제각기 다른 확률을 가질 수 있으므로 객관성이 결여되는 문제점이 있다.

3.2.4 확률의 공리

고전적 개념, 상대도수적 개념, 주관적 개념과 같은 확률 부여 방법은 여러 가지 문제점을 내포하고 있었다. 이러한 문제점에서 벗어나기 위해서 확률을 정의하는 대신 확률에 대해 몇 가지 조건을 만족하는 경우 이를 확률로 하자는 것이 **확률의 공리**이다. 공리적 확률(axiometic probability) 이론은 공리를 정의하고 이 공리를 이용하여 확률이론을 증명할 수 있다.

이 공리를 설명하기 위해 사상 A가 발생할 확률을 $P(A)$, 그리고 표본공간 S의 모든 단일 사상을 A_i라 하고 사상 A는 일부의 단일사상들로 구성된다고 하자. 위의 사실로부터 확률의 공리를 다음과 같이 정리할 수 있다.

[정의 3.6] 임의의 사상 A에 대하여

① $0 \leq P(A) \leq 1$

② $P(S) = 1$

③ 서로 배반인 사상열 A_i, $i = 1, 2, \ldots$에 대하여

$$P(A_1 \cup A_2 \cup A_3 \cup \cdots) = \sum_{i=1}^{\infty} P(A_i)$$

확률의 공리에 의하면 어떤 임의의 사상의 확률은 0과 1 사이이며 표본공간이 발생할 확률은 1이다. 서로 배반인 사상들 중 적어도 하나 이상의 사상이 발생할 확률은 각각 사상이 발생할 확률의 합과 같다.

동시에 발생할 수 없는 사상을 **상호 배반**(mutually exclusive)사상이라 한다. 만약 사상 A와 사상 B가 배반사상이면 두 사상은 서로 공통요소를 갖고 있지 않으며 두 사상

의 교집합은 공집합이다($A \cap B = \varnothing$). 따라서 하나의 사상이 발생하면 다른 사상은 발생하지 않는다. $A_1, A_2, A_3, \cdots$를 표본공간 S의 부분집합이라 할 때, 어떠한 임의의 두 개의 사상도 공통원소를 가지지 않는다면($i \neq j$인 모든 i, j에 대해 $A_i \cap A_j = \varnothing$), 사상 $A_1, A_2, A_3, \cdots$는 상호 배반이라고 한다.

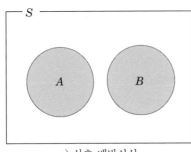

a) 상호 배반사상   b) 상호 배반이 아닌 사상

[그림 3-4] 상호 배반사상과 상호 배반이 아닌 사상

예제 3-3 주사위 한 개를 던지는 실험에서 다음의 사상을 고려하여 사상 A와 B가 상호 배반인지 그리고 사상 A와 C도 상호 배반인지 밝혀라.

A : 짝수 눈이 발생하는 사상

B : 홀수 눈이 발생하는 사상

C : 4 이하의 눈이 발생하는 사상

풀이 $A = \{2, \ 4, \ 6\}$

$B = \{1, \ 3, \ 5\}$

$C = \{1, \ 2, \ 3, \ 4\}$

$A \cap B = \varnothing$, $A \cap C = \{2, 4\}$

따라서 A와 B는 상호 배반이며 A와 C는 상호 배반이 아니다.

3.3 조건부 확률

두 사상 사이에 밀접한 관계가 있어 한 사상의 발생이 다른 사상의 발생 확률에 영향을 미치게 되면 두 사상은 서로 통계적으로 종속되어 있다고 한다. 이때 종속관계에 있는 두 사상을 A와 B라고 할 경우, 첫 번째 사상 A가 이미 일어났다는 전제하에서 두 번째

사상 B가 발생할 확률을 조건부 확률(conditional probability)이라고 하며 $P(B|A)$로 표기한다. 즉, 조건부 확률 $P(B|A)$는 "사상 A가 일어났을 때 사상 B가 발생할 확률"이다. 조건부 확률은 실험 결과들의 모임을 표본공간이 아닌 사상 A로 한정한다는 의미이다.

예를 들어, 주사위 한 개를 던지는 실험에서 조건부 확률에 대하여 생각해 보자. 사상 A를 4 이상이 나오는 사상이라 하고 사상 B를 짝수가 나오는 사상이라고 할 때, 주사위를 한 번 던져서 4 이상(사상 A)이 나올 것이라는 사실을 알고 있다는 전제하에서 짝수(사상 B)가 나올 확률 $P(B|A)$는 얼마인가? 우선 주사위를 한 번 던졌을 때의 표본공간 S는 $S = \{1,2,3,4,5,6\}$이 된다. 그러나 이 문제에서는 4 이상의 수가 반드시 나온다는 것을 전제로 하고 있기 때문에 그 만큼 고려해야 할 표본공간이 줄어들게 된다. 즉, 여기서는 전체 표본공간 S 대신 표본공간으로 $A = \{4,5,6\}$만을 고려하면 된다. 따라서 조건부 확률은 사상 A를 표본공간인 것으로 축소하여 생각한 확률이다. 이를 **축소된 표본공간**(reduced sample space)이라 한다. 축소된 표본공간 A의 원소 중 짝수는 4와 6이므로 $P(B|A) = 2/3$가 된다.

표본공간 S를 이용하여 $P(B|A)$를 구하는 방법은 다음과 같다.

$$P(B|A) = \frac{2}{3} = \frac{2/6}{3/6} = \frac{P(A \cap B)}{P(A)}$$

위의 예에서 $P(B) = \frac{3}{6} = \frac{1}{2}$, $P(B|A) = \frac{2}{3}$이었다. 즉, 사상 B의 확률이 사상 A의 발생으로 인해 영향을 받았음을 알 수 있다.

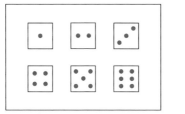
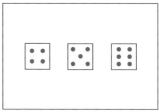

a) 원래의 표본공간 S b) 축소된 표본공간 A

[그림 3-5] 원래의 표본공간과 축소된 표본공간

[정의 3.7] 사상 A가 주어져 있을 때 사상 B가 일어날 **조건부 확률**은 $P(B|A)$로 표시하며 $P(A) > 0$라면

$$P(B \mid A) = \frac{P(A \cap B)}{P(A)} \text{ 가 된다.}$$

예제 3-4 $P(A|B)$, $P(\overline{A}|B)$, $P(A|\overline{B})$, $P(\overline{A}|\overline{B})$를 구하라.

사상	확률
AB	0.15
$A\overline{B}$	0.25
$\overline{A}B$	0.10
$\overline{A}\,\overline{B}$	0.50

* 일반적으로 교집합은 생략하여 사용할 수 있다($P(A \cap B) = P(AB)$).

풀이 $P(B) = P(AB) + P(\overline{A}B) = 0.15 + 0.10 = 0.25,$

$P(\overline{B}) = P(A\overline{B}) + P(\overline{A}\,\overline{B}) = 0.25 + 0.5 = 0.75$이므로

$$P(A|B) = \frac{P(AB)}{P(B)} = \frac{0.15}{0.25} = 0.6, \ P(\overline{A}|B) = \frac{P(\overline{A}B)}{P(B)} = \frac{0.10}{0.25} = 0.4,$$

$$P(A|\overline{B}) = \frac{P(A\overline{B})}{P(\overline{B})} = \frac{0.25}{0.75} = 0.333, \ P(\overline{A}|\overline{B}) = \frac{P(\overline{A}\,\overline{B})}{P(\overline{B})} = \frac{0.5}{0.75} = 0.667$$이다.

예제 3-5 아래 표는 S학교에서 우유급식을 위해 어떤 우유 공급업체를 정할 것인지를 투표한 결과이다. 우유급식에 찬성할 확률과 찬성했다는 조건하에 A업체를 선정할 확률을 구하라.

	찬성(F)	반대(O)
A 업체	0.459	0.441
B 업체	0.051	0.049

풀이 우유급식을 찬성할 확률은

$P(F) = P(AF) + P(BF) = 0.459 + 0.051 = 0.51$이다.

찬성했다는 조건하에 A업체를 선정할 확률은

$$P(A|F) = \frac{P(AF)}{P(F)} = \frac{0.459}{0.51} = 0.9$$이다.

예제 3-6 소비자불만 조사에 의하면 소비자들은 제조업체의 상품의 품질에 많은 관심을 가지고 있는 것으로 나타났다. 한 제조업체의 전기, 기계 및 외관에 대한 소비자불만을 조사한 것이 다음과 같다.

	불만의 이유			합계
	전기적 이유	기계적 이유	외관상 이유	
보증기간 내	18%	13%	32%	63%
보증기간 후	12%	22%	3%	37%
합계	30%	35%	35%	100%

보증기간 내에 소비자의 불만이 접수되었을 때, 그것이 외관상의 이유일 확률을 구하라.

풀이 A를 보증기간 내 불만이 발생할 사상이라고 하고, 사상 B는 외관상 불만이 발생할 사상이라고 하면 조건부확률은

$$P(B \mid A) = \frac{P(A \cap B)}{P(A)} = \frac{32}{63} = 0.51$$

이므로 보증기간 내 불만이 발생할 경우 그 불만이 외관상 불만일 확률은 51%이다.

예제 3-7 공정한 동전 두 개를 던지는 실험을 고려하면 표본공간은 다음과 같다.

$$S = \{(HH),(HT),(TH),(TT)\}$$

첫 번째 동전이 앞면일 때 동전 두 개 모두 앞면일 확률을 구하라.

풀이 A_1을 첫 번째 동전이 앞면일 사상, A_2를 두 번째 동전이 앞면일 사상이라고 하자. 첫 번째 동전이 앞면일 때 동전 두 개 모두 앞면일 확률은

$$P(A_1 A_2 \mid A_1) = \frac{P(A_1 A_2 A_1)}{P(A_1)} = \frac{P(A_1 A_2)}{P(A_1)} = \frac{1/4}{1/2} = \frac{1}{2}$$

이다.

예제 3-8 52장의 트럼프 카드에서 한 장씩 비복원으로 선택하는 실험을 한다고 하자. 다섯 번째 선택까지 스페이드가 두 장 나타났다고 하면 여섯 번째 선택에서 세 번째 스페이드가 나타날 확률은 얼마인가?

풀이 A_1을 다섯 번째 선택까지 스페이드가 두 장 나타날 사상이라고 하고 A_2를 여섯 번째 선택에서 스페이드가 나타날 사상이라고 하면

$$P(A_1) = \frac{\binom{13}{2}\binom{39}{3}}{\binom{52}{5}} = 0.2743 \text{ 이고 } P(A_2|A_1) = \frac{11}{47} = 0.2340$$

이다. 여섯 번째 선택에서 세 번째 스페이드가 나타날 확률은 두 사상 A_1와 A_2의 교집합의 확률이므로

$$P(A_1 \cap A_2) = P(A_1) \times P(A_2 \mid A_1) = 0.0642$$

이다.

3.4 사상의 독립

사상의 독립은 확률에 의해 정의되는 매우 중요한 개념이다. 한 사상의 발생이 다른 사상이 발생할 확률에 영향을 미치지 않는 경우를 생각해 보자. 예를 들어 상자 안에 전구가 4개 들어 있는데 그 중 2개는 양품이며 2개는 불량품이라고 하자. 무작위로 전구 2개를 고를 경우 첫 번째 추출에서 양품이 선택될 사상을 A라 하고 두 번째 추출에서 양품이 선택될 사상을 B라고 하자. 두 번째 추출에서 양품이 선택될 확률만을 생각해 보면 첫 번째가 양품이고 두 번째가 양품인 경우와 첫 번째가 불량품이고 두 번째가 양품일 경우가 있으므로 $P(B) = (1/2)(1/3) + (1/2)(2/3) = 1/2$이다. 여기서 두 번째 추출에서 양품이 선택될 사상의 확률 $P(B)$와 첫 번째 추출에서 양품이 선택되고 나서 두 번째 추출에서 양품이 선택될 사상의 확률 $P(B \mid A) = 1/3$은 다른 것을 알 수 있다. 이것은 두 번째 추출에서 양품이 선택될 사상은 첫 번째 추출에서 양품이 선택될 사상에 영향을 받는다는 것을 의미한다. 사상 B의 확률이 사상 A의 발생으로 인해 영향을 받을 경우 사상 A와 B는 종속관계가 있다고 정의한다.

이번에는 첫 번째 전구를 선택하고 나서 그 전구를 다시 상자에 집어넣고 두 번째 전구를 선택하는 경우를 생각해 보자. 이 경우 첫 번째 추출에서 양품이 선택되고 두 번째 추출에서 양품이 선택될 확률은 $P(B \mid A) = 1/2$이 된다. 이 확률은 두 번째 추출에서 양품이 선택될 확률 $P(B) = P(B \mid A) = 1/2$과 동일한 확률이다. 이것은 첫 번째 추출에서 양품이 선택될 사상이 두 번째 추출에서 양품이 선택될 사상에 영향을 주지 않는다는 것을 의미한다. 이와 같이 사상 A의 발생이 사상 B의 발생에 영향을 주지 않는다면 두 사상 A와 B는 **독립**(independent)이라고 정의한다. 두 사상 A와 B가 다음의 세 조건

중 하나만 만족하면 두 사상은 서로 독립이다.

> **[정리 3.2]** 두 사상 A와 B가 **독립**이기 위한 필요충분조건은 다음과 같다.
> ① $P(A \mid B) = P(A)$, $P(B) > 0$
> ② $P(B \mid A) = P(B)$, $P(A) > 0$
> ③ $P(AB) = P(A)P(B)$

$P(A \mid B) = P(A)$의 의미는 사상 B의 발생이 사상 A의 확률을 변화시키지 않음을 의미한다. 다시 말해 사상 A의 확률은 사상 B에 의해 영향을 받지 않는다는 것을 의미한다. $P(A \mid B) = P(A)$이면 $P(B \mid A) = P(B)$가 성립한다. 한 사상의 발생이 다른 사상의 확률에 영향을 주면 두 사상은 독립이 아니고 $P(A \mid B) \neq P(A)$이면 $P(B \mid A) \neq P(B)$이다. 두 사상이 독립이 아닌 경우가 더 일반적이지만 독립이라면 확률 계산이 매우 간단해진다.

정상적인 동전 한 개를 던지는 실험에서 앞면에 나올 사상을 H, 뒷면이 나올 사상을 T라 하면 $P(H) = P(T) = 1/2$이다. 아주 많은 횟수로 동전을 던진다 하더라도 앞면이 나올 확률과 뒷면이 나올 확률은 $1/2$로 동일하고 이전에 나온 결과는 다음에 나올 결과에 영향을 주지 않는다. 동전 한 개를 연속적으로 두 번 던질 경우 앞면이 연속적으로 나올 확률은 $P(H_1 \cap H_2) = P(H_1)P(H_2) = 1/2 \times 1/2 = 1/4$이고 $P(H_2 \mid H_1) = P(H_2) = 1/2$이다. 즉, 첫 번째 앞면이 나온 결과는 두 번째 앞면이 나오는 결과에 영향을 미치지 않기 때문에 두 사상은 독립이다.

앞서 설명한 상호 배반(mutually exclusive)사상은 상호 독립(mutually independent)사상과 전혀 다른 개념이다. '두 사상이 상호 배반이다.'라고 하면 두 사상이 동시에 발생할 수 없는 것을 의미하며, '두 사상이 독립이다.'라고 하면 한 사상의 발생이 다른 사상의 확률을 변화시키지 않는다는 것을 의미한다. 만약 한 사상의 발생이 다른 사상의 확률에 영향을 주면 두 사상은 독립이 아니다.

두 사상 A, B의 확률이 $P(A) \neq 0$, $P(B) \neq 0$인 경우, 두 사상이 독립이면 두 사상은 상호 배반이 아니며 두 사상이 상호 배반이면 두 사상은 독립이 아니다. 예를 들어, '오늘 날씨가 맑을 것이다.'라는 사상과 '오늘 시험이 있을 것이다.'라는 사상은 독립사상이지만, 이들 사상은 동시에 발생 가능하므로 상호 배반사상은 아니다.

$A_1, A_2, A_3, \dots, A_n$를 표본공간 S의 부분집합이고 상호 독립이라고 할 때 다음 [정

리 3.3]이 성립한다. 여기서 $P(A_i \cap A_j) = P(A_i)P(A_j)$(단, $i, j = 1, ..., n, \ i \neq j$)이 성립하면 이를 **쌍으로 독립**(pairwise independence)이라고 한다. 쌍으로 독립이 성립한다고 해서 상호 독립성이 성립하지는 않는다. 다시 말해 여러 개의 사상이 존재할 때 두 개의 사상끼리 서로 독립사상이라고 해도 상호 독립인지는 확신할 수 없다. 예를 들어 세 개의 사상(A, B, C)이 있다고 할 때 A와 B가 서로 독립이고 B와 C, A와 C 역시 서로 독립일지라도 $P(A \cap B \cap C) = P(A)P(B)P(C)$를 만족하지 않으면 상호 독립이 아니다.

[정리 3.3] 여러 사상들의 상호 독립

n개의 사상 $A_1, A_2, ..., A_n$이 **상호 독립**이기 위한 필요충분조건은 다음과 같다.

$$P(A_i \cap A_j) = P(A_i)P(A_j) \qquad \text{단 } i \neq j$$
$$P(A_i \cap A_j \cap A_k) = P(A_i)P(A_j)P(A_k) \ \text{단 } i \neq j, \ j \neq k, \ i \neq k$$
$$\vdots$$
$$P(A_1 \cap \cdots \cap A_n) = P(A_1) \cdots P(A_n) \ \text{즉, } P\left[\bigcap_{i=1}^{n} A_i\right] = \prod_{i=1}^{n} P(A_i)$$

예제 3-9 두 개의 주사위를 던질 때 두 주사위의 눈의 합이 8이 될 사상을 A, 두 주사위의 눈이 같을 사상을 B라고 하면 두 사상 A와 B는 독립인지 보여라.

풀이 두 사상 A와 B는 다음과 같다.

$$A = \{(2,6), (3,5), (4,4), (5,3), (6,2)\}$$
$$B = \{(1,1), (2,2), (3,3), (4,4), (5,5), (6,6)\}$$

$P(B|A) = \dfrac{1}{5}$이며 $P(B) = \dfrac{1}{6}$이므로 $P(B|A) \neq P(B)$이다. 따라서 두 사상 A와 B는 독립이 아니다.

예제 3-10 52장의 트럼프 카드에서 2장의 카드를 연속적으로 복원추출하는 실험을 한다고 하자. 첫 번째 카드가 에이스일 사상을 A, 두 번째 카드가 스페이드일 사상을 B라고 하면 두 사상 A와 B가 독립인지 보여라.

풀이 $P(A) = \dfrac{4}{52} = \dfrac{1}{13}$, $P(B) = \dfrac{13}{52} = \dfrac{1}{4}$, $P(B|A) = \dfrac{1/52}{1/13} = \dfrac{1}{4}$, $P(B|A) = P(B)$ 이므로 두 사상 A와 B는 서로 독립이다.

또는 $P(AB) = \dfrac{4 \times 13}{52^2} = \dfrac{1}{52}$, $P(AB) = P(A)P(B \mid A) = \dfrac{1}{13} \times \dfrac{1}{4} = \dfrac{1}{52} = P(A)P(B)$이므로 두 사상 A와 B는 독립이다.

예제 3-11 주사위 2개를 던지는 실험에서 두 주사위 눈의 합이 홀수가 나오는 사상을 A라 하고 첫 번째 주사위가 1의 눈이 나올 사상을 B, 두 주사위 눈의 합이 7이 나오는 사상을 C라 할 때 다음 물음에 답하라.

a) A와 B가 독립인가?

b) A와 C가 독립인가?

c) B와 C가 독립인가?

풀이 $P(A) = \dfrac{1}{2}$, $P(B) = \dfrac{1}{6}$, $P(C) = \dfrac{1}{6}$

a) $P(A \mid B) = \dfrac{1}{2} = P(A)$이므로 A와 B는 독립이다.

b) $P(A \mid C) = 1 \neq P(A) = \dfrac{1}{2}$이므로 A와 C는 독립이 아니다.

c) $P(B \mid C) = \dfrac{1}{6} = P(B)$이므로 B와 C는 독립이다.

예제 3-12 다음은 1,000명의 학부모를 대상한 자녀의 대학합격 여부와 과외비 지출에 대한 인터넷 설문조사 결과이다. 다음 물음에 답하라.

과외비 / 대학결과	상(A) 50만원 이상	중(B) 20~50만원	하(C) 20만원 이하
합격(S)	0.35	0.08	0.01
불합격(F)	0.25	0.20	0.11

a) 대학에 합격한 자녀를 둔 학부모의 확률을 구하라.

b) 대학에 합격한 자녀를 둔 학부모 중 높은 과외비를 지출한 학부모의 확률을 구하라.

c) 높은 과외비와 대학의 합격 여부는 서로 독립인지 종속인지 설명하라.

풀이 a) $P(S) = P(AS) + (BS) + P(CS) = 0.35 + 0.08 + 0.01 = 0.44$

b) $P(A \mid S) = \dfrac{P(AS)}{P(S)} = \dfrac{0.35}{0.44} = 0.80$

c) $P(A) = 0.35 + 0.25 = 0.60$이고 $P(A \mid S) = 0.80$이므로 사상 A와 B는 종속이다.

예제 3-13 일반적으로 적극성과 태어난 순서 사이에는 관계가 있다고 믿는다. 이 관계를 확인해 보기 위해 500명의 초등학생을 대상으로 검사한 결과가 아래와 같다.

	맏이인 경우(A)	맏이가 아닌 경우(B)
적극적임(P)	0.15	0.15
비적극적임(N)	0.25	0.45

a) 임의로 한 명을 선택했을 때, 그 아이가 맏이일 확률은?

b) 임의로 한 명을 선택했을 때, 맏이이면서 적극적일 확률은?

c) 맏이로 태어난 아이가 주어졌을 때, 그 학생이 적극적일 확률은?

d) 적극적인 아이일 사상과 맏이일 사상은 서로 종속관계인지 밝혀라.

풀이 a) $P(A) = P(P \cap A) + P(N \cap A) = 0.15 + 0.25 = 0.4$

b) $P(A \cap P) = 0.15$

c) $P(P|A) = \dfrac{P(P \cap A)}{P(A)} = \dfrac{0.15}{0.4} = 0.375$

d) $P(A \cap P) \neq P(A)P(P)$이므로 독립이 아니다.

예제 3-14 두 개의 주사위를 던지는 실험을 고려하자. A_1을 첫 번째 주사위의 눈이 홀수일 사상, A_2를 두 번째 주사위의 눈이 홀수일 사상, A_3을 두 개의 주사위의 눈의 합이 홀수일 사상이라고 하자. 이 세 개의 사상이 상호 독립인지 밝혀라.

풀이 세 개의 사상의 확률은 $P(A_1) = P(A_2) = P(A_3) = \dfrac{1}{2}$이다.

첫 번째 주사위의 눈	두 번째 주사위의 눈	두 주사위의 눈의 합
홀수	홀수	짝수
홀수	짝수	홀수
짝수	홀수	홀수
짝수	짝수	짝수

따라서 독립사상의 확률법칙에 의해

$P(A_1 A_2) = 1/4 = P(A_1)P(A_2)$, $P(A_1 A_3) = P(A_1)P(A_3|A_1) = 1/2 \times 1/2 = 1/4$,

$P(A_1)P(A_3) = 1/4$, $P(A_2 A_3) = 1/4 = P(A_2)P(A_3)$이므로 A_1와 A_2는 쌍으로 독립이다. 그러나 $P(A_1 A_2 A_3) = 0 \neq 1/8 = P(A_1)P(A_2)P(A_3)$이므로 A_1, A_2, A_3는 상호 독립이 아니다.

예제 3-15 동전을 독립적으로 몇 번 던지는 실험을 고려하자. A_i을 i번째 던지는 동전이 앞면이 나오는 사상, A_i^c을 i번째 던지는 동전이 뒷면이 나오는 사상이라고 하자. A_i와 A_i^c는 확률이 동일할 때$(P(A_i) = P(A_i^c) = 0.5)$ 다음을 계산하라.

a) 동전을 네 번 던져 앞면, 앞면, 뒷면, 앞면 순으로 나타날 확률
b) 동전을 세 번 던져 세 번째에 처음으로 앞면이 나올 확률
c) 동전을 네 번 던져 적어도 앞면이 한 번 나올 확률

풀이
a) $P(A_1 \cap A_2 \cap A_3^c \cap A_4) = P(A_1)P(A_2)P(A_3^c)P(A_4) = \left(\frac{1}{2}\right)^4 = \frac{1}{16}$

b) $P(A_1^c \cap A_2^c \cap A_3) = P(A_1^c)P(A_2^c)P(A_3) = \left(\frac{1}{2}\right)^3 = \frac{1}{8}$

c) $P(A_1 \cup A_2 \cup A_3 \cup A_4) = 1 - P[(A_1 \cup A_2 \cup A_3 \cup A_4)^c]$
$$= 1 - P(A_1^c \cap A_2^c \cap A_3^c \cap A_4^c)$$
$$= 1 - \left(\frac{1}{2}\right)^4 = \frac{15}{16}$$

3.5 확률의 법칙

3.5.1 확률의 합법칙

복합사상은 두 개 이상의 단일사상들의 집합이다. 이 절에서는 두 사상의 합사상의 확률을 계산하는 방법을 설명한다. 이를 **확률의 합법칙**(addition rule)이라고 한다. 합사상의 확률계산에는 두 사상이 상호 배반적인 경우와 상호 배반이 아닌 경우를 생각할 수 있다. 두 사상 A와 B가 동시에 발생할 수 있다면 사상은 상호 배반이 아니다. [그림 3-4] b)와 같은 경우 사상 A 또는 사상 B가 일어날 확률은 각각의 사상이 일어날 확률을 합한 후 여기서 두 사상이 동시에 일어나는 확률을 빼면 된다.

[정리 3.4] 확률의 합법칙

임의의 사상 A와 B에 대하여
$$P(A \cup B) = P(A) + P(B) - P(A \cap B)$$

예제 3-16 전기회로 시스템에서 스위치를 닫아 회로가 연결될 확률은 독립적으로 0.9 라고 하자. 다음 그림과 같은 2개의 시스템을 디자인했다면 A에서 B까지 회로가 연결될 확률이 높은 시스템은 어떤 것인가?

풀이 O_i를 i번째 스위치가 열릴 사상, C_i을 i번째 스위치가 닫힐 사상이라고 하자. 여기서 i는 스위치 번호이다.($i = 1, 2, 3, 4$) 그러면 첫 번째로 디자인한 회로가 연결될 확률은 다음과 같다.

$$P[회로연결] = 1 - P[회로연결^c]$$
$$= 1 - P[(O_1 \cap O_2) \cup (O_3 \cap O_4)]$$
$$= 1 - [P(O_1 \cap O_2) + P(O_3 \cap O_4) - P(O_1 \cap O_2 \cap O_3 \cap O_4)]$$
$$= 1 - [0.1^2 + 0.1^2 - 0.1^4] = 1 - 0.0199 = 0.9801$$

같은 방법으로 두 번째로 디자인한 회로가 연결될 확률은 다음과 같다.

$$P(회로연결) = P[(C_1 \cap C_3) \cup (C_2 \cap C_4)]$$
$$= P[C_1 \cap C_3] + P[C_2 \cap C_4] - P[C_1 \cap C_3 \cap C_2 \cap C_4]$$
$$= 0.9^2 + 0.9^2 - 0.9^4 = 0.9639$$

따라서 첫 번째로 디자인한 회로가 연결될 확률이 높다.

반대로 사상 A와 사상 B가 동시에 발생할 수 없으면 두 사상은 상호 배반이다. 이 경우 사상 A와 사상 B를 배반사상이라 한다. [그림 3-4]의 첫 번째 그림을 보면 두 사상이 겹치는 부분이 없다. 즉 $A \cap B = \varnothing$ 이 되고, 이 부분의 확률은 0이 된다. 이 정리를 여사상에 적용하면 $P(A \cup \overline{A}) = P(S) = 1$이 성립한다.

[정리 3.5] 서로 **배반사상** A와 B에 대하여
$$P(A \cup B) = P(A) + P(B), \ A \cap B = \varnothing$$

예제 3-17 주사위를 두 번 던질 때 나타난 두 눈의 합이 7이나 11이 될 확률은 얼마인가?

풀이 주사위를 두 번 던지는 경우 표본공간 내의 모든 발생 가능한 결과는 36가지이다. 두

눈의 합이 7이 될 사상 $A = \{(1,6), (2,5), (3,4), (4,3), (5,2), (6,1)\}$는 6가지이며, 두 눈의 합이 11이 될 사상 $B = \{(5,6), (6,5)\}$는 2가지이다. 그러나 사상 A와 사상 B는 동시에 발생할 수 없는 배반사상이다.

따라서 $P(A \cup B) = P(A) + P(B) = \dfrac{6}{36} + \dfrac{2}{36} = \dfrac{8}{36} = \dfrac{2}{9}$ 가 된다.

3.5.2 확률의 곱법칙

3.3절에서 언급되었던 두 사상 A와 B의 조건부 확률 $P(A \mid B)$를 이용하면 다음과 같은 **확률의 곱법칙**(multiplication rule)을 구할 수 있다. 만약 두 사상 A와 B가 독립이면 정의에 의해 확률의 곱법칙은 다음과 같이 간단하게 정리된다. 또한 확률의 곱법칙은 n개의 사상으로 확장할 수 있다.

[정리 3.6] 확률의 곱법칙

두 사상 A와 B의 교집합의 확률은

$P(A \cap B) = P(A)P(B \mid A)$ 또는 $P(A \cap B) = P(B)P(A \mid B)$가 된다.

또한 두 사상 A와 B가 독립이라면 교집합의 확률은

$P(A \cap B) = P(A)P(B)$가 된다.

[정리 3.7] n개의 사상 $E_1, E_2, ..., E_n$에 대하여

$P(E_1 \cdots E_n) > 0$이면 다음의 **확률의 곱법칙**이 성립한다.

$$P(E_1 \cdots E_n) = P(E_1)P(E_2 \mid E_1) \cdots P(E_n \mid E_1 \cdots E_{n-1})$$

예제 3-18 상자 안에 전구가 4개 들어있다고 하자. 그 중 2개는 불량품이고 2개는 양품이다. 무작위로 2개의 전구를 골랐을 때 모두 양품일 확률을 구하라.

풀이 첫 번째 추출 시 양품일 사상을 A이라 하고, 두 번째 추출 시 양품일 사상을 B라고 하자. 그러면 둘다 양품일 확률은 $P(A \cap B)$로 표시할 수 있다. 조건부 확률의 정의를 이용하면, $P(A \cap B) = P(A)P(B \mid A)$이 된다. 첫 번째 양품일 확률은 $P(A) = 1/2$이고, 첫 번째가 양품이었을 때 두 번째도 양품일 확률 $P(B \mid A) = 1/3$이므로 $P(A \cap B) = 1/6$이 된다.

예제 3-19 두 개의 주사위를 독립적으로 던질 때 두 사상을 각각 $A = \{$눈의 합 $= 8\}$, $B = \{$눈이 같다$\}$라고 했을 경우, $P(A \cap B)$를 구하라.

풀이 두 사상 A, B는 다음과 같다.

$$A = \{(2,6), (3,5), (4,4), (5,3), (6,2)\}$$
$$B = \{(1,1), (2,2), (3,3), (4,4), (5,5), (6,6)\}$$

따라서 $P(A \cap B) = P(\{4,4\}) = \dfrac{1}{36}$ 이다.

다른 방법으로 확률의 곱법칙을 이용하면 $P(A) = \dfrac{5}{36}$ 이고 $P(B \mid A) = \dfrac{1}{5}$ 이므로

$P(A \cap B) = P(A)P(B \mid A) = \dfrac{5}{36} \times \dfrac{1}{5} = \dfrac{1}{36}$ 이 된다.

예제 3-20 주머니에 검은색 공이 3개, 흰색 공이 7개 있다고 하자. 매번 공 1개를 무작위로 복원 추출하고 나서 그것의 색깔과 같은 색깔의 공을 추가로 2개 더 넣는다고 하면 세 번의 추출에서 모두 검은색 공이 뽑힐 확률을 구하라.

풀이 A_i를 i번째 추출에서 검은색 공이 나오는 사상이라고 하면 우리가 구하고자 하는 확률은 $P(A_1 A_2 A_3)$가 된다.

$$P(A_1 A_2 A_3) = P(A_1) \frac{P(A_1 A_2)}{P(A_1)} \frac{P(A_1 A_2 A_3)}{P(A_1 A_2)} = P(A_1)P(A_2 \mid A_1)P(A_3 \mid A_1 A_2)$$

이 되므로 다음과 같이 구할 수 있다.

$$P(A_1 A_2 A_3) = P(A_1)P(A_2 \mid A_1)P(A_3 \mid A_1 A_2) = \frac{3}{10} \times \frac{5}{12} \times \frac{7}{14} = \frac{1}{16}$$

3.6 베이즈 정리

실험하기에 앞서 실험결과에 대한 사전정보가 주어진다면 실험에서의 사상의 확률을 개선할 수 있는데, 이때 특정 사상에 대해 처음 주어진 확률을 사전확률(prior probability)이라고 한다. 특정 사상과 관련된 추가적인 정보를 이용하여 사전확률을 수정할 수 있는데, 수정된 확률을 사후확률(posterior probability)이라 한다. 사전확률은 분석자의 직관이나 과거의 경험에 의해 얻어지며, 표본조사나 실험들의 추가적인 정보에 의해 사전확률은 사후확률로 수정될 수 있다. **베이즈 정리**(Bayes' theorem)는 사전확률과 추가정보에 의해 사

후확률을 계산한다. 우선 분할 및 전확률의 정리를 살펴본 후 베이즈 정리를 설명한다.

　표본공간 S의 분할은 다음과 같이 정의된다.

[정의 3.8] 분　할

　사상 B_1, B_2, ..., B_n들이 표본공간 S에 대하여 다음의 조건을 만족한다면, S에
대한 **분할**(partition)이라 한다.

　① $B_i \cap B_j = \varnothing$, 모든 i, j에 대해 $i \neq j$

　② $\displaystyle\bigcup_{i=1}^{n} B_i = S$

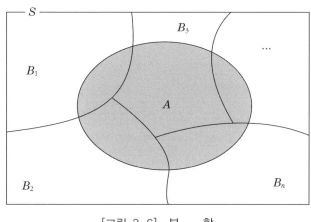

[그림 3-6] 분　할

[그림 3-6]에서 B_1, ..., B_n은 표본공간 S의 분할을 나타낸다. B_1, ..., B_n이 상호
배반으로 S를 분할한다고 했을 때, 표본공간 S에 속하는 임의의 사상 A에 대해 다음이
성립한다.

[정리 3.8]　전확률의 정리

　상호 배반사상인 B_1, ..., B_n가 표본공간 S를 분할한다고 할 때, S에 속하는 임
의의 사상 A에 대해 다음이 성립한다.

$$P(A) = \sum_{i=1}^{n} P(B_i) P(A \mid B_i)$$

이를 **전확률의 정리**(theorem of total probabilities)라고 한다.

증명 $A = AS = A\left[\bigcup_{i=1}^{n} B_i\right] = \bigcup_{i=1}^{n} AB_i$가 되고, AB_i들은 상호 배반이므로,

$P(A) = P\left[\bigcup_{i=1}^{n} AB_i\right] = \sum_{i=1}^{n} P(AB_i) = \sum_{i=1}^{n} P(B_i) P(A \mid B_i)$가 성립한다.

예제 3-21 3대의 기계 A, B, C가 각각 어떤 공장의 생산품 전체의 50%, 20%, 30%를 생산한다고 하자. 그리고 이들 기계가 불량품을 생산할 비율이 각각 3%, 5%, 4%라고 하자. 이때 생산품 중에서 임의로 한 개를 선택했을 경우 그 제품이 불량품일 확률을 구하라.

풀이 D를 제품이 불량품일 사상이라고 했을 때, $P(A) = 0.5$, $P(B) = 0.2$, $P(C) = 0.3$이고 $P(D \mid A) = 0.03$, $P(D \mid B) = 0.05$, $P(D \mid C) = 0.04$이므로 전확률의 정리에 $P(D)$는 다음과 같이 된다.

$$P(D) = P(A \cap D) + P(B \cap D) + P(C \cap D)$$
$$= P(A) P(D \mid A) + P(B) P(D \mid B) + P(C) P(D \mid C)$$
$$= 0.5 \times 0.03 + 0.2 \times 0.05 + 0.3 \times 0.04 = 0.037$$

한편 $P(B_i \cap A) = P(B_i) P(A \mid B_i)$이므로 조건부확률과 전확률의 정리를 이용하면 $P(B_i \mid A)$를 다음과 같이 구할 수 있다.

[정리 3.9] 베이즈 정리

상호 배반사상인 B_1, ..., B_n이 표본공간 S의 분할이며 모든 i에 대해 $P(B_i) > 0$이라 하면, $P(A) > 0$인 사상 A에 대해 다음이 성립한다.

$$P(B_k \mid A) = \frac{P(B_k) P(A \mid B_k)}{\displaystyle\sum_{i=1}^{n} P(B_i) P(A \mid B_i)}$$

이를 **베이즈 정리**라고 한다.

조건부 확률의 정의에 의하여

$$P(B_i \mid A) = \frac{P(B_i \cap A)}{P(A)}$$

이 되고, 분모에 전확률의 정리를 이용하면,

$$P(A) = \sum_{i=1}^{n} P(B_i) P(A \mid B_i)$$

가 되므로 다음의 결과를 구할 수 있다.

$$P(B_k \mid A) = \frac{P(B_k) P(A \mid B_k)}{\displaystyle\sum_{i=1}^{n} P(B_i) P(A \mid B_i)}$$

베이즈 정리는 $n = 2$인 경우, $P(B_1 \mid A)$는 다음과 같이 정리할 수 있다.

$$P(B_1 \mid A) = \frac{P(B_1) P(A \mid B_1)}{P(B_1) P(A \mid B_1) + P(B_2) P(A \mid B_2)}$$

베이즈 정리는 실험이 여러 단계로 이루어져 있는 경우 사상이 발생한 역순으로 정의된 조건부 확률을 계산할 때 유용하게 쓰인다. 사상 B_i, $i = 1, \ldots, n$가 첫 번째 단계에서 발생된 사상이며, 사상 A는 두 번째 단계에서 발생된 사상일 때 $P(B_k|A)$는 사상 A, B_k가 역방향으로 정의된 경우의 확률이다. 이 경우 베이즈 정리를 이용하면 조건부 확률이 첫 번째 단계에서 발생한 사상이 주어졌을 경우 두 번째 단계에서 발생한 사상의 확률로 전환되어 확률계산을 용이하게 할 수 있다.

예제 3-22 통계학 과목이 A, B, C 3개 반으로 나누어져 수업을 받는다. A, B, C반이 각각 50, 30, 20명씩 수강하고 있다. 학기가 끝난 후, 학점을 조사한 결과, F를 받은 사람은 A, B, C반에서 각각 10명씩이었다. 한 학생에게 학점을 물었을 때, 이 학생이 F를 받았다면, 그 학생이 A반에서 수강한 학생이었을 확률을 구하라.

풀이 $P(A) = 1/2$, $\quad P(F \mid A) = \dfrac{P(A \cap F)}{P(A)} = \dfrac{0.1}{0.5} = 1/5$,

$\quad\quad P(B) = 3/10$, $\quad P(F \mid B) = \dfrac{P(B \cap F)}{P(B)} = \dfrac{0.1}{0.3} = 1/3$,

$$P(C) = 1/5, \quad P(F \mid C) = \frac{P(C \cap F)}{P(C)} = \frac{0.1}{0.2} = 1/2\text{이므로}$$

$$
\begin{aligned}
P(A \mid F) &= \frac{P(A \cap F)}{P(F)} \\
&= \frac{P(A \cap F)}{P(A)P(F \mid A) + P(B)P(F \mid B) + P(C)P(F \mid C)} \\
&= \frac{\dfrac{1}{2} \times \dfrac{1}{5}}{\dfrac{1}{2} \times \dfrac{1}{5} + \dfrac{3}{10} \times \dfrac{1}{3} + \dfrac{1}{5} \times \dfrac{1}{2}} \\
&= \frac{1}{3}
\end{aligned}
$$

이 된다.

예제 3-23 5개의 항아리$(B_1, \dots, B_5)$가 있고 그 항아리 안에는 총 10개의 공이 있다. i번째 항아리에는 i개의 검은색 공과 $10 - i$개의 하얀색 공이 들어있다. 첫 번째로 항아리를 고르고 그 항아리에서 하나의 공을 추출하는 실험을 한다고 하자. 다음 물음에 답하라.

a) 검은색 공이 추출될 확률을 구하라.

b) 검은색 공이 추출되었다면 이 공이 5번째 항아리에서 추출될 확률을 구하라.

c) 검은색 공이 추출되었다면 이 공이 k번째 항아리에서 추출될 확률을 구하라.

풀이 A를 검정색 공이 추출될 사상이라고 하면 다음과 같다.

$$P(B_i) = \frac{1}{5} \, (i = 1, \dots, 5), \; P(A \mid B_i) = \frac{i}{10} \, (i = 1, \dots, 5)$$

a) 검은색 공이 추출될 확률은 $P(A)$이므로 전확률의 정리를 이용한다.

$$P(A) = \sum_{i=1}^{5} P(B_i) P(A \mid B_i) = \sum_{i=1}^{5} \frac{1}{5} \times \frac{i}{10} = \frac{1}{50} \sum_{i=1}^{5} i = \frac{1}{50} \times \frac{30}{2} = \frac{3}{10}$$

따라서 검은색 공이 추출될 확률은 3/10이다. 이 확률은 전체 공 50개 중 검은색 공이 15개일 때의 확률과 같다.

b) 검은색 공이 추출되었고 그 공이 5번째 항아리에서 추출될 확률은 $P(B_5 \mid A)$이므로 베이즈 정리를 이용한다.

$$P(B_5 \mid A) = \frac{P(B_5) P(A \mid B_5)}{\displaystyle\sum_{i=1}^{5} P(B_i) P(A \mid B_i)} = \frac{\dfrac{1}{5} \times \dfrac{1}{2}}{\dfrac{3}{10}} = \frac{1}{3}$$

c) b)에서 해결될 문제를 k번째 항아리로 일반화하면

$$P(B_k|A) = \frac{\dfrac{1}{5} \times \dfrac{k}{10}}{\dfrac{3}{10}} = \frac{k}{15}, \ k = 1, ..., 5$$

이 된다. 확률의 공리에 의해 모든 확률의 합이 1이 되어야 하므로 다음이 성립해야 한다.

$$\sum_{k=1}^{5} P(B_k|A) = \sum_{k=1}^{5} \frac{k}{15} = \frac{1}{15} \sum_{k=1}^{5} k = \frac{1}{15} \times \frac{30}{2} = 1$$

01. 동전 1개와 주사위 1개를 동시에 던졌을 경우 다음 물음에 답하라.

　a) 이 실험에서의 표본공간을 구하라.

　b) 동전은 앞면이 나오고 주사위는 홀수 눈이 나오게 될 확률은 얼마인가?

02. 다음은 성인 운전자의 소득수준(L=저소득, M=중, H=고소득)과 직업(A, B, C)의 결합확률을 나타내는 표이다.

직업 \ 소득	L	M	H	
A	.10	.13	.02	.25
B	.20	.12	.08	.40
C	.10	.15	.10	.35
	.40	.40	.20	

다음의 조건부 확률을 구하라.

　a) $P(B|H)$　　　　　　　d) $P(M|\overline{A})$

　b) $P(M|C)$　　　　　　　e) $P(M|B \cup C)$

　c) $P(\overline{A}|M)$　　　　　　　f) $P(L \cup M|C)$

03. 52장의 트럼프 카드에서는 4장의 에이스가 포함되어 있다. 만약 트럼프 카드를 4명의 사람들에게 13장씩 무작위로 나눠주었을 경우 한 사람이 4장의 에이스를 다 가지게 될 확률을 구하라.

04. 헌혈 센터에 오는 기증자 중 혈액형이 O^+인 사람의 비율이 1/4, 혈액형이 O^-인 사람의 비율이 1/20, 혈액형이 A^+인 사람의 비율이 1/4, 그리고 혈액형이 A^-인 사람의 비율이 1/16이다. 헌혈을 하기 위해 찾은 어떤 사람의 혈액형이 다음과 같을 확률은 얼마인가?

　a) 혈액형이 O^+일 확률

　b) 혈액형이 O일 확률

　c) 혈액형이 A일 확률

d) 혈액형이 O과 A가 아닐 확률

05. 주머니에 흰 공과 검은 공이 각각 16개와 2개가 들어 있다고 하자. 만약 18명의 학생이 주머니로부터 차례로 공을 하나씩 꺼내 가질 때 검은 공을 갖기 위해서는 몇 번째로 꺼내는 학생이 유리한가? (단, 한번 꺼낸 공은 다시 주머니에 집어넣지 않는다)

06. 주사위를 두 개 던지는 실험을 생각해보자. 사상 A는 수의 합이 짝수일 사상이고, 사상 B는 수의 합이 9, 10, 12가 나올 사상이라고 한다.
    a) 사상 A와 사상 B는 서로 독립인가? 그렇다면 이유를 답하라.
    b) 사상 A와 사상 B는 상호 배반인가? 그렇다면 이유를 답하라.

07. A라는 상자와 B라는 상자가 있다고 하자. 흰 공과 검은 공이 A상자에는 각각 6개와 4개가 들어 있고, B상자에는 각각 7개와 3개가 들어 있다. 이때 A상자로부터 임의로 공 1개를 꺼내어 그 공을 B상자에 넣고, 다시 B상자에서 공 1개를 꺼내어 A상자에 넣었다고 할 경우 다음 물음에 답하라.
    a) A상자와 B상자에서 모두 흰 공을 꺼내게 될 확률은 얼마인가?
    b) 공을 꺼내고 넣는 과정이 다 끝났을 때, 결과적으로 A상자가 처음 상태와 같게 될 확률은 얼마인가?

08. 1, 2, 3, 4, 5라고 번호가 매겨진 5개의 항아리가 있다. i항아리에는 흰 공이 i개, 검은공이 $5-i$개 들어 있다.($i=1, 2, 3, 4, 5$) 하나의 항아리를 임의로 선택한 후, 선택된 단지에서 2개의 공을 비복원으로 추출할 때, 다음 물음에 답하라.
    a) 두 공 모두 흰 공일 확률은 얼마인가?
    b) 두 공 모두 흰 공일 때, 2번 항아리가 선택되었을 확률은 얼마인가?

09. 자녀가 3명 있는 가정의 경우 다음 확률을 구하라.
    a) 적어도 한 명이 딸일 확률
    b) 적어도 두 명이 딸일 확률
    c) 적어도 한 명이 딸이라는 조건하에 적어도 두 명이 딸일 확률
    d) 위에 아이가 딸이라는 조건하에 적어도 두 명이 딸일 확률

10. 진행 중인 게임의 규칙은 다음과 같다. 도전자는 공을 칠 기회가 총 세 번 있으며, 각 기회마다 공을 치면 H, 치지 못하면 M이라고 기록을 한다. 도전자는 공을 치는

손을 번갈아가며 쳐야만 한다. 만약 도전자가 첫 기회에서 오른손으로 시도를 했다면, 두 번째 기회에서는 왼손, 세 번째 기회에서는 다시 오른손으로 쳐야만 한다. 그리고 주어진 기회 중 두 번 이상 공을 치면 게임에서 승리한다. 어떤 도전자의 오른손으로 공을 칠 확률이 0.6, 왼손으로 공을 칠 확률이 0.4이고 각 시도마다 성공확률은 독립적이라고 하자. 도전자가 첫 시도를 오른손으로 할 때, 그가 게임에서 이길 확률을 구하라.

11. 룰렛(roulette wheel)을 한번 돌릴 경우 38가지의 결과(빨간색: 18, 검은색: 18, 녹색: 2)가 나오게 된다. 만약 이러한 룰렛을 독립적으로 2번 돌렸을 경우 적어도 한번은 녹색이 나온다고 했을 때, 두 번 모두 녹색이 나올 확률을 구하라.

12. 공정한 주사위 두 개를 반복적으로 던지는 실험을 생각해보자. 두 주사위의 눈의 합이 7이 나오기 전에 합이 4가 나올 확률을 구하라.

13. 세 사람이 30년 동안 생존할 확률은 독립이며 각각 0.5, 0.4, 0.3이라고 한다. 30년 후, 다음의 확률을 구하라.
    a) 세 명 모두 살아있을 확률
    b) 세 명 모두 사망했을 확률
    c) 한 명만 살아있을 확률
    d) 적어도 한 명 살아있을 확률

14. 만약 사상 A와 B가 독립이라면 $\overline{A}$ 과 B 또한 독립임을 보여라.

15. 다음과 같이 사상 A, B, C에 대한 등식이 성립함을 보여라.
    a) $P[(A \cup B)|C] = P(A|C) + P(B|C) - P[(A \cap B)|C]$
    b) $P(AB) = P(AC)$, $P(AB) \neq 0$, $P(AC) \neq 0$이며 $P(BC) = 0$일 때,
       $P(적어도 하나) = P(A) + P(B) + P(C) - 2P(AB)$

16. 두 대의 기계 A, B가 같은 제품을 생산하는데, 하루에 기계 A는 1,000개, 기계 B는 500개를 생산한다. 이때 기계 A가 생산한 제품 중 5%, 기계 B가 생산한 제품 중 3%가 불량품이라 한다.
    a) 어느 날 두 대의 기계 A, B가 생산한 1,500개의 제품 중 임의로 하나를 뽑았을 때, 이 제품이 불량품일 확률을 구하라.

b) 임의로 추출한 제품이 불량품일 때, 이 제품이 기계 A에서 생산된 제품일 확률을 구하라.

17. 어떤 가전제품 상점에서 세 가지 브랜드(브랜드 1, 브랜드 2, 브랜드 3)의 비디오를 판매하고 있다. 그리고 이 가게에서 판매하고 있는 브랜드 1, 브랜드 2, 브랜드 3의 비디오의 비중은 각각 50%, 30%, 20%이다. 만약 각 브랜드의 비디오의 불량률이 25%, 20%, 10%라고 할 경우 다음 물음에 답하라.
   a) 어떤 소비자가 품질보상을 받아야 할 브랜드 1의 비디오를 사게 될 확률은 얼마 인가?
   b) 어떤 소비자가 품질보상을 받아야 할 비디오를 사게 될 확률은 얼마인가?
   c) 어떤 소비자가 품질보상을 받아야 할 비디오를 구입했을 경우, 그 제품이 브랜드 1에서 만든 비디오일 확률은 얼마인가?

18. 어느 지역에서 지역 문제를 투표로 결정하기로 하였다. 지역의 투표자들의 A정당의 지지율이 40%, B정당의 지지율이 60%라고 알려져 있으며, 이번 투표에서 A정당의 지지자 중 40%, B정당의 지지자 중 70%가 문제 해결에 대하여 찬성을 한다. 찬성한 사람 중 한 명을 임의로 추출하였을 때, B정당의 지지자일 조건부 확률을 구하라.

19. 4쌍의 부부가 영화를 보러갔을 때, 남편들은 남편들끼리, 부인들은 부인들끼리 두 줄로 랜덤하게 앉았을 경우에
   a) 적어도 한 쌍의 부부가 앞뒤로 앉게 될 확률을 구하라.
   b) 꼭 한 쌍의 부부만이 앞뒤로 앉게 될 확률을 구하라.

20. 어떤 사람이 n개의 열쇠를 갖고 있다. 자물쇠에 맞는 열쇠는 이 중 한 개뿐이다. n개의 열쇠를 차례로 한 개씩 시험하여 볼 때 r번째 열쇠가 맞을 확률을 구하라.

21. 주사위 한 개를 던질 때 다음의 사상을 고려하자.

$$A : 홀수의 \ 눈이 \ 나올 \ 사상$$
$$B : 짝수의 \ 눈이 \ 나올 \ 사상$$
$$C : 1 \ 또는 \ 2의 \ 눈이 \ 나올 \ 사상$$

   a) 사상 A와 B는 독립인가?
   b) 사상 A와 C는 독립인가?

22. 주사위 두 개를 던지는 실험에서 사상 A, B, C가 아래와 같을 때 다음 물음에 답하라.

A : 첫 번째 주사위가 5인 사상

B : 두 번째 주사위가 4보다 큰 사상

C : 합이 10일 사상

a) 사상 A와 B는 독립인가?

b) 사상 A와 C는 독립인가?

c) 사상 B와 C는 독립인가?

23. 주사위 2개를 던지는 실험에서 두 주사위 눈의 합이 홀수가 나오는 사상을 A라 하고, 첫 번째 주사위가 1의 눈이 나올 사상을 B, 두 주사위 눈의 합이 7이 되는 사상을 C라 할 때, 다음 물음에 답하라.

a) 사상 A와 B는 독립인가?

b) 사상 A와 C는 독립인가?

c) 사상 B와 C는 독립인가?

24. 주사위 한 개를 던지는 실험에서 사상 A, B, C가 아래와 같을 때 다음 물음에 답하라.

A : 눈이 4보다 작게 나오는 사상

B : 눈이 2보다 작거나 같게 나오는 사상

C : 눈이 3보다 크게 나오는 사상

a) 사상 A와 B는 독립인가? 상호 배반인가?

b) 사상 A와 C는 독립인가? 상호 배반인가?

25. 세 개의 사상 A, B, C가 다음을 만족할 때 상호 독립이라고 한다.

$$P(A \cap B) = P(A) \times P(B), \ P(B \cap C) = P(B) \times P(C),$$
$$P(A \cap C) = P(A) \times P(C), \ P(A \cap B \cap C) = P(A) \times P(B) \times P(C).$$

공정한 동전을 두 번 던질 때, 다음과 같이 사상을 정의한다.

A : 첫번째 시도에서 앞면이 나오는 경우

B : 두번째 시도에서 앞면이 나오는 경우

C : 두 번의 시도에서 같은 방향이 나오는 경우

이때 사상 A, B, C는 상호 독립인지 보여라.

26. 주머니 속에 구별되지 않는 5개의 주사위가 들어 있다. 그 중 4개는 공정한 주사위이고, 한 개는 불균형 주사위이다. 불균형 주사위의 경우 굴린 횟수의 2/3는 6이 나온다. 주사위의 눈이 6이 나올 확률을 구하고 주사위의 눈이 6이 나왔을 때 이 주사위가 불균형한 주사위일 확률을 구하라.

27. 어느 지역의 주민들을 조사해본 결과 흡연자의 비율이 30%로 나타났으며 흡연자의 폐암 사망률이 비흡연자의 폐암 사망률보다 10배 높다. 만약 이 지역의 폐암 사망률이 0.1이라면 흡연자의 폐암 사망률을 구하라.

28. 어떤 병의 발생률이 25명 중에 1명꼴이라고 하자. 한 개인이 병원에서 그 병에 대한 검사를 받는다고 할 경우, 실제로 그 병에 걸렸다고 할 때 검사에서 양성 반응이 나올 확률은 0.99임에 반해, 그 병에 안 걸렸음에도 불구하고 양성 반응이 나올 확률은 0.02라고 하자. 만약 무작위로 어느 한 개인을 선택해서 그 병에 대해 검사를 한다고 할 때 다음 물음에 답하라.
a) 검사에서 양성 반응이 나올 확률은 얼마인가?
b) 검사결과가 양성이라고 할 경우, 실제로 그 병에 걸려 있을 확률은?
c) 검사결과가 음성이라고 할 경우, 실제로 그 병에 걸려 있지 않을 확률은?

29. 특정 도시에서 100명 시민 중 하나가 결핵보균자라고 알려져 있다. 이에 시민을 대상으로 결핵검사를 하도록 한다. 결핵보균자인 경우 결핵검사 결과가 양성이 나올 확률은 98%이며, 결핵보균자가 아닐 경우 결핵검사 결과가 양성이 나올 확률은 0.2%라고 한다. 만약 어떤 사람에 대하여 결핵검사를 실시하였을 때 양성 반응이 나왔다면, 실제로 그 사람이 결핵보균자일 확률은 얼마인가?

30. 우리나라 사람 347명을 대상으로 지지하는 정당에 대한 조사결과가 아래 표와 같다고 할 때, 347명 중 한 명을 무작위 추출할 경우 다음의 확률을 구하라.

	지지(F)	반대(D)	없음(N)	총합
A당	0.28	0.10	0.02	0.40
B당	0.31	0.16	0.03	0.50
C당	0.06	0.04	0	0.10
총합	0.65	0.30	0.05	1.00

a) $P(F|A)$

b) $P(B|D)$

31. 통계학과 1학년 학생 중 40%가 안경을 착용하지 않았고, 나머지 60%가 안경을 착용하였다고 한다. 안경을 착용하지 않은 학생 중 통계학 성적이 A인 학생이 20%였고, 안경을 착용한 학생 중 통계학 성적이 A인 학생이 30%였다고 할 때, 다음 물음에 답하라.

　　a) 통계학과 1학년 학생 중 1명을 무작위로 추출했을 때 통계학 성적이 A일 확률을 구하라.

　　b) a)의 A를 받은 학생이 안경을 착용했을 확률을 구하라.

32. 어느 도시의 미혼자와 기혼자의 비율이 3대 7이고, 미혼자와 기혼자의 교통사고 발생률은 다르다고 알려져 있다. 미혼인 사람이 사고를 낼 확률은 0.3이고, 기혼인 사람이 사고를 낼 확률은 0.1이라고 가정하자.

　　a) 어떤 사람이 사고를 낼 확률을 구하라.

　　b) 어떤 사람이 사고를 냈을 때, 이 사람이 미혼일 확률을 구하라.

33. 어느 지역의 모든 흡연자 중 40%는 브랜드 A를 선호하며, 60%는 브랜드 B를 선호한다. 브랜드 A를 선호하는 흡연자 중 40%가 여성이며, 브랜드 B를 선호하는 흡연자 중 30%가 여성이다. 무작위로 선택된 흡연자가 선택한 사람이 여성일 때, 브랜드 A를 선호할 확률을 구하라.

34. 제조회사는 A_1, A_2, A_3의 세 곳의 조립라인에서 제품을 생산하고 있다. A_1 라인에서 생산된 제품 중 5%는 수리가 필요하며, A_2 라인에서 생산된 제품 중 8%가 수리가 필요하고, A_3 라인에서 생산된 제품 중 10%가 수리가 필요하다. 그리고 회사에서 생산하는 모든 제품 중 50%는 A_1 라인에서, 30%는 A_2 라인에서, 20%는 A_3 라인에서 생산하고 있다. 무작위로 선택된 제품이 수리가 필요하다면, 이 제품이 A_2 라인에서 생산되었을 확률은 얼마인가?

35. 어떤 보험회사의 조사결과에 의하면 사람들을 두 부류로 나눌 수 있다. 즉, 사고성향이 있는 사람과 그렇지 않은 사람으로 분류한다. 그들의 통계자료에 의하면 사고성향이 있는 사람은 주어진 1년 이내에 사고를 일으킬 확률이 0.6인 반면, 사고성향이 없는 사람은 그 확률이 0.3로 감소한다. 인구의 20%가 사고성향이 있다고 할 때, 새로

운 보험계약자가 보험에 가입한 지 1년 이내에 사고를 일으킬 확률은 얼마인가?

36. 자동차 운전자는 두 부류로 나눌 수 있다. 전체 운전자 집단 중 80%는 항상 안전규칙을 준수하는 운전자이며 연간 사고율이 0.1이다. 그리고 전체 운전자 집단 중 20%는 안전규칙을 준수하지 않는 운전자이며 연간 사고율이 0.6이다. 사고 경력이 있는 운전자가 항상 안전규칙을 준수하는 운전자일 확률을 구하라.

37. 6개의 붉은 공과 5개의 푸른 공이 들어 있는 항아리로부터 비복원으로 연속해서 총 4개의 공을 무작위로 추출한다. 4개의 공들 중에서 3개가 푸른 공이라 할 때, 첫 번째 선택된 공이 푸른 공일 조건부 확률은 얼마인가?

38. 다음 물음이 옳으면 T, 옳지 않으면 F로 표시하고 옳지 않을 경우 바르게 고쳐라.
   a) 두 사상 A, B가 독립일 때, A사상의 발생은 B사상의 발생에 영향을 미치지 않는다.
   b) $P(A \cap B) = P(A)P(B)$이면 사상 A와 B는 상호 배반사상이다.
   c) $P(A) \neq 0$, $P(B) \neq 0$인 사상 A, B가 독립이라면 사상 A와 B는 상호 배반이다.
   d) 사상 A가 발생했다는 조건 하에 B가 발생할 확률은 사상 A의 확률과 같다.
   e) 공정한 동전을 5번 던졌을 때 모두 뒷면이 나왔다면 6번째 던져서 뒷면이 나올 조건부 확률은 1/64이다.

39. 전체 날 중에서 흐린 날은 40%이며, 비오고 흐린 날은 흐린 날의 반 즉 전체 날 중 20%라고 하자. 선택된 어느 날이 흐린 날이라면 비가 올 확률은 얼마인가?

40. 12개의 주사위를 던져서 1부터 6까지의 숫자가 각각 2번씩 나올 확률을 구하라.

41. 어떤 부동산 중개인이 8개의 열쇠를 갖고 있다. 만일 집들의 40%가 잠겨있지 않을 때 부동산 중개인이 그의 사무실을 떠나기 전에 임의의 3개의 열쇠만 가지고 갔다. 중개인이 특정한 집에 들어갈 확률은 얼마인가?

42. A, B, C 세 개의 상자가 있다고 하자. 상자 A에는 검은 공이 3개, 흰 공이 3개 들어 있고, 상자 B에는 검은 공이 3개, 흰 공 5개, 상자 C에는 검은 공이 7개, 흰 공이 2개 들어 있다고 한다. 상자 A에서 하나를 추출하여 상자 B에 넣은 후, 상자 B에서 하나를 추출하여 상자 C에 넣고 다시 상자 C에서 하나를 추출한다. 이때 상자 A, B, C에서 모두 흰 공이 추출될 확률을 구하라.

43. 13개의 흰 구슬과 1개의 노란 구슬이 들어 있는 주머니가 있다. 14명의 학생이 비복
원 추출로 공을 꺼낼 때, 다음을 구하라.

a) 첫 번째 학생이 노란 구슬을 꺼낼 확률이 다른 학생보다 높은가?

b) 만약 노란 구슬 2개와 흰 구슬 12개가 주머니에 있다고 하자. 세 번째 학생이 노
란색 구슬을 꺼낼 확률을 구하라.

제 4 장
확률변수

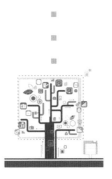

제 4 장   확률변수

3장에서는 확률에 대한 개념과 확률의 계산 법칙에 관해 설명하였다. 관찰된 표본의 자료를 이용하여 모집단에 관한 추론을 하기 위해 확률이 사용된다. 실험의 결과를 나타내는 사상은 말이나 문자로 나타내는 것이 일반적이나 실제로 많은 자료는 숫자로 이루어져 있다. 4장에서는 확률변수의 개념을 설명하여 숫자로 이루어진 자료가 확률변수의 관찰된 값이라는 것과 확률변수의 형태 및 확률분포의 개념을 설명하여 숫자로 표현된 실험결과의 확률을 계산하는 방법을 설명한다. 따라서 3장의 확률개념은 4장에서의 확률변수와 관련된 확률계산의 기초가 된다. 4장에서는 확률변수의 개념 및 이산형 확률변수와 연속형 확률변수를 소개하고, 이산형 확률분포와 연속형 확률분포 그리고 확률변수의 평균 및 분산을 설명한다.

4.1 확률변수의 개념

실험에 의하여 얻어진 실험결과를 숫자로 표기하는 것이 실험결과 자체를 표기하는 것 보다 더 효율적일 수 있다. 예를 들어 정상적인 동전 한 개를 한 번 던졌을 때 출현 가능한 모든 결과들을 나타내는 표본공간 S는 다음과 같다.

$$S = \{H, T\}$$

여기서 H는 동전의 앞면을 의미하고, T는 동전의 뒷면을 의미한다. 만약 X라는 확률변수가 동전 1개를 한 번 던졌을 때의 나타나는 앞면의 수라고 한다면, H가 나왔을 때는 $X=1$이 되고, T가 나왔을 때는 $X=0$이 된다. 다시 말해 $X=1$은 동전이 앞면, $X=0$은 동전이 뒷면이 나왔음을 의미한다($X(\{H\})=1$, $X(\{T\})=0$). 즉, 확률변수 X는 표본공간 S의 원소를 실수공간 R의 원소인 실수값에 대응시키는 함수이다. 이를 도식화하면 다음 [그림 4−1]과 같다. 여기서 실수공간은 $R = \{\, 0\, , 1\, \}$이다.

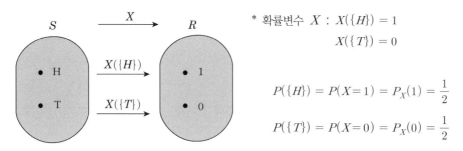

[그림 4−1] 확률변수의 표현

[정의 4.1] 확률변수(random variable)는 표본공간 내에 있는 각 원소를 하나의 실수 값에 대응시키는 함수로 정의된다.

    확률변수는 이산형 확률변수(discrete random variable)와 연속형 확률변수(continuous random variable) 두 가지로 분류된다. 이산형 확률변수란 일정 범위 내의 실수 사이에서 확률변수 X가 가질 수 있는 값의 수가 x_1, x_2, x_3, …과 같이 유한하거나 무한개로 셀 수 있는(countable) 변수로 0 또는 양의 정수를 가진다. 예를 들어 동전 1,000개를 동시에 던졌을 때 앞면의 수를 확률변수라고 한다면 이 확률변수가 취할 수 있는 값의 범위는 0~1,000 사이의 정수가 되므로 이때의 확률변수는 이산형 확률변수가 되고 이때의 표본 공간도 당연히 이산형 표본공간이 된다. 반면에 어떤 통계적 실험에서는 출현 가능한 결 과들이 유한하지도 않고 셀 수 없는 경우도 있다. 예를 들어, 사람의 키나 몸무게를 생각 해 보면 사람의 키는 170~190cm 구간 안에서도 무수히 많은 관찰값을 가질 수 있고 몸 무게 또한 마찬가지이다. 키나 몸무게와 같은 값은 일정 구간 안에 있는 실수로 측정되는 것으로 연속성을 띄고 무한개의 값을 가질 수 있으므로 수의 직선상에 임의의 값을 변수 로 취하는 것이다. 측정도구에 의한 소수점 이하의 값으로 표현되며 대부분이 근사값 (approximate value)이다. 이 값들을 확률변수로 가지는 경우 표본공간 내의 가능한 값은 무한개이고 셀 수도 없으므로 연속형 확률변수가 되고 이때의 표본공간은 연속형 표본공 간이 된다.

이산형 표본공간과 연속형 표본공간

표본공간이 셀 수 있는 원소로 이루어졌을 때 **이산형 표본공간**(discrete sample space)이라 하고 표본공간이 실선의 어떤 구간 내의 모든 수를 포함할 때 **연속형 표본공간**(continuous sample space)이라 한다.

예제 **4-1**   다음의 확률변수가 이산형 표본공간을 갖는지, 연속형 표본공간을 갖는지를 정의하라.

오타 수, 상품의 결점 수, 수명, 대기시간,

키, 병원에 들어온 환자의 수, 혈압

풀이   이산형 표본공간 : 오타 수, 상품의 결점 수, 병원에 들어온 환자의 수

연속형 표본공간 : 수명, 대기시간, 키, 혈압

확률변수는 대문자(예, X)로 나타내고, 확률변수 X가 가지는 하나의 값(관찰값)은 소문자(예, x)로 나타낸다.

예제 **4-2**   공평한 동전을 세 번 던지는 실험에서 앞면이 나오는 개수를 확률변수 X로 놓으면 실현 가능한 x의 값과 x에 대한 확률을 구하라.

풀이

표본공간	$X = x$
$\{T, T, T\}$	0
$\{T, T, H\}$	1
$\{T, H, T\}$	1
$\{H, T, T\}$	1
$\{T, H, H\}$	2
$\{H, H, T\}$	2
$\{H, T, H\}$	2
$\{H, H, H\}$	3

X	0	1	2	3
$P(X = x)$	$\dfrac{1}{8}$	$\dfrac{3}{8}$	$\dfrac{3}{8}$	$\dfrac{1}{8}$

예제 4-2에서 표본공간은 각각 유한개의 원소를 가지고 있다. 반대로 하나의 주사위를 5의 눈이 나타날 때까지 던진다면 표본공간은 다음과 같이 무한개의 원소를 가지게 된다.

$$\text{표본공간} = \{\,S,\ FS,\ FFS,\ FFFS,\ \dots\,\}$$

여기서 S는 5의 눈이 나타난 경우, F는 그렇지 않은 경우를 나타낸다. 확률변수 X를 하나의 주사위를 5의 눈이 나타날 때까지 던진 횟수라고 한다면 $X(S) = 1$, $X(FS) = 2$, $X(FFS) = 3, \dots$ 이 되어 X의 가능한 값은 무한개가 된다. 그러나 이 실험에서도 각 원소에 첫 번째, 두 번째, 세 번째 등과 같이 양의 정수를 부여할 수 있으므로 셀 수 있는 경우로 적용할 수 있다.

4.2 이산형 확률분포와 연속형 확률분포

4.2.1 이산형 확률분포

이산형 확률분포에서는 관찰된 각 값에 확률이 부여된다. 만약 동전 한 개를 한 번 던졌을 경우 앞면이 나오는 횟수를 X라고 하면, 앞면이 나오거나 뒷면이 나오는 두 가지의 경우만을 고려할 수 있다. 그러므로 확률변수 X는 0(동전의 뒷면이 나온 경우) 또는 1(동전의 앞면이 나온 경우)의 값을 가지게 된다. 이를 한눈에 알아보기 위해서 X가 가질 수 있는 가능한 값 x와 그에 대한 확률을 표로 나타내면 다음과 같다.

$X = x$	0	1
$P(X = x)$	1/2	1/2

위의 x값은 X가 가질 수 있는 모든 값들이므로 각 값에 대한 확률의 합은 당연히 1이 된다. 위와 같이 이산형 확률변수가 취할 수 있는 모든 값들과 이에 대응하는 각각의 확률을 계산할 수 있는 식, 표 또는 그래프를 이산형 확률변수의 **확률분포**(probability distribution)라 한다. 위의 확률분포를 그래프로 표시하면 [그림 4-2]와 같다.

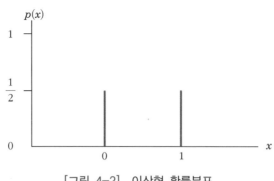

[그림 4-2] 이산형 확률분포

예제 4-3 동전 한 개와 주사위 한 개를 동시에 던져 동전의 앞면이 나오면 주사위의 값에 1을 더하고 뒷면이 나오면 1을 뺀 값을 확률변수 X라고 할 때, 확률분포표를 작성하라.

풀이

동 전	주사위의 눈	X	확 률
	1	2	1/12
H	2	3	1/12
	3	4	1/12

	4	5	1/12
H	5	6	1/12
	6	7	1/12
	1	0	1/12
	2	1	1/12
T	3	2	1/12
	4	3	1/12
	5	4	1/12
	6	5	1/12

확률분포표를 작성하면 다음과 같이 된다.

$X=x$	$P(X=x)$
0	1/12
1	1/12
2	2/12
3	2/12
4	2/12
5	2/12
6	1/12
7	1/12

예제 4–3의 확률분포의 그래프는 [그림 4–3]에 있다. 실제로는 확률변수 X의 관찰값이 임의의 어떤 실수 x보다 작거나 같을 확률을 알면 확률변수의 분포를 알 수 있다. 모든 실수 x에 대한 $F(x) = P(X \le x)$를 확률변수 X의 **누적분포함수**(cumulative distribution function; c.d.f)라고 한다.

[정의 4.5] 확률분포 $p(x)$를 가지는 이산형 확률변수 X의 **누적분포함수** $F(x)$는

$$F(x) = P(X \le x) = \sum_{\{i\,:\,x_i \le x\}} p(x_i), \ -\infty < x < \infty$$

로 정의된다. 참고로 이산형 확률변수에 대한 누적분포함수는 계단 형태의 함수(step function)가 된다.

[정리 4.1] 누적분포함수의 특성

① $F(-\infty) = 0, \ F(\infty) = 1$

② $F(x)$는 단조함수(monotone function)이면서 비감소(nondecreasing)함수이다.

즉, $F(a) \leq F(b)$, 단 $a < b$

③ $F(x)$는 우측으로부터 연속이다.

$$\lim_{0 < h \to 0} F(x+h) = F(x)$$

예제 4-4   예제 $4-3$에서 확률변수 X의 누적분포함수를 구하라.

풀이 예제 $4-3$에 나타난 확률분포를 이용하면,

$F(0) = p(0) = 1/12$

$F(1) = p(0) + p(1) = 2/12 = 1/6$

$F(2) = p(0) + p(1) + p(2) = 4/12 = 1/3$

$F(3) = p(0) + p(1) + p(2) + p(3) = 6/12 = 1/2$

$F(4) = p(0) + p(1) + p(2) + p(3) + p(4) = 8/12 = 2/3$

$F(5) = p(0) + p(1) + p(2) + p(3) + p(4) + p(5) = 10/12 = 5/6$

$F(6) = p(0) + p(1) + p(2) + p(3) + p(4) + p(5) + p(6) = 11/12$

$F(7) = p(0) + p(1) + p(2) + p(3) + p(4) + p(5) + p(6) + p(7) = 12/12 = 1$

그러므로 누적분포함수는 다음과 같게 된다.

$$F(x) = \begin{cases} 0, & x < 0 \\ 1/12, & 0 \leq x < 1 \\ 1/6, & 1 \leq x < 2 \\ 1/3, & 2 \leq x < 3 \\ 1/2, & 3 \leq x < 4 \\ 2/3, & 4 \leq x < 5 \\ 5/6, & 5 \leq x < 6 \\ 11/12, & 6 \leq x < 7 \\ 1, & x \geq 7 \end{cases}$$

80   제 4 장 확률변수

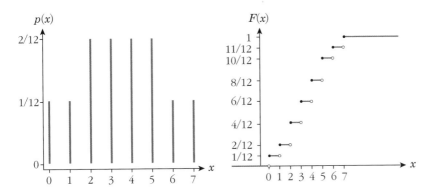

[그림 4-3] 예제 4-3, 4-4의 확률질량함수와 누적분포함수

예제 4-5 이산형 확률변수 X의 확률질량함수는 $p(x) = \dfrac{x}{6}$, $x = 1, 2, 3$이다.

a) 누적분포함수를 구하고 이를 그래프로 표현하라.

b) $P(1.5 < x \leq 4.5)$를 구하라.

풀이 a) 누적분포함수를 구하면 다음과 같다.

$$F(x) = \begin{cases} 0, & x < 1, \\ \dfrac{1}{6}, & 1 \leq x < 2, \\ \dfrac{3}{6}, & 2 \leq x < 3, \\ 1, & x \geq 3. \end{cases}$$

이를 그래프로 표현하면 다음 [그림 4−4]와 같다.

b) X는 이산형 확률변수이므로 확률질량함수와 누적분포함수를 이용할 수 있다.

$$P(1.5 < x \leq 4.5) = F(4.5) - F(1.5) = 1 - \frac{1}{6} = \frac{5}{6}$$

$$P(1.5 < x \leq 4.5) = p(2) + p(3) = \frac{2}{6} + \frac{3}{6} = \frac{5}{6}$$

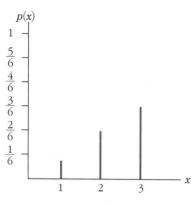
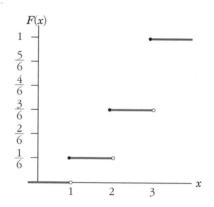

[그림 4-4] 예제 4-5의 확률질량함수와 누적분포함수

예제 **4-6** 다음의 함수가 이산형 확률변수 X의 확률질량함수가 되기 위한 c를 정의하라.

a) $p(x) = c\left(\dfrac{2}{3}\right)^x$, $x = 1, 2, 3, \ldots$

b) $p(x) = cx$, $x = 1, 2, 3, 4, 5, 6$

풀이 a) $\displaystyle\sum_{x=1}^{\infty} c\left(\frac{2}{3}\right)^x = 1$, $c \cdot \dfrac{\frac{2}{3}}{1 - \frac{2}{3}} = 2c = 1$이므로 $c = \dfrac{1}{2}$이다.

b) $\displaystyle\sum_{x=1}^{6} cx = 1$, $c \cdot \dfrac{6 \times 7}{2} = 21c = 1$이므로 $c = \dfrac{1}{21}$이다.

예제 **4-7** 주사위를 눈이 6이 나올 때까지 던지는 실험을 고려하여 다음 문제를 해결하라.

a) 주사위 눈이 처음으로 6이 나오는 실험횟수를 X라고 하고 X의 확률질량함수를 구하라.

b) X의 확률질량함수 $p(x)$에 대해 $\displaystyle\sum_{x=1}^{\infty} p(x) = 1$을 증명하라.

c) $P(X = 1, 3, 5, 7, \ldots)$를 계산하라.

d) X의 누적분포함수를 구하라.

풀이 a) $p(1) = \dfrac{1}{6}$, $p(2) = \dfrac{5}{6} \cdot \dfrac{1}{6}$, $p(3) = \left(\dfrac{5}{6}\right)^2 \cdot \dfrac{1}{6}$ $\cdots$ 이므로 X의 확률질량함수는 다음과 같다.

$$p(x) = \frac{1}{6} \cdot \left(\frac{5}{6}\right)^{x-1}, \ x = 1, 2, 3, \ldots$$

b) $\displaystyle\sum_{x=1}^{\infty} \frac{1}{6}\left(\frac{5}{6}\right)^{x-1} = \dfrac{\frac{1}{6}}{1-\frac{5}{6}} = 1$

c) $X = 2k-1$, $p(2k-1) = \frac{1}{6} \cdot \left(\frac{5}{6}\right)^{(2k-1)-1} = \frac{1}{6}\left(\frac{5}{6}\right)^{2k-2}$ 로 표현이 가능하므로

$$P(X = 1, 3, 5, 7, \ldots) = \dfrac{\frac{1}{6}}{1-\left(\frac{5}{6}\right)^2} = \frac{6}{36-25} = \frac{6}{11} \text{ 이다.}$$

d) $F(x) = \begin{cases} \displaystyle\sum_{k=1}^{[x]} \frac{1}{6}\left(\frac{5}{6}\right)^{k-1} = \dfrac{\frac{1}{6}\left\{1-\left(\frac{5}{6}\right)^{[x]}\right\}}{1-\frac{5}{6}} = 1 - \left(\frac{5}{6}\right)^{[x]}, \ x \geq 1 \\ 0, \hspace{5cm} \text{그 외} \end{cases}$

$[x]$: x와 같거나 x보다 작은 최대 정수함수(greatest integer function)

4.2.2 연속형 확률분포

앞에서 설명했듯이 이산형 확률변수의 특징은 확률변수가 가질 수 있는 값이 이산적인 값들이다. 반면 확률변수가 하나 또는 여러 개 구간으로 이루어진 어떤 일정한 범위에 있는 모든 실수값을 가질 수 있다면 이를 연속형 확률변수라고 한다. 그러나 정확히 어느 하나의 값을 가지게 될 확률은 0이다($P(X=x)=0$). 연속형 확률분포에서는 확률변수가 어느 한 점에서의 값보다는 특정 구간에 관심을 갖게 되고 그 구간에 대한 확률을 계산한다. 즉, $P(a < X < b)$ 혹은 $P(X > c)$와 같이 연속형 확률변수의 어떤 구간에 대한 확률을 계산하는 데 관심을 가진다. 확률변수 X가 연속형 확률변수인 경우에 $P(a \leq X \leq b) = P(a \leq X < b) = P(a < X \leq b) = P(a < X < b)$이 성립한다. 이는 연속형 확률분포에서 어떤 구간의 끝점이 포함이 되던 안 되던 그것은 문제가 되지 않음을 의미한다.

연속형 확률변수의 확률분포를 표 형태로는 표시할 수 없지만 함수 형태로는 표시할 수 있으며 이때의 확률분포는 함수기호 $f(x)$를 사용한다. 연속형 확률변수를 취급할 때, $f(x)$를 X의 **확률밀도함수**(probability density function; p.d.f)라고 한다.

[정의 4.6] 확률변수 X가 연속형 확률변수이고 $F(x) = \int_{-\infty}^{x} f(t)dt$의 $f(x)$를 X의 **확률밀도함수**(probability density function)라고 한다.

[정의 4.7] 다음의 조건이 만족되면 $f(x)$를 실수의 집합 R상에서 정의된 연속형 확률변수에 대한 **확률밀도함수**라고 한다.
① 모든 $x \in R$에 대하여 $f(x) \geq 0$
② $\int_{-\infty}^{\infty} f(x)dx = 1$

예제 **4-8** $f(x) = \dfrac{3}{16}x^2$, $-c < x < c$가 확률변수 X의 확률밀도함수가 되도록 c를 정하라.

풀이 $1 = \int_{-\infty}^{\infty} f(x)\,dx = \int_{-c}^{c} \dfrac{3}{16}x^2\,dx = \left[\dfrac{x^3}{16}\right]_{-c}^{c} = \dfrac{2c^3}{16} = \dfrac{c^3}{8}$, $c^3 = 8$이므로 $c = 2$가 된다.

[정리 4.2] X가 a와 b 사이에 있을 확률은 $f(x)$의 그래프에서 구간 $(a,\ b)$ 사이의 $f(x)$와 x축 사이의 면적이 되고 다음과 같이 표시된다.
$$P(a < X < b) = \int_{a}^{b} f(x)dx$$

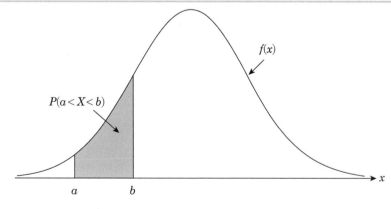

[그림 4-5] 확률밀도함수와 확률

정리 4.2에 의해 $f(a) = P(X = a) = P(a \le X \le a) = \int_a^a f(x)dx = 0$이다. 즉, 연속확률분포에서 한 점에서의 확률은 0임을 알 수 있다.

예제 4-9 $f(x) = cx$가 구간 $0 \le x \le 4$에 대해 확률밀도함수가 되도록 c를 결정하라. 그리고 $P(2 < X < 3)$를 구하라.

풀이 $1 = \int_{-\infty}^{\infty} f(x)\,dx = \int_0^4 cx\,dx = c\left[\dfrac{x^2}{2}\right]_0^4 = c\dfrac{16}{2} = 8c.$

그러므로 $c = \dfrac{1}{8}$이 된다. 따라서

$P(2 < X < 3) = \int_2^3 \dfrac{x}{8}\,dx = \dfrac{1}{8}\left[\dfrac{x^2}{2}\right]_2^3 = \dfrac{5}{16}$ 가 된다.

예제 4-10 어떤 전구의 수명시간 X가 다음의 확률분포를 따른다고 한다. 전구의 수명이 5시간 이상일 확률을 구하라.

$$f(x) = e^{-x},\ x \ge 0$$

풀이 구하는 확률은 $P(X \ge 5) = \int_5^{\infty} e^{-x}dx = \left[-e^{-x}\right]_5^{\infty} = e^{-5} = 0.0067$이다.

[정의 4.8] 확률밀도함수가 $f(x)$인 연속형 확률변수 X의 **누적분포함수** $F(x)$는 다음과 같다.

$$F(x) = P(X \le x) = \int_{-\infty}^x f(t)dt,\ -\infty < x < \infty$$

위 정의에 의해 연속형 확률변수의 경우에는 다음이 성립한다.

[정리 4.3] ① $P(a < X < b) = F(b) - F(a)$

② $F(x)$가 미분 가능할 때 $f(x) = \dfrac{dF(x)}{dx}$

예제 4-11 예제 4-9의 확률밀도함수의 누적분포함수인 $F(x)$를 구하고, $F(x)$를 이용하여 $P(2 < X < 3)$을 구하라.

풀이 $0 \le x \le 4$에 대하여

$$F(x) = \int_{-\infty}^{x} f(t)\, dt = \int_{0}^{x} \frac{t}{8}\, dt = \left[\frac{t^2}{16} \right]_{0}^{x} = \frac{x^2}{16} \text{ 가 된다. 따라서}$$

$$F(x) = \begin{cases} 0, & x < 0 \\ \dfrac{x^2}{16}, & 0 \le x < 4 \\ 1, & x \ge 4 \end{cases}$$

이고 $P(2 < X < 3) = F(3) - F(2) = \dfrac{9}{16} - \dfrac{4}{16} = \dfrac{5}{16}$ 이다. 이것은 예제 4-9의 결과와 같다.

예제 4-12 예제 4-10의 확률밀도함수의 누적분포함수인 $F(x)$를 구하고, $F(x)$를 이용하여 $P(X \ge 5)$을 구하라.

풀이 $x \ge 0$에 대하여,

$$F(x) = \int_{-\infty}^{x} f(t)\, dt = \int_{0}^{x} e^{-t}\, dt = \left[-e^{-t} \right]_{0}^{x} = 1 - e^{-x} \text{ 가 된다.}$$

따라서

$$F(x) = \begin{cases} 0, & x < 0 \\ 1 - e^{-x}, & x \ge 0 \end{cases}$$

이므로 $P(X \ge 5) = 1 - P(0 < X < 5) = 1 - F(5) = e^{-5} = 0.0067$ 이고 이 값은 예제 4-10의 결과와 일치한다.

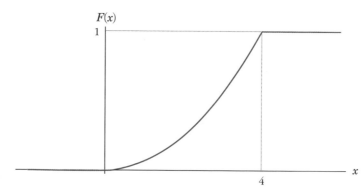

[그림 4-6] 예제 4-11의 누적분포함수

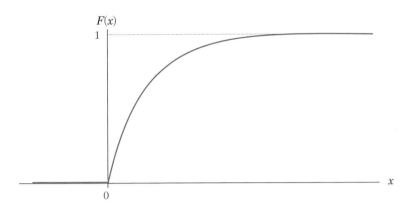

[그림 4-7] 예제 4-12의 누적분포함수

예제 4-13 $f(x) = \begin{cases} cx^2, & -1 < x < 2 \\ 0, & \text{그 외} \end{cases}$ 일 때, 다음 물음에 답하라.

a) 주어진 $f(x)$가 확률밀도함수의 성질을 만족하도록 c를 정하라.

b) $P(-1 < X < 1)$을 구하라.

c) $F(x)$를 구하고, $F(x)$를 이용하여 $P(-1 < X < 1)$를 구하라.

풀이   a) $1 = \displaystyle\int_{-\infty}^{\infty} f(x)\,dx = \int_{-1}^{2} cx^2\,dx = \left[\frac{c}{3}x^3\right]_{-1}^{2} = 3c$

그러므로 $c = \dfrac{1}{3}$이 되어 $f(x) = \dfrac{1}{3}x^2,\ -1 < x < 2$이다.

b) $P(-1 < X < 1) = \displaystyle\int_{-1}^{1} \frac{x^2}{3}\,dx = \left[\frac{x^3}{9}\right]_{-1}^{1} = \frac{2}{9}$이 된다.

c) $-1 < x < 2$에 대하여,

$$F(x) = \int_{-\infty}^{x} f(t)\,dt = \int_{-1}^{x} \frac{t^2}{3}\,dt = \left[\frac{t^3}{9}\right]_{-1}^{x} = \frac{x^3+1}{9}\ \text{가 된다.}$$

따라서 $F(x) = \begin{cases} 0, & x < -1 \\ \dfrac{x^3+1}{9}, & -1 \le x < 2 \\ 1, & x \ge 2 \end{cases}$

이므로 $P(-1 < X < 1) = F(1) - F(-1) = \dfrac{2}{9} - 0 = \dfrac{2}{9}$ 로 b)의 결과와 일치한다.

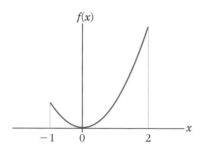 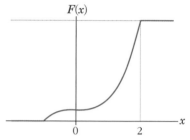

[그림 4-8] 예제 4-13의 확률밀도함수와 누적분포함수

예제 **4-14** $f(x) = \begin{cases} \dfrac{1}{b-a}, & a < x < b \\ 0, & \text{그 외} \end{cases}$ 일 때, 누적분포함수를 구하고 그래프를 그려라.

풀이 $F(x) = \displaystyle\int_{-\infty}^{x} f(t)dt = \int_{a}^{x} \dfrac{1}{b-a} dt = \left[\dfrac{t}{b-a} \right]_{a}^{x} = \dfrac{x-a}{b-a}$ 이므로 누적분포함수는 다음과 같다.

$$F(x) = \begin{cases} 0, & x < a \\ \dfrac{x-a}{b-a}, & a \leq x < b \\ 1, & x \geq b \end{cases}$$

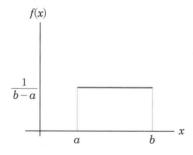 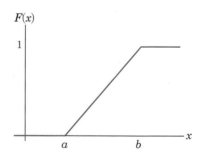

[그림 4-9] 예제 4-14의 확률밀도함수와 누적분포함수

예제 **4-15** $f(x) = \begin{cases} \dfrac{2}{3} - \dfrac{2}{9}x, & 0 \leq x \leq 3 \\ 0, & \text{그 외} \end{cases}$ 일 때 다음을 구하라.

a) $f(x)$의 누적분포함수를 구하라.

b) $P(1 \leq X \leq 1.5)$를 구하라.

c) $P(X>1)$을 구하라.

풀이 a) $F(x) = \int_{-\infty}^{x} f(t)dt = \int_{0}^{x} \left(\frac{2}{3} - \frac{2}{9}t \right) dt = \left[\frac{2}{3}t - \frac{1}{9}t^2 \right]_0^x = \frac{2}{3}x - \frac{1}{9}x^2$ 이므로 누

적분포함수는 다음과 같다.

$$F(x) = \begin{cases} 0, & x < 0 \\ \dfrac{2}{3}x - \dfrac{1}{9}x^2, & 0 \le x \le 3 \\ 1, & x > 3 \end{cases}$$

b) $P(1 \le X \le 1.5) = F(1.5) - F(1)$
$$= \left[\frac{2}{3}(1.5) - \frac{1}{9}(1.5)^2 \right] - \left[\frac{2}{3}(1) - \frac{1}{9}(1)^2 \right]$$
$$= \frac{7}{36}$$

또는 $P(1 \le X \le 1.5) = \int_{1}^{1.5} \left(\frac{2}{3} - \frac{2}{9}x \right) dx = \left[\frac{2}{3}x - \frac{1}{9}x^2 \right]_1^{1.5}$
$$= \left[\frac{2}{3}(1.5) - \frac{1}{9}(1.5)^2 \right] - \left[\frac{2}{3}(1) - \frac{1}{9}(1)^2 \right]$$
$$= \frac{7}{36}$$

c) $P(X>1) = 1 - P(X \le 1) = 1 - F(1) = 1 - \left[\frac{2}{3}(1) - \frac{1}{9}(1)^2 \right] = \frac{4}{9}$

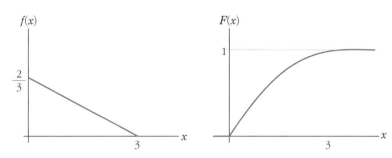

[그림 4-10] 예제 4-15의 확률밀도함수와 누적분포함수

예제 4-16 $f(x) = Ke^{-ax}(1 - e^{-ax}), \ 0 < x < \infty$ 일 때 다음을 구하라.

a) $f(x)$가 확률밀도함수가 되는 K를 찾아라.

b) 누적분포함수를 구하라.

c) $P(X>1)$을 구하라.

풀이 a) $1 = \int_0^\infty (Ke^{-ax} - Ke^{-2ax})dx = \left[-\frac{K}{a}e^{-ax} + \frac{K}{2a}e^{-2ax} \right]_0^\infty$

$$= \frac{K}{a} - \frac{K}{2a}$$

$\frac{K}{2a} = 1$이므로 $K = 2a$

따라서 확률밀도함수는 $f(x) = 2ae^{-ax} - 2ae^{-2ax}$, $0 < x < \infty$ 이다.

b) $F(x) = \int_{-\infty}^x f(t)dt = \int_0^x (2ae^{-at} - 2ae^{-2at})dt$

$$= \left[-2e^{-at} + e^{-2at} \right]_0^x = -2e^{-ax} + e^{-2ax} + 1$$

따라서 누적분포함수는 $F(x) = -2e^{-ax} + e^{-2ax} + 1$, $0 < x < \infty$ 이다.

c) $P(X > 1) = 1 - P(X \leq 1) = 1 - F_X(1)$

$$= 1 + 2e^{-a} - e^{-2a} - 1 = 2e^{-a} - e^{-2a}$$

4.3 기대값과 분산

2장에서 모집단에서 추출된 n개 표본의 상대도수 분포를 살펴보았고 n개 표본의 중심과 퍼진 정도를 측정하기 위해 표본평균 $\overline{X}$와 표본표준편차 S를 계산하였다. 4.3절에서는 n개의 관측값이 아닌 **모집단의 확률분포**를 살펴본다. 확률변수 X와 확률분포 $f(x)$가 주어졌을 때 확률변수의 평균 및 분산을 구하여 모집단의 중심과 퍼진 정도를 측정한다. 다시 말해 확률분포를 알기 위해 우리는 집중화 경향(central tendency)과 산포도(dispersion)를 분석할 수 있다. 그 중에서도 집중화 경향은 기대값을, 산포도는 분산과 표준편차를 가장 많이 사용한다.

4.3.1 기 대 값

기대값(expected value)은 분포의 중심을 나타내는 값으로 확률변수가 취할 수 있는 모든 값들의 평균이라는 의미를 가진다. 표본평균 $\overline{X}$와 구별하기 위해 모집단의 기대값은 모평균과 같이 μ 또는 $E(X)$로 표시한다. 표본평균 $\overline{X}$는 모집단에서 추출된 표본에서 구해지며 모평균 μ는 모집단의 확률분포를 이용하여 구해진다.

예를 들어 동전 1개를 던져 앞면이 나오면 1원을 받고 뒷면이 나오면 돈을 받지 못한다고 하자. 이 게임의 기대값은 다음과 같다.

$$1 \times \frac{1}{2} + 0 \times \frac{1}{2} = 0.5$$

0.5원이란 값은 매회 동전을 던져서 받을 수 있는 값이 아니라 이러한 시행을 많이 했을 때 전체적으로 어느 정도 기대되는가 하는 추상적인 의미를 가지는 값이다. 즉, 이 게임을 무수히 많이 반복할 경우 평균적으로 게임당 0.5원을 받게 된다는 의미이다. 기대값은 이산형 확률변수와 연속형 확률변수에 대해 다음과 같이 구할 수 있다.

[정의 4.9] X가 이산형 확률분포 $p(x)$를 가지는 이산형 확률변수 또는 X가 연속형 확률분포 $f(x)$를 가지는 연속형 확률변수라고 할 때, X의 평균 혹은 **기대값**은 다음과 같다.

$$\mu = E(X) = \begin{cases} \displaystyle\sum_x x\,p(x), & X\text{가 이산형인 경우} \\ \displaystyle\int_{-\infty}^{\infty} x f(x) dx, & X\text{가 연속형인 경우} \end{cases}$$

확률변수 X의 기대값은 X의 확률분포의 중심이 어디에 존재하는가를 알려준다. [그림 4–11]처럼 X축 상의 특정값에 질량(mass) $f(x)$를 놓는다고 하자. 만약 X축 상의 μ의 값에 지렛대를 두면 그래프에서는 X축은 기울어짐 없이 평행을 유지하게 된다. 다음 그래프는 X의 두 분포가 중심 μ는 같은 값을 갖지만 퍼져있는 정도는 다른 것을 나타낸다.

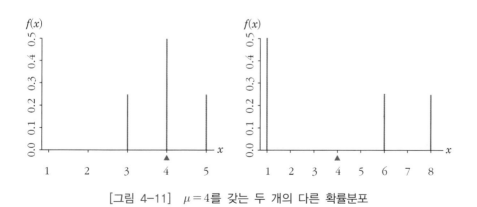

[그림 4–11] $\mu = 4$를 갖는 두 개의 다른 확률분포

두 개의 동전을 던지는 실험에서 확률변수 X는 앞면이 나온 수를 나타낸다. X의 기대값은 얼마인가?

풀이

실험 결과	x	$p(x)$
$\{H,H\}$	2	1/4
$\{H,T\}$ or $\{T,H\}$	1	1/2
$\{T,T\}$	0	1/4

$$\mu = E(X) = 0 \times \frac{1}{4} + 1 \times \frac{1}{2} + 2 \times \frac{1}{4} = 1$$

예제 4-18 예제 4−2의 동전을 세 번 던져서 앞면이 나오는 횟수 X의 기대값을 구하라.

풀이 $E(X) = \sum_{x=0}^{3} x\, P(X=x) = 0 \times \frac{1}{8} + 1 \times \frac{3}{8} + 2 \times \frac{3}{8} + 3 \times \frac{1}{8} = \frac{12}{8} = 1.5$

동전을 세 번 던지는 시행을 무수히 반복할 경우 평균적으로 앞면이 1.5회 나온다.

예제 4-19 하나의 주사위를 던져서 나오는 눈의 수 X의 기대값을 구하라.

풀이 $E(X) = \sum_{x=1}^{6} xp(x) = 1 \times \frac{1}{6} + 2 \times \frac{1}{6} + \cdots + 6 \times \frac{1}{6} = 3.5$

즉, 기대값 $\mu = E(X) = 3.5$는 X의 확률분포의 정중앙에 위치한다.

예제 4-20 예제 4−13의 확률밀도함수의 기대값을 구하라.

풀이 $\mu = E(X) = \int_{-\infty}^{\infty} xf(x)\, dx = \int_{-1}^{2} x\frac{x^2}{3}\, dx = \left[\frac{x^4}{12}\right]_{-1}^{2} = \frac{5}{4}$ 이다.

예제 4-21 방금 결혼한 신혼부부는 결혼 후 딸을 갖기를 원하고 있어 딸을 얻을 때까지 아기를 계속 낳기로 하였다. 이때 가질 수 있는 자녀의 수를 X라고 하면 다음과 같은 X의 확률질량함수를 얻을 수 있다. 이 신혼부부가 가질 수 있는 자녀수의 기대값을 구하라. 여기서 p는 한번 아기를 가질 때 딸일 확률이다.

$$p(x) = \begin{cases} p(1-p)^{x-1}, & x = 1, 2, 3, \ldots \\ 0, & \text{그 외} \end{cases}$$

풀이 $E(X) = \sum_{x=1}^{\infty} x p(x) = \sum_{x=0}^{\infty} x p(1-p)^{x-1} = p \sum_{x=0}^{\infty} \left[-\frac{d}{dp}(1-p)^x \right]$

$$= p \frac{d}{dp} \sum_{x=0}^{\infty} \left[-(1-p)^x \right] = p \frac{1}{p^2} = \frac{1}{p}$$

위 식은 기하급수(geometric series)이므로 미분을 통해 해결한다. 신혼부부가 가질 수 있는 자녀수의 기대값은 $1/p$이다. p가 1에 가까우면 이 부부는 적은 자녀수로 딸을 가질 수 있는 것이고 p가 0에 가까우면 이 부부는 딸을 얻기 위해서는 많은 자녀가 있어야 한다. 만약 $p = 0.5$라면 자녀수의 기대값은 2이다.

이제 X의 함수로 정의되는 새로운 확률변수 $g(X)$를 생각해 보자. 즉, X의 값을 알면 $g(X)$의 각 값을 알 수 있으므로 X의 평균을 알면 $g(X)$의 평균 또한 알 수 있다. 다음의 정리를 적용하면 간단하게 구할 수 있다.

[정리 4.4] X가 이산형 확률분포 $p(x)$를 가지는 이산형 확률변수 또는 X가 연속형 확률분포 $f(x)$를 가지는 연속형 확률변수라고 할 때, 확률변수 $g(X)$의 평균 혹은 기대값은 다음과 같다.

$$\mu_{g(X)} = E\left(g(X)\right) = \begin{cases} \sum_x g(x) p(x), & X가\ 이산형인\ 경우 \\ \int_{-\infty}^{\infty} g(x) f(x) dx, & X가\ 연속형인\ 경우 \end{cases}$$

예제 4-22 동전을 2개 던지는 실험에서 확률변수 X를 앞면이 나오는 횟수라고 정의하면 X의 확률질량함수는 다음과 같다.

$$p(x) = \begin{cases} \dfrac{1}{4}, & x = 0, 2 \\ \dfrac{1}{2}, & x = 1 \end{cases}$$

여기서 $g(x) = \left(\dfrac{2x-1}{3} \right)^2$라고 할 때 $E\left(g(X)\right)$를 구하라.

풀이 $E(g(X)) = \sum_x g(x) p(x)$

$$= \left(\frac{2 \cdot 0 - 1}{3} \right)^2 \left(\frac{1}{4} \right) + \left(\frac{2 \cdot 1 - 1}{3} \right)^2 \left(\frac{1}{2} \right) + \left(\frac{2 \cdot 2 - 1}{3} \right)^2 \left(\frac{1}{4} \right) = \frac{1}{3}$$

예제 4-23 확률변수 X의 확률질량함수가 $p(x) = \dfrac{x}{10}$, $x = 1, 2, 3, 4$라고 할 때, $g(X) = X(5-X)$의 기대값을 구하라.

풀이 <방법1> $E(X(5-X)) = \displaystyle\sum_{x=1}^{4} x(5-x)\frac{x}{10}$

$$= 1 \times 4 \times \frac{1}{10} + 2 \times 3 \times \frac{2}{10} + 3 \times 2 \times \frac{3}{10} + 4 \times 1 \times \frac{4}{10}$$

$$= \frac{1}{10}(4 + 12 + 18 + 16) = 5$$

<방법2> $E(X) = \displaystyle\sum_{x=1}^{4} x\left(\frac{x}{10}\right) = 1 \times \frac{1}{10} + 2 \times \frac{2}{10} + 3 \times \frac{3}{10} + 4 \times \frac{4}{10} = 3$

$$E(X^2) = \sum_{x=1}^{4} x^2\left(\frac{x}{10}\right) = 1^2 \times \frac{1}{10} + 2^2 \times \frac{2}{10} + 3^2 \times \frac{3}{10} + 4^2 \times \frac{4}{10} = 10$$

$$E(X(5-X)) = 5E(X) - E(X^2) = 5 \times 3 - 10 = 5$$

＊기대값의 성질에 의해 $E(aX + Y) = aE(X) + E(Y)$가 된다. 여기서 X와 Y는 확률변수이고 a는 임의의 실수이다.

예제 4-24 철수와 영희는 땅따먹기 게임 중이다. 철수와 영희는 게임에 사용되는 땅을 분할(partition)하고 있는 중이다. 철수가 가지고 있는 땅의 비율을 확률변수 X라고 하면 다음과 같은 확률밀도함수를 얻을 수 있다.

$$f(x) = \begin{cases} 1, & 0 < x < 1 \\ 0, & \text{그 외} \end{cases}$$

이 게임의 규칙은 땅을 더 많이 소유하고 있는 사람이 이긴다고 했을 때 이기는 사람이 소유하는 땅의 비율의 기대값을 구하라.

풀이 이기는 사람이 소유하는 땅의 비율은 다음과 같은 함수를 가진다.

$$h(X) = max(X, \ 1-X) = \begin{cases} 1-X, & 0 < X < \dfrac{1}{2} \\ X, & \dfrac{1}{2} \le X < 1 \end{cases}$$

따라서 이기는 사람이 소유하는 땅의 비율의 기대값은 다음과 같다.

$$E(h(X)) = \int_{-\infty}^{\infty} max(x, 1-x) \cdot f(x)dx = \int_{0}^{1} max(x, 1-x) \cdot 1 \, dx$$

$$= \int_{0}^{\frac{1}{2}} (1-x) \cdot 1 dx + \int_{\frac{1}{2}}^{1} x \cdot 1 dx = \frac{3}{4}$$

4.3.2 분   산

확률변수 X의 산포의 척도 중 $E(X-\mu)^2$을 확률변수 X의 분산이라고 하며, $Var(X)$ 혹은 σ^2으로 표시한다. 또한 σ를 확률변수 X의 표준편차라 한다.

[정의 4.10] X가 이산형 확률분포 $p(x)$를 가지는 이산형 확률변수 또는 X가 연속형 확률분포 $f(x)$를 가지는 연속형 확률변수라고 할 때, X의 평균을 μ라 하면 X의 분산은 다음과 같다.

$$\sigma^2 = Var(X) = E(X-\mu)^2$$

$$= \begin{cases} \sum_x (x-\mu)^2 p(x), & X가 \ 이산형인 \ 경우 \\ \int_{-\infty}^{\infty} (x-\mu)^2 f(x)dx, & X가 \ 연속형인 \ 경우 \end{cases}$$

여기서 분산의 양의 제곱근 σ를 X의 표준편차라고 한다.

예제 4-25   예제 4−13과 예제 4−17의 분산과 표준편차를 구하라.

풀이   예제 4−13인 경우

확률밀도함수는 $f(x) = \begin{cases} \dfrac{1}{3}x^2, & -1 < x < 2 \\ 0, & 그 \ 외 \end{cases}$ 이고 예제 4−20에서 구한 기대값은

$E(X) = \dfrac{5}{4}$ 이다. 따라서 분산과 표준편차는 다음과 같다.

$$\begin{aligned} \sigma^2 = E(X-\mu)^2 &= \int_{-\infty}^{\infty} (x-\mu)^2 f(x)dx = \int_{-1}^{2} \left(x-\frac{5}{4}\right)^2 \left(\frac{x^2}{3}\right)dx \\ &= \int_{-1}^{2} \left(\frac{1}{3}x^4 - \frac{5}{6}x^3 + \frac{25}{48}x^2\right)dx \\ &= \left[\frac{1}{15}x^5 - \frac{5}{24}x^4 + \frac{25}{144}x^3\right]_{-1}^{2} = 0.6375 \end{aligned}$$

$$\sigma = \sqrt{\sigma^2} = \sqrt{0.6375} = 0.7984$$

예제 4−17인 경우

$P(X=0) = \dfrac{1}{4}$, $P(X=1) = \dfrac{1}{2}$, $P(X=2) = \dfrac{1}{4}$, $E(X) = 1$이므로 분산과 표준

편차는 다음과 같다.

$$\sigma^2 = E(X-\mu)^2 = \sum_{x=0}^{2}(x-\mu)^2 p(x)$$

$$= (0-1)^2 \times \frac{1}{4} + (1-1)^2 \times \frac{1}{2} + (2-1)^2 \times \frac{1}{4} = \frac{1}{2}$$

$$\sigma = \sqrt{\sigma^2} = \sqrt{1/2} = 0.7071$$

예제 4-26 어느 자동차 대리점에서 1년 동안 판매한 자동차 대수를 확률변수 X라 할 때 X의 확률분포가 다음과 같다고 한다. X의 기대값, 분산 및 표준편차를 구하라.

X	70	80	90	100	110
$p(X)$	0.1	0.2	0.3	0.3	0.1

풀이 기대값 : $E(X) = 70(0.1) + 80(0.2) + 90(0.3) + 100(0.3) + 110(0.1) = 91$

분산 : $\sigma^2 = E(X-\mu)^2 = \sum_{x}(x-\mu)^2 p(x)$

$$= (70-91)^2(0.1) + (80-91)^2(0.2) + \cdots + (110-91)^2(0.1)$$
$$= 129$$

표준편차 : $\sigma = \sqrt{\sigma^2} = \sqrt{129} \approx 11.36$

다음의 정리를 이용하면 분산 및 표준편차를 더 간단하게 계산할 수 있다.

[정리 4.5] 확률변수 X의 분산은 다음과 같다.
$$Var(X) = E(X^2) - [E(X)]^2$$

증명 $Var(X) = E(X-\mu)^2 = E(X^2 - 2\mu X + \mu^2)$
$$= E(X^2) - 2\mu E(X) + \mu^2 = E(X^2) - [E(X)]^2$$

이산형 확률변수의 경우는 다음과 같은 방법으로도 증명할 수 있다.

$$Var(X) = E(X-\mu)^2 = \sum_{x}(x-\mu)^2 p(x)$$

$$= \sum_{x}\{x^2 p(x) - 2\mu x\, p(x) + \mu^2 p(x)\}$$

$$= \sum_{x}x^2 p(x) - 2\mu\sum_{x} x\, p(x) + \mu^2\sum_{x}p(x)$$

$$= E(X^2) - 2\mu^2 + \mu^2$$

$$= E(X^2) - E(X)^2$$

연속형 확률변수의 경우는 합(summation) 대신 적분(integral)을 사용하여 같은 방법으로 증명할 수 있다.

예제 4-27 [정리 4.5]를 이용하여 예제 4−13과 예제 4−19의 분산을 구하라.

풀이 예제 4−13인 경우

$$Var(X) = E(X^2) - (E(X))^2 = \int_{-1}^{2} \frac{1}{3} x^4 dx - \left(\frac{5}{4}\right)^2$$

$$= \left[\frac{x^5}{15}\right]_{-1}^{2} - \left(\frac{5}{4}\right)^2$$

$$= \frac{32}{15} + \frac{1}{15} - \frac{25}{16} = 0.6375$$

예제 4−19인 경우

$$Var(X) = E(X^2) - (E(X))^2 = \left(1^2 \times \frac{1}{6} + 2^2 \times \frac{1}{6} + \cdots + 6^2 \times \frac{1}{6}\right) - (3.5)^2$$

$$= 2.9167$$

이제 확률변수 X의 분산의 개념을 X의 함수로 표시되는 확률변수의 경우로 확장시켜 보자. 확률변수 $g(X)$에 대한 분산을 $Var(g(X))$로 표시하면 그 값은 다음 정리로부터 구할 수 있다.

[정리 4.6] X가 이산형 확률분포 $p(x)$를 가지는 이산형 확률변수 또는

X가 연속형 확률분포 $f(x)$를 가지는 연속형 확률변수라고 할 때,

확률변수 X의 함수인 확률변수 $g(X)$의 분산은 다음과 같다.

$$Var[g(X)] = E[g(X) - \mu_{g(X)}]^2$$

$$= \begin{cases} \sum_x \{g(x) - E(g(X))\}^2 p(x), & X가\ 이산형인\ 경우 \\ \int_{-\infty}^{\infty} \{g(x) - E(g(X))\}^2 f(x)dx, & X가\ 연속형인\ 경우 \end{cases}$$

예제 4-28 확률변수 X의 확률분포가 다음과 같이 주어졌을 때 $g(X) = 3X + 1$의 기대값과 분산을 구하라.

x	0	1	2	3
$p(x)$	0.2	0.4	0.3	0.1

풀이 [정리 4.4]에 따라 확률변수 $3X+1$의 평균을 구하면,

$$E(3X+1) = \sum_{x=0}^{3}(3x+1)p(x)$$
$$= 1(0.2)+4(0.4)+7(0.3)+10(0.1) = 4.9$$

[정리 4.6]에 따라 확률변수 $3X+1$의 분산을 구하면,

$$Var(3X+1) = E(3X+1-4.9)^2$$
$$= E(9X^2-23.4X+15.21)$$
$$= \sum_{x=0}^{3}(9x^2-23.4x+15.21)\,p(x)$$
$$= 15.21(0.2)+0.81(0.4)+4.41(0.3)+26.01(0.1) = 7.29$$

예제 4-29 확률변수 X의 확률분포가 다음과 같이 주어졌을 때 $g(X)=X^2$의 기대 값과 분산을 구하라.

x	-1	0	1	2
$p(x)$	0.2	0.4	0.3	0.1

풀이 확률변수 X^2의 평균을 구하면,

$$E(X^2) = \sum_{x=-1}^{2}x^2p(x)$$
$$= (-1)^2(0.2)+0^2(0.4)+1^2(0.3)+2^2(0.1) = 0.9$$

확률변수 X^2의 분산을 구하면,

$$Var(X^2) = E((X^2-0.9)^2) = E(X^4-1.8X^2+0.81)$$
$$= \sum_{x=-1}^{2}(x^4-1.8x^2+0.81)p(x)$$
$$= 0.01(0.2)+0.81(0.4)+0.01(0.3)+9.61(0.1) = 1.29$$

4.3.3 체비셰프 부등식

체비셰프 부등식(Chebyshev's inequality)은 확률변수가 갖는 분포에 상관없이 확률의 상한(또는 하한)을 알 수 있게 하는 정리이다. 체비셰프 부등식에 의해 구해지는 상한값(또는 하한값)은 정확한 확률에 가까운 값은 아니지만 이론적으로 유용하게 쓰이고 있다. 우선 마코프 부등식(Markov inequality)부터 설명하겠다.

[정리 4.7] 마코프 부등식(Markov inequality)

X는 확률변수이고, 임의의 함수 $U(X) \geq 0$와 임의의 상수 $c > 0$에 대해 다음의 부등식이 성립한다.

$$P(U(X) \geq c) \leq \frac{E[U(X)]}{c}$$

증명 확률변수 X의 확률밀도함수를 $f(x)$라고 하면 다음이 성립한다.

$$E[U(X)] = \int_{-\infty}^{\infty} U(x)f(x)dx = \int_{\{x\,:\,U(x)\,\geq\,c\}} U(x)f(x)\,dx + \int_{\{x\,:\,U(x)\,<\,c\}} U(x)f(x)dx$$

$$\geq \int_{\{x\,:\,U(x)\,\geq\,c\}} U(x)f(x)dx$$

$$\geq \int_{\{x\,:\,U(x)\,\geq\,c\}} c\,f(x)dx = c\,Pr[U(X) \geq c]$$

양변을 c로 나누어 주면 마코프 부등식이 성립한다.

[정리 4.8] 체비셰프 부등식(Chebyshev's inequality)

확률변수 X의 평균과 분산이 각각 μ와 σ^2을 가질 때 (단, $\mu < \infty$와 $\sigma^2 < \infty$), $k > 0$인 상수에 대해 다음의 부등식이 성립한다.

$$P(|X - \mu| \geq k\sigma) \leq \frac{1}{k^2}$$

증명 마코프 부등식에서 $U(X) = (X - \mu)^2$, $c = k^2\sigma^2$ (단 $k > 0$) 라고 놓으면, 체비셰프 부등식이 성립하게 된다.

위의 식으로부터 $P(|X-\mu| < k\sigma) \geq 1 - 1/k^2$을 만족한다. 만약 $k=2$이면 $P(\mu - 2\sigma < X < \mu + 2\sigma) \geq 3/4$이 된다. 즉, 유한의 분산을 갖는 임의의 확률변수 X에 대하여 X가 평균의 2σ 범위 내에 있게 될 확률은 최소한 $3/4$이다.

X의 확률분포의 평균 μ와 표준편차 σ를 알면 체비세프 규칙(Chebyshev's rule)과 경험적 규칙(Empirical rule)을 이용하여 $\mu \pm \sigma$, $\mu \pm 2\sigma$, $\mu \pm 3\sigma$의 구간 내에 X가 있게 될 확률을 구할 수 있다. 체비세프 규칙은 [그림 4-12] a)에서처럼 어떠한 확률분포에도 적용되지만 경험적 규칙은 [그림 4-12]의 오른쪽 분포처럼 종 모양이고 좌우대칭(symmetric)인 확률분포에 적용된다.

	체비세프 규칙	경험적 규칙
	모든 확률분포	종모양이며 좌우대칭인 확률분포
$P(\mu - \sigma < X < \mu + \sigma)$	≥ 0	≈ 0.68
$P(\mu - 2\sigma < X < \mu + 2\sigma)$	$\geq \dfrac{3}{4} = 0.75$	≈ 0.95
$P(\mu - 3\sigma < X < \mu + 3\sigma)$	$\geq \dfrac{8}{9} = 0.89$	≈ 0.997

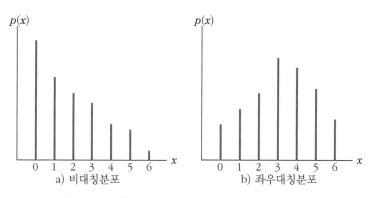

[그림 4-12] 이산형 확률변수의 확률분포의 예

예제 **4-30** 확률변수 X가 $P(X \leq 0) = 0$이고, $\mu = E(X)$라고 할 때

$P(X \geq 2\mu) \leq \dfrac{1}{2}$ 임을 보여라.

풀이 $P(|X - \mu| \geq k\sigma) \leq \dfrac{1}{k^2}$에서 $k = \sqrt{2}$, $\sigma = \dfrac{\mu}{\sqrt{2}}$로 놓으면

$P(|X-\mu| \geq k\sigma) = P(|X-\mu| \geq \mu) \leq \dfrac{1}{2}$ 이 되는데, $P(X \leq 0) = 0$이므로

$P(X \geq 2\mu) \leq \dfrac{1}{2}$ 이 성립하게 된다.

예제 4-31 계산기 부품을 만드는 회사에서 1상자에 500개씩 생산된 부품을 넣어서 출고한다. 확률변수 X를 500개 부품이 들어있는 상자당 불량품의 개수라 할 때, X의 확률분포는 다음과 같다.

x	0	1	2	3	4	5
$p(x)$	0.005	0.03	0.17	0.27	0.35	0.175

a) $\mu = E(X)$를 구하고 이 의미는 무엇인지 설명하라.

b) σ를 구하라.

c) 확률분포를 그림으로 나타내라. μ와 구간 $(\mu-2\sigma, \mu+2\sigma)$를 그래프에 나타내라. 체비셰프 규칙과 경험적 규칙을 이용하여 X가 $\mu \pm 2\sigma$ 구간 내에 있을 근사적 확률과 정확한 확률을 구하여 비교하라.

d) 각 상자에서 불량품의 개수가 한 개 이하일 것이라고 예상할 수 있는가?

풀이 $\mu = E(X) = \sum_x x\,p(x)$
$= 0\,(0.005) + 1\,(0.03) + 2\,(0.17) + 3\,(0.27) + 4\,(0.35) + 5\,(0.175)$
$= 3.455$

평균적으로 상자당 불량품의 개수는 3.455이다. 이는 상자당 불량품의 개수를 파악하는 실험을 무수히 많이 시행하면 상자당 불량품이 평균적으로 3.455개가 된다는 것을 의미한다.

b) $\sigma^2 = E(X-\mu)^2 = \sum_x (x-\mu)^2 p(x) = \sum_x x^2\,p(x) - \mu^2$
$= 0\,(0.005) + 1^2\,(0.03) + 2^2\,(0.17) + 3^2\,(0.27) + 4^2\,(0.35) + 5^2\,(0.175) - (3.455)^2$
$= 1.178$

$\sigma = \sqrt{1.178} = 1.085$

c) $p(x)$의 그래프는 [그림 4-13]에 있다. 또한, $\mu \pm 2\sigma = 3.455 \pm 2\,(1.085) = (1.285, 5.625)$이다. 확률분포의 그래프를 보면 종모양이며, 좌우대칭에 가까우므로 체비셰프 규칙과 경험적 규칙 둘다 적용할 수 있다.

체비셰프 규칙을 이용하면 관측된 X의 75% 이상이 $\mu \pm 2\sigma = (1.285, 5.625)$구간 내에 포함되지만, 경험적 규칙을 이용하면 관측된 X의 95% 정도가 이 구간 내에 포함된다. [그림 4-13]에서 확률분포가 좌우대칭에 가까우므로 경험적 규칙을 이용

하면 계산기부품의 불량품 개수가 1.285에서 5.625 사이에 있을 확률이 95%이다. X가 $\mu \pm 2\sigma$ 내에 있게 될 정확한 확률은

$$P(\mu - 2\sigma < X < \mu + 2\sigma) = P(1.285 < X < 5.625)$$
$$= P(X = 2) + P(X = 3) + P(X = 4) + P(X = 5)$$
$$= 0.965$$

이다. 즉, 이 확률분포의 96.5%는 평균의 2 표준편차 사이에 있다. 따라서 체비셰프 규칙과 경험적 규칙은 잘 적용되며 좌우대칭인 분포에서는 경험적 규칙이 더 정확한 근사확률을 제공한다.

d) 불량품의 개수가 한 개 또는 0개는 $\mu \pm 2\sigma$ 범위 밖이며 $P(X = 0) + P(X = 1)$인 확률은 경험적 규칙을 이용하면 0.05이며 정확한 확률은 0.035이다. 따라서 임의의 상자에서 불량품이 한 개 이하 관측될 가능성은 매우 희박하다.

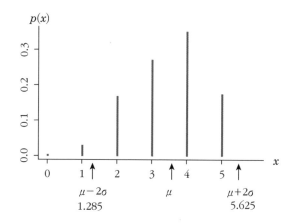

[그림 4-13] 예제 4-31의 확률분포

예제 **4-32**   확률변수 X는 다음의 확률분포를 갖는다고 할 때 μ, σ^2과 σ를 구하라. 구간 $\mu \pm 2\sigma$ 안에 포함될 x를 구하고, 체비셰프 부등식에 의해 X가 이 구간 안에 포함될 확률을 구하라.

x	1	2	3	4	5
$p(x)$	0.2	0.35	0.3	0.1	0.05

풀이 $\mu = \sum_x xp(x) = 1(0.2) + 2(0.35) + \cdots + 5(0.05) = 2.45$

$$\sigma^2 = \sum_x (x-\mu)^2 p(x)$$
$$= (1-2.45)^2(0.2) + (2-2.45)^2(0.35) + \cdots + (5-2.45)^2(0.05)$$
$$= 1.1475$$
$$\sigma = \sqrt{\sigma^2} = \sqrt{1.1475} = 1.0712$$

구간 $\mu \pm 2\sigma$는 $2.45 \pm 2(1.0712)$ 또는 $(0.3076,\ 4.5924)$이다. 따라서 $X = 1, 2, 3, 4$가 이 구간 안에 놓여진다. 따라서 X가 $\mu \pm 2\sigma$의 범위에 존재할 정확한 확률은 $P(\mu - 2\sigma < X < \mu + 2\sigma) = \sum_{x=1}^{4} p(x) = 0.95$이다. [그림 4-14]는 확률분포의 그래프이다. 확률분포의 그래프를 보면 종모양이며 좌우대칭에 가까우므로 체비셰프 규칙과 경험적 규칙 둘다 적용할 수 있다.

체비셰프 부등식으로부터 $P(|X-\mu| < 2\sigma) \geq 1 - \dfrac{1}{4} = \dfrac{3}{4} = 0.75$이므로 X가 평균의 2σ 범위 내에 있게 될 확률은 최소한 $\dfrac{3}{4}$이다. 따라서 X의 확률분포를 알 경우 X가 $\mu \pm 2\sigma = (0.3076, 4.5924)$안에 포함될 정확한 확률은 0.95이나 X의 확률분포를 모를 경우 체비셰프 부등식을 이용하면 위의 확률이 0.75이상 이라는 것을 알 수 있다. 경험적 규칙을 이용하면 관측된 X의 95%가 위의 구간 내에 포함된다는 것이다. 따라서 체비셰프 규칙과 경험적 규칙은 잘 적용된다.

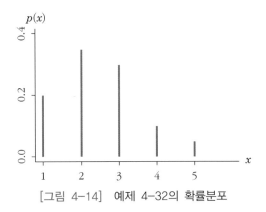

[그림 4-14] 예제 4-32의 확률분포

예제 4-33 확률변수 X는 다음의 확률분포를 갖는다고 할 때 μ, σ^2과 σ를 구하라. $p(x)$의 그래프를 그리고, 구간 $\mu \pm 2\sigma$을 표시하라. 또한 확률분포를 이용하여 X가 구간 $\mu \pm 2\sigma$ 안에 포함될 확률을 구하고, 체비셰프 부등식에 의해 X가 이 구간에 포함될 확률과 비교하라.

x	-2	-1	0	1	2	3	4
$p(x)$	0.05	0.10	0.40	0.20	0.10	0.10	0.05

풀이

$$\mu = E(X) = \sum_{x=-2}^{4} x p(x)$$
$$= (-2)(0.05) + (-1)(0.10) + \cdots + 3(0.10) + 4(0.05) = 0.70$$

$$\sigma^2 = E(x-\mu)^2 = \sum_{x=-2}^{4} (x-\mu)^2 p(x)$$
$$= (-2-0.70)^2(0.05) + (-1-0.70)^2(0.10) + \cdots + (4-0.70)^2(0.05)$$
$$= 2.11$$

$$\sigma = \sqrt{\sigma^2} = \sqrt{2.11} = 1.45$$

구간 $\mu \pm 2\sigma$는 $0.70 \pm 2(1.45)$로 또는 $(-2.2,\ 3.6)$로 $X = -2, -1, 0, 1, 2, 3$이 구간 안에 놓여진다. 그러므로 정확한 확률은 다음과 같다.

$$P(\mu - 2\sigma < X < \mu + 2\sigma) = \sum_{x=-2}^{3} p(x) = 0.95$$

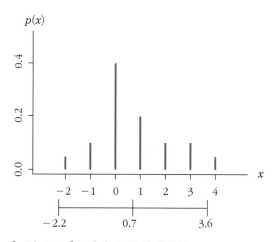

[그림 4-15] 예제 4-33의 확률분포

[그림 4-15]는 확률분포를 나타낸다. 그래프를 보면 종모양이며, 좌우대칭에 가까우므로 체비셰프 규칙과 경험적 규칙 둘다 적용할 수 있다. 체비셰프 부등식을 이용하면 $P(|X - \mu| < 2\sigma) \geq 1 - \dfrac{1}{4} = \dfrac{3}{4} = 0.75$이므로 X가 평균의 2σ 범위 내에 있게 될 확률은 최소한 3/4이다. 따라서 X의 확률분포를 알 경우 X가 $\mu \pm 2\sigma$ 안에 포함될 정확한 확률은 0.95이나 X의 확률분포를 모를 경우 체비셰프 부등식을 이용하면 관측된 X의 75% 이상이 $(-2.2,\ 3.6)$ 구간 내에 포함되며 경험적 규칙을 이용하면 관측된 X의 95%가 이 구간 내에 포함된다는 것이다. 따라서 체비셰프 규칙과 경험적 규칙은 잘 적용된다.

4.3.4 선형결합으로 이루어진 확률변수의 기대값과 분산

확률변수 X의 기대값 $E(X)$를 알고 있으면 X의 1차식으로 이루어진 다른 확률변수의 기대값도 쉽게 구할 수 있다. 마찬가지로 $Var(X)$를 알고 있으면 X의 1차식으로 이루어진 다른 확률변수의 분산도 쉽게 구할 수 있다. 이를 정리하면 다음과 같다.

[정리 4.9] 임의의 상수 a, b에 대하여

① $E(aX+b) = aE(X) + b$ 또는 $\mu_{aX+b} = a\mu_X + b$

② $Var(aX+b) = a^2 Var(X)$ 또는 $\sigma^2_{aX+b} = a^2 \sigma^2_X$

③ $\sigma_{aX+b} = |a|\,\sigma_X$, $\sigma_{aX} = |a|\,\sigma_X$, $\sigma_{X+b} = \sigma_X$

증명 ①의 증명은 기대값의 정의에 의해 다음과 같다.

$$
\begin{aligned}
E(aX+b) &= \int_{-\infty}^{\infty} (ax+b)f(x)dx \\
&= \int_{-\infty}^{\infty} (axf(x)+bf(x))dx \\
&= a\int_{-\infty}^{\infty} xf(x)dx + b\int_{-\infty}^{\infty} f(x)dx \\
&= aE(X) + b
\end{aligned}
$$

②의 증명은 분산의 정의와 기대값의 성질에 의해 다음과 같다.

$$
\begin{aligned}
Var(aX+b) &= E[(aX+b)-(a\mu+b)]^2 \\
&= E[a(X-\mu)]^2 \\
&= a^2 E(X-\mu)^2 \\
&= a^2 Var(X)
\end{aligned}
$$

예제 4-34 $E(X+4) = 10$, $E[(X+4)^2] = 116$일 때, $E(X)$, $Var(X)$, $Var(X+4)$를 구하라.

풀이 $E(X+4) = E(X) + 4 = 10$이므로 $E(X) = 6$이다.

$E[(X+4)^2] = E(X^2) + 8E(X) + 16 = E(X^2) + 8 \cdot 6 + 16 = 116$이므로

$E(X^2) = 52$이다.

$Var(X) = E(X^2) - (E(X))^2 = 52 - 6^2 = 16$이며 $Var(X+4) = Var(X) = 16$이다.

예제 4-35 예제 4−28의 기대값과 분산을 정리 4.9를 이용하여 구하라.

풀이 $E(X) = 0 \cdot 0.2 + 1 \cdot 0.4 + 2 \cdot 0.3 + 3 \cdot 0.1 = 1.3$이므로

$E(3X+1) = 3E(X) + 1 = 4.9$이다. 또한,

$Var(X) = E(X^2) - (E(X))^2 = [1^2 \cdot 0.4 + 2^2 \cdot 0.3 + 3^2 \cdot 0.1] - (1.3)^2 = 0.81$이므로

$Var(3X+1) = 9\,Var(X) = 9 \cdot 0.81 = 7.29$이다. 따라서 예제 4−28과 같은 결과를

갖는다.

예제 4-36 어느 회사의 주가의 수익성에 대해 조사하였더니 기대수익이 500만원이었
고 분산이 200만원^{2}이었다. 만일 수익이 세 배가 되었다면, 그 때의 기대수익과 분산
은 어떻게 되겠는가? 그리고 수익이 세 배가 된 이후에 추가로 200만원 더 올랐다면
기대수익과 분산은 어떻게 되겠는가?

풀이 $E(X) = 500$, $Var(X) = 200$, $E(3X) = 3E(X) = 3 \times 500 = 1500$

$$Var(3X) = 3^2\,Var(X) = 9 \times 200 = 1800$$

수익이 세 배가 되었을 경우의 기대값은 1,500만원이고, 분산은 1,800만원^{2}이 된다.

$$E(3X+200) = 3E(X) + 200 = 3 \times 500 + 200 = 1700$$
$$Var(3X+200) = 3^2\,Var(X) = 9 \times 200 = 1800$$

수익이 세 배가 된 후 추가로 200만원이 올랐을 경우 기대값은 1,700만원이고, 분산은
그대로 1,800만원^{2}이 된다.

예제 4-37 확률변수 X는 평균이 μ이고 분산이 σ^2이다. b의 함수인 $E[(X-b)^2]$가
$b = \mu$일 때 최소값을 가짐을 증명하라.

풀이 $Var(X-b) = E[(X-b)^2] - [E(X-b)]^2$

$E[(X-b)^2] = Var(X-b) + [E(X-b)]^2$

$\qquad\quad = Var(X) + (E[X] - b)^2$

$\qquad\quad = Var(X) + (b - E(X))^2$

따라서 $b = E(X) = \mu$일 때, $E[(X-b)^2]$은 최소값 $Var(X) = \sigma^2$을 가진다.

4.4 적률과 적률생성함수

확률변수의 적률 또는 분포의 적률은 확률분포를 가지는 확률변수의 거듭제곱(power)의 기대값을 말한다. 확률변수 X의 1제곱, 다시 말해 X의 1차 적률이 X의 모평균이다 $(\mu_1{}' = E(X) = \mu_X)$.

[정의 4.11] X가 기대값이 존재하는 확률변수라면 X의 r차 **적률**(moments)은 $\mu_r{}'$ 라고 표현하고 다음과 같이 구한다.

$$\mu_r{}' = E(X^r)$$

[정의 4.12] X가 확률변수라면 a에 대한 X의 r차 **중심적률**(central moments)은 $E[(X-a)^r]$로 정의된다.

만약 $a = \mu_X$라면 μ_X에 대한 X의 r차 중심적률은 μ_r이라고 표현하고 다음과 같이 구한다.

$$\mu_r = E[(X-\mu_X)^r]$$

정의에 의해 $\mu_1 = E[(X-\mu_X)] = 0$이고 $\mu_2 = E[(X-\mu_X)^2]$ 이므로 X의 평균은 1차 적률, 분산은 2차 중심적률이다. 만약 X의 확률분포가 적률이 존재하고 μ_X를 중심으로 대칭이라면 X의 홀수차 중심적률은 항상 0이다. 확률변수 또는 확률분포의 1차부터 4차까지의 적률 및 중심적률은 확률분포의 다양한 특성을 측정하는데 사용된다. 이러한 확률분포의 특성들 중 일부에 대해 또 다른 척도인 분위수를 이용하여 측정할 수 있다.

[정의 4.13] 확률변수 X 또는 X의 확률분포의 q번째 **분위수**(quantile), $0 < q < 1$, ξ_q는 $F(\xi) \geq q$를 만족하는 가장 작은 ξ을 말한다.

확률변수 X의 중앙값($med(X)$)은 $P[X \leq med(X)] \geq \dfrac{1}{2}$와 $P[X \geq med(X)] \geq \dfrac{1}{2}$를 만족하므로 다음과 같이 정리된다. 따라서 중앙값은 X의 확률밀도를 정확하게 반으로 나누는 지점이다.

$$\int_{-\infty}^{med(X)} f(x)dx = \frac{1}{2} = \int_{med(X)}^{\infty} f(x)dx$$

[정의 4.14] 확률변수 X 또는 X의 확률분포의 **중앙값**(median)은 0.5번째 분위수로 med_X, $med(X)$, 또는 $\xi_{0.5}$로 표현된다.

앞에서 1차 적률 $E(X)$가 X의 확률분포의 중심에 위치한다고 하였고 중앙값 또한 X의 확률분포의 중심을 설명하기 위해 사용된다. X의 확률분포의 특성을 설명하는 세 번째 척도는 $f(x)$가 최대값을 갖는 지점인 최빈값(mode)이다. X의 확률분포의 중심위치에 대한 특성은 평균, 중앙값, 최빈값 이 세 개의 척도로 설명된다.

X의 확률분포의 또 다른 특성인 퍼짐의 정도(산포)는 2차 중심적률인 분산으로 설명된다. 분산의 대안적인 척도로 사분위간 범위($\xi_{0.75} - \xi_{0.25}$)가 사용되기도 한다. 아래 [그림 4-15]의 두 확률분포 $f_1(x)$와 $f_2(x)$를 살펴보면 $f_2(x)$가 $f_1(x)$에 비해 1차 적률, 2차 중심적률 모두 더 큰 값을 가지게 된다.

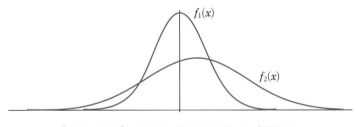

[그림 4-15] 중심과 산포가 다른 두 확률분포

μ_X에 대한 X의 3차 중심적률 μ_3은 치우침의 척도인 왜도(skewness)를 의미한다. 2장에서 살펴본 대로 대칭적인 분포는 $\mu_3 = 0$을 의미하고 왼쪽으로 치우친 분포는 양의 3차 중심적률, 오른쪽으로 치우친 분포는 음의 3차 중심적률을 가진다. 2장에서 살펴본 대로 왜도계수는 산포의 정도(분산)의 영향력을 제거하기 위해 $E(X-\mu)^3/\sigma^3 = \mu_3/\sigma^3$을

사용한다. 아래 [그림 4-16]을 살펴보면 $f_2(x)$가 $f_1(x)$에 비해 왜도계수가 더 크다.

μ_X에 대한 X의 4차 중심적률 μ_4는 뾰족함의 척도인 첨도(kurtosis)를 의미한다. 2장에서 살펴본 대로 정규분포는 $\mu_4 = 3$이 되며 정규분포보다 중심쪽이 더 평평하다면 3보다 작은 4차 중심적률, 정규분포보다 중심쪽이 더 뾰족하다면 3보다 큰 4차 중심적률을 가진다. 첨도계수는 왜도계수와 마찬가지로 산포의 정도(분산)의 영향력을 제거하기 위해 $E(X-\mu)^4/\sigma^4 - 3 = \mu_4/\sigma^4 - 3$을 사용한다. 아래 [그림 4-17]을 살펴보면 $f_2(x)$가 $f_1(x)$에 비해 첨도계수(4차 중심적률)가 더 크다.

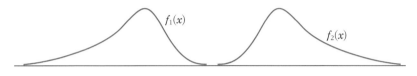

[그림 4-16] 왜도가 다른 두 확률분포

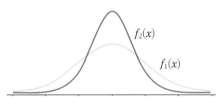

[그림 4-17] 첨도가 다른 두 확률분포

예제 4-38   확률변수 Y의 확률밀도함수는 다음과 같다.

$$f(y) = \begin{cases} \dfrac{1}{25}y, & 0 \le y < 5 \\ \dfrac{2}{5} - \dfrac{1}{25}y, & 5 \le y \le 10 \\ 0, & \text{그 외} \end{cases}$$

ξ_q를 q번째 분위수$(0 \le q \le 1)$라고 할 때, ξ_q를 구하라.

풀이   먼저 누적분포함수를 구하면 다음과 같다.

$0 \le y < 5$일 때,

$$F(y) = \int_0^y f(t)\,dt = \int_0^y \frac{1}{25}t\,dt = \frac{y^2}{50}$$

$5 \le y \le 10$일 때,

$$F(y) = \int_0^y f(t)\,dt = \int_0^5 f(t)\,dt + \int_5^y f(t)\,dt$$
$$= \frac{1}{2} + \int_5^y \left(\frac{2}{5} - \frac{t}{25}\right)dt = -\frac{y^2}{50} + \frac{2y}{5} - 1$$

이므로 누적분포함수는 다음과 같다.

$$F(y) = \begin{cases} 0, & y < 0 \\ \dfrac{y^2}{50}, & 0 \le y < 5 \\ -\dfrac{y^2}{50} + \dfrac{2y}{5} - 1, & 5 \le y \le 10 \\ 1, & y > 10 \end{cases}$$

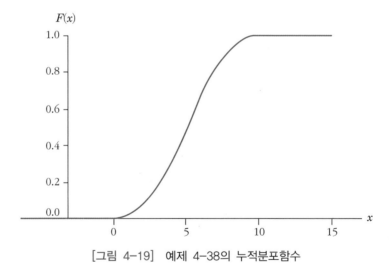

[그림 4-19] 예제 4-38의 누적분포함수

$F(\xi_q) = q$이므로 $\xi_q = F^{-1}(q)$이다. 따라서 ξ_q은 다음과 같은 함수이다.

$$\xi_q = \begin{cases} \sqrt{50q}, & 0 \le q < 0.5 \\ 10 - 5\sqrt{2(1-q)}, & 0.5 \le q \le 1 \end{cases}$$

이제는 또 다른 종류의 적률인 계승적률에 대해 알아보자. 일반적으로 이산형 확률변수에 대해서는 계승적률이 적률보다 더 계산하기 쉽지만 적률은 계승적률로부터 구할 수 있고 계승적률도 적률로부터 구할 수 있다.

[정의 4.15] 확률변수 X에 대해 X의 r차 **계승적률**(factorial moment)은 다음과 같
이 정의된다(여기서 r은 양의 정수).
$$E[X(X-1) \cdots (X-r+1)]$$

확률변수의 적률은 통계학에서 매우 중요한 역할을 한다. 실제로 모든 적률을 알고
있다면 확률밀도함수를 쉽게 결정할 수 있다. 확률변수의 적률이 매우 중요하므로 모든 적
률을 표현할 수 있는 함수가 존재한다면 매우 유용할 것이다. 이러한 함수를 **적률생성함수**
라고 한다.

[정의 4.16] 확률변수 X는 확률밀도함수 $f(x)$ 또는 확률질량함수 $p(x)$를 가지고
있을 때 임의의 구간 $-h < t < h$, $h > 0$에서 모든 t에 대해 기대값이 존재한다
면 e^{tX}의 기대값을 X의 **적률생성함수**(moment generating function)라고 한다.
적률생성함수는 $m(t)$로 나타내며 다음과 같이 정의된다.
$$m(t) = E[e^{tX}] = \begin{cases} \sum_x e^{tx} p(x), & X가 \ 이산형 \ 확률변수 \\ \int_{-\infty}^{\infty} e^{tx} f(x) dx, & X가 \ 연속형 \ 확률변수 \end{cases}$$

만약 적률생성함수가 존재한다면 적률생성함수 $m(t)$는 연속적으로 미분이 가능하다.
만약 적률생성함수가 t에 대하여 r번 미분가능하다면 다음과 같다.

$$\frac{d^r}{dt^r} m(t) = \int_{-\infty}^{\infty} x^r e^{xt} f_X(x) dx$$

그리고 t가 0에 접근해 가면 $(t \to 0)$이면 다음과 같다.

$$\frac{d^r}{dt^r} m(0) = E[X^r] = \mu'_r$$

여기서 좌변 $\dfrac{d^r}{dt^r}m(0)$은 t가 0에 접근해갈 때 계산되는 $m(t)$의 r번째 미분을 의미한다. 따라서 확률분포의 적률은 미분을 통해 적률생성함수로부터 구할 수 있다.

예제 4-39 확률변수 X는 확률밀도함수 $f(x) = \lambda e^{-\lambda x}$, $0 < x < \infty$를 따른다고 하자. 적률생성함수를 이용하여 1차, 2차 적률을 구하라.

풀이 적률생성함수는 $m(t) = E[e^{tX}] = \displaystyle\int_0^\infty e^{tx}\lambda e^{-\lambda x}dx = \dfrac{\lambda}{\lambda - t}$ $(t < \lambda)$이므로 1차, 2차 적률은 다음과 같다.

$$m'(t) = \frac{d}{dt}m(t) = \frac{\lambda}{(\lambda-t)^2}\ ,\ \ m'(0) = E(X) = \frac{1}{\lambda}$$

$$m''(t) = \frac{d^2}{d^2t}m(t) = \frac{2\lambda}{(\lambda-t)^3}\ ,\ \ m''(0) = E(X^2) = \frac{2}{\lambda^2}$$

적률 생성함수로부터 적률을 구할 수 있는 것처럼 계승적률생성함수로부터 계승적률을 구할 수 있다. 그리고 적률과 계승적률 간의 관계처럼 적률생성함수도 계승적률생성함수와 관계를 가지고 있다. 계승적률생성함수는 적률생성함수에 의해 구해질 수 있다. 다만 계승적률생성함수는 적률생성함수와 달리 t가 0 대신에 1에 접근해 갈 때 계승적률이 구해진다.

[정의 4.17] 확률변수 X의 기대값이 존재한다면 $E(t^X)$를 **계승적률생성함수**(factorial moment generating function)라고 한다.

예제 4-40 확률변수 X는 확률질량함수 $p(x) = \left(\dfrac{1}{2}\right)^{x+1}$, $x = 0, 1, 2, 3, \ldots$를 따른다고 할 때 계승적률생성함수를 구하라.

풀이 정의에 의해 계승적률생성함수는 다음과 같다.

$$E(t^X) = \sum_{x=0}^\infty t^x\left(\frac{1}{2}\right)^{x+1} = \frac{1}{2} + t\left(\frac{1}{2}\right)^2 + t^2\left(\frac{1}{2}\right)^3 + t^3\left(\frac{1}{2}\right)^4$$

$$= \frac{\dfrac{1}{2}}{1-\dfrac{t}{2}} = \frac{1}{2-t}\ ,\ \ t < 2$$

예제 4-41 확률변수 X는 확률질량함수 $p(x) = \dfrac{e^{-\lambda}\lambda^x}{x!}$, $x = 0, 1, 2, 3, \ldots$를 따른다고 하자. 계승적률생성함수를 이용하여 1차 적률을 구하라.

풀이 맥클로린 무한급수 전개(Maclaurin infinite series expansion)에 따라 e^λ는 다음과 같다.

$$e^\lambda = 1 + \lambda + \frac{\lambda^2}{2!} + \frac{\lambda^3}{3!} + \cdots = \sum_{x=0}^{\infty} \frac{\lambda^x}{x!}$$

따라서 계승적률생성함수는 $E(t^X) = \sum_{x=0}^{\infty} \dfrac{t^x e^{-\lambda}\lambda^x}{x!} = e^{-\lambda}e^{\lambda t} = e^{\lambda(t-1)}$이므로 1차 적률은 다음과 같다.

$$\frac{d}{dt}E(t^X) = \frac{d}{dt}e^{\lambda(t-1)} = \lambda e^{\lambda(t-1)}, \quad \frac{d}{dt}E(t^X)\bigg|_{t=1} = E(X) = \lambda$$

01. n개의 주사위를 동시에 던졌을 때, 나오는 주사위 눈의 최대값과 최소값을 각각 X 와 Y라고 하자. 이때 X와 Y 각각에 대한 확률질량함수를 구하라.

02. 52장의 카드 덱(deck)에서 한 장의 카드를 뽑는 게임이 있다. 잭(jack) 또는 퀸 (queen)을 뽑는 경우 10달러를 받으며, 킹(king) 또는 에이스(ace)를 뽑는 경우 3달 러를 받는다. 그리고 다른 카드를 뽑는 경우 2달러를 내야 한다. 참가자가 한 장의 카드를 뽑을 때 기대할 수 있는 이익은 얼마인가?

03. 확률변수 X에 대한 세 가지 확률분포가 다음 표와 같을 때 다음 물음에 답하라.

x	0	1	2	3	4
$p_1(x)$	0.3	0.2	0.1	0.05	0.05
$p_2(x)$	0.4	0.1	0.1	0.1	0.3
$p_3(x)$	0.4	0.1	0.2	0.1	0.3

a) 세 개의 함수 중 어떤 함수가 확률질량함수로 적합한가?
b) a)번에서 구한 확률밀도함수에서 $P(2 \leq X \leq 4)$, $P(X \leq 2)$, $P(X \neq 0)$을 구 하라.
c) $p(x) = c(5-x)$ $x = 0, 1, \ldots, 4$ 일 때 c값을 구하라.

04. 공장 창고의 관리자는 특정 도구에 대한 일상적인 수요(사용횟수)에 대해 다음과 같 은 확률분포를 구하였다.

y	0	1	2
$P(y)$	0.2	0.5	0.3

공장에서 도구가 사용될 때마다 20만원의 비용이 필요하다고 한다. 도구의 사용을 위 한 일일 비용의 평균과 분산을 구하라.

05. 확률변수 Y의 확률분포가 다음과 같다고 하자.

$$P(Y=0) = \frac{1}{4}, \ P(Y=1) = \frac{1}{2}, \ P(Y=2) = \frac{1}{4}$$

a) 누적분포함수를 구하고 그래프를 그려라.

b) $P(Y \leq 1.5)$를 구하라.

06. 확률변수 X의 확률밀도함수가 다음과 같다. 아래 물음에 답하라.

$$f(x) = \begin{cases} kx^2, & 0 \leq x \leq 1 \\ 0, & \text{그 외} \end{cases}$$

a) k의 값을 구하라.

b) $P(0 < X < \frac{1}{2})$을 구하라.

c) $P(0.25 < X < 0.5)$을 구하라.

d) $E(X), \ Var(X)$을 구하라.

e) $E(2X-1)^2$을 구하라.

07. 확률변수 X의 누적분포함수가 다음과 같을 때 X의 확률질량함수를 구하라.

$$F(x) = \begin{cases} 0, & x < 1 \\ 0.3, & 1 \leq x < 3 \\ 0.4, & 3 \leq x < 4 \\ 0.45, & 4 \leq x < 6 \\ 0.6, & 6 \leq x < 12 \\ 1, & x \geq 12 \end{cases}$$

08. 확률변수 X의 확률밀도함수가 다음과 같다. 아래 물음에 답하라.

$$f(x) = \begin{cases} \dfrac{1}{2}x, & 0 \leq x < 1 \\ -\dfrac{1}{4}x + c, & 1 \leq x < 3 \\ 0, & \text{그 외} \end{cases}$$

a) 상수 c를 구하라.

b) 누적분포함수 $F(x)$를 구하라.

c) 기대값 $E(X)$와 분산 $Var(X)$을 구하라.

09. 확률변수 X의 확률밀도함수가 다음과 같다. 아래 물음에 답하라.

$$f(x) = \begin{cases} \dfrac{1}{3}, & 0 \le x < 1 \\[2mm] \dfrac{1}{6}, & x = 1 \\[2mm] \dfrac{3}{12}, & x = 2 \\[2mm] c, & x = 3 \end{cases}$$

a) 상수 c를 구하라.

b) 누적분포함수 $F(x)$를 구하라.

c) 기대값 $E(X)$와 분산 $Var(X)$을 구하라.

10. $E(X) = 5$이고 $E(X(X-1)) = 27.5$일 때 다음 물음에 답하라.

a) $E(X^2)$와 $Var(X)$을 구하라.

b) $E(X)$, $E(X(X-1))$, $Var(X)$의 관계를 밝혀라.

11. 확률변수 X를 어떤 잡지에 대한 수요량이라고 할 때, X의 확률분포는 다음과 같다.

X	1	2	3	4	5	6
$P(X=x)$	1/15	2/15	3/15	4/15	3/15	2/15

이때 서점 주인은 0.25달러를 주고 잡지 1권을 들여오고, 1달러를 받고 손님에게 판다고 할 때, 4권을 들여왔을 때의 이익의 기대값은 얼마인가? 또한 몇 권을 들여올 때 기대되는 이익이 최대인가? 재고는 이익에 포함하지 않는다고 가정한다.

12. 찬반투표를 하는데 있어서 n명 중 찬성자의 수를 Y라고 하자. 이때 찬성률을 p라 하고 $\hat{p} = \dfrac{Y}{n}$라고 하면 $P(|\hat{p} - p| \ge \epsilon) \le \dfrac{p(1-p)}{n\epsilon^2}$이 성립함을 보여라.

(힌트 : 체비셰프 부등식과 $n = \sqrt{np(1-p)}\sqrt{\dfrac{n}{p(1-p)}}$ 을 이용하라.)

13. 확률변수 X의 $E(X) = 3$, $E(X^2) = 13$이다. 체비셰프 부등식을 이용하여 $P(-2 < X < 8)$의 최소값을 구하라.

14. TV를 생산하는 공장에서 일주일 동안 생산하는 TV수를 X라고 할 때 X는 평균이 50이라고 한다. 다음 물음에 답하라.

a) 일주일 동안 생산된 TV가 75대 이상이 될 확률의 최대값을 구하라.

b) 일주일 동안 생산된 TV수의 분산이 25라고 할 때 일주일 동안 생산된 TV수가 40에서 60대 사이에 있을 확률의 최소값을 구하라.

15. 확률 변수 Y의 확률밀도함수가 다음과 같을 때, 각 물음에 답하라.

$$f(y) = \begin{cases} \dfrac{1}{25}y, & 0 \leq y < 5 \\ \dfrac{2}{5} - \dfrac{1}{25}y, & 5 \leq y < 10 \\ 0, & \text{그 외} \end{cases}$$

a) Y에 대한 확률밀도함수 및 누적분포함수를 그려라.

b) $E(Y)$, $Var(Y)$를 구하라.

16. 확률변수 Y의 누적분포함수가 다음과 같다고 한다. 아래 물음에 답하라.

$$F(y) = \begin{cases} 0, & y < 0 \\ \dfrac{y}{27}, & 0 \leq y < 3 \\ \dfrac{y^2}{81}, & 3 \leq y < 9 \\ 1, & y \geq 9 \end{cases}$$

a) 확률변수 Y의 확률밀도함수를 구하라.

b) $P(1 \leq Y \leq 3)$를 구하라.

c) $P(Y \geq 1.5)$를 구하라.

d) $P(Y \geq 1 | Y \leq 3)$를 구하라.

e) Y의 기대값을 구하라.

f) Y의 분산을 구하라.

17. 타이어 제조업체는 실제 주행거리가 15% 이상 차이 나지 않는 타이어를 광고하려고 한다. 업체가 많은 수의 타이어들을 사전 검사한 결과, 평균 주행거리가 25,000마일이고 표준 편차가 4,000마일이었다. 주행거리를 얼마로 광고해야 하는지 구하라.

18. X의 누적분포함수가 아래와 같을 때 다음 물음에 답하라.

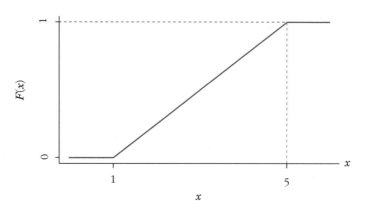

a) 위 그림을 보고 확률밀도함수를 구하고 그래프를 그려라.

b) X의 기대값 $E(X)$를 구하라.

19. 연속형 확률변수 X의 확률밀도함수는 $f(x) = 2/x^3$, $1 < x < \infty$ 이다. 누적분포함수를 구하고 그래프를 그려라.

20. 확률변수 X의 확률질량함수가 다음과 같이 주어졌을 때, 적률생성함수를 구하라.

$$f(x) = \frac{1}{k},\ x = 1, 2, ..., k$$

21. 확률변수 X의 확률밀도함수가 다음과 같이 주어졌을 때, 적률생성함수를 구하라.

$$f(x) = \frac{1}{4},\ -1 < x < 3$$

22. 확률변수 X가 다음과 같은 확률밀도함수를 갖고 있다고 한다. 확률변수 X의 적률생성함수를 구하라.

$$f(x) = \frac{1}{3},\ -1 < x < 2$$

제 5 장

확률분포

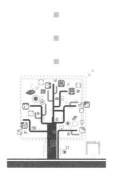

제 5 장

확 률 분 포

4장에서는 확률변수 그리고 이산형 확률분포와 연속형 확률분포의 기본적인 성격을 살펴보았다. 이 장에서는 자주 이용되는 여러 가지 확률분포들의 특성과 적용 사례를 이산형과 연속형인 경우로 나누어 설명한다.

5.1 이산형 확률분포

5.1.1 이산형 균일분포

이산형 균일분포(discrete uniform distribution)는 이산형 확률분포 중에서 가장 간단한 형태이다. 이산형 균일분포는 확률변수가 취할 수 있는 각 값들이 모두 동일한 확률을 가지는 경우를 말한다.

[정의 5.1] 이산형 균일분포

확률변수 X가 가질 수 있는 값 $a, a+1, ..., b-1, b(a < b)$의 각각의 확률이 동일하다면 **이산형 균일분포**는 다음과 같다.

$$p(x\,;a,b) = \frac{1}{b-a+1}\,,\ x = a,...,b$$

참고로 균일분포가 모수(parameter) a와 b에 의존함을 나타내기 위하여 $p(x)$ 대신에 $p(x\,;a,b)$이라는 기호를 사용하기도 한다.

예제 5-1 주사위를 던지는 실험에서 발생하는 눈금을 확률변수 X라 할 때 X는 1, 2, 3, 4, 5, 6의 값을 가질 수 있고, 각 눈금이 나올 확률은 1/6로 동일하다. 따라서 X는 이산형 균일분포를 따른다. 이때 X의 확률분포는 $p(x) = 1/6$이다.

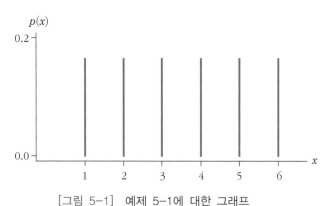

[그림 5-1] 예제 5-1에 대한 그래프

[정리 5.1] 이산형 균일분포를 따르는 확률변수 X의 평균, 분산, 적률생성함수는 다음과 같다.

$$E(X) = \frac{a+b}{2}, \ \ Var(X) = \frac{(b-a)(b-a+2)}{12},$$

$$m(t) = E(e^{tX}) = \sum_{j=a}^{b} e^{jt} \frac{1}{b-a+1}$$

증명 평균은 정의에 의하여

$$E(X) = \sum_{x=a}^{b} x\,p(x) = \frac{1}{b-a+1} \sum_{x=a}^{b} x = \frac{1}{b-a+1} \frac{(b-a+1)(a+b)}{2} = \frac{a+b}{2}$$

이다. 또한 분산 역시 정의에 의하여

$$Var(X) = E(X^2) - (E(X))^2 = \sum_{x=a}^{b} \frac{x^2}{b-a+1} - \left(\frac{a+b}{2}\right)^2$$
$$= \frac{(b-a)(b-a+2)}{12}$$

예제 5-2 승용차에 주유를 가득할 때 지불하는 금액의 천원 이하의 단위금액은 0원

에서 999원까지 나타날 수 있다. 이때 나타나는 천원 이하의 단위금액의 평균과 분산을 구하라.

풀이 천원 이하의 단위금액은 $a = 0$, $b = 999$인 이산형 균일분포를 따르므로 정의에 의해서 평균과 분산은 다음과 같다.

$$E(X) = \frac{a+b}{2} = \frac{0+999}{2} = 499.5$$

$$Var(X) = \frac{(b-a)(b-a+2)}{12} = \frac{999 \times 1001}{12} = 83333.25$$

5.1.2 베르누이분포와 이항분포

성공(success)과 실패(failure)의 두 가지 가능한 결과만을 가지는 시행을 자주 볼 수 있다. 예를 들어 동전을 한 번 던지는 실험에서의 실험결과는 앞면 아니면 뒷면의 두 가지 뿐이다. 또한 어떤 공장에서 생산품 중 임의로 하나를 추출하여 양품 또는 불량품의 두가지 경우만을 고려하는 제품검사의 경우도 예로 들 수 있다. 뿐만 아니라 주사위를 던졌을 경우도 적용할 수 있는데, 예를 들어 주사위를 한 번 던졌을 때 1 또는 2가 나왔을 경우와 그렇지 않았을 경우(즉 3, 4, 5, 6)의 두 가지로 구별해 보면 이 실험결과는 이 두 가지 중 어느 한 경우에 반드시 해당되므로 이 실험도 성공, 실패의 두 가지 결과만을 가지는 시행으로 볼 수 있다. 이러한 시행을 **베르누이 시행**(Bernoulli trial)이라고 하며 이는 이항분포의 기초가 된다. 베르누이 시행으로 나타나는 확률분포를 **베르누이분포**(Bernoulli distribution)라고 한다.

베르누이분포는 한 번의 시행에서 성공 또는 실패의 결과만을 가지므로 분포의 확률변수는 0 또는 1의 값을 갖는다. 즉, 성공이면 1의 값을, 실패이면 0의 값을 갖게 된다. 따라서 베르누이분포의 확률분포는 다음과 같다.

[정의 5.2] **베르누이분포**

확률변수 X의 확률질량함수가

$$p(x\,;p) = p^x(1-p)^{1-x}, \ x = 0, 1, \ 0 \le p \le 1$$

와 같이 주어질 때, X는 성공확률이 p인 **베르누이분포**를 따른다고 한다.

확률변수 X가 모수 p를 갖는 베르누이분포를 따를 때 $X \sim Ber(p)$로 표현한다.

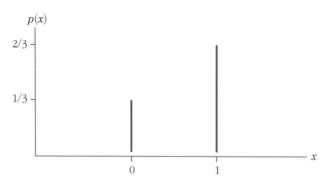

[그림 5-2] $p = \dfrac{2}{3}$일 때 베르누이분포

[정리 5.2] 베르누이분포를 따르는 확률변수 X의 평균, 분산, 적률생성함수는 다음
과 같다.

$$E(X) = p, \ \ Var(X) = p(1-p), \ \ m(t) = pe^t + q$$

증명 $E(X) = 0 \cdot (1-p) + 1 \cdot p = p$

$Var(X) = E(X^2) - (E(X))^2 = 0^2 \cdot (1-p) + 1^2 \cdot p - p^2 = p(1-p)$

$m(t) = E(e^{tX}) = e^{0 \cdot t}(1-p) + e^{1 \cdot t}p = (1-p) + pe^t$

한 번의 시행보다는 여러 번 시행 중에서 몇 번 성공할 것인가에 더 관심을 갖는 경
우를 고려하자. 즉, n번의 시행 중에서 성공한 횟수를 확률변수 X로 나타내면 확률변수
X는 **이항분포**(binomial distribution)를 따른다. 이항분포인 경우 베르누이 시행의 조건에
독립적인 베르누이 시행을 n번 시행한다는 조건이 추가된다.

이항분포의 조건

① 각 베르누이 시행의 결과는 상호 배타적인 두 사건으로 구분된다. 즉, 성공 아니면
실패의 두 사건으로 표현된다.
② p로 표시되는 성공확률은 매 시행마다 일정(constant)하다.
③ 각 시행은 서로 독립적(independent)이다.

동전 한 개를 두 번 던지는 시행에서 앞면(H)과 뒷면(T)으로 구분하는 연속적인 베르누이 시행을 생각해 보자. 이 경우 앞면이 나왔을 때를 성공이라고 한다면, 성공 횟수는 0에서 2 사이의 정수 값을 취하는 확률변수 X가 된다. 이때의 경우를 표로 정리하면 다음과 같다.

결 과	$\{H,H\}$	$\{H,T\}$	$\{T,H\}$	$\{T,T\}$
$X = x$	2	1	1	0

이때, $P(X=0) = P(\{TT\}) = 1/4$, $P(X=1) = P(\{HT\}) + P(\{TH\}) = 1/4 + 1/4 = 1/2$, $P(X=2) = P(\{HH\}) = 1/4$가 된다. 따라서 X의 확률분포는 다음과 같다.

x	0	1	2
$p(x)$	1/4	1/2	1/4

이항분포의 확률은 시행횟수와 각 시행에서의 성공확률에 의존하므로 $p(x\,;\,n,p)$로 표시된다. 이항실험에서 n회의 시행 중에서 x번의 성공이 일어날 확률을 계산하자. 먼저 어떤 n번의 독립 시행에 있어서 x번의 성공과 $n-x$번의 실패가 일어났다고 한다면, 각 시행이 독립이므로 그 확률은 $p^x(1-p)^{n-x}$이 된다. 이제 이 실험에서 x번의 성공과 $n-x$번의 실패가 발생하는 모든 경우의 수는 $\binom{n}{x} = {}_nC_x$가 된다. 따라서 $p^x(1-p)^{n-x}$에 $\binom{n}{x}$을 곱하면 다음과 같은 이항분포의 일반적인 공식을 얻게 된다. 여기서 $\binom{n}{x}$를 이항 계수(binomial coefficient)라고 한다.

[정의 5.3] 이항분포

n회 독립 시행에서 성공의 횟수를 나타내는 확률변수 X의 확률질량함수가

$$p(x\,;\,n,p) = \binom{n}{x}p^x(1-p)^{n-x},\ x = 0,1,2,...,n$$

와 같이 주어질 때 X는 모수 (n,p)를 갖는 **이항분포**를 따른다고 한다.

확률변수 X가 모수 (n, p)를 갖는 이항분포를 따를 때 $X \sim b(n, p)$로 표현한다.

예제 5-3 어떤 라디오 공장에서 하루에 생산되는 라디오가 600대라고 하자. 그 중 양품이 400대라고 할 때, 하루에 생산된 라디오 중 10대를 무작위로 추출하여 7대가 양품이고 3대가 불량품일 확률을 구하라.

풀이 라디오를 추출하는 시행은 각각 독립적으로 행해지고 각 라디오를 추출할 때마다 양품일 확률은 $\dfrac{400}{600} = \dfrac{2}{3}$로 동일하다. 양품이 나타나는 횟수를 성공 횟수로 하여 이를 X로 놓으면 n이 10이고 $p = \dfrac{2}{3}$인 이항분포를 따른다. 따라서 7대가 양품일 확률을 구하면 다음과 같다.

$$p(7 \,;\, 10, 2/3) = \binom{10}{7} \left(\frac{2}{3}\right)^7 \left(\frac{1}{3}\right)^3 \approx 0.2601$$

예제 5-4 폐렴환자 12명이 있다고 하자. 이 환자들 각각의 치유될 확률이 0.6으로 일정하다고 할 때 다음 물음에 답하라. 또한, 이를 통계패키지를 이용하여 구하라.

a) 적어도 5명이 회복될 확률

b) 5명에서 7명의 환자가 회복될 확률

c) 정확히 6명이 회복될 확률

풀이 확률변수 X를 치유된 환자의 수라고 하면 X는 이항분포 $b(12, 0.6)$를 따른다.

a) $P(X \geq 5) = 1 - P(X < 5)$
$$= 1 - \sum_{x=0}^{4} p(x \,;\, 12, 0.6)$$
$$= 1 - 0.0573 = 0.9427$$

b) $P(5 \leq X \leq 7) = \sum_{x=5}^{7} p(x \,;\, 12, 0.6)$
$$= \sum_{x=0}^{7} p(x \,;\, 12, 0.6) - \sum_{x=0}^{4} p(x \,;\, 12, 0.6)$$
$$= 0.5618 - 0.0573 = 0.5045$$

c) $P(X = 6) = p(6 \,;\, 12, 0.6) = \binom{12}{6}(0.6)^6(0.4)^6 \approx 0.1766$

```
> 1-pbinom(4,12,0.6)
[1] 0.94269
> pbinom(7,12,0.6)-pbinom(4,12,0.6)
[1] 0.5045119
> dbinom(6,12,0.6)
[1] 0.1765791
```

a	b	c
0.94269	0.50451	0.17658

Computer Programming　　예제 5-4

# Using R	# Using SAS
1-pbinom(4,12,0.6)	data ex5_4;
pbinom(7,12,0.6)-pbinom(4,12,0.6)	a=1-cdf('binom',4,0.6,12);
dbinom(6,12,0.6)	b=cdf('binom',7,0.6,12)-cdf('binom',4,0.6,12);
	c=pdf('binom',6,0.6,12);
	run;
	proc print data=ex5_4; run;

누적이항확률 $P(X \leq a) = \sum_{x=0}^{a} p(x)$을 이용하면 원하는 이항확률을 쉽게 구할 수 있다. n과 p에 따른 누적이항확률을 미리 계산해 놓은 누적이항분포표가 <부록 Ⅶ>에 첨부되어 있다. 이항분포의 기대값과 분산은 앞에서 설명한 확률분포의 기대값과 분산의 식에 그대로 대입해서 구할 수 있다. 이항확률변수의 확률분포는 시행 횟수를 나타내는 모수 n과 성공확률을 나타내는 모수 p에 의해 결정되므로 이항 확률변수의 평균과 분산 역시 이러한 모수들의 값에 따라 정해진다.

[정리 5.3] 이항분포 $b(n,p)$를 따르는 확률변수 X의 평균, 분산, 적률생성함수는 다음과 같다.

$$E(X) = np, \ Var(X) = np(1-p), \ m(t) = \{(1-p)+pe^t\}^n$$

증명　$m(t) = E(e^{tX}) = \sum_{x=0}^{n} e^{tx} \binom{n}{x} p^x (1-p)^{n-x}$

$$= \sum_{x=0}^{n} \binom{n}{x} (pe^t)^x (1-p)^{n-x} = \{pe^t + (1-p)\}^n$$

적률생성함수를 1차, 2차 미분하면 다음과 같다.

$$m'(t) = npe^t \{pe^t + (1-p)\}^{n-1}$$
$$m''(t) = n(n-1)(pe^t)^2 \{pe^t + (1-p)\}^{n-2} + npe^t \{pe^t + (1-p)\}^{n-1}$$

따라서 평균과 분산은 다음과 같다.

$$E(X) = m'(0) = np$$

$$Var(X) = E(X^2) - (E(X))^2$$
$$= m''(0) - (np)^2 = n(n-1)p^2 + np - (np)^2 = np(1-p).$$

다음 [그림 5−3]은 $n = 12$일 때, p가 각각 0.1, 0.5, 0.9일 때의 이항 확률분포이다.

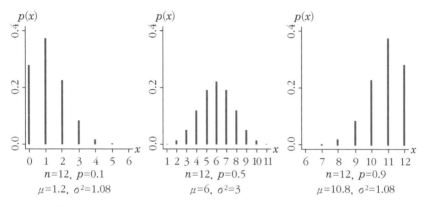

[그림 5−3] $n = 12$인 경우 $p = 0.1, 0.5, 0.9$일 때의 이항분포

위 [그림 5−3]의 첫 번째 분포는 왼쪽으로 치우친 분포를 갖는다.(양의 왜도계수) 여기서 $p = 0.1$로 작은 p를 갖는 경우 μ가 작아지므로 작은 X값이 많이 발생한 것이다. 두 번째 분포는 $p = 0.5$인 경우로 평균에 대해 좌우대칭이다.(0의 왜도계수) 세 번째 분포는 p가 크기 때문에 오른쪽으로 치우친 분포를 갖는다.(음의 왜도계수) 이항분포의 특성은 다음과 같이 정리할 수 있다.

임의의 n에 대하여

1. $p = 0.5$이면 이항분포는 좌우대칭이다.
2. $p < 0.5$이면 왼쪽으로 치우친 비대칭(skewed to the right)이다.
3. $p > 0.5$이면 오른쪽으로 치우친 비대칭(skewed to the left)이다.
4. $b(n, p)$와 $b(n, 1-p)$인 두 이항분포는 정반대의 형태를 취한다.
5. p의 값에 관계없이 n이 커질수록 이항분포의 모양은 정규곡선에 접근한다.

이항분포의 확률계산은 확률을 계산해 정리한 <부록 Ⅵ>의 이항분포표를 이용하여 구할 수 있다. 그러나 n이 큰 경우는 표를 이용하여 구할 수 없다. 따라서 n이 클 경우 이항분포의 확률계산은 정규분포를 이용하여 근사적으로 구할 수 있으며 이 방법은 5.2.3 절에서 설명된다.

예제 5-5 한 회사에서 생산되는 제품이 불량품일 확률은 서로 독립적으로 0.01임을 알고 있다. 이 회사는 한 상자에 10개씩 포장하여 판매하는데 10개 중 2개 이상의 불량품이 발생하면 상자를 반품하고 환불해 준다. 판매된 상자가 반품되어 환불될 확률을 구하라.

풀이 X를 판매된 상자 내에 발생된 불량품 개수라고 하면 이항분포 $b(10, 0.01)$를 따르게 된다. 따라서 판매된 상자가 반품될 확률은 다음과 같다.

$$1 - P(X=0) - P(X=1) = 1 - \binom{10}{0}(0.01)^0(0.99)^{10} - \binom{10}{1}(0.01)^1(0.99)^9$$
$$\approx 0.004$$

예제 5-6 X가 모수 n과 p를 가지는 이항분포를 따른다면 $Y = n - X$의 분포도 이항분포를 따름을 증명하라.

풀이 $y = n - x$, $x = n - y$, $p(x) = \binom{n}{x}p^x(1-p)^{n-x}$이므로 x대신 $n-y$를 대입하면 다음과 같이 정리된다.

$$p(n-y) = \binom{n}{n-y}p^{n-y}(1-p)^y$$
$$= \frac{n!}{(n-y)!\, y!}\, p^{n-y}(1-p)^y = \binom{n}{y}(1-p)^y p^{n-y}$$

따라서 $Y = n - X$는 모수 n과 $1-p$를 가지는 이항분포$(Y \sim b(n, 1-p))$를 따른다.

5.1.3 다항분포

베르누이 시행이 확장되어 각 시행에서 가능한 결과가 셋 이상이 되는 실험을 **다항실험**(multinomial experiment)이라고 한다. 예를 들면 어떤 생산품을 품질에 따라 최고품, 중간품, 최하품으로 분류하는 실험은 다항실험이 된다. 일반적으로 모든 가능한 시행의 결과가 정확히 k가지인 E_1, E_2, ..., E_k로 되는 독립 시행에서 각 시행은 k개 중 어느 하나가 일어난다고 하자. 그리고 n번의 독립시행에서 E_1이 일어날 확률을 p_1, E_2가 일어날 확률은 p_2, ..., E_k가 일어날 확률은 p_k라 하자. 단, 여기서 $x_1 + x_2 + \cdots + x_k = n$, $p_1 + p_2 + \cdots + p_k = 1$을 만족해야 한다. 각 시행이 독립이므로 E_1이 x_1번, E_2가 x_2번, ..., E_k가 x_k번 발생할 확률은 $p_1^{x_1} p_2^{x_2} \cdots p_k^{x_k}$이 된다. 이제 앞에서의 이항분포의 경우와 마찬가지로 전체 n번 시행을 k개의 부분으로 나누되 첫 번째 부분이 x_1, 두 번째 부분이 x_2, ..., k번째 부분이 x_k개가 되도록 분할하는 경우의 수는 다음과 같다. 이를 **다항계수** (multinomial coefficient)라고 한다.

$$\binom{n}{x_1, x_2, \ldots, x_k} = \binom{n}{x_1}\binom{n-x_1}{x_2} \cdots \binom{n-x_1-\cdots-x_{k-2}}{x_{k-1}} = \frac{n!}{x_1! \cdots x_k!}$$

모든 분할이 서로 배반적이고, 각 배열의 발생 확률은 동일하므로 같은 확률로 발생하는 어떤 특정한 배열의 확률에 배열의 총수를 곱함으로써 다항분포를 얻을 수 있다.

[정의 5.4] 다항분포

각 시행에서 $p_1, p_2, \ldots, p_k$의 확률로 k가지의 결과 E_1, E_2, ..., E_k 중 어느 하나가 발생한다면 n번의 독립시행에서 각각 E_1, E_2, ..., E_k의 발생 횟수를 나타내는 확률변수 $X_1, X_2, \ldots, X_k$는 **다항분포**(multinomial distribution)를 따른다고 하며 확률분포는 다음과 같다.

$$p(x_1, \ldots, x_k \,; n, p_1, \ldots, p_k) = \binom{n}{x_1, \ldots, x_k} p_1^{x_1} \cdots p_k^{x_k}$$

여기서 $\sum_{i=1}^{k} x_i = n$이고 $\sum_{i=1}^{k} p_i = 1$이다.

다항분포는 확률변수가 벡터(vector)의 형태로 이루어져 있고 이를 이용하여 표현할 수 있으므로 확률변수벡터 $\boldsymbol{X} = (X_1, \ldots, X_k)^T$는 모수 n과 $\boldsymbol{p} = (p_1, \ldots, p_k)^T$를 가지는 다항분포라고 말할 수 있다. 이를 확률질량함수로 표현하면 다음과 같다.

$$p(\boldsymbol{x} \,; n, \boldsymbol{p}) = \binom{n}{x_1, \ldots, x_k} p_1^{x_1} \cdots p_k^{x_k}$$

여기서 관찰값은 $x = (x_1, ..., x_k)^T$, 발생확률은 $p = (p_1, ..., p_k)^T$이고 $x^T 1 = n$, $p^T 1 = 1$을 만족해야 한다($1 = (1, ..., 1)^T$은 모든 원소가 1인 합벡터(summing vector)이다). 따라서 확률변수벡터 $X = (X_1, ..., X_k)^T$가 모수 $(n, p = (p_1, ..., p_k)^T)$를 갖는 다항분포를 따를 때 $X \sim multinom(n, p)$ 또는 $X_1, ..., X_k \sim multinom(n, p_1, ..., p_k)$로 표현한다.

예제 5-7 공평한 주사위 한 개를 5번 던지는 시행에서 확률변수 X_1을 1 또는 2가 나오는 횟수, X_2를 3, 4, 5가 나오는 횟수, X_3을 6이 나오는 횟수라고 할 때, $X_1 = 2$, $X_2 = 2$, $X_3 = 1$일 확률을 구하시오.

풀이 구하고자 하는 확률은 다항분포($multinom\left(5, \frac{2}{6}, \frac{3}{6}, \frac{1}{6}\right)$)를 이용하면 다음과 같이 구할 수 있다.

$$p\left(2,2,1 \,;\, 5, \frac{2}{6}, \frac{3}{6}, \frac{1}{6}\right) = \binom{5}{2,2,1}\left(\frac{2}{6}\right)^2\left(\frac{3}{6}\right)^2\left(\frac{1}{6}\right)^1 \approx 0.1389$$

[통계패키지 결과]

```
> dmultinom(c(2,2,1),5,c(2/6,3/6,1/6))
[1] 0.1388889
```

Computer Programming 예제 5-7

```
# Using R
dmultinom(c(2,2,1),5,c(2/6,3/6,1/6))
```

예제 5-8 A대학교 학생들의 혈액형을 모두 조사한 결과 다음과 같은 분포를 가지고 있다고 한다. 도서관 앞에서 임의의 학생 두 명을 만났을 때 두 명 모두 같은 혈액형을 가지고 있을 확률을 구하라.

A	B	AB	O
0.360	0.123	0.038	0.479

풀이 다항분포를 이용하여 임의의 두 명이 네 가지 혈액형으로 같을 확률을 각각 구하여 모두 더하면 우리가 원하는 확률을 얻을 수 있다.

$$p(2,0,0,0 \,;\, 2\,, 0.360\,, 0.123\,, 0.038\,, 0.479)$$
$$+\, p(0,2,0,0 \,;\, 2\,, 0.360\,, 0.123\,, 0.038\,, 0.479)$$
$$+\, p(0,0,2,0 \,;\, 2\,, 0.360\,, 0.123\,, 0.038\,, 0.479)$$
$$+\, p(0,0,0,2 \,;\, 2\,, 0.360\,, 0.123\,, 0.038\,, 0.479)$$

따라서 구하는 확률은 다음과 같다.

$$0.360^2 + 0.123^2 + 0.038^2 + 0.479^2 = 0.376$$

나타날 수 있는 결과가 두 가지인 경우($k=2$)는 다항분포가 이항분포가 된다. 다시 말해 $k=2$인 확률변수벡터 $\boldsymbol{X} = (X_1, X_2)^T$는 모수 n과 $\boldsymbol{p} = (p_1, p_2)^T$를 갖는 다항분 포라고 하면 $X_2 = n - X_1$와 $p_2 = 1 - p_1$이므로 이는 모수 n과 p_1을 갖는 이항분포가 된다. 따라서 확률변수벡터 $\boldsymbol{X}$는 단일 확률변수 X_1에 의해 결정되고 X_1의 분포는 모수 n과 p_1에만 의존하게 된다. 이를 확장하여 생각해보면 확률변수벡터의 각 원소는 모두 자신을 제외한 모든 확률변수들과 이항분포의 관계를 가지게 되므로 평균과 분산은 다음 과 같다.

[정리 5.4] 다항분포 $multinom\,(n\,, p_1\,, ..., p_k)$를 따르는 확률변수 X_1, ..., X_k의 평 균과 분산은 다음과 같다.

$$E(X_1) = np_1\,, ..., E(X_k) = np_k$$
$$Var(X_1) = np_1(1 - p_1)\,, ..., Var(X_k) = np_k(1 - p_k)$$

확률변수벡터의 평균도 평균벡터로 표현할 수 있다. 하지만 분산의 경우는 각 단일 확률변수들 간에 독립이 아니므로 벡터로 표시할 수 없고 행렬(matrix)로 표현해야 한다. 이에 대한 자세한 설명은 공분산(covariance) 이론이 필요하므로 6장에서 설명하겠다.

5.1.4 초기하분포

초기하분포(hypergeometric distribution)는 이항분포와 밀접한 관련이 있다. 크기 N의 모 집단이 성공과 실패로 양분되어 있을 때 크기 n의 표본을 복원추출(sampling with replacement) 하여 성공이 x개가 발생할 확률이 이항분포로부터 얻어진다면 초기하분포는 크기 n의 표본을 비복원추출(sampling without replacement)하는 경우의 확률분포이다. 초기하분포의 기본가정은 다음과 같다.

---

1. 모집단은 N개의 원소로 구성된다(유한모집단).
2. 각 원소는 성공 또는 실패로 구분되어 있고 모집단에는 M개의 성공이 있다.
3. 임의의 한 원소를 추출시 뽑힐 가능성이 모두 동일한 방식으로 n개의 원소를 비복원추출한다.

초기하분포의 확률변수 X는 n개의 표본에서 성공의 개수이고 이는 모수 n, N, M에 의존한다. 표본크기 n이 모집단에서 성공의 개수인 M보다 적으면 가능한 X의 최대값은 n이고 표본크기 n이 모집단에서 성공의 개수인 M보다 크면 가능한 X의 최대값은 M이다. 반대로 모집단에서 실패의 개수인 $N-M$이 n보다 크면 가능한 X의 최소값은 0이고 $N-M$이 n보다 작으면 가능한 X의 최소값은 $n-(N-M)$이다. 따라서 확률변수 X의 범위는 다음과 같다.

$$\max(0, n-(N-M)) \leq x \leq \min(n, M)$$

[정의 5.5] 초기하분포

M개의 성공과 $N-M$개의 실패로 이루어진 크기 N의 모집단에서 크기 n의 표본을 비복원추출할 때 M개의 성공인 모집단에서 추출된 개수를 확률변수 X로 하는 분포를 **초기하분포**라 하고 그 확률질량함수는 다음과 같다.

$$p(x\,;N,M,n) = \frac{\binom{M}{x}\binom{N-M}{n-x}}{\binom{N}{n}}\,,\ \max(0, n-(N-M)) \leq x \leq \min(n, M)$$

확률변수 X가 모수 (N, M, n)를 갖는 초기하분포를 따를 때 $X \sim hyper(N, M, n)$로 표현한다.

증명
$$E(X) = \sum_{x=0}^{n} x \frac{\binom{M}{x}\binom{N-M}{n-x}}{\binom{N}{n}} = n \cdot \frac{M}{N} \sum_{x=1}^{n} \frac{\binom{M-1}{x-1}\binom{N-M}{n-x}}{\binom{N-1}{n-1}}$$

$$= n \cdot \frac{M}{N} \sum_{y=0}^{n-1} \frac{\binom{M-1}{y}\binom{N-1-M+1}{n-1-y}}{\binom{N-1}{n-1}} = n \cdot \frac{M}{N}$$

여기서 $\sum_{i=0}^{m}\binom{a}{i}\binom{b}{m-i} = \binom{a+b}{m}$ 식을 이용하면 $\sum_{y=0}^{n-1} \frac{\binom{M-1}{y}\binom{N-1-M+1}{n-1-y}}{\binom{N-1}{n-1}} = 1$이다.

분산을 구하기 위해

$$E(X(X-1)) = \sum_{x=0}^{n} x(x-1) \frac{\binom{M}{x}\binom{N-M}{n-x}}{\binom{N}{n}}$$

$$= n(n-1)\frac{M(M-1)}{N(N-1)} \sum_{x=2}^{n} \frac{\binom{M-2}{x-2}\binom{N-M}{n-x}}{\binom{N-2}{n-2}}$$

$$= n(n-1)\frac{M(M-1)}{N(N-1)} \sum_{y=0}^{n-2} \frac{\binom{M-2}{y}\binom{N-2-M+2}{n-2-y}}{\binom{N-2}{n-2}}$$

$$= n(n-1)\frac{M(M-1)}{N(N-1)}$$

을 이용하여 다음과 같이 계산한다.

$$Var(X) = E(X^2) - (E(X))^2 = E(X(X-1)) + E(X) - (E(X))^2$$

$$= n(n-1)\frac{M(M-1)}{N(N-1)} + n\frac{M}{N} - n^2\frac{M^2}{N^2}$$

$$= n\frac{M}{N}\left[(n-1)\frac{M-1}{N-1} + 1 - n\frac{M}{N}\right]$$

$$= n\frac{M}{N}\frac{N-M}{N}\frac{N-n}{N-1}$$

$M/N = p$라고 하면 초기하분포의 평균은 이항분포의 평균과 같고 초기하분포의 분산은 이항분포의 분산에 $(N-n)/(N-1)$을 곱한 것과 같다. 이항분포와 초기하분포를 비교하면 평균은 같지만 분산은 초기하분포가 더 작다. 하지만 모집단의 크기가 커지면 커질수록 $(N-n)/(N-1)$은 1에 가까워지므로 분산도 거의 같게 된다. $(N-n)/(N-1)$값을 유한모집단 수정계수(finite population correction factor; fpc)라고 부른다.

예제 5-9 경시대회에 참가한 10,000명의 학생 중 100명이 과거 경시대회 수상 경력이 있다고 한다. 참가자중 200명을 무작위로 택했을 경우 수상경력이 있는 학생이 3명 이하로 나타날 확률을 계산하라.

풀이 X를 200명 중에 나타나는 수상경력자의 수라 하면 X는 초기하분포($hyper(10000, 100, 200)$)를 따르며 구하는 정확한 확률은 다음과 같다.

$$P(X \leq 3) = \sum_{x=0}^{3} \frac{\binom{100}{x}\binom{9900}{200-x}}{\binom{10000}{200}}$$

그러나 위 식은 계산이 너무 복잡하므로 이항분포로 근사하여 값을 구할 수 있다. 여기서 성공률을 $\frac{100}{10000} = 0.01$로 생각할 수 있고 전체 시행 수는 200이므로 이항분포 ($b(200, 0.01)$)에 의한 근사값은 다음과 같다.

$$P(X \leq 3) \approx \sum_{x=0}^{3} \binom{200}{x}(0.01)^x (0.99)^{200-x} = 0.858034$$

컴퓨터 프로그램을 이용하면 더욱 정확한 값을 구할 수 있다.

[통계패키지 결과]

```
> phyper(3,100,9900,200)
[1] 0.85989
> pbinom(3,200,0.01)
[1] 0.858034
```

OBS	hyper	binom
1	0.85989	0.85803

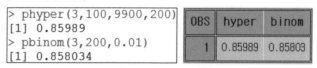

Computer Programming 예제 5-9

```
# Using R
phyper(3,100,9900,200)
pbinom(3,200,0.01)
```

```
# Using SAS
data ex5_9;
hyper=cdf('hyper',3,10000,100,200);
binom=cdf('binom',3,0.01,200);
run;
proc print data=ex5_9; run;
```

예제 5-10 한 사탕 제조회사는 사탕 10개가 들어있는 봉지를 생산하고 있다. 품질관리사는 모든 사탕봉지에서 3개씩 임의로 골라 조사하여 3개의 사탕 모두가 불량이 아닌 경우에만 정품으로 인정하고 있다. 이 사탕 제조회사는 생산라인에 문제로 전체 사탕봉지의 30%는 4개의 사탕이 불량이고 70%는 1개의 사탕만이 불량이다. 이 품질관리사가 정품으로 인정하는 비율은 어떻게 되는지 구하라.

풀이 확률변수 X를 품질관리사가 조사할 때 불량품의 사탕 개수라고 하면 이는 초기하분포를 따르게 된다. 다만 초기하분포가 모수가 서로 다르게 혼합되어 있으므로 이를 가중하여 계산하여야 한다. 즉,

$$P(X=0) = \frac{3}{10}P[X=0 \mid hyper(10,4,3)] + \frac{7}{10}P[X=0 \mid hyper(10,1,3)]$$

$$= \frac{\binom{4}{0}\binom{6}{3}}{\binom{10}{3}} \times \frac{3}{10} + \frac{\binom{1}{0}\binom{9}{3}}{\binom{10}{3}} \times \frac{7}{10}$$

$$= 0.54$$

따라서 품질관리사가 정품으로 인정하는 비율은 54%이다.

예제 5-11 $\sum_{k=0}^{4} k\binom{4}{k}\binom{8}{6-k}$을 계산하라.

풀이 초기하분포의 기대값 $E(X) = \sum_{x=0}^{n} x\frac{\binom{M}{x}\binom{N-M}{n-x}}{\binom{N}{n}} = n \cdot \frac{M}{N}$을 고려하면 $N=12$, $M=4$, $n=6$, $x=k$으로 생각할 수 있다. 따라서 이를 기대값에 대입하면 다음과 같은 식이 된다.

$$\sum_{k=0}^{6} k\frac{\binom{4}{k}\binom{8}{6-k}}{\binom{12}{6}} = 6 \times \frac{4}{12} = 2$$

초기하분포의 정의에 의해 x는 $\min(n,M)$을 넘을 수 없으므로 여기서 k는 4를 넘을 수 없다. 따라서 위식을 정리하면 다음과 같이 계산할 수 있다.

$$\sum_{k=0}^{4} k\frac{\binom{4}{k}\binom{8}{6-k}}{\binom{12}{6}} = 2 \text{ 이므로 } \sum_{k=0}^{4} k\binom{4}{k}\binom{8}{6-k} = 2 \times \binom{12}{6} = 1848 \text{ 이다.}$$

5.1.5 기하분포와 음이항분포

기하분포(geometric distribution)와 **음이항분포**(negative binomial distribution)는 베르누이 실험에서 실패의 횟수에 관심이 있다. 음이항분포는 다음의 실험조건을 가지고 있다.

1. 성공과 실패만으로 구성된 베르누이 시행이 독립적으로 반복된다.
2. 각 시행의 성공확률은 p로 동일하다.
3. 성공이 r번 발생할 때까지 시행을 계속한다.

음이항분포의 확률변수는 r번 성공할 때까지 총 실패한 횟수이고 성공의 횟수가 r로 고정된 반면 총 시행횟수는 임의적(random)이다. 기하분포의 확률변수는 처음으로 성공이 나타날 때까지 총 실패한 횟수로 $r = 1$인 음이항분포와 같다.

[정의 5.6] 기하분포

성공 확률이 p인 베르누이 시행을 성공이 한번 나타날 때까지 독립적으로 계속할 때 총 실패한 횟수가 확률변수인 분포는 **기하분포**라 하고 그 확률질량함수는 다음과 같다.

$$p(x\,;p) = p(1-p)^x\,,\ x = 0, 1, 2, \ldots$$

확률변수 X가 모수 p를 갖는 기하분포를 따를 때 $X \sim geo\,(p)$로 표현한다. 기하분포라는 이름은 기하분포의 확률이 기하학적 수열을 가지는 의미에서 유래되었다.

[정의 5.7] 음이항분포

성공 확률이 p인 베르누이 시행을 성공이 r번 나타날 때까지 독립적으로 계속할 때 총 실패한 횟수가 확률변수인 분포는 **음이항분포**라 하고 그 확률질량함수는 다음과 같다.

$$p(x\,;p) = \binom{r+x-1}{x} p^r (1-p)^x = \binom{-r}{x} p^r (p-1)^x\,,\ x = 0, 1, 2, \ldots$$

$$ * \binom{-r}{x} = \frac{(-r)(-r-1)\cdots(-r-x+1)}{x!} = (-1)^x \frac{r(r+1)\cdots(r+x-1)}{x!} = (-1)^x \binom{r+x-1}{x} $$

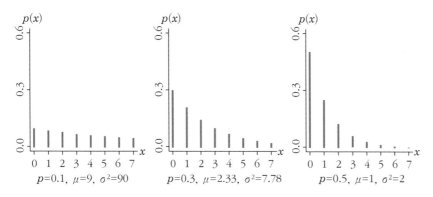

[그림 5-4] $p = 0.1, 0.3, 0.5$일 때의 기하분포

확률변수 X가 모수 (r, p)를 갖는 음이항분포를 따를 때 $X \sim nb(r, p)$로 표현한다. 기하분포를 결정짓는 모수는 p이며, [그림 5-4]는 p가 각각 0.1, 0.5, 0.9일 때 각각의 기하분포를 나타낸다. 그림에서 보는 바와 같이 기하분포의 최빈값은 항상 0이 된다.

[정리 5.6] 기하분포 $geo(p)$를 따르는 확률변수 X의 평균, 분산, 적률생성함수는 다음과 같다.

$$ E(X) = \frac{1-p}{p}, \ Var(X) = \frac{1-p}{p^2}, \ m(t) = \frac{p}{1-(1-p)e^t} $$

증명 기하분포는 음이항분포의 특수한 경우($r = 1$)이므로 [정리 5.7] 음이항분포의 평균, 분산, 적률생성함수의 증명을 이용한다.

[정리 5.7] 음이항분포 $nb(r, p)$를 따르는 확률변수 X의 평균, 분산, 적률생성함수는 다음과 같다.

$$ E(X) = \frac{r(1-p)}{p}, \ Var(X) = \frac{r(1-p)}{p^2}, \ m(t) = \left[\frac{p}{1-(1-p)e^t} \right]^r $$

증명 $m(t) = E(e^{tX}) = \sum_{x=0}^{\infty} e^{tx} \binom{-r}{x} p^r \{(-(1-p)\}^x$

$$= \sum_{x=0}^{\infty} \binom{-r}{x} p^r \{-(1-p)e^t\}^x = \left[\frac{p}{1-(1-p)e^t}\right]^r$$

위 식은 다음과 같은 식을 이용하여 계산되었다.

$$(1-x)^{-n} = \sum_{j=0}^{\infty} \binom{-n}{j}(-x)^j = \sum_{j=0}^{\infty} \binom{n+j-1}{j} x^j, \; -1 < x < 1$$

적률생성함수를 1, 2차 미분하면 다음과 같다.

$$m'(t) = p^r(-r)\{1-(1-p)e^t\}^{-r-1}\{-(1-p)e^t\}$$
$$m''(t) = r(1-p)p^r\left[(1-p)(r+1))e^{2t}\{1-(1-p)e^t\}^{-r-2} + e^t\{1-(1-p)e^t\}^{-r-1}\right]$$

따라서 평균과 분산은 미분한 적률생성함수에 $t=0$를 대입하여 구한다.

$$E(X) = m'(t)|_{t=0} = \frac{r(1-p)}{p}$$
$$Var(X) = m''(t)|_{t=0} - (E(X))^2$$
$$= r(1-p)p^r[(1-p)p^{-r-2}(r+1) + p^{-r-1}] - \left(\frac{r(1-p)}{p}\right)^2$$
$$= \frac{r(1-p)^2}{p^2} + \frac{r(1-p)}{p} = \frac{r(1-p)}{p^2}$$

[정리 5.8] 확률변수 X가 모수가 p인 기하분포를 따르면 다음이 성립한다.

$$P(X \geq i+j \,|\, X \geq i) = P(X \geq j), \; i, j = 0, 1, 2, \dots$$

증명 $P[X \geq i+j \,|\, X \geq i] = \dfrac{P[X \geq i+j]}{P[X \geq i]} = \dfrac{\sum_{x=i+j}^{\infty} p(1-p)^x}{\sum_{x=i}^{\infty} p(1-p)^x}$

$$= \frac{(1-p)^{i+j}}{(1-p)^i} = (1-p)^j = P[X \geq j].$$

위의 [정리 5.8]은 기하분포를 따르는 확률변수 X가 i보다 크거나 같은 경우가 주어졌을 때 X가 $i+j$보다 크거나 같을 조건부확률은 조건 없이 X가 j보다 크거나 같을 확률과 같다는 의미이다. 다시 말해 i번 실패한 후 다시 시행하여 j번째에 첫 성공할 확률은 그냥 j번째에서 처음 성공할 확률과 같다는 의미이다. 기하분포는 과거의 시행결과가 앞으로 일어날 시행에 영향을 주지 않는다. 이러한 성질을 **무기억성**(memoryless property)이라고 한다.

확률변수 X가 기하분포를 따를 때 $X+1$은 총 시행 횟수를 의미하고 $E(X+1) = 1/p$이므로 처음 성공할 때까지 필요한 총 시행 횟수의 평균은 성공률의 역수이다. 예를 들어 $p = 0.25$이면 첫 성공이 나타날 때까지 평균적으로 4번의 시행이 필요하다는 의미이다. 이러한 특성 때문에 기하분포를 따르는 확률변수를 이산형 **대기시간**(waiting time) 확률변수라고도 한다. 만약 첫 성공이 나타날 때까지의 총 시행 횟수($Y = X+1$)를 확률변수로 하면 Y에 대한 확률질량함수는 $p(y;p) = p(1-p)^{(y-1)}$, $y = 1, 2, \ldots$가 되고 평균은 $1/p$, 분산은 $(1-p)/p^2$, 적률생성함수는 $pe^t/\{1-(1-p)e^t\}$가 된다.

예제 5-12 어떤 복권의 당첨확률이 0.00015라 하자. 철수는 매주 복권을 구입하는데, 복권에 당첨되면 복권을 그만 구입하기로 하였다. 1년(52주) 안에 복권에 당첨될 확률이 얼마가 되는지 계산하라. 또한 복권에 당첨되기 위해서는 평균적으로 몇 주 동안 복권을 구입해야 하는지 계산하라.

풀이 복권이 당첨될 때까지 실패한 횟수를 확률변수 X라고 하면 X는 기하분포(geo (0.00015))를 따르게 된다. 따라서 일 년 이내에 당첨될 확률은 다음과 같다.

$$P(X \leq 51) = \sum_{x=0}^{51} p(1-p)^x = \sum_{x=0}^{51} (0.00015)(0.99985)^x \approx 0.0078$$

앞서 설명한 대로 $E(X+1) = 1/p$이므로 $1/0.00015$, 즉 평균적으로 6,667주(약 128년) 동안 복권을 구입해야 당첨될 수 있다.

[통계패키지 결과]

> pgeom(51,0.00015)
[1] 0.00777024

OBS	geom
1	.007770239

Computer Programming 예제 5-12

```
# Using R                         # Using SAS
pgeom(51,0.00015)                 data ex5_12;
                                  geom=cdf('geometric',51,0.00015);
                                  run;

                                  proc print data=ex5_12; run;
```

예제 5-13 Y는 성공확률 p의 기하분포를 따르는 확률변수라 하자. 양의 정수 a에 대해 $P(Y \geq a) = (1-p)^a$임을 증명하라.

풀이 $P(Y \geq a) = 1 - P(Y < a) = 1 - \sum_{y=0}^{a-1} p(1-p)^y = 1 - p\sum_{y=0}^{a-1}(1-p)^y$

위 식에서 합기호(summation)가 포함된 항은 기하급수로 다음과 같이 정리할 수 있다.

$$\sum_{y=0}^{a-1}(1-p)^y = S = 1 + (1-p) + (1-p)^2 + \cdots + (1-p)^{a-1}$$

$$(1-p)S = (1-p) + (1-p)^2 + \cdots + (1-p)^{a-1} + (1-p)^a$$

두 식의 차를 구하면 $pS = 1 - (1-p)^a$, $S = \dfrac{1-(1-p)^a}{p}$ 이므로 다음과 같이 구할 수 있다.

$$P(Y \geq a) = 1 - p\frac{1-(1-p)^a}{p} = 1 - \{1 - (1-p)^a\} = (1-p)^a$$

예제 5-14 2011년 프로야구에서 KIA와 SK가 한국시리즈(7전4선승제)에서 만났다. 각 게임에서 SK가 이길 확률은 독립적으로 0.55이다. KIA가 한국시리즈 5차전에서 우승할 확률을 계산하라. 또한 이 시리즈가 7차전까지 가서 끝날 확률을 계산하라.

풀이 a) KIA가 5차전에서 우승한다는 의미는 한국시리즈가 4승1패로 끝난다는 것이므로 KIA가 지는 게임 수 X를 확률변수로 하는 음이항분포($nb(4, 0.45)$)를 이용하면 된다. 우리가 구하고자 하는 확률은 $P(X = 1)$이므로 다음과 같이 계산한다.

$$P(X = 1) = \binom{4+1-1}{1}(0.45)^4(0.55)^1 \approx 0.0902$$

이 문제는 이항분포로 해결할 수 있다. KIA가 5차전에서 우승한다는 의미는 KIA가 5차전에서 반드시 승리한다는 의미이고 다시 말해 4차전까지 KIA가 3승1패로 앞서고 있어야 한다. 따라서 KIA가 이기는 게임 수 X를 확률변수로 하는 이항분포($b(4, 0.45)$)를 이용하여 $P(X = 3)$에 마지막 5차전에 기아가 승리할 확률 0.45를 곱해 주면 된다. 이를 식으로 정리하면 다음과 같다.

$$P(X = 3) \times 0.45 = \binom{4}{3}(0.45)^3(0.55)^1 \times 0.45 \approx 0.0902$$

b) 이 시리즈가 7차전까지 가서 끝난다는 의미는 KIA 또는 SK가 4승 3패로 승리한다는 의미이므로 KIA가 지는 게임 수 X를 확률변수로 하는 음이항분포($nb(4, 0.45)$)에서 $P(X = 3)$와 SK가 지는 게임 수 X를 확률변수로 하는 음이항분포($nb(4, 0.55)$)

에서 $P(X=3)$를 더해 주면 된다. 따라서 이를 계산하면 다음과 같다.

$$P[X=3 \mid nb(4,0.45)] + P[X=3 \mid nb(4,0.55)]$$
$$= \binom{4+3-1}{3}(0.45)^4(0.55)^3 + \binom{4+3-1}{3}(0.55)^4(0.45)^3$$
$$\approx 0.3032$$

이 문제 역시 이항분포로 해결할 수 있다. 7차전까지 가서 끝난다는 의미는 두 팀이 6차전까지 3승3패라는 의미로 7차전은 누가 이기든 상관없다. 따라서 KIA가 이기는 게임 수 X를 확률변수로 하는 이항분포($b(6,0.45)$)에서 $P(X=3)$의 확률과 같다. 이를 계산하면 다음과 같다.

$$P(X=3) = \binom{6}{3}(0.45)^3(0.55)^3 \approx 0.3032$$

[통계패키지 결과]

```
> dnbinom(1,4,0.45)
[1] 0.09021375
> dbinom(3,4,0.45)*0.45
[1] 0.09021375
> dnbinom(3,4,0.45)+dnbinom(3,4,0.55)
[1] 0.3032184
> dbinom(3,6,0.45)
[1] 0.3032184
```

OBS	a1	a2	b1	b2
1	0.090214	0.090214	0.30322	0.30322

Computer Programming 예제 5-14

Using R

dnbinom(1,4,0.45)

dbinom(3,4,0.45)*0.45

dnbinom(3,4,0.45)+dnbinom(3,4,0.55)

dbinom(3,6,0.45)

Using SAS

data ex5_14;

a1=pdf('negbinomail',1,0.45,4);

a2=pdf('binomail',3,0.45,4)*0.45;

b1=pdf('negbinomail',3,0.45,4)

　+pdf('negbinomail',3,0.55,4);

b2=pdf('binomail',3,0.45,6);

run;

proc print data=ex5_14; run;

예제 5-15 $\displaystyle\sum_{k=0}^{\infty} \frac{\binom{4+k}{k}}{2^k} = 32$ 를 증명하라.

풀이 $\displaystyle\sum_{k=0}^{\infty}\binom{r+x-1}{x}a^x = \sum_{k=0}^{\infty}\binom{-r}{x}(-a)^x = (1-a)^{-r}$ 이므로 다음과 같이 계산된다.

$$\sum_{k=0}^{\infty}\binom{5+k-1}{k}\left(\frac{1}{2}\right)^{k}=\left(1-\frac{1}{2}\right)^{-5}=32$$

5.1.6 포아송분포

단위시간이나 단위면적 또는 단위공간에서 발생한 사건의 수는 **포아송분포**(Poisson distribution)를 따른다고 한다. 이때의 주어진 시간간격은 일분이 될 수도 있고, 하루, 일주일, 한달, 혹은 일년이 될 수도 있다. 따라서 일정 시간 동안 맥주를 마시고 화장실에 간 횟수나 골프시즌 중에 비로 인해 연기된 경기의 수 등에 대한 관측은 모두 포아송분포를 따르는 확률변수가 될 수 있다. 다른 예로 1에이커당 들쥐의 수나, 배양기 안에 있는 박테리아의 수, 혹은 한 페이지당 오타의 수 등 역시 포아송분포를 따른다.

[정의 5.8] 포아송분포

단위시간, 단위면적, 단위공간 등에서 발생하는 사건의 수를 확률변수 X로 하는 **확률분포**를 **포아송분포**(Poisson distribution)라고 하고 확률질량함수는 다음과 같다.

$$p(x\,;\lambda)=\frac{\lambda^{x}e^{-\lambda}}{x!}\,,\ x=0,1,2,\dots$$

여기서 $\lambda(>0)$는 단위시간 또는 단위공간에서 발생하는 사건의 평균이다.

* 여기서 사용되는 e는 자연로그(natural logarithm)의 밑수(base number)로 자연상수 또는 오일러의 수라고 하고 약 2.71828인 무리수(irrational number)이자 초월수(transcendental number)이다. 이 값은 $e=\lim\limits_{n\to\infty}\left(1+\frac{1}{n}\right)^{n}$ 또는 $e=\sum\limits_{n=0}^{\infty}\frac{1}{n!}$ 을 의미한다. 또 다른 표현으로 지수함수(exponential function)라고도 하며 e^{x} 또는 $\exp(x)$ 으로 표현한다. 즉, e는 $\exp(1)$과 같다.

확률변수 X가 모수 λ를 갖는 포아송분포를 따를 때 $X\sim pois\,(\lambda)$로 표현한다. 포아송분포가 확률질량함수임을 증명하기 위해서는 양수 λ에 대해 $\sum\limits_{x=0}^{\infty}p\,(x;\lambda)=1$을 만족해야 한다. 이를 위해 e^{λ}의 맥클로린 무한급수 전개(Maclaurin infinite series expansion)를 이용한다.

맥클로린 무한급수 전개 : $e^\lambda = 1 + \lambda + \dfrac{\lambda^2}{2!} + \dfrac{\lambda^3}{3!} + \cdots = \displaystyle\sum_{x=0}^{\infty} \dfrac{\lambda^x}{x!}$

즉, 포아송분포를 다시 쓰면 $p(x : \lambda) = e^{-\lambda} \dfrac{\lambda^x}{x!}$ 이고 이를 모두 더하면 $e^{-\lambda} \displaystyle\sum_{x=0}^{\infty} \dfrac{\lambda^x}{x!} = 1$ 이므로 확률질량함수임을 증명할 수 있다.

포아송 확률변수는 $n > 50$, $np < 5$를 만족하는 이항분포에 대한 근사로 사용할 수 있다. 다시 말해 성공확률이 p인 베르누이 시행이 n번 독립적으로 시행될 때 n이 크고 np가 적당히 작으면 성공 횟수는 모수가 $\lambda = np$인 포아송분포로 근사확률을 구할 수 있다. 따라서 $b(n, p) \approx pois(np)$ 관계가 성립하고 n이 매우 커지고 $(n \to \infty)$ p가 작아질수록 $(p \to 0)$ 두 확률분포의 값은 가까워진다. 포아송분포 역시 이항분포와 마찬가지로 품질관리, 품질보증, 표본추출 등에 활용된다.

포아송분포의 평균과 분산은 λ로 같다. 평균과 분산이 동일한 것이 포아송분포의 또 다른 특징이다.

[정리 5.9] 포아송분포 $pois(\lambda)$를 따르는 확률변수 X의 평균, 분산, 적률생성함수는 다음과 같다.

$$E(X) = \lambda, \ Var(X) = \lambda, \ m(t) = e^{\lambda(e^t - 1)}$$

증명
$$m(t) = E(e^{tX}) = \sum_{x=0}^{\infty} \dfrac{e^{tx} e^{-\lambda} \lambda^x}{x!}$$
$$= e^{-\lambda} \sum_{x=0}^{\infty} \dfrac{(\lambda e^t)^x}{x!} = e^{-\lambda} e^{\lambda e^t}$$

적률생성함수를 1, 2차 미분하면 다음과 같다.

$$m'(t) = \lambda e^{-\lambda} e^t e^{\lambda e^t}, \ m''(t) = \lambda e^{-\lambda} e^t e^{\lambda e^t} [\lambda e^t + 1]$$

위의 식을 이용하면 다음과 같이 평균과 분산을 증명할 수 있다.

$$E(X) = m'(0) = \lambda$$
$$Var(X) = E(X^2) - (E(X))^2 = m''(0) - \lambda^2 = \lambda(\lambda + 1) - \lambda^2 = \lambda$$

누적 포아송 확률 $P(X \le a) = \displaystyle\sum_{x=0}^{a} P(x)$를 이용하면 원하는 포아송 확률을 쉽게

구할 수 있으며 평균 $\lambda(\mu)$에 따른 누적포아송분포표가 [부록 Ⅷ]에 첨부되어 있다.

포아송분포를 결정짓는 모수는 λ이며, [그림 5-5]는 $\lambda = 0.1$, $\lambda = 1$, $\lambda = 4$인 경우 각각의 포아송분포를 나타낸다.

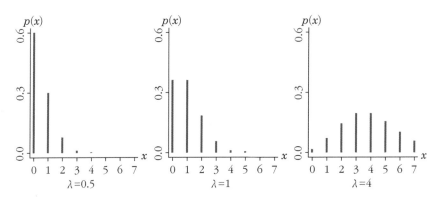

[그림 5-5] $\lambda = 0.5$, $\lambda = 1$, $\lambda = 4$일 때의 포아송분포

위 [그림 5-3]의 이항분포와 마찬가지로 [그림 5-5]의 포아송분포는 λ가 작을수록 왼쪽으로 치우친 분포를 갖는다(양의 왜도계수). 반대로 λ가 커지면 좌우대칭의 형태가 되고 포아송분포는 음의 왜도계수를 가질 수 없다.

예제 5-16 포아송분포를 이용하여 다음을 계산하라.

a) 어느 회사에 오후 2시부터 4시 사이에 1분당 평균 1.4회 전화가 걸려온다고 하자. 걸려오는 전화횟수가 포아송분포를 따른다면 1분에 3회 전화가 걸려올 확률은 얼마인가?

b) 어느 슈퍼마켓은 1분당 평균 2명이 온다고 한다. 어느 1분 중 적어도 3명의 손님이 올 확률은 얼마인가?

풀이 a) 걸려오는 전화횟수를 X라 하면 X는 $\lambda = 1.4$인 포아송분포를 따른다. 따라서 구하고자 하는 확률은 다음과 같다.

$$p(3 \, ; 1.4) = \frac{1.4^3 \, e^{-1.4}}{3!} \approx 0.1128$$

b) X를 1분당 슈퍼마켓에 오는 손님의 수라고 하면 $\lambda = 2$인 포아송분포를 따르므로 구하고자 하는 확률은 다음과 같다.

$$P(X \geq 3) = 1 - P(X \leq 2)$$
$$= 1 - \sum_{x=0}^{2} p(x\,;2) = 1 - 0.6767 = 0.3233$$

[통계패키지 결과]

```
> dpois(3,1.4)
[1] 0.1127770
> 1-ppois(2,2)
[1] 0.3233236
```

OBS	a	b
1	0.11278	0.32332

Computer Programming 예제 5-16

```
# Using R
dpois(3,1.4)
1-ppois(2,2)
```

```
# Using SAS
data ex5_16;
a=pdf('poisson',3,1.4);
b=1-cdf('poisson',2,2);
run;
proc print data=ex5_16; run;
```

예제 5-17 엔진을 생산하는 공장에서 하루에 100개의 엔진을 생산한다고 한다. 그리고 이 공장에서 생산된 엔진의 불량률은 0.01이라고 할 때 불량품이 두 개 생산될 확률을 구하라.

풀이 X를 불량품의 개수라 할 때, X는 $n = 100$, $p = 0.01$인 이항분포를 따르므로 $P(X = 2)$의 정확한 확률은 다음과 같다.

$$P(X = 2) = \binom{100}{2}(0.01)^2(0.99)^{98} = 0.185$$

이 값은 이항분포표 또는 수계산으로 구할 수 없고 컴퓨터를 이용해야 한다. 반면 포아송분포를 이용한 근사확률을 구하면 $\lambda = np = 100 \times 0.01 = 1$이므로 구하고자 하는 확률은 다음과 같고 이 값은 누적포아송분포표로도 구할 수 있다.

$$P(X = 2) = \frac{1^2 e^{-1}}{2!} = \frac{e^{-1}}{2} = 0.184$$

다음은 이항분포를 포아송분포로 근사시킬 때 얼마나 정확한지를 알기 위해 $n = 100$, $p = 0.01$인 경우 이항분포와 포아송분포의 확률을 계산하여 비교한 표이다.

[표 5-1] 이항분포와 포아송분포의 확률값

x	0	1	2	3	4	5	6	7이상	합
$b(100,0.01)$	0.366	0.370	0.185	0.061	0.015	0.003	0.000	0.000	1.000
$pois(1)$	0.368	0.368	0.184	0.061	0.015	0.003	0.001	0.000	1.000

예제 5-18 성인 남자의 사망률이 0.002라고 한다. 어떤 생명보험 회사에서는 이 확률을 기초로 하여 보험상품을 만들었다고 한다. 이 보험에 가입한 성인 남자 3,000명 중 정확히 7명이 보험금을 수령할 확률을 구하라.

풀이 보험금을 수령한 성인 남자수를 확률변수로 하면 $X \sim b(3000, 0.002)$이므로 이항확률분포로부터의 정확한 확률은 다음과 같이 구할 수 있다.

$$P(X=7) = \binom{3000}{7}(0.002)^7 (0.998)^{2993}$$

위 확률을 포아송분포로 근사시키기 위해 $\lambda = 3000 \times 0.002 = 6$를 사용하면 수계산 또는 누적포아송분포표로부터 근사 확률을 다음과 같이 구할 수 있다.

$$P(X=7) \approx \frac{\lambda^7 e^{-\lambda}}{7!} = \frac{6^7 e^{-6}}{7!} = 0.1377$$

$$P(X=7) = P(X \le 7) - P(X \le 6) = 0.744 - 0.606 = 0.138$$

예제 5-19 예제 5-9의 확률을 포아송분포로 근사시켜 구하라.

풀이 X를 200명 중에 나타나는 수상경력자의 수라 하면 $P(X \le 3)$을 구하면 된다. 여기서 X는 초기하분포 $hyper(10000, 100, 200)$ 또는 이항분포 $b(200, 0.01)$을 이용하여 구할 수 있다.

$$P(X \le 3) = \sum_{x=0}^{3} \frac{\binom{100}{x}\binom{9900}{200-x}}{\binom{10000}{200}} = 0.8599$$

$$P(X \le 3) \approx \sum_{x=0}^{3} \binom{200}{x}(0.01)^x (0.99)^{200-x} = 0.8580$$

여기서 평균적으로 나타나는 수상경력자의 수로 $\lambda = 200 \times 0.01 = 2$를 이용하면 포아송분포에 근사시킬 수 있다. 포아송분포를 이용한 확률을 다음과 같다.

$$P[X \le 3] \approx \sum_{x=0}^{3} \frac{2^x e^{-2}}{x!} = 0.857$$

5.2 연속형 확률분포

5.2.1 연속형 균일분포

이산형인 경우와 마찬가지로 연속확률분포 중에서 가장 간단한 분포가 **연속형 균일분포**(continuous uniform distribution)이다. 이 분포의 확률밀도함수는 다음과 같다.

[정의 5.9] 연속형 균일분포의 확률밀도함수는 다음과 같다.

$$f(x\,;a,b) = \frac{1}{b-a}\,,\ a < x < b$$

아래의 [그림 5-6]의 왼쪽 그림은 연속형 균일분포의 확률밀도함수를 나타내며 연속형 균일분포는 확률변수가 취하는 모든 구간에서의 확률이 일정하다. 확률변수 X가 모수 (a,b)를 갖는 연속형 균일분포를 따를 때 $X \sim U[a,b]$로 표현한다. 누적분포함수의 정의에 의해 연속형 균일분포의 누적분포함수는 다음과 같다.

[정리 5.10] 연속형 균일분포 $U[a,b]$를 따르는 확률변수 X의 누적분포함수는 다음과 같다.

$$F(x) = \begin{cases} 0\,, & x < a \\ \dfrac{x-a}{b-a}\,, & a \le x < b \\ 1\,, & x \ge b \end{cases}$$

증명 예제 4-14 참조

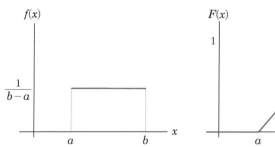

[그림 5-6] 모수가 a, b인 연속형 균일분포의 확률밀도함수와 누적분포함수

[정리 5.11] 연속형 균일분포 $U[a,b]$를 따르는 확률변수 X의 평균, 분산, 적률
생성함수는 다음과 같다.

$$E(X) = \frac{a+b}{2}, \quad Var(X) = \frac{(b-a)^2}{12}, \quad m(t) = \frac{e^{bt} - e^{at}}{(b-a)t}$$

증명 $E(X) = \displaystyle\int_a^b x\frac{1}{b-a}dx = \frac{b^2 - a^2}{2(b-a)} = \frac{a+b}{2}$

$$Var(X) = E(X^2) - (E(X))^2 = \int_a^b x^2 \frac{1}{b-a}dx - \left(\frac{a+b}{2}\right)^2$$

$$= \frac{b^3 - a^3}{3(b-a)} - \frac{(a+b)^2}{4} = \frac{(b-a)^2}{12}$$

$$m(t) = E(e^{tX}) = \int_a^b e^{tx}\frac{1}{b-a}dx = \frac{e^{bt} - e^{at}}{(b-a)t}$$

예제 5-20 아침 출근시간의 지하철은 4분 간격으로 도착한다. 이 시간대에 역에 갔을
때 다음 물음에 답하라.

a) 대기시간을 확률변수 X라고 할 때 X의 확률밀도함수를 구하라.

b) 확률변수 X의 평균과 분산을 구하라.

풀이 a) 구간 $0 < x < 4$에서 지하철이 도착할 확률은 동일하다. 따라서 확률밀도함수는

$$f(x) = \frac{1}{4}, \, 0 < x < 4$$

이고 이를 그래프로 표현하면 다음과 같다.

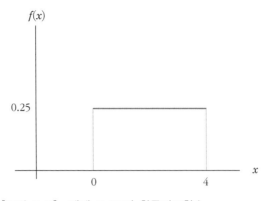

[그림 5-7] 예제 5-20의 확률밀도함수

b) [정리 5.11]을 이용하면 평균과 분산은 다음과 같다.

$$E(X) = \frac{4+0}{2} = 2, \ \ Var(X) = \frac{(4-0)^2}{12} = \frac{4}{3}$$

5.2.2 정규분포

통계학의 모든 분야에서 가장 중요한 연속형 확률분포는 가우스분포(Gaussian distribution)라고도 불리는 **정규분포**(normal distribution)이다. 정규분포는 표본을 통한 통계적 추정 및 가설검정이론의 기본이 되며 실제로 우리가 사회적·자연적 현상에서 접하는 여러 자료들의 분포도 정규분포와 비슷한 형태를 따른다. 정규분포의 그래프는 좌우대칭인 종모양의 곡선으로 자연과학, 기업, 각종 연구분야에서 발생하는 여러 현상들을 근사적으로 기술하는데 이용된다. 기상실험, 강우량조사, 부품의 측정 등과 같은 물리적 실험이 정규분포에 적합하다는 것은 이미 잘 알려져 있다. 특히 과학적 측정오차(error of measurement)는 정규분포와 거의 일치한다. 또한 많은 분포들이 정규분포에 의해서 근사 되어질 수 있다.

정규분포는 평균 μ와 표준편차 σ에 의해서 결정되며 정규분포를 따르는 확률변수 X를 정규확률변수(normal random variable)라 한다. 정규확률변수 X의 확률밀도함수를 $f(x; \mu, \sigma)$ 또는 $\phi_{\mu, \sigma^2}(x)$로 표시하며 확률변수가 모수 (μ, σ^2)를 가지는 정규분포를 따를 때 $X \sim N(\mu, \sigma^2)$로 나타낸다.

[정의 5.10] 정규분포

평균 μ와 표준편차 σ를 가지는 **정규확률변수** X의 확률밀도함수는 다음과 같다.

$$f(x\,;\,\mu\,,\sigma) = \frac{1}{\sqrt{2\pi}\,\sigma}e^{-\frac{(x-\mu)^2}{2\sigma^2}}\,,\; -\infty < x < \infty$$

여기서 π는 원주율, e는 자연상수이다.

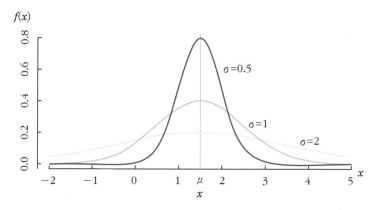

[그림 5-8] 정규분포의 확률밀도함수

[정리 5.12] 정규분포 $N(\mu\,,\sigma^2)$을 따르는 확률변수 X의 평균, 분산, 적률생성함수는 다음과 같다.

$$E(X) = \mu,\;\; Var(X) = \sigma^2,\;\; m(t) = e^{\mu t + \sigma^2 t^2/2}$$

증명 $\;m(t) = E(e^{tX}) = e^{t\mu}E\big(e^{t(X-\mu)}\big)$

$$= e^{t\mu}\int_{-\infty}^{\infty}\frac{1}{\sqrt{2\pi}\,\sigma}e^{t(x-\mu)}e^{-(1/2\sigma^2)(x-\mu)^2}dx$$

$$= e^{t\mu}\int_{-\infty}^{\infty}\frac{1}{\sqrt{2\pi}\,\sigma}e^{-(1/2\sigma^2)[(x-\mu)^2 - 2\sigma^2 t(x-\mu)]}dx$$

여기서 지수함수의 대괄호 내의 식을 정리하면 다음과 같다.

$$(x-\mu)^2 - 2\sigma^2 t(x-\mu) = (x-\mu)^2 - 2\sigma^2 t(x-\mu) + \sigma^4 t^2 - \sigma^4 t^2$$

$$= (x-\mu-\sigma^2 t)^2 - \sigma^4 t^2$$

이를 이용하면 적률생성함수는 다음과 같이 나타낼 수 있다.

$$m(t) = e^{t\mu} e^{\sigma^2 t^2/2} \frac{1}{\sqrt{2\pi}\,\sigma} \int_{-\infty}^{\infty} e^{-(x-\mu-\sigma^2 t)^2/2\sigma^2} dx$$

다음과 같은 정규분포의 성질에 의해

$$\int_{-\infty}^{\infty} \frac{1}{\sqrt{2\pi}\,\sigma} e^{-\frac{(x-\mu-\sigma^2 t)^2}{2\sigma^2}} dx = 1$$

이므로 적률생성함수는 $m(t) = e^{\mu t + \sigma^2 t^2/2}$이 된다.

적률생성함수를 1, 2차 미분하면 다음과 같다.

$$m'(t) = (\mu + t\sigma^2) e^{\mu t + \sigma^2 t^2/2}$$
$$m''(t) = (\mu + t\sigma^2)^2 e^{\mu t + \sigma^2 t^2/2} + \sigma^2 e^{\mu t + \sigma^2 t^2/2}$$

이를 이용하면 평균과 분산을 구할 수 있다.

$$E(X) = m'(0) = \mu$$
$$Var(X) = E(X^2) - (E(X))^2 = m''(0) - \mu^2 = \sigma^2$$

모수가 서로 다른 확률분포는 비교하기가 어려우므로 이를 고정할 필요가 있다. 이러한 경우 모수인 평균과 분산을 0과 1로 고정하는 방법을 사용하는데 확률변수 X를 다음과 같이 변환하여 평균이 0, 분산이 1이 되게 하는 방법을 표준화(standardization)라고 한다.

$$Z = \frac{X - \mu}{\sigma}$$

변환 후 $E(Z) = 0$, $Var(Z) = 1$이 되지만 Z의 확률분포는 X의 확률분포를 그대로 유지한다. 즉, X가 연속형 균일분포를 따른다면 변환한 Z도 연속형 균일분포를 따르게 된다. 예를 들어 $X \sim U[a,b]$이면 $Z \sim U[-\sqrt{3}, \sqrt{3}]$를 따른다. 마찬가지로 X가 정규분포를 따른다면 변환한 Z도 평균과 분산이 $\mu = 0$과 $\sigma^2 = 1$인 정규분포를 따르게 되는데 이를 **표준정규분포**(standard normal distribution)라고 한다.($Z \sim N(0,1)$)

표준정규분포는 확률변수를 일반적으로 X 대신 Z를 사용하므로 Z분포라고도 불린다. 표준정규분포가 중요한 이유는 정규분포의 확률밀도함수의 어떤 특정 구간에 대한 면적(확률)을 구할 경우 μ, σ에 상관없이 어떠한 정규분포든 간에 정규확률변수 X를 μ가 0이고, σ가 1인 정규분포로 표준화시킴으로써 이미 계산된 표준정규분포표를 이용하면 면적(확률)을 쉽게 구할 수 있기 때문이다.

표준정규확률변수의 확률밀도함수는 $\phi(z)$로 표시하며 확률을 구할 때 필요한 누적
분포함수는 $\Phi(z)$로 표시한다.

$$\Phi(z) = \int_{-\infty}^{z} \phi(t)dt$$

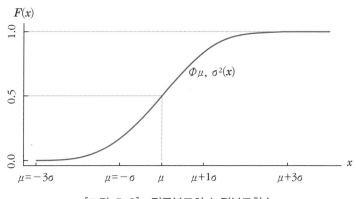

[그림 5-9] 정규분포의 누적분포함수

표준정규확률변수 Z값은 X와 μ 사이의 표준편차 곱만큼의 거리를 의미한다. 예를
들어 $Z = 1.5$의 의미는 X의 값이 평균보다 $1.5 \times$ 표준편차만큼 떨어져 있음을 의미한다.
X가 평균이 μ이고 분산이 σ^2인 정규분포를 따른다면 다음과 같이 확률을 구할 수 있다.

$X \sim N(\mu, \sigma^2)$이면 다음이 성립한다.

$$P(a < X < b) = P\left(\frac{a-\mu}{\sigma} < \frac{X-\mu}{\sigma} < \frac{b-\mu}{\sigma}\right)$$
$$= P\left(\frac{a-\mu}{\sigma} < Z < \frac{b-\mu}{\sigma}\right), \qquad Z \sim N(0,1)$$
$$= \Phi\left(\frac{b-\mu}{\sigma}\right) - \Phi\left(\frac{a-\mu}{\sigma}\right)$$

주어진 z값보다 작은 영역의 확률($\Phi(z)$)은 이미 계산이 되어 <부록 Ⅱ>의 표준정규분포표에서 구할 수 있다. 예를 들어 $P(Z > 1.5)$인 확률은 $1 - P(Z \leq 1.5) = 0.0668$이고 $P(Z < -1.5)$ 역시 0.0668이다($\Phi(z) = 1 - \Phi(-z)$). 즉, 정규확률변수가 평균으로부터 양의 방향으로 1.5×표준편차 이상 떨어져 있을 확률은 0.0668임을 의미한다.

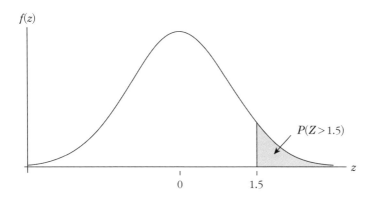

[그림 5-10] 표준정규분포에서의 $P(Z > 1.5)$의 확률

예제 5-21 X가 평균이 10이고 분산이 25인 정규분포를 따를 때 X가 15와 22 사이에 있을 확률을 구하라.

풀이 15와 22에 대응되는 표준정규확률변수의 값는 다음과 같다.

$$z_1 = \frac{15-10}{5} = 1$$
$$z_2 = \frac{22-10}{5} = 2.4$$

따라서 구하고자 하는 확률은 $P(15 < X < 22) = P(1 < Z < 2.4)$이고 이를 <부록

Ⅱ>의 표준정규분포표의 누적확률을 이용하면 다음과 같다.

$$P(15 < X < 22) = P(1 < Z < 2.4)$$
$$= P(Z < 2.4) - P(Z < 1)$$
$$= \Phi(2.4) - \Phi(1) = 0.992 - 0.841 = 0.151$$

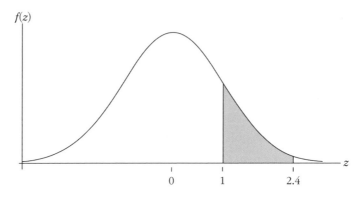

[그림 5-11] 표준정규분포에서의 확률: $P(1 \leq Z \leq 2.4)$

[통계패키지 결과]

```
> pnorm(22,10,5)-pnorm(15,10,5)
[1] 0.1504577
> pnorm(2.4)-pnorm(1)
[1] 0.1504577
```

OBS	a	b
1	0.15046	0.15046

Computer Programming 예제 5-21

```
# Using R
pnorm(22,10,5)-pnorm(15,10,5)
pnorm(2.4)-pnorm(1)
```

```
# Using SAS
data ex5_21;
a=cdf('normal',22,10,5)-cdf('normal',15,10,5);
b=cdf('normal',2.4)-cdf('normal',1);
run;
proc print data=ex5_21; run;
```

예제 5-22 300명의 성적이 평균 75점, 표준편차가 15점인 정규분포를 따른다고 하자.

a) 60점 이상 85점 미만의 인원은 몇 명쯤 될 것으로 기대되는가?

b) 성적의 상위 20%에게 A학점을 준다고 할 때, 몇 점 이상이 A를 받게 되겠는가?

풀이 a) 임의의 학생이 60점 이상 85점 미만일 확률은

$$P(60 \leq X < 85) = P\left(\frac{60-75}{15} \leq \frac{X-75}{15} < \frac{85-75}{15}\right)$$

$$= P(-1 \leq Z < 0.67)$$

$$= \Phi(0.67) - \Phi(-1) = 0.749 - 0.159 = 0.59$$

이므로 300을 곱하면 $300 \times 0.59 = 177$이다. 즉, 60점 이상 85점 미만의 인원은 약 177명일 것으로 기대된다.

b) A학점의 최하점을 x_o라고 하면 $P(X \geq x_o) = 0.2$가 되는 x_o를 구하면 된다.

$$P(X \geq x_o) = P\left(\frac{X-75}{15} \geq \frac{x_o-75}{15}\right) = P\left(Z \geq \frac{x_o-75}{15}\right)$$

표준정규분포표에서 $P(Z \geq z_o) = 0.2$인 z_o값을 찾아보면 $z_o \approx 0.84$이므로 x_o와 z_o의 관계식은 다음과 같다.

$$z_o = \frac{x_o-75}{15} = 0.84, \ x_o = 87.6$$

즉, 87.6점 이상이 A학점을 받는다.

[통계패키지 결과]

```
> 300*(pnorm(85,75,15)-pnorm(60,75,15))
[1] 176.6557
> 300*(pnorm(0.67)-pnorm(-1))
[1] 176.9748
> qnorm(0.8,75,15)
[1] 87.62432
> qnorm(0.8)*15+75
[1] 87.62432
```

OBS	a1	a2	b1	b2
1	176.656	176.975	75.9916	87.6243

Computer Programming 예제 5-22

```
# Using R
300*(pnorm(85,75,15)-pnorm(60,75,15))
300*(pnorm(0.67)-pnorm(-1))
qnorm(0.8,75,15)
qnorm(0.8)*15+75
```

```
# Using SAS
data ex5_22;
a1=300*(cdf('normal',85,75,15)
   -cdf('normal',60,75,15));
a2=300*(cdf('normal',0.67)-cdf('normal',-1));
b1=quantile('normal',0.8,75,15);
b2=quantile('normal',0.8)*15+75;
run;
proc print data=ex5_22; run;
```

예제 5-23 가솔린 연비에 대한 연구결과 경차의 가솔린 연비는 평균 25.5(mpg), 표준편차 4.5(mpg)인 정규분포를 따른다고 한다. 경차의 가솔린 연비가 30(mpg) 이상일 확률을 구하라.

풀이

$$P(X \geq 30) = P\left(\frac{X - 25.5}{4.5} \geq \frac{30 - 25.5}{4.5}\right)$$
$$= P(Z \geq 1) = 1 - P(Z < 1)$$
$$= 1 - \Phi(1) = 1 - 0.8413 = 0.1587$$

따라서 가솔린 연비가 30(mpg) 이상일 확률 확률은 0.1587이다.

예제 5-24 예제 5-23에서 만약 제조사가 현재 경차의 연비를 95%의 성능으로 개발하려고 한다면 이때 연비는 얼마인지 구하라.

풀이 $P(X \leq x_o) = 0.95$를 만족하는 x_o를 찾아야 한다.

$$P(X \leq x_o) = P\left(Z \leq \frac{x_o - 25.5}{4.5}\right) = 0.95$$

이고 표준정규분포표에서 $P(Z \leq z_o) = 0.95$인 z_o값을 찾아보면 $z_o = 1.645$이므로 $z_o = \dfrac{x_o - 25.5}{4.5} = 1.645$를 풀면 된다.

$$x_o = 25.5 + (1.645)(4.5) = 32.9$$

따라서 최대 연비는 32.9(mpg)이다.

[그림 5-12]는 정규분포에서 $\mu \pm k\sigma$, $k = 1, 2, 3$에 따른 가운데 구간의 면적을 나타낸다.

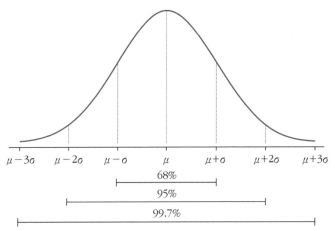

[그림 5-12] 정규분포에서 $\mu \pm k\sigma$, $k = 1, 2, 3$에 따른 가운데 구간의 면적

5.2.3 이항분포와 포아송분포의 정규근사

5.1.2절과 5.1.6절에서 이산형 확률변수의 확률분포인 이항분포와 포아송분포를 살펴보았다. 이항분포 또는 포아송분포를 따르는 확률변수는 확률변수가 가질 수 있는 가능한 값이 많아서 확률계산이 용이하지 않으며 시행횟수 n이 크거나 평균 np 또는 λ가 크면 이항분포표나 포아송분포표를 이용할 수 없다. 우리는 이항분포나 포아송분포의 정확한 확률대신 정규분포를 이용하여 근사확률을 사용할 수 있다. 즉, np 또는 λ가 크면 확률을 구하기 위해 정규분포로 근사시킬 수 있다.

예를 들어 $n = 15$, $p = 0.6$인 이항분포를 살펴보자. p가 0.5에 가까우므로 이항분포는 좌우대칭에 가까울 것이다. 이 분포가 평균 $\mu = 15 \times 0.6 = 9$, 분산 $\sigma^2 = 15 \times 0.6 \times 0.4 = 3.6$인 정규분포에 근사하는지를 알아보자. [그림 5−13]의 막대그래프는 $n = 15$, $p = 0.6$인 이항분포이고 선그래프는 평균 9, 분산 3.6을 갖는 정규분포($N(9, 3.6)$)이다. 그래프를 통하여 살펴본 결과 두 분포가 매우 유사함을 알 수 있다.

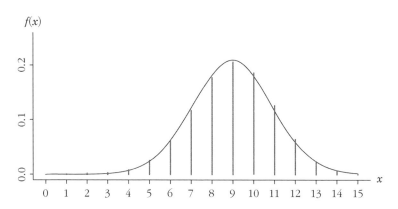

[그림 5−13] $n = 15$, $p = 0.6$인 이항분포와 $\mu = 9$, $\sigma^2 = 3.6$인 정규분포

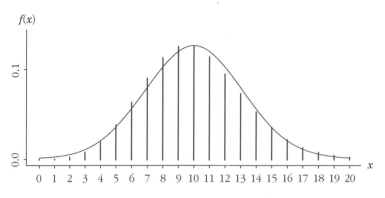

[그림 5-14] $\lambda = 10$ 인 포아송분포와 $\mu = 10$, $\sigma^2 = 10$ 인 정규분포

또 다른 예제로 $\lambda = 10$ 인 포아송분포를 살펴보자. λ가 크므로 포아송분포는 좌우대칭에 가까울 것이다. 이 분포가 평균 $\mu = \lambda = 10$, 분산 $\sigma^2 = \lambda = 10$ 인 정규분포에 근사하는지를 알아보자. [그림 5-14]의 막대그래프는 $\lambda = 10$ 인 포아송분포이고 선그래프는 평균 10, 분산 10을 갖는 정규분포($N(10,10)$)이다. 그래프를 통하여 살펴본 결과 두 분포가 매우 유사함을 알 수 있다.

[정리 5.13] X가 $\mu = np$ 이고, $\sigma^2 = npq$, $q = 1 - p$ 인 이항분포를 따른다면 $n \to \infty$ 일 때

$$Z = \frac{X - np}{\sqrt{npq}}$$

의 극한분포는 **표준정규분포**($N(0,1)$)가 된다.

[정리 5.14] X가 $\mu = \lambda$ 이고, $\sigma^2 = \lambda$ 인 포아송분포를 따른다면 λ가 커져감에 따라

$$Z = \frac{X - \lambda}{\sqrt{\lambda}}$$

의 분포는 **표준정규분포**($N(0,1)$)에 근사해간다.

이항분포를 따르는 확률변수 X를 표준화한 확률변수 Z의 분포는 n이 커짐에 따라 표준정규분포에 접근하게 된다. 마찬가지로 포아송분포를 따르는 확률변수 X를 표준화한 확률변수 Z의 분포는 λ가 커짐에 따라 표준정규분포에 접근하게 된다.

이산형 분포에서 $P(X \leq 7)$의 의미는 $P(X < 8)$ 또는 $\sum_{x=0}^{7} P(X = x)$이므로 $X = 7$일 때의 확률이 포함된다. 그러나 연속형 분포에서 $P(X \leq 7)$은 $P(X < 7)$과 같다. 따라서 이산형 분포를 연속형 분포인 정규분포로 근사시키기 위해서는 $P(X \leq 7)$을 $P(X < 7.5)$로 계산하고 이러한 방법을 **연속성 수정**(continuity correction)이라고 한다. 따라서 연속성 수정을 하여 계산한 값은 다음과 같다.

$$P(X \leq 7) = P(X < 7.5) \approx P\left(Z \leq \frac{7.5 - 9}{\sqrt{3.6}}\right) = P(Z \leq -0.79) = 0.2148$$

따라서 연속성 수정을 한 정규근사 확률이 이항분포를 사용한 정확한 확률 $P(X \leq 7) = \sum_{x=0}^{7} P(X = x) = 0.2131$에 매우 근접한다. 포아송분포 역시 연속성 수정을 통해 정규분포에 근사해야 한다.

이항분포는 n이 크고 p가 0.5에 가까우면 정규분포로의 근사가 잘된다. 이항분포의 p가 0.5에 가까울 때 정규근사가 잘되는 이유는 좌우대칭에 가까운 분포로 정규분포와 비슷하기 때문이다. 일반적으로 p가 0.5에 가깝거나 또는 $\min(n(1 - p), np) > 5$이면 정규근사가 잘된다. 포아송분포는 λ가 크면 좌우대칭에 가까운 분포가 되어 정규분포에 근사가 잘된다. 일반적으로 $\lambda \geq 10$이면 정규근사를 사용할 수 있다.

다음의 예는 왼쪽으로 치우친(양의 왜도계수) 분포의 경우를 살펴보자. [그림 5-15]는 성공확률 p가 작아 이항분포가 비대칭인 경우($n = 30, p = 0.1$)와 평균과 분산이 $\mu = 3$, $\sigma^2 = 2.7$인 정규분포와 비교하였고 [그림 5-16]은 평균이 작아 포아송분포가 비대칭인 경우($\lambda = 5$)와 평균과 분산이 $\mu = 5, \sigma^2 = 5$인 정규분포와 비교하였다.

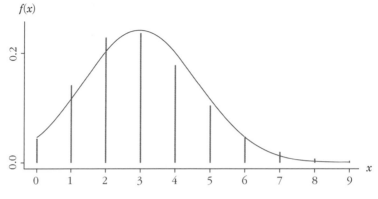

[그림 5-15] $n=30, p=0.1$인 이항분포의 정규근사

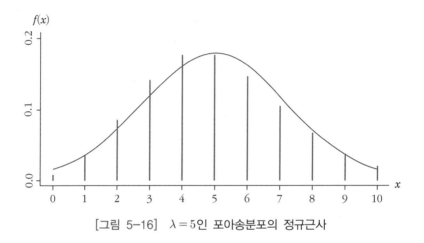

[그림 5-16] $\lambda=5$인 포아송분포의 정규근사

예제 5-25   어느 계산기 칩을 만드는 회사에서 계산기 칩 500개가 들어있는 로트에서 무작위로 100개의 표본을 추출해서 불량품이 1개 이하이면 그 로트가 합격이라고 판정한다. 칩의 불량률이 10%일 때 로트를 합격시킬 확률을 구하라.

풀이   확률변수 X를 불량품의 개수라고 하면, 이는 100번의 시행에서 불량품이 1개 이하가 나올 확률이므로 확률변수 X는 이항분포 $b(100, 0.1)$을 따른다. 그러나 충분히 많은 시행을 하므로 정규분포로 근사시킬 수 있다.

$$\mu = np = (100)(0.1) = 10$$
$$\sigma = \sqrt{npq} = \sqrt{(100)(0.1)(0.9)} = 3$$

연속성 수정을 하면 구하고자 하는 확률은 다음과 같다.

$$P(X < 1.5) \simeq P\left(Z < \frac{1.5 - 10}{3}\right) = P(Z < -2.83) = 0.002$$

비교를 위해 이항분포에 의한 정확한 확률을 구해보면 다음과 같다.

$$P(X \leq 1) = \binom{100}{0}0.1^0 \ 0.9^{100} + \binom{100}{1}0.1 \ 0.9^{99} = 0.0003217$$

예제 5-26 확률변수 X는 $n = 25$, $p = 0.5$인 이항분포를 따른다고 하자. $P(X = 8)$
의 정확한 확률과 정규근사에 의한 확률을 비교하라.

풀이 이항분포를 이용한 정확한 확률은 $P(X = 8) = 0.032$이다. 이항분포의 정규근사에 의
한 확률은 연속성 수정을 이용하면 다음과 같다.

$$
\begin{aligned}
P(X = 8) &= P(7.5 < X < 8.5) \\
&\approx P\left(\frac{7.5 - 12.5}{\sqrt{6.25}} < Z < \frac{8.5 - 12.5}{\sqrt{6.25}}\right) \\
&= P(-2 < Z < -1.6) = 0.032
\end{aligned}
$$

연속성 수정 후에 이항분포를 정규근사하면 참값에 매우 가까운 값을 구할 수 있다.

예제 5-27 수요일 오전 10시부터 오후 3시까지는 전기요금 고지서에 대한 문의전화
가 평균적으로 1시간에 42건 걸려온다. 어느 날 1시간 동안 문의 전화가 50건 이상
올 확률을 구하라.

풀이 전기요금에 대한 문의전화 건수는 포아송분포 $pois(42)$를 따르므로 50건 이상올 확률
은 수계산으로 계산할 수 없다. 먼저 컴퓨터를 이용하여 정확한 확률을 구해보면 다음
과 같다.

$$P(X \geq 50) = 1 - \sum_{x=0}^{49} \frac{e^{-42}42^x}{x!} = 0.1250$$

이를 연속성 수정을 이용하여 정규근사로 계산하면 다음과 같다.

$$
\begin{aligned}
P(X \geq 50) &= P(X > 49.5) = 1 - P(X < 49.5) \\
&\approx 1 - P\left(Z < \frac{49.5 - 42}{\sqrt{42}}\right) \\
&= 1 - P(Z < 1.16) = 0.1228
\end{aligned}
$$

연속성 수정 후에 이항분포를 정규근사하면 참값에 매우 가까운 값을 구할 수 있다.

5.2.4 지수분포와 감마분포

5.1.6절의 포아송분포의 확률변수는 단위시간이나 단위면적당 발생하는 사건의 횟수에 관한 이산형 확률변수이지만 **지수분포**(exponential distribution)와 **감마분포**(gamma distribution)의 확률변수는 사건 사이의 시간 간격이나 공간 간격에 대한 연속형 확률변수이다. 다시 말해 단위시간의 구간에서 발생하는 사건의 수가 포아송분포를 따른다면 연속적인 사건 사이의 간격의 길이, 즉 사건이 일어날 때까지 걸리는 시간은 지수분포와 감마분포를 따른다고 할 수 있다. 예를 들면 맥주를 마시고 단위시간당 화장실에 간 횟수는 포아송분포를 따르며 맥주를 마시고 화장실에 갔을 경우 다음번에 화장실에 갈 때까지 걸린 시간의 분포는 지수분포, 네 번 화장실에 갈 때까지 걸린 시간의 분포는 감마분포를 따르게 된다. 지수분포와 감마분포를 동시에 고려하는 이유는 지수분포가 감마분포의 특별한 경우로 지수분포를 따르는 확률변수의 합이 감마분포를 따르게 된다. 감마분포는 사건이 r번 발생할 때까지 걸리는 시간에 대한 확률분포이고 지수분포는 $r = 1$인 감마분포를 의미한다. 즉, 사건의 수가 1인 감마분포가 지수분포이다. 지수분포와 감마분포의 확률밀도함수는 다음과 같다.

[정의 5.12] 지수분포

지수분포를 따르는 확률변수 X의 확률밀도함수는 다음과 같다.

$$f(x\,;\,\lambda) = \lambda e^{-\lambda x} \;\; \text{또는} \;\; f(x\,;\,1/\theta) = \frac{1}{\theta} e^{-\frac{x}{\theta}},\; x > 0$$

여기서 λ는 단위시간에 발생하는 평균 사건 수(포아송분포의 모수와 동일)이고 θ는 사건들 사이에 걸리는 평균시간이다.

지수분포의 확률밀도함수는 x값이 증가할 때 점차 감소한다. 지수분포처럼 감소하는 형태를 지수적으로 감소한다고 한다. 확률변수가 모수 λ 또는 $1/\theta$를 가지는 지수분포를 따를 때 $X \sim exp(\lambda)$ 또는 $X \sim exp(1/\theta)$로 표현한다. 다음 [그림 5-17]은 $\lambda = 0.5,\, 1,\, 2$인 경우 지수분포의 확률밀도함수의 그래프이다.

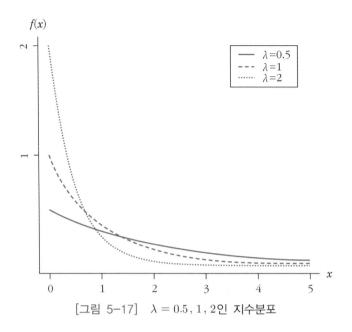

$f(x)$

2

1

0 1 2 3 4 5

x

λ=0.5
λ=1
λ=2

[그림 5-17] $\lambda = 0.5, 1, 2$인 지수분포

[정의 5.13] 감마분포

감마분포를 따르는 확률변수 X의 확률밀도함수는 다음과 같다.

$$f(x\,;\,r,\lambda) = \frac{\lambda}{\Gamma(r)}(\lambda x)^{r-1}e^{-\lambda x},\ x > 0 \ \text{또는}$$

$$f(x\,;\,r,1/\theta) = \frac{1}{\theta\,\Gamma(r)}\left(\frac{x}{\theta}\right)^{r-1}e^{-\frac{x}{\theta}},\ x > 0$$

여기서 r은 형태(shape) 모수로 사건발생 횟수이고 λ는 척도(scale)모수로 단위시간에 발생한 평균사건 횟수이다.

[정리 5.15] 감마함수(gamma function)는 다음과 같고 특별한 성질을 갖는다.

$$\Gamma(r) = \int_{0}^{\infty} x^{r-1}e^{-x}dx\,,\ r > 0$$

(a) $\Gamma(1) = 1$

(b) $\Gamma(1/2) = \sqrt{\pi}$

(c) $\Gamma(r+1) = r\Gamma(r),\ r > 0$

(d) $\Gamma(r+1) = r!,\ r$은 자연수

증명 (a) 대입하면 $\Gamma(1) = \displaystyle\int_0^\infty e^{-x}dx = 1$이다.

(b) 증명 생략

(c) 감마함수에서 $u = x^{r-1}$, $dv = e^{-x}dx$로 치환하여 부분적분하면 다음 결과를 얻을 수 있다.

$$\Gamma(r) = \left[-e^{-x}x^{r-1}\right]_0^\infty + \int_0^\infty e^{-x}(r-1)x^{r-2}dx$$
$$= (r-1)\int_0^\infty x^{r-2}e^{-x}dx$$

$r > 1$일 경우에 감마함수는 다음과 같이 표현된다.

$$\Gamma(r) = (r-1)\Gamma(r-1)$$

따라서 $r > 0$일 경우 $\Gamma(r+1) = r\Gamma(r)$으로 표현할 수 있다.

(d) (c)의 결과를 반복해 나가면 다음과 같이 정리할 수 있다.

$$\Gamma(r) = (r-1)(r-2)\Gamma(r-2)$$
$$= (r-1)(r-2)(r-3)\Gamma(r-3)$$

만약 r이 자연수이면 더 쉽게 정리할 수 있다.

$$\Gamma(r) = (r-1)(r-2)\cdots\Gamma(1)$$
$$\Gamma(r) = (r-1)!$$

감마분포를 따르는 확률변수는 연속적으로 기다리는 시간으로 생각할 수 있다. r번째 사건이 발생할 때까지 기다리는 시간으로 표현할 수 있다. 확률변수 X가 모수 (r, λ) 또는 $(r, 1/\theta)$를 가지는 감마분포를 따를 때 $X \sim gam(r, \lambda)$ 또는 $X \sim gam(r, 1/\theta)$로 표현한다. 다음 [그림 5−18]은 $\lambda = 1$일 때 $r = 1, 2, 3$인 경우 감마분포의 확률밀도함수의 그래프이다. 지수분포와 감마분포의 평균과 분산은 다음과 같다. 지수분포의 평균과 표준편차는 서로 같은 값을 가진다.

[**정리 5.16**] 지수분포와 감마분포를 따르는 확률변수 X의 평균, 분산, 적률생성함수는 각각 다음과 같다.

지수분포: $E(X) = \dfrac{1}{\lambda} = \theta$, $Var(X) = \dfrac{1}{\lambda^2} = \theta^2$, $m(t) = \dfrac{\lambda}{\lambda - t}$, $t < \lambda$

감마분포: $E(X) = \dfrac{r}{\lambda} = r\theta$, $Var(X) = \dfrac{r}{\lambda^2} = r\theta^2$, $m(t) = \left(\dfrac{\lambda}{\lambda - t}\right)^r$, $t < \lambda$

증명 확률변수 X가 감마분포를 따를 경우 적률생성함수를 구하자.

$$
\begin{aligned}
m(t) = E(e^{tx}) &= \int_0^\infty \frac{\lambda^r}{\Gamma(r)} e^{tx} x^{r-1} e^{-\lambda x} dx \\
&= \left(\frac{\lambda}{\lambda - t}\right)^r \int_0^\infty \frac{(\lambda - t)^r}{\Gamma(r)} x^{r-1} e^{-(\lambda - t)x} dx \\
&= \left(\frac{\lambda}{\lambda - t}\right)^r, \ t < \lambda
\end{aligned}
$$

위의 적률생성함수를 1, 2차 미분하면 다음과 같다.

$$m'(t) = r\lambda^r(\lambda - t)^{-r-1}, \ m''(t) = r(r+1)\lambda^r(\lambda - t)^{-r-2};$$

이를 이용하여 다음과 같이 평균과 분산을 구한다.

$$E(X) = m'(0) = \frac{r}{\lambda}$$

$$
\begin{aligned}
Var(X) = E(X^2) - (E(X))^2 &= m''(0) - \left(\frac{r}{\lambda}\right)^2 \\
&= \frac{r(r+1)}{\lambda^2} - \left(\frac{r}{\lambda}\right)^2 = \frac{r}{\lambda^2}
\end{aligned}
$$

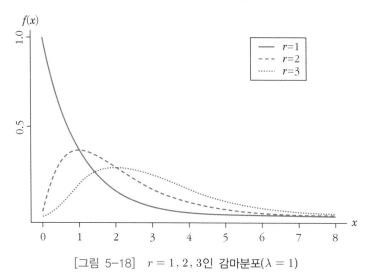

[그림 5-18] $r = 1, 2, 3$인 감마분포($\lambda = 1$)

[정리 5.17]   지수분포의 누적분포함수(cdf)는 다음과 같다.

$$F(x) = 1 - e^{-\lambda x}$$

증명 $F(x) = \int_{-\infty}^{x} f(t)dt = \int_{0}^{x} \lambda e^{-\lambda t}dt$
$$= \left[-e^{-\lambda t}\right]_{0}^{x} = 1 - e^{-\lambda x}$$

지수분포의 경우 누적분포함수를 이용하면 확률을 쉽게 구할 수 있다. 지수분포의 또 다른 특성을 알아보자.

[정리 5.18]   확률변수 X가 모수가 λ인 지수분포를 따른다면 다음이 성립한다.

$$P(X > a+b \mid X > a) = P(X > b)$$

증명 $P(X > a+b \mid X > a) = \dfrac{P(X > a+b)}{P(X > a)} = \dfrac{e^{-\lambda(a+b)}}{e^{-\lambda a}}$
$$= e^{-\lambda b} = P(X > b)$$

[정리 5.18]의 의미는 a기간 동안 사건이 일어나지 않았을 경우 추가적으로 b기간 동안 사건이 일어나지 않을 확률은 하나의 사건이 b기간 동안 일어나지 않을 확률과 같다는 뜻이다. 다시 말해 앞으로 사건이 일어나지 않고 지속될 것은 지금까지 지속되어온 시간과는 무관하다는 의미이다. 예를 들어 형광등의 수명이 평균이 500시간인 지수분포를 따른다면 형광등을 300시간 사용하고 나서 600시간 이상 사용할 확률은 새로운 제품을 600시간 이상 사용할 확률과 동일하다는 것이다. 즉, 어떤 제품의 수명이 지수분포를 따른다면 남은 수명은 지금까지 사용한 시간과 무관하다는 의미이고 제품을 검사하여 작동 여부만 점검하되 신제품과 교환할 필요는 없다는 뜻이다. 이러한 지수분포의 성질을 **무기억성**(memoryless property)이라고 한다.

예제 5-28   어떤 은행에서 한 행원이 일을 처리한 후 다음 손님의 일을 처리할 때까지 걸리는 평균시간이 3분인 지수분포를 따른다고 한다.
  a) 행원이 일을 처리하는데 3분 이상 걸릴 확률을 구하라.
  b) 일을 처리하는데 3분에서 6분 사이가 걸릴 확률을 구하라.

풀이 a) 확률변수 X를 행원이 일을 처리하는 데 걸리는 시간이라고 하면 평균시간이 3분이므로 1분에 평균적으로 1/3건을 처리한다. 따라서 $\lambda = 1/3$인 지수분포를 이용한다.

$$P(X \geq 3) = \int_3^\infty \frac{1}{3} e^{-\frac{x}{3}} dx$$

$$= 1 - P(X < 3) = 1 - \left(1 - e^{-\frac{1}{3} \cdot 3}\right) = e^{-1} \approx 0.368$$

b) $P(3 < X < 6) = \int_3^6 \frac{1}{3} e^{-\frac{x}{3}} dx$

$$= P(X < 6) - P(X < 3)$$

$$= 1 - e^{-\frac{1}{3} \cdot 6} - \left(1 - e^{-\frac{1}{3} \cdot 3}\right) = e^{-1} - e^{-2} \approx 0.233$$

[통계패키지 결과]

```
> 1-pexp(3,1/3)
[1] 0.3678794
> pexp(6,1/3)-pexp(3,1/3)
[1] 0.2325442
```

OBS	a	b
1	0.36788	0.23254

Computer Programming 예제 5-28

```
# Using R

1-pexp(3,1/3)
pexp(6,1/3)-pexp(3,1/3)
```

```
# Using SAS

data ex5_28;
a=1-(cdf('expo',3,3);
b=(cdf('expo',6,3)-(cdf('expo',3,3);
run;
proc print data=ex5_28; run;
```

* R 프로그램에서는 모수 λ, SAS 프로그램에서는 모수 θ를 입력해야 한다.

예제 5-29 한 자동차의 배터리 수명은 평균 10,000km인 지수분포를 따른다고 한다. 한 여행자가 이 자동차를 타고 5,000km를 여행하려고 한다. 여행출발 전에 이 자동차가 5,000km를 주행했다면 이 여행자가 여행 중에 배터리를 교환하지 않은 확률을 구하라.

풀이 지수분포의 평균이 10,000km이므로 평균사건(배터리 교환) 수는 $\lambda = 0.0001$이다. 이미 5,000km 주행을 했고 다시 5,000km를 주행하는 동안 배터리가 수명을 다하지 않아야 하므로 조건부확률을 이용해야 한다. 확률변수 X를 배터리의 수명이라 하면 구하고자 하는 확률은 다음과 같다.

$$P(X > 5000 + 5000 \mid X > 5000) = \frac{P[(X > 10000) \cap (X > 5000)]}{P(X > 5000)}$$

$$= \frac{P(X > 10000)}{P(X > 5000)} = \frac{e^{-1}}{e^{-1/2}} \approx 0.607$$

이는 지수분포의 무기억성에 의해 출발 전 배터리가 사용된 시간과는 아무런 상관없이 배터리가 5,000km 이상 지속될 확률 $P(X > 5000) = e^{-1/2} \approx 0.607$과 같다.

예제 **5-30** 확률변수 Y는 다음과 같은 확률밀도함수를 가진다고 할 때 k값을 구하라.

$$f(y) = ky^3 e^{-y/2}, \ y > 0$$

풀이 $f(y)$는 $r = 4$와 $\lambda = 0.5$를 갖는 감마분포이다. 따라서 k는 다음과 같은 상수이어야 $f(y)$는 확률밀도함수가 된다.

$$k = \frac{1}{2^4 \Gamma(4)} = \frac{1}{16 \cdot 6} = \frac{1}{96}$$

예제 **5-31** 컴퓨터 응답시간은 평균 4와 분산 8인 감마분포를 따른다고 하자. 이때 컴퓨터 응답시간에 대한 확률밀도함수를 작성하라.

풀이 Y를 컴퓨터 응답시간이라고 하면 $\mu = \dfrac{r}{\lambda} = 4$와 $\sigma^2 = \dfrac{r}{\lambda^2} = 8$이므로 $r = 2$이고 $\lambda = \dfrac{1}{2}$이다. 따라서 확률밀도함수는 다음과 같다.

$$f(y) = \left[\frac{1}{\Gamma(2)2^2} \right] y e^{-y/2} = \frac{y}{4} e^{-y/2}, \ y > 0$$

감마분포의 또 따른 특수한 형태인 **카이제곱분포**(chi-squared distribution; χ^2분포)에 대해 알아보자. ν가 양의 정수일 때 $r = \nu/2$, $\lambda = 1/2$인 감마분포를 자유도가 ν인 카이제곱분포라고 한다.

[정의 5.14] 카이제곱분포

자유도가 ν인 카이제곱분포는 다음과 같다.

$$f(x; \nu) = \frac{1}{2^{\nu/2}\, \Gamma(\nu/2)} x^{\nu/2 - 1} e^{-x/2}, \ x > 0$$

[그림 5-18]은 자유도($\nu = 1, 3, 8$)에 따른 카이제곱분포의 확률밀도함수의 그래프이다.

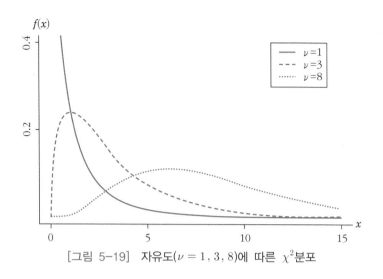

[그림 5-19] 자유도($\nu = 1, 3, 8$)에 따른 χ^2분포

[그림 5-19]에서 보는 바와 같이 카이제곱분포는 자유도가 1보다 큰 경우 원점인 0에서 시작하여 x축의 양의 방향으로 곡선을 가진다. 자유도가 작으면 왼쪽으로 치우친 모양(skewed to the right)으로 비대칭이고 자유도가 커짐에 따라 분포가 좌우대칭에 가까워지며 자유도가 큰 경우 정규분포와 같은 모양을 갖는다. 자유도가 1, 2인 경우 분포의 최빈값은 0이고 자유도가 3 이상인 경우의 최빈값은 $\nu - 2$이다.

각 자유도의 오른쪽 꼬리 면적에 해당되는 카이제곱분포의 분위수는 <부록 Ⅴ> χ^2분포표에서 찾을 수 있다. 카이제곱분포는 7장의 표본분포와 11장의 범주형 자료분석에서 자세히 설명하겠다. 카이제곱분포의 평균은 자유도와 같고 분산은 자유도의 2배이다.

> **[정리 5.19]** 자유도가 ν인 카이제곱분포를 따르는 확률변수 X의 평균, 분산 및 적률생성함수는 다음과 같다.
>
> $$E(X) = \nu, \; Var(X) = 2\nu, \; m(t) = \left(\frac{1}{1-2t}\right)^{\frac{\nu}{2}}, \; t < \frac{1}{2}$$

증명 $E(X) = \dfrac{\nu/2}{1/2} = \nu$

$Var(X) = \dfrac{\nu/2}{(1/2)^2} = 2\nu$

$m(t) = \left(\dfrac{1/2}{1/2-t}\right)^{\frac{\nu}{2}} = \left(\dfrac{1}{1-2t}\right)^{\frac{\nu}{2}}, \; t < \dfrac{1}{2}$

01. 새로운 수술 방법의 성공확률은 p이다. 수술을 다섯 번 시행하고 각 수술의 결과는 서로 독립적이라고 가정할 때, 아래의 확률을 구하라.
   a) $p = 0.7$일 때, 5 번의 수술 모두 성공할 확률
   b) $p = 0.6$일 때, 3 번의 수술이 성공할 확률
   c) $p = 0.4$일 때, 2 번 미만의 수술이 성공할 확률

02. 차 색상의 선호도는 구매자가 선택한 특정 모델에 따라 변한다. 최근에 팔린 비싼 자동차 중 10%는 검은색이었다. 랜덤하게 선택된 25대의 차에서 다음의 확률을 구하라.
   a) 적어도 4대가 검은색
   b) 최대 6대가 검은색
   c) 4대 이상이 검은색
   d) 정확히 4대가 검은색
   e) 3대 또는 4대의 자동차가 검은색

03. A회사는 12곳의 제조공장에 화학물질을 공급하고 있다. 이 회사가 특정한 날짜에 주문을 받을 확률은 0.3이고, 이 확률은 모든 12곳의 공장에 대해 동일하다. 하루에 공장들로부터 다음의 주문을 받을 확률을 구하라.
   a) 최대 2개 공장
   b) 최소 2개 공장

04. 최근 자료에 따르면 4명 중 1명은 30세 이상의 학생이다. 학생이 30세 이상일 확률은 0.25로 가정하고, 학교를 대표하는 200명의 학생 중 X는 30세 이상의 학생 수라고 하자.
   a) X의 평균과 분산을 구하라.
   b) 만약 뽑혀진 표본에서 30세 이상의 학생이 35명이라면 25%는 학교를 대표할 수 있는지 설명하라.

05. X는 $n = 25$, $p = 0.3$인 이항분포의 확률변수라고 하자.
   a) X의 평균과 표준편차를 구하라.

b) 이항분포 정규근사를 이용하여 $P(6 \le X \le 9)$를 구하라.

c) b)를 정확확률과 비교하라.

06. 인구의 15%가 RH−형이다. 어느 날 혈액은행에서 92명이 헌혈을 했다.

a) RH−형이 10명 이하일 확률을 구하라.

b) RH−형이 15명에서 20명 사이일 확률을 구하라.

c) RH−형 제공자가 80명보다 많을 확률을 구하라.

07. 동전을 100번 던질 때 앞면이 나오는 횟수를 확률변수 X라고 하자. 이때 앞면이 나오는 확률이 0.5라고 할 때 $P(45 \le X \le 55)$를 연속성 수정을 적용하여 구하라.

08. 한 TV 방송국에서 시청률이 40%로 알려진 연속극이 있다. 프로그램의 편성을 새로한 후 50명의 시청자를 랜덤하게 뽑아 이 연속극의 시청 여부를 물었다. 이 드라마에 대한 시청률이 전과 동일하다고 할 때 연속성 수정을 적용하여 다음 물음에 답하라.

a) 50명의 시청자 중 20명 미만이 시청할 확률을 구하라.

b) 50명의 시청자 중 30명 이상이 시청할 확률을 구하라.

09. 걸려오는 전화의 30%가 장거리 전화이다. 만약 걸려온 전화가 200통일 때 적어도 50통이 장거리 전화일 확률을 구하라.

10. n개의 확률 변수 $X_1, \ldots, X_n$이 독립적으로 모두 평균이 p인 베르누이분포를 따른다고 하자. 이때 $Y = X_1 + \cdots + X_n$이라고 할 때 다음 물음에 답하라.

a) Y는 무슨 분포를 따르는가?

b) Y의 분포를 이용하여 $E(Y)$와 $Var(Y)$이 각각 np와 $np(1-p)$이 됨을 보여라.

11. 주유소에 오는 손님들은 독립적으로 고급 휘발유(A), 보통 휘발유(B), 디젤(C) 중에 한 가지를 다음과 같은 확률값으로 선택한다.

$$P(A) = 0.1, \ P(B) = 0.6, \ P(C) = 0.3$$

a) 앞으로 올 50명의 손님 중 고급 휘발유를 선택할 사람의 수는 무슨 분포를 따르는가?

b) 앞으로 올 50명의 손님 중 고급 휘발유를 선택할 사람의 수의 평균과 분산을 구하라.

12. 어떤 학원에서 수강하는 과목이 국어, 영어, 수학 세 과목이 있는데, 학생들은 국어, 영어, 수학 중 한 가지를 독립적으로 다음과 같은 확률로 선택한다고 한다.

$$P(국어) = 0.3, \ P(영어) = 0.2, \ P(수학) = 0.5$$

a) 앞으로 올 100명의 학생 중 국어를 선택할 사람의 수에 대한 평균과 분산을 각각 구하라.

b) 앞으로 올 100명의 학생 중 수학이 아닌 과목을 선택할 사람 수에 대한 평균과 분산을 각각 구하라.

13. 최근의 인구 조사 결과에 따르면, 18세 이상 한국 성인의 연령대별 비율은 다음의 표와 같다. 다섯 명의 성인을 무작위 선택하는 경우

나이	비율
18−24	0.16
25−34	0.25
35−44	0.16
45−64	0.29
65이상	0.14

a) 선택된 성인 중 한 명은 18세에서 24세 사이, 두 명은 25세에서 34세, 그리고 두 명은 45세에서 64세 사이에 포함될 확률을 구하라.

b) 45세에서 64세 사이에 포함될 성인 수의 평균과 분산을 구하라.

14. 어떤 상자 안에 들어있는 20개 공 중 6개가 불량품이다. 이 상자에서 8개의 공을 임의로 뽑을 때 불량품 개수의 기대값을 구하라.

15. 자동차 여행자 10명 중 4명이 고속도로에서 휴게소를 찾는다. 자동차 여행자 중 25명을 뽑아 여행 중 휴게소를 찾는지 물었을 때 X를 휴게소를 찾는다고 대답한 사람의 수라 하자.

a) X의 평균과 분산을 구하라.

b) $\mu \pm 2\sigma$를 구하라.

c) $P(4 \leq X \leq 16)$을 구하라.

d) 체비셰프 부등식을 이용하면 X가 $\mu \pm 2\sigma$ 사이에 있게 될 확률은 얼마인가?

16. 다음에 대하여 T, F로 답하고 틀린 이유를 답하라.

a) 모집단이 이항분포를 따를 때 모집단으로부터 추출된 표본평균의 분포는 표본크기가 충분히 커도 이항분포를 따른다.

b) 주어진 시간 동안 발생건수가 포아송분포를 따를 때 $r(r > 1)$개의 사건이 발생할 때까지 걸린 시간은 지수분포를 따른다.

17. 마약으로 의심되는 20개의 통이 있다. 이 중 16개는 코카인이 들어있고 4개는 코카인이 들어 있지 않다. 4개의 통을 무작위로 선정하여 코카인이 들어 있는지 검사하였다. 그리고 남은 통들 중에서 3개의 통을 추가로 선정하여 검사하였다. 무작위로 선택된 7개의 통 중에 처음 4개의 통에서 모두 코카인이 들어있고 다른 3개의 통 안에는 코카인이 포함되어있지 않을 확률을 구하라.

18. 저장되어 있는 와인 12병 중 4병이 상했다고 한다. 6병을 무작위 사건에서 선택할 때 아래의 질문에 답하라.

a) 선택된 병 중 2병이 상했을 확률을 구하라.

b) 선택된 병 중 상한 병의 수에 대한 평균과 분산을 구하라.

19. 조립 라인에서 산업용 로봇이 기어박스를 조립한다. 정상적인 제품의 경우 하나의 기어박스 조립에 소비되는 시간은 일 분이며 비정상 제품의 경우 하나의 기어박스 조립에 소비되는 시간은 십 분이다. 총 20개의 기어박스 중에 비정상 제품이 3개가 있다. 무작위로 선택된 5개의 기어박스를 조립라인에서 조립한다고 한다. 아래 물음에 답하라.

a) 선택된 5개의 기어박스가 모두 정상 제품일 확률을 구하라.

b) 선택된 5개의 기어박스를 조립하는 데 걸리는 시간에 대한 평균, 분산 그리고 표준편차를 구하라.

20. 보호구역에서 멸종위기의 동물관리를 위해 다섯 마리를 포획하고 추적장치를 부착한 뒤 다시 풀어주었다. 그리고 충분히 동물들이 혼합되었다고 생각되었을 때, 12마리를 다시 포획하였다. 확률변수 X를 두 번째 포획에서 포획된 동물 중 추적장치가 부착된 동물의 수라고 하자. 보호구역에 실제 서식하는 동물의 수가 총 25마리일 때, 아래의 물음에 답하라.

a) $X = 2$일 확률을 구하라.

b) X의 평균과 분산을 구하라.

21. $N = 100$개의 공업 제품 중 40개가 결함이 있다. 확률변수 Y를 무작위로 선택한 20

개의 표본 중 결함이 있는 제품의 수라고 하자. $p(8)$을 (1) 초기하분포를 이용하여 구하고 (2) 이항분포를 이용하여 구하시오. 이때 N의 크기는 이항분포에서 얻은 값이 초기하분포를 이용하여 얻은 값에 좋은 근사치가 되도록 하는가?

22. 특정한 직급을 위한 지원자 중 30%는 수준 높은 컴퓨터 프로그래밍 능력을 가지고 있다. 어느 회사에서 컴퓨터 프로그래밍을 필요로 하는 직급에 6명의 직원을 채용한다고 한다. 지원자들에 대해 무작위로 순차적으로 면접을 보는 경우 아래의 질문에 답하라.
    a) 여섯 번째 합격자가 12번째 면접에서 결정될 경우의 확률을 구하라.
    b) 세 번째 합격자가 결정되기까지 뽑히지 않은 사람들의 면접 횟수의 평균과 분산을 구하여라.

23. 확률변수 X가 $P(X = 1) = P(X = 2)$인 포아송분포를 따를 때 $P(X = 4)$를 구하라.

24. 어느 날 특정병원에 치료를 받기 위해 들어온 사람의 수는 하루당 평균이 5명인 포아송분포를 따른다. 치료를 받기위해 병원에 들어온 사람이 두 명일 확률은 얼마인가? 또 두 명보다 적거나 같을 확률은 얼마인가?

25. 어느 회사에 오후 2시부터 4시 사이에 1분당 평균 1.4회 전화가 걸려온다고 하자. 걸려오는 전화 횟수가 포아송분포를 따른다고 하면 1분에 3회 전화가 걸려올 확률은 얼마인가?

26. 톨게이트에 도착하는 자동차 대수는 시간당 평균 90인 포아송과정을 따른다고 한다. 톨게이트 징수원이 1분 동안 전화통화를 할 때, 전화통화를 하는 동안 최소한 한 대의 차량이 도착할 확률을 구하라.

27. 산업 공장의 관리자는 새로운 A 종류의 기계를 구입하기 위해 계획 중이다. A 종류의 기계는 매일 정비를 받아야 하며 그 횟수를 확률변수 X라 한다. 그리고 확률변수 X는 평균 $\lambda = 0.1t$인 포아송분포를 따른다.(t는 하루에 정비 소요되는 시간) 일일 정비 비용은 $C_A(t) = 10t + 20X^2$와 같다. 정비에 들어가는 시간은 무시해도 될 정도이며 매일 밤 기계를 청소하면 새 기계처럼 다음날 작동한다고 한다. 하루에 10시간 기계가 작동한다면 일일 정비 비용의 평균은 얼마인가?

28. 백화점 매장의 한 시간당 방문 고객 수는 평균 6명인 포아송분포를 따른다. 한 명의

고객당 10분의 서비스시간이 소요된다고 할 때 아래의 물음에 답하라.

a) 한 시간 동안 방문한 고객을 위해 소요된 서비스 시간(단위: 분)에 대한 평균과 분산을 구하라.

b) 한 시간 동안 방문한 고객의 총 서비스 시간이 100분을 초과할 확률의 최대값을 마코프 부등식, 체비셰프 부등식을 이용하여 구하라.

29. 심장질환에 걸린 환자가 회복될 확률이 0.4로 동일하고 각각은 독립이라고 한다. 100명의 환자 중 60명 이상이 회복될 확률을 다음에 의해 구하라.

a) 정확한 확률

b) 근사확률(정규근사, 포아송근사)

30. 어떤 도시에 사는 사람들이 결핵에 걸릴 확률은 0.01이라고 한다. 그 도시에서 200명을 무작위 추출했을 때 적어도 4명이 결핵에 걸릴 확률을 다음에 따라 구하라.

a) 이항분포를 이용하여 구하라.

b) 포아송분포를 이용하여 구하라.

31. 전화 교환원에게 1분 중 무작위로 전화가 걸려온다. 교환원은 1분 중 20초 동안 매우 바쁘다고 한다. 교환원에게 전화가 걸려왔을 때, 교환원이 바쁘지 않을 확률을 구하라.

32. X는 미지의 평균 μ와 표준편차 $\sigma = 2$를 가진다. 만약 X가 7.5를 초과할 확률이 0.8023이라고 할 때 μ를 구하라.

33. 어떤 제품의 1일 판매개수의 확률분포는 정규분포에 근사한다. 평균은 53, 표준편차는 12이다.

a) 어느 날 72개를 판매할 확률을 구하라.

b) 이 제품을 하루에 100개 이상 판매할 확률을 구하라.

34. 군대에서 낙하산을 만든다고 한다. 이 낙하산은 100m의 고도에서 자동적으로 펴지도록 고안되어 있다고 한다. 만약 낙하산이 자동적으로 펴지는 고도가 평균이 100m이고 표준편차가 16m인 정규분포를 따른다고 하자. 그리고 고도가 100m 이하에서 낙하산이 펴지면 불량품이라고 한다. 이때 5개의 낙하산을 실험했을 경우 적어도 하나가 불량품일 확률을 구하라.

35. 사과주스를 제조하는 음료회사는 8온스 병을 가득 채우는 기계를 사용한다. 그러나 기계에 의해 병마다 채워지는 음료의 양은 약간의 차이가 있으며 평균이 8온스, 표준편차가 1온스인 정규분포를 따른다. 정규분포표를 이용하여 음료가 10온스 이상 채워진 병의 비율을 구하라.

36. 어떤 과목의 시험을 치르는데 필요한 시간은 평균 60분, 표준편차 12분의 정규분포를 따른다고 한다. 시험을 치르는 학생들 중 90%가 시험을 종료하기 위하여 필요한 시간을 구하라.

37. 어느 나라의 한 가구의 연평균 교통비가 5,312달러라고 한다. 이 금액이 정규분포를 따른다고 할 때, 다음을 구하라.
  a) 5%의 가구가 교통비를 1,000달러 이하를 지출할 때, 표준편차는 얼마인가?
  b) 위에서 계산한 표준편차를 이용하여, 교통비로 4,000~6,000달러를 지출하는 가구의 확률은 얼마인가?

38. 표준정규분포를 따르는 확률변수 X의 사분위간 범위를 구하라.

39. 확률변수 X가 평균과 분산이 각각 μ와 σ^2인 정규분포를 따른다고 하자. 만약 확률변수 Y를 $Y = aX + b$(단, $a > 0$)라고 할 때 다음 물음에 답하라.
  a) Y의 분포도 정규분포가 됨을 보여라.($f(y) = \dfrac{d}{dy}F(y)$, $F(y) = P(Y \le y)$을 이용하라)
  b) a)의 결과로부터 $a = \dfrac{1}{\sigma}$, $b = -\dfrac{\mu}{\sigma}$일 때의 Y의 분포를 구하라. 단, 이 분포에 대한 모수도 밝혀라.

40. 어떤 공장에서 생산된 전구의 수명은 평균 300시간인 지수분포를 따른다고 한다. 다음 물음에 답하라.
  a) 오늘 생산된 전구가 300시간 지속될 확률을 구하라.
  b) 오늘 생산된 전구가 150시간을 사용한 후 다시 300시간 더 지속될 확률을 구하라.

41. 인사담당자가 취업지원자와 면접보는 시간은 $\beta = 1/3$인 지수분포를 따른다고 한다. 첫 번째 면접은 오전 8시부터 시작한다. 두 번째 지원자가 8시 15분에 도착하였을 때, 인사담당자를 만나기 위해 기다려야 할 확률을 구하라.

42. 오전 9시에 영업을 시작하는 가게가 있다. 영업시작 후 첫 번째 고객이 찾아오는 시간을 확률변수 Y라할 때, Y는 다음과 같은 지수분포를 따른다. 다음 물음에 답하라.

$$f(y) = \begin{cases} \left(\dfrac{1}{\theta}\right)e^{-y/\theta}, & y > 0, \\ 0, & \text{그 외} \end{cases}$$

a) Y의 적률생성함수를 구하라.

b) a)의 정답을 이용하여 $E(Y)$와 $Var(Y)$를 구하라.

43. 어느 공장에서 일하는 엔지니어들의 연간 수입은 $\gamma = 400$, $\lambda = 1/50$인 감마분포를 따른다고 한다. 다음 물음에 답하라.(단위: 만원)

a) 이 공장에서 일하는 엔지니어들의 평균과 분산을 구하라.

b) 이 공장에서 일하는 많은 엔지니어들의 연간 수입이 25,000만원을 초과한다고 기대할 수 있는가?

44. 어떤 산업용 기계의 고장시간을 확률변수 Y(시간)라 하고 $\gamma = 3$, $\lambda = \dfrac{1}{3}$인 감마분포를 따른다고 알려져 있다. 그리고 기계의 고장에 따른 손실비용(단위: 백만원) L은 $L = 20Y + 2Y^2$와 같다. L의 평균과 분산을 구하라.

제 6 장

이변량 확률변수

제 6 장

이변량 확률변수

4장에서 일변량(univariate) 확률변수, 5장에서 여러 가지 일변량 확률분포와 그 분포의 특징에 대해 살펴보았다. 이 장에서는 이산형 확률변수와 연속형 확률변수에 대한 이변량(bivariate) 확률변수에 대해 알아보고 이변량 확률분포와 그 특징에 대해 살펴본다. 6.1절에서 이변량 확률변수의 결합분포와 주변분포를 알아보고 6.2절에서 3장의 사상의 독립과 조건부 확률의 개념을 확장하여 두 확률변수의 독립과 조건부분포를 설명한다. 확률변수의 독립성 개념은 통계학에서 매우 중요한 개념으로 독립성이 충족되면 n개 확률변수에 대한 n차원의 결합분포를 각 확률변수의 일차원 분포의 곱으로 변환하여 통계적 문제를 단순화시킬 수 있다. 6.3절은 기대값, 6.4절은 두 확률변수의 선형결합, 그리고 6.5절은 이변량 정규분포로 확장한다.

6.1 결합분포와 주변분포

결합확률은 확률변수 X와 Y가 같은 표본공간 내에서 정의될 때 성립된다. 이변량 확률변수 X와 Y의 결합확률은 $P(X = x,\, Y = y)$ 또는 간단히 $p(x,y)$로 표시될 수 있고 이는 같은 표본공간 내에서 정의된 확률변수 $X,\ Y$가 $X = x,\ Y = y$일 때의 확률이다. 여기서 두 확률변수 X와 Y의 분포를 **결합분포**(joint distribution)라고 한다.

[정의 6.1] $X,\ Y$가 동일한 표본공간 내에서 정의된 이산형 확률변수라고 하면, **결합확률질량함수**(joint probability mass function) $p(x,y)$는 다음과 같이 정의된다.

$$p(x,y) = P(X = x,\, Y = y)$$

180   제 6 장   이변량 확률변수

두 확률변수 X, Y의 범위가 각각 $a \leq X \leq b$, $c \leq Y \leq d$ 라고 할 때 결합확률 $P[a \leq X \leq b, c \leq Y \leq d]$은 다음과 같다.

$$P[a \leq X \leq b, c \leq Y \leq d] = \sum_{x=a}^{b} \sum_{y=c}^{d} p(x,y)$$

예제 6-1   어떤 보험회사는 자동차보험과 생명보험 두 가지 서비스를 제공하고 있다. 자동차보험은 10만원과 25만원 두 가지 종류가 있고, 생명보험은 10만원, 20만원, 25만원 세 가지 종류가 있다. 만일 두 개의 보험 모두에 가입되어 있는 고객 중에 한 명을 무작위로 선택했을 때, 확률변수 X를 자동차보험의 종류라 하고, Y를 생명보험의 종류라고 하자. (X, Y)의 모든 가능한 결과를 나열해 보면 $(10,10)$, $(10,20)$, $(10,25)$, $(25,10)$, $(25,20)$, $(25,25)$가 된다. 이때 X, Y의 결합확률질량함수는 다음과 같다고 하자.

x ＼ y	10	20	25	합
10	0.20	0.10	0.20	0.50
25	0.05	0.15	0.30	0.50
합	0.25	0.25	0.50	1.00

[그림 6-1]은 예제 6-1의 결합분포를 그래프로 나타낸 것이다.

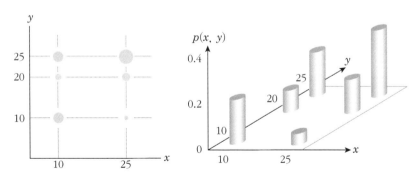

[그림 6-1] 예제 6-1의 결합분포

이 예제에서 $p(10,20) = P(X = 10, Y = 20) = 0.1$이고 $P(Y \geq 20)$은 y가 20보다 큰 모든 (x, y) 확률의 합이 되므로 다음과 같다.

$$P(y \geq 20) = p(10,20) + p(25,20) + p(10,25) + p(25,25) = 0.75$$

결합확률은 한 개의 확률변수에서 정의되었던 확률의 공리가 그대로 적용된다. 다시 말해 결합확률질량함수는 모든 x, y에 대해서 $p(x, y) \geq 0$와 $\sum_x \sum_y p(x, y) = 1$이 성립한다. 결합확률질량함수 $p(x, y)$를 모든 y에 대해서 합하는 것으로 정의되는 질량함수를 확률변수 X의 **주변확률질량함수**(marginal probability mass function)라 하며, 확률변수 X의 분포를 X의 **주변분포**(marginal distribution)라고 한다. 마찬가지로 $p(x, y)$를 모든 x에 대해서 합하는 것으로 정의되는 질량함수를 확률변수 Y의 주변확률질량함수라고 한다.

[정의 6.2] X, Y의 **주변확률질량함수** $p_X(x)$, $p_Y(y)$는 다음과 같이 정의된다.

$$P(X = x) = \sum_y p(x, y), \ P(Y = y) = \sum_x p(x, y)$$

예제 6-2 예제 6−1에서 $X = 10$, $X = 25$일 때의 각각의 주변확률질량함수를 구하면 다음과 같다.

$$p_X(10) = p(10,10) + p(10,20) + p(10,25) = 0.5$$
$$p_X(25) = p(25,10) + p(25,20) + p(25,25) = 0.5$$

따라서, 확률변수 X의 주변확률질량함수는 다음과 같다.

$$p_X(x) = \begin{cases} 0.5, & x = 10, \ 25 \\ 0, & \text{그 외} \end{cases}$$

마찬가지로 Y의 주변확률질량함수는 다음과 같다.

$$p_Y(y) = \begin{cases} 0.25, & y = 10, \ 20 \\ 0.5, & y = 25 \\ 0, & \text{그 외} \end{cases}$$

위의 결과로부터 $P(Y \geq 20)$를 다음과 같이 계산할 수 있다.

$$p(Y \geq 20) = p_Y(20) + p_Y(25)$$
$$= p(10,20) + p(25,20) + p(10,25) + p(25,25)$$
$$= 0.75$$

연속형 확률변수에 대한 결합확률은 이산형 확률변수와 마찬가지 방법으로 다음과 같이 정의된다.

[정의 6.3] X, Y가 동일한 표본공간 내에서 정의된 연속형 확률변수라고 하면, **결합확률밀도함수**(joint probability density function) $f(x,y)$는 다음을 만족한다.

① $f(x, y) \geq 0$

② $\displaystyle\int_{-\infty}^{\infty} \int_{-\infty}^{\infty} f(x, y)\,dx\,dy = 1$

따라서 결합확률밀도함수를 이용한 결합확률은 다음과 같다.

$$P[(X, Y) \in A] = \int_A \int f(x, y)\,dx\,dy$$

즉, 두 확률변수 X, Y의 범위가 각각 $a \leq X \leq b$, $c \leq Y \leq d$ 라고 할 때 결합확률 $P[a \leq X \leq b, c \leq Y \leq d]$은 다음과 같다.

$$P(a \leq X \leq b,\, c \leq Y \leq d) = \int_a^b \left(\int_c^d f(x,y)dy \right) dx$$

결합확률밀도함수는 이산형인 경우와 마찬가지로 모든 x, y에 대해서 $f(x, y) \geq 0$ 와 $\displaystyle\int_{-\infty}^{\infty} \int_{-\infty}^{\infty} f(x, y)\,dx\,dy = 1$이 성립한다. 결합확률밀도함수 $f(x,y)$는 3차원 좌표공간에서 임의의 (x,y)점 위에 밀도 $f(x,y)$를 갖는 표면(surface)으로 나타낼 수 있으며, $P[(x,y) \in A]$는 면적 A의 위, 그리고 $f(x,y)$로 정의되는 표면 아래의 부피(volume)가 된다. 이는 한 개의 확률변수 X가 확률밀도함수 $f(x)$를 가질 때 $P[X \in A]$는 선분 A 위, 그리고 함수 $f(x)$ 아래의 면적이 되는 것과 같다. 결합확률밀도함수 $f(x,y)$를 y의 모든 구간에 대해서 적분하는 방법으로 유도되는 밀도함수를 확률변수 X의 **주변확률**

밀도함수(marginal probability density function)라고 한다. 마찬가지로 $f(x, y)$를 x의 모든 구간에 대해 적분하는 방법으로 유도되는 밀도함수를 확률변수 Y의 주변확률밀도함수라고 한다.

예제 6-3 다음 식이 확률변수 X, Y에 대한 결합확률밀도함수가 되기 위한 k값을 구하라.

$$f(x, y) = k(x + y), \ 0 \le x \le 1, \ 0 \le y \le 1$$

풀이 $1 = \int_0^1 \int_0^1 k(x + y) dx dy = \int_0^1 \left[k \left(\frac{x^2}{2} + xy \right) \right]_0^1 dy$

$$= \int_0^1 k \left(\frac{1}{2} + y \right) dy$$

$$= \left[k \left(\frac{y}{2} + \frac{y^2}{2} \right) \right]_0^1$$

$$= k \left(\frac{1}{2} + \frac{1}{2} \right)$$

$f(x, y)$가 결합확률밀도함수가 되기 위해서는 $k = 1$이어야 한다.

[정의 6.4] X, Y의 **주변확률밀도함수** $f_X(x)$, $f_Y(y)$는 다음과 같이 정의된다.

$$f_X(x) = \int_{-\infty}^{\infty} f(x, y) dy, \ f_Y(y) = \int_{-\infty}^{\infty} f(x, y) dx$$

예제 6-4 예제 6-3에서 구한 결합확률밀도함수를 이용하여 다음을 구하라.

a) 확률변수 X, Y 각각의 주변확률밀도함수를 구하라.

b) $P \left(X \le \frac{1}{2}, \ Y \le \frac{1}{2} \right)$을 구하라.

풀이 a) $f_X(x) = \int_0^1 (x + y) dy = x + \frac{1}{2}, \ 0 \le x \le 1$

$$f_Y(y) = \int_0^1 (x + y) dx = y + \frac{1}{2}, \ 0 \le y \le 1$$

b) $P \left(X \le \frac{1}{2}, \ Y \le \frac{1}{2} \right) = \int_0^{1/2} \int_0^{1/2} (x + y) dx dy = \frac{1}{8}$

예제 6-5　확률변수 X, Y에 대한 결합확률밀도함수가 다음과 같다.

$$f(x,y) = \begin{cases} \dfrac{6}{5}(x+y^2)\,, & 0 \le x \le 1\,,\ 0 \le y \le 1 \\ 0\,, & \text{그 외} \end{cases}$$

a) $P\left(0 \le X \le \dfrac{1}{4}, 0 \le Y \le \dfrac{1}{4}\right)$을 구하라.

b) $P\left(\dfrac{1}{4} \le Y \le \dfrac{3}{4}\right)$을 구하라.

풀이　a) $P\left(0 \le X \le \dfrac{1}{4}, 0 \le Y \le \dfrac{1}{4}\right) = \displaystyle\int_0^{\frac{1}{4}}\int_0^{\frac{1}{4}} \dfrac{6}{5}(x+y^2)dxdy$

$$= \dfrac{6}{5}\int_0^{\frac{1}{4}}\int_0^{\frac{1}{4}} xdxdy + \dfrac{6}{5}\int_0^{\frac{1}{4}}\int_0^{\frac{1}{4}} y^2dxdy$$
$$= 0.0109$$

b) 먼저 Y의 주변확률밀도함수를 구하면 다음과 같다.

$$f_Y(y) = \int_{-\infty}^{\infty} f(x,y)dx = \int_0^1 \dfrac{6}{5}(x+y^2)dx = \dfrac{6}{5}y^2 + \dfrac{3}{5}\,,\ 0 \le y \le 1$$

주변확률밀도함수로 다음과 같이 확률을 구할 수 있다.

$$P\left(\dfrac{1}{4} \le Y \le \dfrac{3}{4}\right) = \int_{\frac{1}{4}}^{\frac{3}{4}} f_Y(y)dy = 0.4625$$

예제 6-6　임의의 혼합땅콩(아몬드, 캐슈, 땅콩 등으로 구성) 1kg을 구입한다고 하자. 확률변수 X를 혼합땅콩에 담겨져 있는 아몬드의 무게(kg)라고 하고 확률변수 Y를 혼합땅콩에 담겨져 있는 캐슈의 무게(kg)라고 하면 A회사에서 생산하는 혼합땅콩은 다음과 같은 결합확률밀도함수를 따른다.

$$f(x,y) = \begin{cases} 24xy\,, & 0 \le x \le 1\,,\ 0 \le y \le 1\,,\ x+y \le 1 \\ 0\,, & \text{그 외} \end{cases}$$

a) 위 식이 결합확률밀도함수임을 증명하라.
b) 아몬드와 캐슈의 무게의 합이 전체 무게의 50% 이하일 확률을 구하라.
c) 아몬드 무게에 대한 주변확률밀도함수를 구하라.

풀이 a)
$$\int_{-\infty}^{\infty}\int_{-\infty}^{\infty} f(x,y)dydx = \int_R\int f(x,y)dydx$$
$$= \int_0^1 \left\{ \int_0^{1-x} 24xy\, dy \right\} dx = 1$$

여기서 $R = \{(x,y): 0 \le x \le 1, 0 \le y \le 1, x+y \le 1\}$이다(그림 6-2 참조).

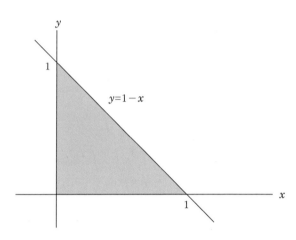

[그림 6-2] 혼합땅콩에 포함된 아몬드와 캐슈의 무게의 표본공간

b) 아몬드와 캐슈의 무게의 합이 전체 무게의 50% 이하라는 의미는 아몬드와 캐슈의 무게의 합이 0.5kg 이하라는 것이고 이것을 공간으로 표현하면 다음과 같다(그림 6-3 참조).

$$A = \{(x,y): 0 \le x \le 1, 0 \le y \le 1, x+y \le 0.5\}$$

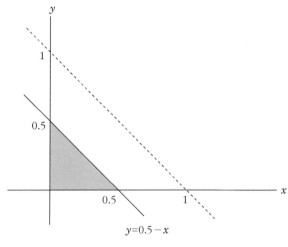

[그림 6-3] 혼합땅콩에 포함된 아몬드와 캐슈의 무게가 전체 무게의 50% 이하일 공간

따라서 아몬드와 캐슈의 무게의 합이 0.5kg 이하일 확률은 다음과 같다.

$$P[(X, Y) \in A] = \int_A \int f(x, y)dxdy = \int_0^{0.5}\left\{\int_0^{0.5-x} 24xydy\right\}dx = 0.0625$$

c) 아몬드 무게에 대한 주변확률밀도함수는 다음과 같이 구할 수 있다.

$$f_X(x) = \int_{-\infty}^{\infty} f(x, y)dy = \int_0^{1-x} 24xydy = 12x(1-x)^2 ,\ 0 \le x \le 1$$

일변량 확률변수의 확률밀도함수와 동일한 방법으로 이변량 확률변수의 결합확률밀도함수를 이용하여 **결합누적분포함수**(joint cumulative distribution function)를 구할 수 있다.

[**정의 6.5**] X, Y가 동일한 표본공간 내에서 정의된 이변량 이산형 확률변수라고 하면, **결합누적분포함수** $F(x, y)$는 다음과 같이 정의된다.

$$F(x, y) = \sum_{w_1 \le x} \sum_{w_2 \le y} f(w_1, w_2)$$

또한 X, Y가 이변량 연속형 확률변수라고 하면, 결합누적분포함수 $F(x, y)$는 다음과 같이 정의된다.

$$F(x, y) = \int_{-\infty}^{x} \int_{-\infty}^{y} f(w_1, w_2)dw_2 dw_1$$

여기서 $-\infty < x < \infty$, $-\infty < y < \infty$ 이다.

[**정리 6.1**] 결합누적분포함수 $F(x, y)$는 다음이 성립한다.

① 모든 y에 대해서 $F(-\infty, y) = \lim_{x \to -\infty} F(x, y) = 0$,

　모든 x에 대해서 $F(x, -\infty) = \lim_{y \to -\infty} F(x, y) = 0$,

　$\lim_{\substack{x \to \infty \\ y \to \infty}} F(x, y) = F(\infty, \infty) = 1$.

② $x_1 < x_2$, $y_1 < y_2$이면

$$P\left[x_1 < X \le x_2\,;\,y_1 < Y \le y_2\right]$$
$$= F(x_2\,,y_2) - F(x_2\,,y_1) - F(x_1\,,y_2) + F(x_1\,,y_1) \ge 0$$

이변량 확률변수 X, Y의 결합확률밀도함수를 이용하여 X, Y 각각의 주변확률밀도함수를 구하는 방법과 동일하게 X, Y의 결합누적분포함수 $F(x\,,y)$를 적분하는 방법으로 X, Y 각각의 **주변누적분포함수**(marginal cumulative distribution function) $F_X(x)$, $F_Y(y)$를 구할 수 있다.

6.2 두 확률변수의 독립과 조건부분포

6.2.1 두 확률변수의 독립

3장에서 두 사상 A, B가 독립사상일 필요충분조건은 $P(A \cap B) = P(A)P(B)$와 같았다. 즉, 이것은 사상 A와 B의 결합확률이 사상 A의 주변확률과 사상 B의 주변확률의 곱과 같을 때 두 사상은 독립이라는 의미이다. 이와 마찬가지로 두 확률변수 X와 Y의 독립성에 대한 정의는 다음과 같다.

임의의 확률변수 X, Y에 대해 두 사상 $A = \{X = x\}$와 $B = \{Y = y\}$가 독립이면 두 확률변수 X와 Y는 독립이다. 다시 말하면,

$$P(\{X = x, Y = y\}) = P(\{X = x\})P(\{Y = y\}) = p_X(x)p_Y(y)$$

이면 두 확률변수 X와 Y는 독립이다. 예를 들어 동전을 두 개 던질 경우 X는 첫 번째 동전의 앞면의 수를 나타내고 Y는 두 번째 동전의 앞면의 수를 나타낸다고 하면, $P(\{X = 1, Y = 1\}) = P(\{H, H\}) = 1/4$(첫 번째 동전과 두 번째 동전이 모두 앞면인 경우)이며, $P(\{X = 1\}) = P(\{H\}) = 1/2$(첫 번째 동전이 앞면인 경우), $P(\{Y = 1\}) = P(\{H\}) = 1/2$(두 번째 동전이 앞면인 경우)이다. 따라서 $P(\{X = 1, Y = 1\}) = P(\{X = 1\})\,P(\{Y = 1\})$이므로 두 사상은 독립이며, 확률변수 X와 Y도 독립이다. X와 Y의 결합분포가 두 주변분포의 곱으로 표시되면 두 확률변수 X와 Y는 독립이다.

[정의 6.6] 두 확률변수 X와 Y가 **독립**(stochastically independent 또는 statistically independent)일 필요충분조건은 다음과 같다. 임의의 X, Y에 대해

$$p(x, y) = p_X(x)p_Y(y), \quad 단, \ X, \ Y는 \ 이산형 \ 확률변수$$

$$f(x, y) = f_X(x)f_Y(y), \quad 단, \ X, \ Y는 \ 연속형 \ 확률변수$$

$I \times J$ 이원분할표에서 각 칸의 확률을 $p_{ij}, \ i = 1, \dots, I, \ j = 1, \dots, J$라 할 때 다음과 같이 도식화할 수 있다.

x ＼ y	$j = 1$	$\cdots$	$j = J$	주변확률
$i = 1$	p_{11}	$\cdots$	p_{1J}	p_{1+}
$\vdots$	$\vdots$	$\ddots$	$\vdots$	$\vdots$
$i = I$	p_{I1}	$\cdots$	p_{IJ}	p_{I+}
주변확률	p_{+1}	$\cdots$	p_{+J}	$p_{++} = 1$

* $p_{i+} = \sum_{j=1}^{J} p_{ij}, \ p_{+j} = \sum_{i=1}^{I} p_{ij}$

행의 확률변수 X와 열의 확률변수 Y가 독립일 필요충분조건은 임의의 i, j에 대해 $p_{ij} = p_{i+} \cdot p_{+j}$이다. 즉, 각 칸에 대해 사상의 독립처럼 임의의 칸의 결합확률은 해당되는 행의 주변확률과 열의 주변확률의 곱과 같아야 한다.

예제 6-7 다음의 확률분포표가 X와 Y의 결합분포를 나타낸다면 확률변수 X, Y가 독립인지 보여라.

x ＼ y	1	2	4	8	주변확률
2	0.04	0.08	0.08	0.05	0.25
4	0.12	0.24	0.24	0.15	0.75
주변확률	0.16	0.32	0.32	0.20	1.00

풀이 X, Y의 주변분포는 다음과 같다.

x	2	4	y	1	2	4	8
$p_X(x)$	0.25	0.75	$p_Y(y)$	0.16	0.32	0.32	0.20

위 확률분포표로부터 $x=2$, $y=4$인 경우는 $P(X=2, Y=4)=0.08$이고 이는 $P(X=2) \times P(Y=4)=0.25 \times 0.32=0.08$임을 알 수 있다. 따라서 임의의 X, Y에 대해서 $p(x,y)=p_X(x)p_Y(y)$이 성립하므로 두 확률변수 X, Y는 서로 독립이다.

예제 6-8 두 개의 정사면체 주사위를 던지는 실험을 생각해 보자. 확률변수 X는 첫 번째 사면체의 눈금의 수라고 하고, Y를 두 사면체 중 눈금의 수가 큰 사면체의 눈금의 수라고 할 때, 다음의 확률분포를 갖는다고 한다. X와 Y는 독립인가?

x \\ y	1	2	3	4
1	1/16	1/16	1/16	1/16
2	0	2/16	1/16	1/16
3	0	0	3/16	1/16
4	0	0	0	4/16

풀이 $x=1$, $y=1$인 경우는 $P(X=1, Y=1)=1/16$이고

$$P(X=1) \times P(Y=1) = \frac{4}{16} \times \frac{1}{16} = \frac{1}{64} \neq \frac{1}{16} = P(X=1, Y=1)$$

이므로 두 확률변수 X와 Y는 서로 독립이 아니다.

예제 6-9 다음의 확률변수 X와 Y가 독립임을 보여라.

$$f(x, y) = \begin{cases} 4xy, & 0 \leq x \leq 1, \, 0 \leq y \leq 1 \\ 0, & \text{그 외} \end{cases}$$

풀이 $f_X(x) = \int_0^1 f(x,y)dy = \int_0^1 4xy\,dy = [2xy^2]_0^1 = 2x, \; 0 \leq x \leq 1$

$f_Y(y) = \int_0^1 f(x,y)dx = \int_0^1 4xy\,dx = [2x^2y]_0^1 = 2y, \; 0 \leq y \leq 1$

$f(x,y) = f_X(x)f_Y(y)$가 성립하므로 확률변수 X와 Y는 서로 독립이다.

예제 6-10 확률변수 X와 Y가 독립이 아님을 보여라.

$$f(x,y) = \begin{cases} 2, & 0 \le y \le x \le 1 \\ 0, & \text{그 외} \end{cases}$$

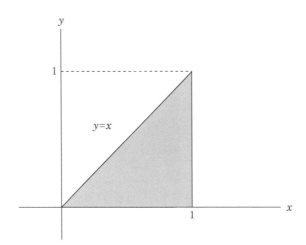

[그림 6-4] 예제 6-10의 결합확률밀도함수의 표본공간

풀이 $f(x,y) = 2$, $0 \le y \le x \le 1$은 위의 회색 음영 영역에서 정의된다.

따라서 $f_X(x) = \int_0^x f(x,y)dy = \int_0^x 2dy = 2x$, $0 \le x \le 1$

$f_Y(y) = \int_y^1 f(x,y)dx = \int_y^1 2dx = 2(1-y)$, $0 \le y \le 1$

이고 $f(x,y) \ne f_X(x)f_Y(y)$이므로 확률변수 X와 Y는 독립이 아니다.

예제 6-11 확률변수 X, Y의 결합확률밀도함수가 다음과 같을 때, 확률변수 X, Y는 독립인가?

$$f(x,y) = 2(1-x), \; 0 \le x \le 1, \, 0 \le y \le 1$$

풀이 확률변수 X, Y 각각의 주변확률밀도함수를 구하면,

$$f_X(x) = \int_0^1 f(x,y)dy = \int_0^1 2(1-x)dy = 2(1-x), \, 0 \le x \le 1$$

$$f_Y(y) = \int_0^1 f(x,y)dx = \int_0^1 2(1-x)dx = 1,\ 0 \le y \le 1$$

이므로 $f(x,y) = 2(1-x)(1) = f_X(x)f_Y(y)$ 이다. 따라서 확률변수 $X,\ Y$는 독립이다.

예제 6-12 $f(x,y) = \begin{cases} x+y,\ 0 < x < 1,\ 0 < y < 1 \\ 0,\ \quad\ 그\ 외 \end{cases}$ 일 때, 확률변수 X와 Y는

독립인가?

풀이 $f_X(x) = \int_0^1 (x+y)dy = [xy + \frac{1}{2}y^2]_0^1 = x + \frac{1}{2}, \qquad 0 < x < 1$

$f_Y(y) = \int_0^1 (x+y)dx = [\frac{1}{2}x^2 + xy]_0^1 = y + \frac{1}{2}, \qquad 0 < y < 1$

$f_X(x)f_Y(y) \ne f(x,y)$ 이므로 확률변수 $X,\ Y$는 독립이 아니다.

예제 6-13 확률변수 X와 Y는 다음과 같은 결합확률질량함수 또는 결합확률밀도함수를 가진다. 이때 확률변수 X와 Y는 독립인가?

(a) $p(x,y) = \begin{cases} \dfrac{1}{16},\ x = 1,2,3,4,\ y = 1,2,3,4 \\ 0,\ \quad 그\ 외 \end{cases}$

(b) $f(x,y) = \begin{cases} 2e^{-x-y},\ 0 \le x \le y \le \infty \\ 0,\ \quad\quad 그\ 외 \end{cases}$

풀이 (a) 주변확률밀도함수가 $p_X(x) = \sum_{y=1}^4 \dfrac{1}{16} = \dfrac{1}{4}$, $p_Y(y) = \sum_{x=1}^4 \dfrac{1}{16} = \dfrac{1}{4}$ 이고 이는

$p_X(x) \times p_Y(y) = \dfrac{1}{4} \times \dfrac{1}{4} = \dfrac{1}{16} = p(x,y)$ 이므로 확률변수 $X,\ Y$는 독립이다.

(b) $f_X(x) = \int_x^\infty 2e^{-x-y}dy = 2[-e^{-x-y}]_x^\infty = 2e^{-2x}, \qquad 0 < x < \infty$

$f_Y(y) = \int_0^y 2e^{-x-y}dx = 2[-e^{-x-y}]_0^y$
$= 2(-e^{-2y} + e^{-y}) = 2e^{-y}(1-e^{-y}),\ 0 < y < \infty$

이고 $f_X(x) \times f_Y(y) = 4e^{-2x-y}(1-e^{-y}) \ne f(x,y)$ 이므로 확률변수 $X,\ Y$는 독립이 아니다.

6.2.2 두 확률변수의 조건부분포

A라는 자동차회사는 신차를 발표하면서 몇 가지 결점을 미리 알고 있었다. 확률변수

X를 임의로 선택된 자동차의 미리 알고 있는 결점의 개수라 하고 확률변수 Y를 같은 자동차의 미리 알지 못한 결점의 개수라고 가정하자. 만약 선택된 차에서 발생한 미리 알고 있는 결점의 개수가 1개라면 동일 차에서 미리 알지 못한 결점의 수가 3개 이상이 발생할 확률은 얼마인가? 다시 말해 $P(Y \geq 3 \,|\, X = 1)$는 얼마인가? 이와 비슷하게 X와 Y를 오토바이의 전륜과 후륜 타이어의 수명이라고 하면 X가 10,000마일일 때, Y가 15,000마일 이상인 확률은 얼마인가? 그리고 X에 대한 후륜 타이어 수명의 조건부 기대값은 얼마인가? 이러한 문제를 해결하기 위해서는 두 확률변수의 **조건부 확률밀도함수** (conditional probability density function)를 알아야 한다.

[정의 6.7] 두 확률변수 X와 Y의 결합확률밀도함수가 $f(x, y)$이며 확률변수 X의 주변확률밀도함수가 $f_X(x)$라고 하면 $f_X(x) \neq 0$인 모든 x에 대해 $X = x$가 주어졌을 때 Y의 **조건부 확률밀도함수**는 다음과 같다.

$$f_{Y|X}(y \,|\, x) = \frac{f(x, y)}{f_X(x)}, \quad -\infty < y < \infty$$

$X = x$가 주어졌을 때 Y의 조건부 확률밀도함수 $f_{Y|X}(y \,|\, x)$의 정의는 A사건이 발생했을 때 B사건이 일어날 조건부 확률인 $P(B \,|\, A)$의 정의와 같다. 조건부 확률밀도함수가 결정된다면 확률계산은 Y들의 적절한 집합에 대해 적분으로 계산할 수 있다.

조건부 확률밀도함수는 일반적 확률밀도함수의 특성을 그대로 가진다. 조건부 확률밀도함수는 비음(nonnegative)이고 $\int_{-\infty}^{\infty} f_{Y|X}(y|x)dy = 1$이다.

$$\int_{-\infty}^{\infty} f_{Y|X}(y|x)dy = \int_{-\infty}^{\infty} \frac{f(x,y)}{f_X(x)}dy = \frac{1}{f_X(x)} \int_{-\infty}^{\infty} f(x,y)dy = \frac{f_X(x)}{f_X(x)} = 1$$

조건부 확률밀도함수는 확률변수 X의 값이 x로 주어질 때 확률변수 Y의 밀도이다. 조건부 확률밀도함수 $f_{Y|X}(y \,|\, x)$에서 x는 주어지는 값으로 하나의 모수로 생각할 수 있다. 여기서 $X = x_o$로 주어진 $f_{Y|X}(y \,|\, x_o)$를 고려해보자. 이것은 x_o가 X에서 관찰될 때 Y의 밀도이다. $f(x, y)$는 xy 평면상의 표면으로 표현된다. xy 평면에 수직인 $x = x_o$점을 지나는 면은 곡선 $f(x_o, y)$에서 표면과 만난다. 이 곡선에 아래의 영역은 $\int_{-\infty}^{\infty} f(x_o, y)dy =$

$f_X(x_o)$이 된다. 따라서 $f(x_o, y)$를 $f_X(x_o)$로 나눈다면, $f_{Y|X}(y \mid x_o)$인 밀도를 구할 수 있다.

> **[정의 6.8]** 두 확률변수 X와 Y의 결합확률밀도함수가 $f(x, y)$이며 확률변수 X의 주변확률밀도함수가 $f_X(x)$라고 하면 $f_X(x) \neq 0$인 모든 x에 대해 $X = x$가 주어졌을 때 Y의 **조건부 누적분포함수**는 다음과 같다.
>
> $$F_{Y|X}(y \mid x) = \int_{-\infty}^{y} f_{Y|X}(w \mid x) dw$$

예제 6-14 예제 6–5의 결합확률밀도함수에서 $x = 0.8$일 때 $Y \leq 0.5$의 확률을 구하라.

풀이 먼저 X의 주변확률밀도함수를 구하면 다음과 같다.

$$f_X(x) = \int_{-\infty}^{\infty} f(x, y) dy = \int_0^1 \frac{6}{5}(x + y^2) dy = \frac{6}{5}x + \frac{2}{5} , \ 0 \leq x \leq 1$$

따라서 $x = 0.8$로 주어졌을 때 Y의 조건부 확률밀도함수를 구하면 다음과 같다.

$$f_{Y|X}(y \mid 0.8) = \frac{f(0.8, y)}{f_X(0.8)} = \frac{1.2(0.8 + y^2)}{1.2(0.8) + 0.4} = \frac{1}{34}(24 + 30y^2) , \ 0 \leq y \leq 1$$

여기서 구한 Y의 조건부 확률밀도함수를 이용하면 $x = 0.8$일 때 $Y \leq 0.5$의 확률을 다음과 같이 구할 수 있다.

$$P(Y \leq 0.5 \mid X = 0.8) = \int_0^{0.5} f_{Y|X}(y \mid 0.8) dy = \int_0^{0.5} \frac{1}{34}(24 + 30y^2) dy = 0.39$$

확률을 비교하기 위해 예제 6–5에서 구한 Y의 주변확률밀도함수를 이용하여 $Y \leq 0.5$의 확률을 구하면 $P(Y \leq 0.5) = 0.35$이다.

6.3 기 대 값

6.3.1 공분산과 상관계수

확률변수 X와 Y의 개별적 기대값을 구하는 방법은 앞서 4장에서 살펴보았다. 이

장에서는 확률변수 X와 Y의 결합확률밀도함수를 이용하여 확률변수 X와 Y의 함수의 기대값을 구하는 방법을 알아보자.

[정의 6.9] 두 확률변수 X와 Y는 결합확률질량함수 $p(x, y)$ 또는 결합확률밀도함수 $f(x, y)$를 따를 때, X와 Y의 함수인 $h(X, Y)$의 기대값은 다음과 같이 구할 수 있다.

$$E[h(X, Y)] = \sum_x \sum_y h(x, y) p(x, y), \quad X와 \ Y는 \ 이산형 \ 확률변수$$

$$E[h(X, Y)] = \int_{-\infty}^{\infty} \int_{-\infty}^{\infty} h(x, y) f(x, y) \, dx \, dy, \quad X와 \ Y는 \ 연속형 \ 확률변수$$

확률변수 X와 Y가 독립이 아니라면 서로 **상관관계**(correlation)가 존재할 것이다. 상관관계란 두 변수 간의 선형관계를 나타내는 것으로 상관관계를 나타내는 척도로서 공분산(covariance)을 생각해 보자. 공분산은 0 이상의 실수를 갖는 분산과는 달리 실수 전체의 값(음수, 양수, 0)을 가질 수 있다. 만약 X가 증가함에 따라 Y도 증가한다면(또는 X가 감소함에 따라 Y도 감소한다면) 공분산은 양의 값을 가지며 반대로 X가 증가함에 따라 Y가 감소한다면(또는 X가 감소함에 따라 Y가 증가한다면) 공분산은 음의 값을 가진다. 두 확률변수 X와 Y가 서로 독립일 경우에는 공분산은 0의 값을 가지게 되며 이는 서로 상관관계가 존재하지 않음을 의미한다([그림 6−5] 참조). 공분산은 다음과 같이 정의된다.

[정의 6.10] X와 Y가 동일한 표본공간 내에서 정의된 확률변수라고 하면, X, Y의 **공분산**은 $Cov(X, Y)$ 또는 $\sigma_{X, Y}$로 표시되고 다음과 같이 정의된다.

$$Cov(X, Y) = E[\,(X - \mu_X)(Y - \mu_Y)\,]$$
$$= E(XY) - \mu_X \, \mu_Y$$

여기서 $\mu_X = E(X)$, $\mu_Y = E(Y)$이다.

공분산은 확률변수 X의 증감에 따른 Y의 증감의 경향에 대해 측정한 것이다. 공분산이 0이면 두 변수 간에 선형관계가 없다는 의미이다. 또한 $Y = X$이면 X와 Y의 공분산은 X와 Y의 개별적 분산과 같다. 공분산은 두 확률변수 X와 Y가 얼마나 같이 변하는가를 측정하기 위해 편차 $(X - \mu_X)$와 $(Y - \mu_Y)$를 곱하고 그것의 평균을 계산하는 것이다. 다시 말해 X와 Y의 편차곱의 평균이다(일변량에서 편차제곱의 평균은 모분산).

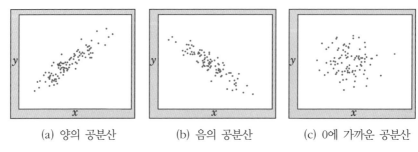

| (a) 양의 공분산 | (b) 음의 공분산 | (c) 0에 가까운 공분산 |

[그림 6-5] X와 Y의 공분산에 따른 산점도

예제 6-15 확률변수 X, Y의 결합확률질량함수가 다음과 같다. X와 Y의 공분산을 구하라.

x＼y	1	2	3	4	$p_X(x)$
1	0.20	0	0	0	0.20
2	0.04	0.36	0.05	0	0.45
3	0.01	0.09	0.10	0	0.20
4	0	0	0	0.15	0.15
$p_Y(y)$	0.25	0.45	0.15	0.15	1.00

풀이 먼저 X와 Y의 기대값과 곱의 기대값을 구하면 다음과 같다.

$$\mu_X = E(X) = \sum_{x=1}^{4} x p_X(x)$$
$$= 1 \times (0.20) + 2 \times (0.45) + 3 \times (0.20) + 4 \times (0.15)$$
$$= 2.3$$
$$\mu_Y = E(Y) = \sum_{y=1}^{4} y \, p_Y(y)$$
$$= 1 \times (0.25) + 2 \times (0.45) + 3 \times (0.15) + 4 \times (0.15)$$
$$= 2.2$$

$$E(XY) = \sum_x \sum_y xy \, p(x,y)$$

$$= 1 \times 1 \times 0.20 + 2 \times 1 \times 0.04 + 2 \times 2 \times 0.36 + 2 \times 3 \times 0.05$$
$$+ 3 \times 1 \times 0.01 + 3 \times 2 \times 0.09 + 3 \times 3 \times 0.10 + 4 \times 4 \times 0.15$$
$$= 5.89$$

따라서 X와 Y의 공분산은 다음과 같다.

$$Cov(X, Y) = E(XY) - E(X)E(Y) = 5.89 - 2.3 \times 2.2 = 0.83$$

또 다른 방법으로 편차곱의 평균을 이용할 수 있다.

먼저 각 칸의 $(X - \mu_x)(Y - \mu_y) \cdot p(x,y)$를 계산하면 다음과 같다.

x \ y	1	2	3	4
1	$(1-2.3)(1-2.2)(0.20)$ $=0.312$	$(1-2.3)(2-2.2)(0)$ $=0$	$(1-2.3)(3-2.2)(0)$ $=0$	$(1-2.3)(4-2.2)(0)$ $=0$
2	$(2-2.3)(1-2.2)(0.04)$ $=0.0144$	$(2-2.3)(2-2.2)(0.36)$ $=0.0216$	$(2-2.3)(3-2.2)(0.05)$ $=-0.012$	$(2-2.3)(4-2.2)(0)$ $=0$
3	$(3-2.3)(1-2.2)(0.01)$ $=-0.0084$	$(3-2.3)(2-2.2)(0.09)$ $=-0.0126$	$(3-2.3)(3-2.2)(0.10)$ $=0.056$	$(3-2.3)(4-2.2)(0)$ $=0$
4	$(4-2.3)(1-2.2)(0)$ $=0$	$(4-2.3)(2-2.2)(0)$ $=0$	$(4-2.3)(3-2.2)(0)$ $=0$	$(4-2.3)(4-2.2)(0.15)$ $=0.459$

이를 이용하여 공분산을 구하면 다음과 같다.

$$Cov(X,Y) = \sum_{x=1}^{4} \sum_{y=1}^{4} (x - \mu_x)(y - \mu_y)p(x,y) = 0.83$$

예제 6-16 확률변수 X, Y의 결합확률질량함수가 다음과 같을 때 X, Y의 공분산을 구하라.

$$p(x,y) = \frac{x+y}{21}, \ x = 1,2, \ y = 1,2,3$$

풀이 X, Y 각각의 주변확률질량함수를 구하면 다음과 같다.

$$p_X(x) = \sum_{y=1}^{3} \left(\frac{x+y}{21} \right) = \frac{6+3x}{21}, \ x = 1,2$$

$$p_Y(y) = \sum_{x=1}^{2} \left(\frac{x+y}{21} \right) = \frac{3+2y}{21}, \ y = 1,2,3$$

주변확률질량함수를 이용하여 X, Y 각각의 평균을 구하면 다음과 같다.

$$\mu_X = \sum_{x=1}^{2} x p_X(x) = (1)\left(\frac{9}{21}\right) + (2)\left(\frac{12}{21}\right) = \frac{33}{21}$$

$$\mu_Y = \sum_{y=1}^{3} y p_Y(y) = (1)\left(\frac{5}{21}\right) + (2)\left(\frac{7}{21}\right) + (3)\left(\frac{9}{21}\right) = \frac{46}{21}$$

따라서 X, Y의 공분산은 다음과 같이 계산된다.

$$\begin{aligned}
Cov(X,Y) &= E(XY) - \mu_X \mu_Y \\
&= \sum_{x=1}^{2}\sum_{y=1}^{3} xy\, p(x,y) - \mu_X \mu_Y \\
&= (1)(1)\left(\frac{2}{21}\right) + (1)(2)\left(\frac{3}{21}\right) + (1)(3)\left(\frac{4}{21}\right) + (2)(1)\left(\frac{3}{21}\right) \\
&\quad + (2)(2)\left(\frac{4}{21}\right) + (2)(3)\left(\frac{5}{21}\right) - \left(\frac{33}{21}\right)\left(\frac{46}{21}\right) \\
&= -\frac{6}{441}
\end{aligned}$$

예제 6-17 다음의 결합확률밀도함수를 이용하여 X, Y의 공분산을 구하라.

$$f(x,y) = x + y,\ 0 \le x \le 1,\ 0 \le y \le 1$$

풀이 예제 6−4에서 X, Y의 주변확률밀도함수를 다음과 같이 구하였다.

$$f_X(x) = x + \frac{1}{2},\ 0 \le x \le 1$$

$$f_Y(y) = y + \frac{1}{2},\ 0 \le y \le 1$$

따라서 X, Y의 기대값은 다음과 같다.

$$\mu_X = \int_0^1 x\left(x + \frac{1}{2}\right)dx = \frac{7}{12}$$

$$\mu_Y = \int_0^1 y\left(y + \frac{1}{2}\right)dy = \frac{7}{12}$$

X, Y의 곱의 기대값은 다음과 같다.

$$E(XY) = \int_0^1 \int_0^1 xyf(x,y)dydx = \int_0^1 \int_0^1 xy(x+y)dydx$$

$$= \int_0^1 \left[\frac{x^2y^2}{2} + \frac{xy^3}{3} \right]_0^1 dx$$

$$= \int_0^1 \left(\frac{x^2}{2} + \frac{x}{3} \right) dx$$

$$= \left[\frac{x^3}{6} + \frac{x^2}{6} \right]_0^1$$

$$= \frac{1}{3}$$

그러므로 공분산은 다음과 같다.

$$Cov(X, Y) = E(XY) - \mu_X \mu_Y = \frac{1}{3} - \left(\frac{7}{12} \right)^2 = -\frac{1}{144}$$

예를 들어 확률변수 X와 Y가 각각 사람의 키(m)와 몸무게(kg)를 나타낸다고 할 때, 키와 몸무게의 단위를 cm와 g으로 변경하면 공분산은 일치하지 않는다.

$$Cov(X, Y) \neq Cov(100X, 1000Y)$$

실제로 계산하면 $Cov(100X, 1000Y) = 10^5 Cov(X, Y)$이고 확률변수의 측정단위에 따라 공분산의 값이 달라진다. 이러한 문제점을 해결하기 위해 **상관계수**(coefficient of correlation)가 필요하다.

[정의 6.11] X, Y가 동일한 표본공간 내에서 정의된 확률변수라고 할 때, 각각의 표준편차 σ_X, σ_Y가 0이 아니라면 X, Y의 **상관계수** $\rho_{X,Y}$는 다음과 같이 정의된다.

$$\rho_{X,Y} = \frac{Cov(X, Y)}{\sigma_X \sigma_Y}$$

공분산 대신 상관계수를 사용하면 공분산을 각 확률변수의 표준편차로 나눠주게 되므로 측정단위에 상관없이 두 확률변수의 상관관계를 나타낸다. 다시 말해 표준편차로 나눠주므로 표준화 효과를 주게 된다. 상관계수는 두 변수 사이의 **선형정도**를 나타내는 계수로서 두 확률변수 X, Y가 서로 선형관계가 있는지 없는지, 만약 있다면 어느 정도로 있는지는 알 수 있으나 두 변수 사이의 인과관계는 밝힐 수 없다.

또한 X와 Y간에 완전한 양의 선형관계가 있으면(즉, $Y = a + bX$, $b > 0$) 상관계수는 1이 되고, 완전한 음의 선형관계가 있으면(즉, $Y = a + bX$, $b < 0$) 상관계수는 -1이 된다. 상관계수는 오직 두 확률변수의 **선형관계**(linear relationship)를 나타내는 척도이다.

상관계수 ρ의 절대값이 1보다 작을 경우 X와 Y의 관계가 완전한 선형관계가 아님을 나타내며, X와 Y 사이에 강한 비선형관계가 존재할 수 있다. 또한 $\rho = 0$는 X와 Y 사이에 선형관계는 없음을 의미하나, X와 Y 사이에 강한 비선형관계가 존재할 수 있다.

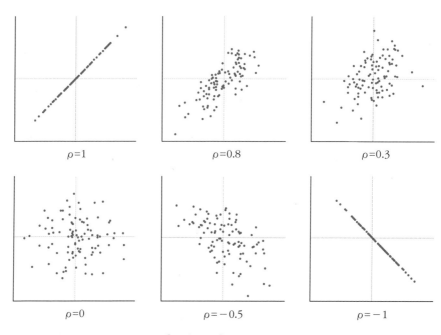

[그림 6-6] 상관관계

```
Computer Programming    그림 6-6

# Using R
corr=function(rho){
data=rmvnorm(100,c(0,0),matrix(c(1,rho,rho,1),nrow=2))
plot(data[,1],data[,2],pch=20,xaxt="n",yaxt="n",xlim=c(-3,3),ylim=c(-3,3))
abline(h=0,v=0,lty=3)
}
corr(1)
corr(.8)
```

corr(.3)
corr(0)
corr(-.5)
corr(-1)

[정리 6.2] 코시–슈바르츠 부등식(Cauchy–Schwarz inequality)

$E(X^2) < \infty$, $E(Y^2) < \infty$인 확률변수 X, Y에 대해 다음의 부등식이 성립한다.

$$[E(XY)]^2 \leq E(X^2)\, E(Y^2)$$

만약 $Y = cX$(c는 상수)이면 등호가 성립한다.

예제 6-18 코시–슈바르츠 부등식을 이용하여 $[E(X)]^2 \leq E(X^2)$을 보여라.

풀이 코시–슈바르츠 부등식에 $Y = 1$을 대입하면 $[E(X)]^2 \leq E(X^2)$이 성립한다.

[정리 6.3] 임의의 두 확률변수 X, Y에 대해 다음이 성립한다.

$$-1 \leq \rho_{X,Y} \leq 1$$

증명
$$\rho_{X,Y} = \frac{Cov(X,Y)}{\sigma_X\, \sigma_Y} = \frac{E(X-\mu_X)(Y-\mu_Y)}{\sigma_X\, \sigma_Y}$$
$$= E\left(\frac{X-\mu_X}{\sigma_X}\right)\left(\frac{Y-\mu_Y}{\sigma_Y}\right) = E(Z_X Z_Y)$$

코시–슈바르츠 부등식에 의해 다음과 같다.

$$\rho_{X,Y}^2 = [E(Z_X)(Z_Y)]^2 \leq E(Z_X^2)E(Z_Y^2) = 1$$

따라서 $\rho_{X,Y}^2 \leq 1$이 되므로 $-1 \leq \rho_{X,Y} \leq 1$이 성립하게 된다.

예제 6-19 예제 6–16과 예제 6–17의 결합분포의 상관계수를 구하라.

풀이 예제 6–16에서 $\mu_X = \dfrac{33}{21}$, $\mu_Y = \dfrac{46}{21}$이므로 X, Y의 분산은 다음과 같다.

$$\sigma_X^2 = E(X^2) - \mu_X^2 = \sum_{x=1}^{2} x^2 p_X(x) - \mu_X^2$$

$$= (1)\left(\frac{9}{21}\right) + (4)\left(\frac{12}{21}\right) - \left(\frac{33}{21}\right)^2 = \frac{108}{441}$$

$$\sigma_Y^2 = E(Y^2) - \mu_Y^2 = \sum_{y=1}^{3} y^2 p_Y(y) - \mu_Y^2$$

$$= (1)\left(\frac{5}{21}\right) + (4)\left(\frac{7}{21}\right) + (9)\left(\frac{9}{21}\right) - \left(\frac{46}{21}\right)^2 = \frac{278}{441}$$

$Cov(X, Y) = -\dfrac{6}{441}$ 이므로 상관계수는 다음과 같다.

$$\rho_{X,Y} = \frac{Cov(X, Y)}{\sigma_X \sigma_Y} = \frac{-6/441}{\sqrt{108/441}\,\sqrt{278/441}} = -0.0361$$

예제 6-17에서 $\mu_X = \dfrac{7}{12}$, $\mu_Y = \dfrac{7}{12}$ 이므로 X, Y의 분산은 다음과 같다.

$$Var(X) = E(X^2) - \mu_X^2$$

$$= \int_0^1 x^2\left(x + \frac{1}{2}\right)dx - \left(\frac{7}{12}\right)^2 = \frac{11}{144}$$

$$Var(Y) = E(Y^2) - \mu_Y^2$$

$$= \int_0^1 y^2\left(y + \frac{1}{2}\right)dy - \left(\frac{7}{12}\right)^2 = \frac{11}{144}$$

$Cov(X, Y) = -\dfrac{1}{144}$ 이므로 상관계수는 다음과 같다.

$$\rho_{X,Y} = \frac{Cov(X, Y)}{\sigma_X \sigma_Y} = \frac{-1/144}{11/144} = -\frac{1}{11}$$

두 확률변수 X와 Y가 서로 독립인 경우에 아래의 성질이 성립한다.

[정리 6.4] 두 확률변수 X와 Y가 서로 **독립**일 경우 다음이 성립한다.

① $E(XY) = E(X)E(Y)$

② $Cov(X, Y) = 0$, $\rho_{X,Y} = 0$

③ $Var(X \pm Y) = Var(X) + Var(Y)$

④ $g_1(x)$와 $g_2(y)$가 각각 X와 Y만의 함수일 때,

$$E[\,g_1(x) \cdot g_2(y)\,] = E[\,g_1(x)\,]E[\,g_2(y)\,]$$

증명   ① $E(XY) = \int_{-\infty}^{\infty} \int_{-\infty}^{\infty} x\,y\,f(x,y)\,dx\,dy$

$\qquad\qquad = \int_{-\infty}^{\infty} \int_{-\infty}^{\infty} x\,y\,f(x)\,f(y)\,dx\,dy$

$\qquad\qquad = \left[\int_{-\infty}^{\infty} x\,f(x)\,dx \right]\left[\int_{-\infty}^{\infty} y\,f(y)\,dy \right]$

$\qquad\qquad = E(X)E(Y)$

② $Cov(X,Y) = E(XY) - E(X)E(Y)$

$\qquad\qquad\quad = E(X)E(Y) - E(X)E(Y) = 0$

$\quad \rho_{xy} = \dfrac{Cov(X,Y)}{\sigma_x \sigma_y} = \dfrac{0}{\sigma_x \sigma_y} = 0$

③ $Var(X \pm Y) = E[(X \pm Y) - E(X \pm Y)]^2$

$\qquad\qquad\quad = E[(X - E(X)) \pm (Y - E(Y))]^2$

$\qquad\qquad\quad = E[X - E(X)]^2 + E[(Y - E(Y)]^2 \pm 2E[(X - E(X))(Y - E(Y))]$

$\qquad\qquad\quad = Var(X) + Var(Y) \pm 2\,Cov(X,Y)$

$\qquad\qquad\quad = Var(X) + Var(Y)$

④ $E[g_1(x)\,g_2(y)] = \int_{-\infty}^{\infty} \int_{-\infty}^{\infty} g_1(x)\,g_2(y)\,f(x,y)\,dx\,dy$

$\qquad\qquad\qquad = \int_{-\infty}^{\infty} \int_{-\infty}^{\infty} g_1(x)\,g_2(y)\,f(x)\,f(y)\,dx\,dy$

$\qquad\qquad\qquad = \left[\int_{-\infty}^{\infty} g_1(x)\,f(x)\,dx \right]\left[\int_{-\infty}^{\infty} g_2(y)\,f(y)\,dy \right]$

$\qquad\qquad\qquad = E[g_1(X)]\,E[g_2(Y)]$

[정리 6.4]는 두 확률변수 X와 Y가 독립일 필요조건은 되지만 충분조건은 아니다. 다시 말해 위 정리가 성립한다고 해서 두 확률변수 X와 Y가 독립이라는 것은 아니다. 두 확률변수가 독립이면 공분산은 0이 되지만, 공분산이 0이라고 해서 두 변수가 항상 독립은 아니다.

예제 6-20   다음의 확률변수 X와 Y가 서로 독립임을 보이고 다음이 성립함을 확인하라.

$$E(XY) = E(X)E(Y)$$

x \ y	1	2
1	0.06	0.04
2	0.30	0.20
3	0.24	0.16

풀이 $p(x,y) = p_X(x)p_Y(y)$, $x = 1,2,3$, $y = 1,2$이 성립하므로 확률변수 X, Y는 서로 독립이다. 각각의 주변분포를 구하면 다음과 같다.

x	1	2	3	y	1	2
$p_X(x)$	0.1	0.5	0.4	$p_Y(y)$	0.6	0.4

주변분포를 이용하여 확률변수 X, Y의 기대값은 다음과 같이 구할 수 있다.

$$E(X) = (1)(0.1) + (2)(0.5) + (3)(0.4) = 2.3$$
$$E(Y) = (1)(0.6) + (2)(0.4) = 1.4$$

두 확률변수 X, Y의 기대값은 다음과 같다.

$$\begin{aligned}
E(XY) &= \sum_x \sum_y xy p(x,y) \\
&= (1)(1)(0.06) + (1)(2)(0.04) + (2)(1)(0.30) + (2)(2)(0.20) \\
&\quad + (3)(1)(0.24) + (3)(2)(0.16) \\
&= 3.22
\end{aligned}$$

따라서 $E(XY) = E(X)E(Y)$이 성립된다.

6.3.2 조건부 기대값

이제 조건부분포의 확률변수의 기대값 또는 한 변수가 주어졌을 때 또 다른 확률변수의 기대값을 구하는 방법을 살펴보자.

> **[정의 6.12]** X, Y가 동일한 표본공간 내에서 정의된 확률변수이고 $g(X, Y)$는 두 확률변수의 함수라고 하자. $E[g(X, Y)|X = x]$로 표현되는 $X = x$가 주어졌을 때 $g(X, Y)$의 **조건부 기대값**은 다음과 같다.

① X, Y가 이산형 확률변수일 때,

$$E[g(X, Y)|X = x] = \sum_y g(x, y) \, p_{Y|X}(y|x)$$

② X, Y가 연속형 확률변수일 때,

$$E[g(X, Y)|X = x] = \int_{-\infty}^{\infty} g(x, y) \, f_{Y|X}(y|x) \, dy$$

만약 $g(X, Y) = Y$이면 $E[g(X, Y)|X = x] = E(Y|x)$로 정의된다. 조건부분포의 기대값인 $E(Y|x)$와 $E[g(X, Y)|x]$는 주어진 x의 함수이다.

예제 6-21 다음의 결합확률밀도함수를 이용하여 $X = x$가 주어졌을 때 Y의 조건부 확률밀도함수와 조건부 누적분포함수를 구하고 $X = x$가 주어졌을 때 Y의 조건부 기대값을 구하라.

$$f(x, y) = x + y, \ 0 \leq x \leq 1, \ 0 \leq y \leq 1$$

풀이 X의 주변확률밀도함수는 다음과 같다.

$$f_X(x) = \int_0^1 (x + y) \, dy = x + \frac{1}{2}, \ 0 \leq x \leq 1$$

따라서 주어진 $X = x$의 범위 $0 \leq x \leq 1$에 대해서 Y의 조건부 확률밀도함수는 다음과 같다.

$$f_{Y|X}(y|x) = \frac{x + y}{x + \dfrac{1}{2}}, \ 0 \leq y \leq 1, \ 0 \leq x \leq 1$$

Y의 조건부 확률밀도함수를 이용하여 조건부 누적분포함수를 구하면 다음과 같다.

$$F_{Y|X}(y|x) = \int_{-\infty}^{y} f_{Y|X}(w|x) \, dw$$

$$= \int_0^y \frac{x + w}{x + \dfrac{1}{2}} \, dw = \frac{1}{x + \dfrac{1}{2}} \int_0^y (x + w) \, dw$$

$$= \frac{xy + \dfrac{y^2}{2}}{x + \dfrac{1}{2}} \ , \ 0 \le y \le 1$$

또한 Y의 조건부 확률밀도함수를 이용하여 조건부 기대값을 구하면 다음과 같다.

$$E[\,Y|X\!=\!x\,] = \int_0^1 y\, \frac{x+y}{x + \dfrac{1}{2}}\, dy = \frac{1}{x + \dfrac{1}{2}} \left(\frac{x}{2} + \frac{1}{3} \right), \ 0 \le x \le 1$$

[정의 6.13] 두 확률변수 X와 Y에 대해 $X\!=\!x$가 주어졌을 때 Y의 조건부 분산은 다음과 같이 표현할 수 있다.

$$Var(\,Y|X\!=\!x\,) = E\big(\,Y^2|X\!=\!x\,\big) - \big[E(\,Y|X\!=\!x\,)\big]^2$$

[정리 6.5] 두 확률변수 X와 Y에 대해 다음이 성립한다.

① $E[\,g(\,Y\,)\,] = E[\,E(g(\,Y\,)|X)\,]$

② $Var(\,Y\,) = E[\,Var(\,Y|X)\,] + Var[\,E(\,Y|X)\,]$

증명 ① $E[\,g(\,Y\,)|x\,]$는 x의 함수이므로 $E[\,g(\,Y\,)|x\,] = h(x)$라고 하자. 그러면 다음과 같이 정리할 수 있다.

$$\begin{aligned}
E[\,E(g(\,Y\,)|X)\,] = E[\,h(X)\,] &= \int_{-\infty}^{\infty} h(x) f_X(x) dx \\
&= \int_{-\infty}^{\infty} E[\,g(\,Y\,)|x\,]\, f_X(x) dx \\
&= \int_{-\infty}^{\infty} \left[\int_{-\infty}^{\infty} g(y) f_{Y|X}(y|x)\, dy \right] f_X(x) dx \\
&= \int_{-\infty}^{\infty} \int_{-\infty}^{\infty} g(y) f_{Y|X}(y|x) f_X(x)\, dy\, dx \\
&= \int_{-\infty}^{\infty} \int_{-\infty}^{\infty} g(y) f_{X,Y}(x,y)\, dy\, dx \\
&= \int_{-\infty}^{\infty} g(y) \left[\int_{-\infty}^{\infty} f_{X,Y}(x,y) dx \right] dy \\
&= \int_{-\infty}^{\infty} g(y) f_Y(y)\, dy \\
&= E[\,g(\,Y\,)\,]
\end{aligned}$$

② $E[\,Var(\,Y|X)\,] = E[\,E(\,Y^2|X)\,] - E[\,(E(\,Y|X))^2\,]$

$$= E(Y^2) - [E(Y)]^2 - E[(E(Y|X))^2] + [E(Y)]^2$$
$$= Var(Y) - E[(E(Y|X))^2] + [(E(E(Y|X)))]^2$$
$$= Var(Y) - Var[E(Y|X)]$$

[정리 6.6] X, Y 가 확률변수이며, $g_1(Y)$와 $g_2(Y)$가 각각 Y만의 함수인 경우

① $E[g_1(Y) + g_2(Y)|X = x] = E[g_1(Y)|X = x] + E[g_2(Y)|X = x]$

② $E[g_1(Y)g_2(X)|X = x] = g_2(x)E[g_1(Y)|X = x]$

증명 ① $E[g_1(Y) + g_2(Y)|X = x] = \int_{-\infty}^{\infty} [g_1(y) + g_2(y)]f_{Y|X}(y|x)dy$

$$= \int_{-\infty}^{\infty} [g_1(y)f_{Y|X}(y|x)] + [g_2(y)f_{Y|X}(y|x)]dy$$

$$= \int_{-\infty}^{\infty} [g_1(y)f_{Y|X}(y|x)]dy + \int_{-\infty}^{\infty} [g_2(y)f_{Y|X}(y|x)]dy$$

$$= E(g_1(Y)|X = x) + E(g_2(Y)|X = x)$$

② $E[g_1(Y)g_2(X)|X = x] = \int_{-\infty}^{\infty} [g_1(y)g_2(x)]f_{Y|X}(y|x)dy$

$$= \int_{-\infty}^{\infty} g_2(x)[g_1(y)f_{Y|X}(y|x)]dy$$

$$= g_2(x)\int_{-\infty}^{\infty} [g_1(y)f_{Y|X}(y|x)]dy$$

$$= g_2(x)E[g_1(Y)|X = x]$$

6.4 두 확률변수의 선형결합

두 확률변수의 함수에 의해 만들어진 확률변수의 평균과 분산을 구하는 것은 가능하다. 그러나 분산의 경우 구하기가 매우 복잡할 수 있다. 하지만 두 확률변수의 함수가 각 확률변수의 선형결합(linear combination)인 경우 분산을 간단하게 구할 수 있다.

4.3.4절에서는 확률변수가 하나인 경우에 선형결합에 대한 기대값과 분산을 생각해 보았다. 두 확률변수의 선형결합에 대한 기대값과 분산은 다음과 같다.

[정리 6.7] 두 확률변수 X, Y와 임의의 상수 a, b에 대해 다음이 성립한다.

① $E(aX+bY) = aE(X) + bE(Y)$

② $Var(aX \pm bY) = a^2 Var(X) + b^2 Var(Y) \pm 2ab Cov(X, Y)$

증명
$$E(aX+bY) = \sum_x \sum_y (ax+by)p(x,y)$$
$$= a\sum_x \sum_y xp(x,y) + b\sum_x \sum_y yp(x,y)$$

여기서 $a\displaystyle\sum_x \sum_y xp(x,y) = a\sum_x x\left(\sum_y p(x,y)\right) = a\sum_x x\,p_X(x) = aE(X)$ 이고

$b\displaystyle\sum_x \sum_y yp(x,y) = bE(Y)$ 이므로 다음이 성립한다.

$$E(aX+bY) = aE(X) + bE(Y)$$

기대값과 마찬가지로 분산식을 정리하면 다음과 같다.

$$
\begin{aligned}
Var(aX+bY) &= E[aX+bY - E(aX+bY)]^2 \\
&= E[a(X-E(X)) + b(Y-E(Y))]^2 \\
&= a^2 E[(X-E(X))]^2 + b^2 E[(Y-E(Y))]^2 \\
&\quad + 2ab E[(X-E(X))(Y-E(Y))] \\
&= a^2 Var(X) + b^2 Var(Y) + 2ab Cov(X,Y)
\end{aligned}
$$

예제 6-22 확률변수 X, Y에 대해 $E(X) = 20$, $E(Y) = 20$, $E(X^2) = 460$, $E(Y^2) = 470$, $E(XY) = 449$라고 하면 다음 확률변수의 평균과 분산을 구하라.

a) $S = X + Y$

b) $W = 0.1X + 0.2Y$

풀이 a) $E(S) = E(X+Y) = E(X) + E(Y) = 20 + 20 = 40$이고 두 변수의 분산, 공분산을 구하면 다음과 같다.

$$Var(X) = E(X^2) - \mu_X^2 = 460 - 400 = 60$$
$$Var(Y) = E(Y^2) - \mu_Y^2 = 470 - 400 = 70$$
$$Cov(X,Y) = E(XY) - \mu_X\mu_Y = 449 - 400 = 49$$

따라서 확률변수 S의 분산은 다음과 같다.

$$
\begin{aligned}
Var(S) = Var(X+Y) &= Var(X) + Var(Y) + 2Cov(X, Y) \\
&= 60 + 70 + 2(49) = 228
\end{aligned}
$$

b) $E(W) = E(0.1X+0.2Y) = 0.1E(X)+0.2E(Y)$
$$= (0.1)(20)+(0.2)(20) = 6$$

$Var(W) = Var(0.1X+0.2Y)$
$$= (0.1)^2\,Var(X)+(0.2)^2\,Var(Y)+2(0.1)(0.2)\,Cov(X,\,Y)$$
$$= (0.1)^2(60)+(0.2)^2(70)+2(0.1)(0.2)(49) = 5.36$$

예제 6-23 다음은 X와 Y의 확률분포이다. 다음 물음에 답하라.

x \ y	0	1	2
1	0.1	0.1	0.1
2	0.1	0.1	0.0
3	0.0	0.1	0.0
4	0.0	0.4	0.0

a) X와 Y의 결합분포를 이용하여 $T = X+Y$의 평균을 구하라.

$(E(T) = \sum_x \sum_y g(x,y)p(x,y))$

b) T의 분포를 구하고 $E(T)$를 구하라.$(E(T) = \sum_t t\,p_T(t))$

c) $E(X)$, $E(Y)$를 구하고, $E(T) = E(X)+E(Y)$, 즉, 선형성이 성립함을 확인하라.

풀이 a) X와 Y의 결합분포를 이용하여 T의 평균을 구하면 다음과 같다.

$E(T) = \sum_x \sum_y (x+y)p(x,\,y)$
$$= (1+0)(0.1)+(1+1)(0.1)+(1+2)(0.1)+(2+0)(0.1)$$
$$+(2+1)(0.1)+(2+2)(0)+(3+0)(0)+(3+1)(0.1)$$
$$+(3+2)(0)+(4+0)(0)+(4+1)(0.4)+(4+2)(0)$$
$$= 3.5$$

b) T의 확률분포를 구하면 다음과 같다.

t	1	2	3	4	5
$p_T(t)$	0.1	0.2	0.2	0.1	0.4

이 확률분포를 이용하여 평균을 구하면 다음과 같다.

$$E(T) = \sum_{t=1}^{5} t p_T(t) = 1(0.1) + 2(0.2) + 3(0.2) + 4(0.1) + 5(0.4) = 3.5$$

c) X와 Y의 주변분포는 다음과 같다.

x	1	2	4	8	y	0	1	2
$p_X(x)$	0.3	0.2	0.1	0.4	$p_Y(y)$	0.2	0.7	0.1

이 확률분포를 이용하여 X와 Y의 기대값을 구하면 다음과 같다.

$$E(X) = 1(0.3) + 2(0.2) + 3(0.1) + 4(0.4) = 2.6$$
$$E(Y) = 0(0.2) + 1(0.7) + 2(0.1) = 0.9$$

따라서 $E(T) = E(X) + E(Y)$이 성립한다. 즉, 평균의 선형성이 성립함을 알 수 있다.

예제 6-24 두 개의 주사위를 던지는 실험에서 X를 첫 번째 주사위에서 나온 눈의 수라고 하고, Y를 두 번째 주사위에서 나온 눈의 수라고 할 때, 두 확률변수 X와 Y는 서로 독립이므로 $Var(X+Y) = Var(X) + Var(Y)$가 성립한다. 그렇다면 $\sqrt{Var(X+Y)} = \sqrt{Var(X)} + \sqrt{Var(Y)}$도 성립하는지 확인하라.

풀이 X와 Y의 분포함수를 구하면 다음과 같다.

x	$p_X(x)$	$(x - \mu_X)^2 p_X(x)$	y	$p_Y(y)$	$(y - \mu_Y)^2 p_Y(y)$
1	1/6	(6.25)(1/6)	1	1/6	(6.25)(1/6)
2	1/6	(2.25)(1/6)	2	1/6	(2.25)(1/6)
3	1/6	(0.25)(1.6)	3	1/6	(0.25)(1.6)
4	1/6	(0.25)(1/6)	4	1/6	(0.25)(1/6)
5	1/6	(2.25)(1/6)	5	1/6	(2.25)(1/6)
6	1/6	(6.25)(1/6)	6	1/6	(6.25)(1/6)

따라서 X, Y의 분산은 $Var(X) = \sum (x - \mu)^2 p_X(x) = 2.92$, $Var(Y) = 2.92$이다. 확률변수 X와 Y가 서로 독립이므로 $X+Y$의 분산은 다음과 같다.

$$Var(X+Y) = Var(X) + Var(Y) = 2.92 + 2.92 = 5.84$$

그러므로 $\sqrt{5.84} \neq \sqrt{2.92} + \sqrt{2.92} = 3.42$이고 이는 다음과 같다.

$$\sqrt{Var(X+Y)} \neq \sqrt{Var(X)} + \sqrt{Var(Y)}$$

두 확률변수의 선형결합의 분산을 계산하는 식에 공분산이 나타난 이유를 직관적으로 생각해 보자. 예를 들어 두 변수 X, Y가 밀접한 관계가 있다고 하면 X가 커질 때 Y값도 커지는 경우는 $X+Y$가 큰 값을 갖게 될 것이고, X가 작아질 때 Y값도 작아지는 경우는 $X+Y$도 작은 값을 갖게 될 것이다. 분산 공식에 $Cov(X,Y)$가 포함되는 것은 이것을 반영하는 것이다. 두 확률변수의 선형결합에 대한 공분산과 상관계수의 성질은 다음과 같다.

[정리 6.8] 확률변수 X, Y, W, T와 임의의 상수 a, b, c, d에 대해 다음이 성립한다.

① $Cov(aX+b, cY+d) = ac\,Cov(X,Y)$

② $Cov(X+Y, Z+W)$
$\quad\quad = Cov(X,Z) + Cov(X,W) + Cov(Y,Z) + Cov(Y,W)$

③ a와 c의 부호가 같다면 $\rho_{aX+b,\,cY+d} = \rho_{X,Y}$

$\quad$ a와 c의 부호가 다르면 $\rho_{aX+b,\,cY+d} = -\rho_{X,Y}$

증명 ① $E(aX+b) = aE(X)+b$, $E(cY+d) = cE(Y)+d$이므로 공분산은 다음과 같이 표현할 수 있다.

$$\begin{aligned}
Cov(aX+b, cY+d) &= E[((aX+b)-(aE(X)+b))((cY+d)-(cE(Y)+d))] \\
&= E[ac(X-E(X))(Y-E(Y))] \\
&= ac\,Cov(X,Y)
\end{aligned}$$

② $$\begin{aligned}
Cov(X+Y, Z+W) &= E[((X+Y)-E(X+Y))((Z+W)-E(Z+W))] \\
&= E[((X-E(X))+(Y-E(Y)))((Z-E(Z))+(W-E(W)))] \\
&= E[(X-E(X))(Z-E(Z))+(X-E(X))(W-E(W)) \\
&\quad\quad + (Y-E(Y))(Z-(E(Z))+(Y-E(Y))(W-E(W))] \\
&= Cov(X,Z)+Cov(X,W)+Cov(Y,Z)+Cov(Y,W)
\end{aligned}$$

③ $$\begin{aligned}
\rho_{aX+b,cY+d} &= \frac{Cov(aX+b, cY+d)}{\sigma_{aX+b}\,\sigma_{cY+d}} \\
&= \frac{ac\,Cov(X,Y)}{|a||c|\sigma_X\sigma_Y} \\
&= \begin{cases} \rho_{X,Y} & \text{if } ac > 0 \\ -\rho_{X,Y} & \text{if } ac < 0 \end{cases}
\end{aligned}$$

여기서 a와 c의 부호가 같으면 $|a||c| = ac$이다. a와 c의 부호가 다르면 $|a||c| = -ac$

이므로 $\rho_{aX+b,cY+d} = -\rho_{X,Y}$이 성립한다.

위의 [정리 6.8]을 이용하면 $Y = aX + b(a \neq 0)$일 때 X와 Y의 상관계수는 $\rho_{X,Y} = \pm 1$이 된다. 즉, $a > 0$이면 $\rho_{X,Y} = 1$이고 $a < 0$이면 $\rho_{X,Y} = -1$이 된다.

6.5 이변량 정규분포

다음과 같은 결합확률밀도함수 $f(x, y)$를 고려하자.
1. $f(x, y)$는 결합확률밀도함수이다.
2. $X \sim N(\mu_X, \sigma_X^2)$이고 $Y \sim N(\mu_Y, \sigma_Y^2)$이다$(\sigma_X > 0, \sigma_Y > 0)$.
3. ρ는 X와 Y의 상관계수이다$(-1 < \rho < 1)$.

이런 형태의 결합확률밀도함수를 **이변량 정규확률밀도함수**(bivariate normal probability density function)라 하며 다음과 같다.

$$f(x, y) = \frac{1}{2\pi\sigma_X\sigma_Y\sqrt{1-\rho^2}} e^{-Q/2}, \quad -\infty < x < \infty, \quad -\infty < y < \infty$$

여기서 $Q = \dfrac{1}{1-\rho^2}\left[\left(\dfrac{x-\mu_X}{\sigma_X}\right)^2 - 2\rho\left(\dfrac{x-\mu_X}{\sigma_X}\right)\left(\dfrac{y-\mu_Y}{\sigma_Y}\right) + \left(\dfrac{y-\mu_Y}{\sigma_Y}\right)^2\right]$이고 μ_X, μ_Y, σ_X^2, σ_Y^2, ρ는 분포의 모수이다. 이러한 결합확률밀도함수의 확률변수 X와 Y는 **이변량 정규분포**(bivariate normal distribution)를 따른다고 한다. 이때 확률변수 X와 Y는 독립이라면 상관계수가 0이므로 이변량 정규확률밀도함수는 간단히 표현할 수 있다. 위의 이변량 정규확률밀도함수에 $\rho = 0$을 대입하면 다음과 같이 간단히 정리된다.

$$f(x, y) = \frac{1}{2\pi\sigma_X\sigma_Y} e^{-\frac{1}{2}\left[\left(\frac{x-\mu_X}{\sigma_X}\right)^2 + \left(\frac{y-\mu_Y}{\sigma_Y}\right)^2\right]}, \quad -\infty < x < \infty, \quad -\infty < y < \infty$$

이는 일변량 정규확률밀도함수 $f(x)$와 $f(y)$의 곱과 같다. 일반적으로 두 개의 확률변수가 독립이고 양의 표준편차를 갖는다면 $\rho = 0$이다. 그러나 $\rho = 0$이라 해서 두 변수가 독립이라고 할 수 없다. 그러나 확률변수 X와 Y가 이변량 정규분포를 따르는 경우 상관계수인 ρ가 0이면 두 확률변수는 독립이다.

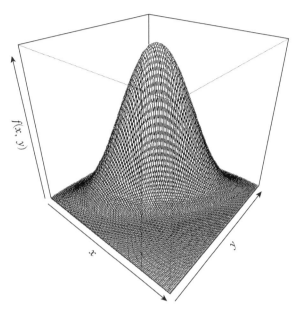

[그림 6-7] 이변량 정규분포

```
# Using R
f1=function(x,y,m1,m2,s1,s2,r){
 x1=(x-m1)/s1
 y1=(y-m2)/s2
 r1=1/(1-r^2)
 (sqrt(r1)/(2*pi))*exp(-(r1/2)*(x1^2-2*r*x1*y1+y1^2))
 }
x=y=seq(-3,3,by=0.05)
persp(x,y,outer(x,y,FUN=f1,m1=0,m2=0,s1=1,s2=1,r=0.8),
zlab="f(x,y)",theta=40,phi=30)
```

01. 확률변수 X와 Y의 결합분포가 다음과 같다고 할 때 물음에 답하라.

x ＼ y	2	3	4	5
1	0.08	0.12	0.16	0.04
2	0.12	0.18	0.24	0.06

a) X와 Y의 주변분포를 구하라.

b) X와 Y가 독립인지를 밝혀라.

c) $W = X + Y$라고 할 때 W의 분포를 구하라.

02. X와 Y가 연속형 확률변수라고 할 때 결합확률밀도함수가 다음과 같을 때 물음에 답하라.

$$f(x,y) = \begin{cases} cxy, & 0 < x < 4 \ , \ 1 < y < 5 \\ 0, & \text{그 외} \end{cases}$$

a) $f(x,y)$가 결합확률밀도함수가 되도록 c값을 구하라.

b) X, Y 각각의 주변확률밀도함수를 구하라.

03. 다음과 같이 확률변수 Y_1과 Y_2의 결합확률밀도함수가 주어질 때, 아래의 확률을 구하라.

$$f(y_1, y_2) = \begin{cases} e^{-(y_1 + y_2)}, & y_1 > 0, \ y_2 > 0 \\ 0, & \text{그 외} \end{cases}$$

a) $P(Y_1 < 1, Y_2 > 4)$

b) $P(Y_1 + Y_2 < 2)$

04. X와 Y의 자료가 다음과 같을 때 상관계수를 구하라.

x	18	16	15	17	23
y	15	14	12	13	17

05. X와 Y의 결합분포가 다음과 같을 때 공분산과 상관계수를 구하라.

x \ y	0	5	10
2	0.2	0.1	0.1
4	0.1	0.0	0.2
6	0.1	0.1	0.1

06. 주사위의 번호를 다시 번호를 매긴다. 즉 4, 5, 6의 눈을 1, 2, 3으로 바꾼다. 이런 주사위 한 쌍을 던지는 실험에서 X를 첫 번째 주사위의 눈, Y를 두 번째 주사위의 눈이라고 할 때 다음 물음에 답하라.

a) X와 Y의 결합분포를 구하라.

b) X와 Y의 각각의 주변분포를 구하라.

c) X와 Y 각각의 평균, 분산을 구하라.

d) $S = X + Y$라 할 때 S의 평균, 분산을 구하라.

07. X와 Y의 결합확률밀도함수가 다음과 같을 때 다음 물음에 답하라.

$$f(x,y) = \begin{cases} 4xy, & 0 < x < 1 \ , \ 0 < y < 1 \\ 0, & \text{그 외} \end{cases}$$

a) $E(X)$, $E(Y)$, $Var(X)$, $Var(Y)$를 구하라.

b) $E(X + Y)$를 구하라.

c) 공분산과 상관계수를 구하라.

08. 확률변수 X의 분포가 다음과 같고, $Y = X^2$이라고 할 때 다음 물음에 답하라.

x	-1	0	1
$p_X(x)$	1/3	1/3	1/3

a) X와 Y의 결합분포를 구하라.

b) X와 Y가 독립이 아님을 보여라.

c) X와 Y의 상관계수가 0임을 보여라.

09. 두 학생이 각각 다른 문서를 작성한다. 이때 X를 첫 번째 학생이 작성한 문서에서의 오타수라고 하고, Y를 두 번째 학생이 작성한 문서에서의 오타수라고 하자. 그리고 X와 Y는 각각 평균이 λ와 μ인 포아송분포를 따르고 X와 Y가 서로 독립이라고 할 때 다음 물음에 답하라.
   a) X와 Y의 결합확률밀도함수를 구하라.
   b) 두 학생이 작성한 문서에서 오타가 최대 1개일 확률을 구하라.
   c) 두 문서에서 나온 오타의 총수가 m일 확률을 구하라.
   d) 위의 c)의 결과로부터 $Z = X + Y$는 무슨 분포를 따르는지 밝혀라.

10. 다음은 성인 1,000명을 대상으로 교육의 정도와 나이를 조사한 결과이다. 다음을 구하라.(X: 교육의 정도, Y: 나이)

x \ y	(25−35)	(35−55)	(55−100)
	30	45	70
0 (국졸)	10	20	50
1 (중졸)	30	60	100
2 (고졸)	180	210	150
3 (대졸 이상)	70	80	40

   a) $p_X(x)$, $p_Y(y)$를 구하라.
   b) X와 Y는 독립인가?
   c) μ_X, σ_X를 구하라.
   d) 결합분포의 그래프를 그려라.

11. 다음과 같이 확률변수 Y_1과 Y_2의 결합확률밀도함수가 주어질 때, 다음을 구하라.

$$f(y_1, y_2) = \begin{cases} 4y_1 y_2, & 0 \le y_1 \le 1, \ 0 \le y_2 \le 1 \\ 0, & \text{그 외} \end{cases}$$

   a) Y_1, Y_2 각각의 주변확률밀도함수를 구하라.
   b) $P(Y_2 \le 1/3 | Y_1 \le 3/4)$를 구하라.
   c) $Y_2 = y_2$가 주어졌을 때 Y_1의 조건부분포를 구하라.
   d) $Y_1 = y_1$가 주어졌을 때 Y_2의 조건부분포를 구하라.

e) $P(Y_1 \leq 3/4 | Y_2 = 1/3)$을 구하라.

12. X와 Y의 결합확률분포가 다음과 같다고 할 때 다음 물음에 답하라.

x \ y	1	2
1	0.06	0.04
2	0.30	0.20
3	0.24	0.16

a) $p_{X|Y}(x|y=1)$을 구하라.

b) a)에서 구한 것이 $p_X(x)$의 분포와 같은가?

c) X와 Y가 독립인지 a), b)의 결과와 비교하여 설명하라.

13. 문제 12의 분포를 이용하여 $E[(X-1)(Y-1)]$, $E[(X-1)^2]$, $E[3X+2Y]$ 를 구하라.

14. $R = X^2 + Y^2$이라고 하자. X와 Y의 결합분포가 문제 12에서 주어진 것과 같을 때 다음 물음에 답하라.

a) R의 분포를 구하고, R의 분포를 이용하여 $E(R)$을 구하라.

b) X와 Y의 결합분포를 이용하여 $E(R)$을 구하라.

15. X는 평균이 3, 분산이 16인 분포를 따르고, Y는 평균이 5, 분산이 36인 분포를 따른다고 한다. 두 확률변수의 상관계수 $\rho_{X,Y} = -0.5$라고 할 때 다음 물음에 답하라.

a) $W = X + Y$라고 할 때 W의 기대값과 분산을 구하라.

b) $Z = 3X + 2Y$라고 할 때 Z의 기대값과 분산을 구하라.

16. 확률변수 Y_1과 Y_2의 결합확률밀도함수가 다음과 같이 주어졌다.

$$f(y_1, y_2) = \begin{cases} \dfrac{1}{4} y_1 y_2, & 0 \leq y_1 \leq 2, \ 0 \leq y_2 \leq 2, \\ 0, & \text{그 외} \end{cases}$$

$Cov(Y_1, Y_2) = 0$임을 보이고 그 이유를 서술하라.

17. 확률변수 X와 Y의 결합확률밀도함수가 다음과 같다.

$$f(x,y) = \begin{cases} x+y, & 0 < x < 1, \ 0 < y < 1 \\ 0, & \text{그 외} \end{cases}$$

이때, X와 Y의 상관계수를 구하라.

18. X와 Y의 결합확률분포가 다음과 같다고 할 때 다음 물음에 답하라.

x \ y	0	1	2
2.5	0.03	0.12	0.07
7.5	0.02	0.13	0.11
12.5	0.01	0.13	0.14
17.5	0.01	0.09	0.14

a) 각각의 x에 대하여 $E(Y \mid X = x)$를 구하라.

b) X, Y의 공분산과 상관계수를 구하라.

19. 맞벌이를 하는 10쌍의 부부를 무작위로 추출하여 소득을 조사한 결과가 다음과 같다. (여기서 X는 남자의 소득, Y는 여자의 소득)

부부	1	2	3	4	5	6	7	8	9	10
x	20	30	30	20	20	30	40	30	40	40
y	15	35	25	25	25	15	25	25	35	25

a) X와 Y의 결합확률분포를 구하라.

b) X의 평균과 분산을 구하라.

c) Y의 평균과 분산을 구하라.

d) X와 Y의 공분산을 구하라.

20. 문제 19의 자료를 이용하여 다음 물음에 답하라.

a) $T = X + Y$라고 할 때 T의 평균과 분산을 구하라.

b) 맞벌이 부부의 소득에 대한 세금 W가 $W = 0.8X + 0.6Y$라고 할 때 W의 평균과 분산을 구하라.

21. 문제 20을 이용하여 다음 물음에 답하라.

a) $K = 0.2T$의 관계가 있을 때 K의 평균과 표준편차를 구하라.

b) $K = 0.5(T - 15)$의 관계가 있을 때 K의 평균과 표준편차를 구하라.

22. X와 Y의 결합확률분포가 다음과 같다고 할 때 물음에 답하라.

x＼y	1	2	3
0	1/8	0	0
1	0	2/8	1/8
2	0	2/8	1/8
3	1/8	0	0

a) X와 Y의 공분산을 구하라.
b) X와 Y는 독립인지 밝히고, 공분산과의 관계를 설명하라.

23. 다음의 결합확률질량함수에 대해 다음 물음에 답하라.

x＼y	0	1	2	3	4
0	0.08	0.07	0.06	0.01	0.01
1	0.06	0.10	0.12	0.05	0.02
2	0.05	0.06	0.09	0.04	0.03
3	0.02	0.03	0.03	0.03	0.04

a) X, Y 각각의 주변확률질량함수를 구하라.
b) X, Y가 독립인지 아닌지를 보여라.

24. 확률변수 X는 평균 30, 분산 25인 분포를 따르고 확률변수 Y는 평균이 50, 분산이 36인 분포를 따르며 두 확률변수 X, Y의 상관계수가 $\rho_{X,Y} = 0.7$이라고 한다. $W = 2X + Y$라고 할 때 W의 기대값과 분산을 구하라.

25. 두 확률변수 X, Y의 결합확률분포이다.

x＼y	1	2	3	$p_Y(y)$
2	1/4		1/32	
4	1/8	1/16	1/2	
$p_X(x)$				

a) 빈칸을 채워라.

b) X와 Y가 독립인가? 그 이유를 답하라.

c) $T = X + Y$라고 할 때 T의 분포를 구하라.

d) T의 평균과 분산을 구하라.

26. 다음에 대하여 맞으면 T, 틀리면 F를 쓰고, 틀린 것에 대해 바르게 고쳐라.

a) 주변확률밀도함수를 이용하여 결합확률밀도함수를 구할 수 있다.

b) X와 Y의 상관계수 $\rho_{X,Y} = -1$이면 X와 Y는 선형 상관관계가 없다.

c) X와 Y의 공분산이 $Cov(X, Y) = 0$이면 X와 Y는 독립이다.

d) 공분산은 측정단위와 무관한 두 확률변수에 대한 선형관계의 척도이다.

e) 두 확률변수 X, Y의 관계가 $Y = 0.5X + 3$일 때, 두 확률변수 X, Y의 상관계수는 0.5이다.

f) X와 Y의 주변확률분포는 결합확률분포를 결정한다.

g) 확률변수 X의 분포를 알고 있다면 X의 함수의 평균을 구할 수 있다.

27. 확률변수 Y_1과 Y_2의 결합확률밀도함수가 다음과 같이 주어졌다.

$$f(y_1, y_2) = \begin{cases} 2, & 0 \leq y_1 \leq 1, \ 0 \leq y_2 \leq 1, \ 0 \leq y_1 + y_2 \leq 1, \\ 0, & \text{그 외} \end{cases}$$

Y_1과 Y_2는 독립인가?

28. 창고에 보관중인 상품의 무게(톤)를 확률변수 Y_1, 판매되는 상품의 무게를 확률변수 Y_2라고 하자. Y_1과 Y_2의 결합확률밀도함수가 다음과 같다.

$$f(y_1, y_2) = \begin{cases} \dfrac{1}{2y_1}, & 0 \leq y_2 \leq y_1 \leq 2, \\ 0, & \text{그 외} \end{cases}$$

이 경우, 확률변수 $Y_1 - Y_2$는 남아 있는 상품의 무게이며 판매자에게 중요한 관심사가 된다. $E(Y_1 - Y_2)$를 구하라.

29. 확률변수 Y_1과 Y_2의 결합확률밀도함수가 다음과 같이 주어졌다.

$$f(y_1, y_2) = \begin{cases} 8y_1 y_2, & 0 \leq y_1 \leq y_2 \leq 1 \\ 0, & \text{그 외} \end{cases}$$

a) $E(Y_1 \mid Y_2 = y_2)$를 구하라.

b) a)의 답을 이용하여 $E(Y_1)$를 구하라.

30. 확률변수 Y_1과 Y_2의 결합확률밀도함수가 다음과 같이 주어졌다.

$$f(y_1, y_2) = \begin{cases} 6(1 - y_2), & 0 \le y_1 \le y_2 \le 1 \\ 0, & \text{그 외} \end{cases}$$

a) $E(Y_1 \mid Y_2 = y_2)$를 구하라.

b) a)의 답을 이용하여 $E(Y_1)$를 구하라.

31. 다음과 결합확률밀도함수가 주어졌을 때, 다음 물음에 답하라.

$$f_{X,Y}(x, y) = \begin{cases} ce^{-x} e^{-y}, & 0 \le y \le x < \infty \\ 0, & \text{그 외} \end{cases}$$

a) 상수 c를 구하라.

b) $f_{X \mid Y}(x \mid y)$와 $f_{Y \mid X}(y \mid x)$를 구하라.

c) $Cov(X, Y)$를 구하라.

d) 확률변수 X와 Y가 독립인지 아닌지를 보여라.

제 7 장
표본분포

제 7 장   표본분포

5장에서 이산형 확률변수와 연속형 확률변수의 확률분포를 살펴보았다. 통계학의 근본 목적은 모집단에서 추출된 표본에서 얻어진 정보를 기초로 하여 모집단에 대하여 추론(inference)하는 것이다. 앞서 살펴본 확률변수와 확률분포는 모집단의 추론을 위하여 사용된다. 모집단에 대한 결정을 내리거나 추론을 위해 표본에서 **표본통계량**(sample statistic)을 계산한다. 표본에서 구해진 표본통계량의 값은 추출된 표본이 변함에 따라 같이 변한다. 즉, 표본통계량 자체도 확률변수이다. 따라서 표본통계량도 확률변수처럼 확률분포를 갖는다. 표본통계량의 확률분포를 **표본분포**라 하며 7장에서 설명되는 표본분포에 대한 개념은 통계적 추론의 기초가 된다.

7.1 확률표본

1장에서 설명한 바와 같이 귀납적 방법에 의한 추론은 표본에 의해 얻은 정보를 기초로 하여 모집단의 특성에 대해 일반화하는 것이다. 그런데 모집단의 부분인 표본을 이용하여 모집단의 특성을 파악하고자 한다면, 어느 정도의 **오차**(error)가 발생하게 된다. 이때 표본과 모집단 사이에 확률개념을 사용하면, 이러한 오차를 최소화하여 보다 바람직한 통계분석의 결과를 기대할 수 있을 것이다.

자료를 수집하는 과정은 자료를 분석하기 이전에 해결해야 할 중요한 문제이다. 표본이 모집단을 대표하기 위해서는 추출방법이 무엇보다 중요하다. 여러 가지 추출방법 중 가장 간단하고 이상적인 방법이 **무작위추출**(random sampling)이다. 이 방법에 의해 표본을 추출할 때는 난수표를 사용하거나 제비뽑기 또는 컴퓨터를 활용한 추출법을 사용한다. 예를 들어 어느 교육기관에서 학생들의 의식을 조사할 경우 전교생에 일련번호를 부여하고 난수표나 제비뽑기 또는 컴퓨터 프로그램을 이용하여 무작위로 n명을 뽑아 이들을 표본으로 삼으면 무작위추출법에 의해 표본을 추출한 것이 된다. 난수표를 이용할 경우 난수표에서 임의의 시작점(행, 열)을 정하고, 시작점으로부터 난수를 아래로 읽어 나가되 중복되거나 전체수를 넘는 숫자는 버리고 n개의 숫자를 뽑는다. 반면 컴퓨터 프로그램을 이용하는 경우 추출확률을 이산형 균일분포에서 모수를 $a = 1$, $b = N$(여기서 N은 전교생 수)으로 부여하여 난수(random number)를 n개 추출하면 된다. 또는 컴퓨터 프로그램에 내장되어 있는 표본추출 프로그램을 이용해도 된다.

예제 7-1   어떤 병원에서 임상시험을 위해서 병원을 방문한 $N = 100$명의 환자 중 $n = 5$명을 무작위추출을 하려고 한다. 난수표와 컴퓨터 프로그램을 이용한 무작위 추출을 하라.

풀이   우선 각 환자에 1번부터 100번까지 번호를 부여한다. 예를 들어 01은 1번 환자를 나타내고, 99는 99번 환자를 나타낸다고 하자. 부록의 난수표를 이용하여 임의의 한 값을 선택하고 임의의 한 방향으로 난수를 발생하면 된다. 만약 첫 번째 난수를 선택하여 세로로 읽기를 원한다면, 39, 73, 72, 75, 37의 5개 난수가 선택된다. 따라서 39, 73, 72, 75, 37번의 환자가 선택된다.

[난수를 이용한 컴퓨터 프로그램]

```
> ceiling(runif(5)*100)
[1] 72 11 65 50 30
```

VIEWTABLE: Work.Sample		
	i	number
1	1	37
2	2	39
3	3	53
4	4	73
5	5	75

```
# Using R
ceiling(runif(5)*100)

# Using SAS
data sample;
do i=1 to 5;
number=ceil(ranuni(0)*100);
output; end; run;
```

[내장된 추출 프로그램을 이용한 컴퓨터 프로그램]

```
> student=seq(1,100)
> sample(student,5)
[1] 41 28 26 71 63
```

```
# Using R
student=seq(1,100)
sample(student,5)

# Using SAS
data student;
do number=1 to 100;
output; end; run;
proc surveyselect data=student method=srs
n=5 out=sample; run;
```

VIEWTABLE: Work.Sample	
	number
1	10
2	47
3	71
4	76
5	90

확률추출에 의해 선택된 관측값으로 이루어진 표본을 **확률표본**(random sample)이라고 하는데 이는 표본 상호 간은 독립적으로 동일한 확률분포로부터 추출되어야 한다. 가장 일반적인 것은 관측값 하나하나가 추출될 확률이 동일한 이산형 균일분포로부터 독립적으로 추출된 표본이다. 이산형 균일분포의 확률로 독립적으로 추출하는 것을 무작위추출이라고 한다.

예제 7-2   어떤 대학교 재학생들의 평균 신장을 조사하려고 한다. 이때 모든 학생들이 균일한 확률을 가지고 표본으로 선택되는 방법(무작위추출)을 사용하기 위해 도서관 입구에서 매 열 번째 입장하는 학생을 조사하였다면 이 표본은 확률표본이라고 할 수 없다. 왜냐하면 도서관을 자주 이용하는 학생이 있는 반면 도서관을 이용하지 않는 학생이 있으므로 자주 이용하는 학생은 표본으로 추출될 확률이 높고 도서관을 이용하지 않는 학생은 표본으로 추출될 가능성이 없다. 즉, 관측값 하나하나의 추출될 확률이 동일하지 않다.

이와 같은 경우에 무작위추출 방법은 그 대학의 재학생들 모두에게 일련번호를 부여한 후 일련번호가 적힌 카드를 모두 상자에 넣어 잘 섞은 후 비복원추출하여 조사하거나 난수표를 이용하여 표본을 추출하여야 한다.

무작위추출에 의해 선택된 확률표본과 모집단사이에는 다음과 같은 관계가 성립한다.

[정의 7.1] **무작위추출**에 의해 추출된 n개의 관측값 $X_1, X_2, ..., X_n$은 서로 독립이고, 각 관측값 X_i의 분포는 모집단의 분포 $f(x)$와 같다.

$$f(x_1) = f(x_2) = \cdots = f(x_n) = f(x)$$

즉, 각 관측값은 동일한 모평균 μ와 모분산 σ^2을 가진다.

확률표본의 각 표본은 무작위성(randomness)에 의하여 그들이 추출된 모집단을 대표하는 표본이다. 모집단을 대표하려면 각 표본의 단위는 독립적으로 선택되어야 하며 표본을 추출하는 동안 모집단의 성격이 변하지 않아야 한다. 즉, 관측값이 동일한 모집단에서 추출되어야 한다.

[정의 7.2] **확률표본**

$X_1, X_2, ..., X_n$이 상호 독립적(independent)이며 동일한 분포(identically distributed)를 따를 때 이를 크기 n인 **확률표본**(random sample)이라고 한다.

확률변수의 분포에 관한 정보를 얻기 위해 우리는 동일한 상황에서 실험을 n번 반복한다. 확률변수 X_i, $i = 1, ..., n$가 i번째 관측을 나타내면 $x_1, ..., x_n$은 관심 있는 분포로부터의 확률표본의 관측된 값을 나타낸다. 실험을 하면 $X_1 = x_1, ..., X_n = x_n$은 알려진 상수이며, 이 상수를 이용하여 모르는 모수를 추론할 수 있다.

표본이 무작위 복원추출이거나 단위를 셀 수 없는 무한모집단에서 추출되면 확률표본의 두 가지 조건은 충족된다. 그러나 무작위 비복원 추출이더라도 표본크기 n이 모집단 크기 N에 비해 상당히 작으면(예를 들어 $n/N \leq 0.05$) $X_1, X_2, ..., X_n$은 확률표본의 성격을 만족한다고 간주한다.

$X_1, X_2, ..., X_n$이 확률밀도함수 $f_X(x)$를 갖는 크기 n인 확률표본일 때 $X_1, X_2, ..., X_n$의 결합확률밀도함수는 다음과 같다. 앞 장에서 언급한 두 개의 확률변수의 결합확률밀도함수가 독립이면 주변확률밀도함수의 곱으로 표현 가능하듯이($f(x, y) = f_X(x)f_Y(y)$) 이를 확장하면 확률표본 $X_1, X_2, ..., X_n$은 상호 독립이므로 결합확률밀도함수는 주변확률

밀도함수의 곱으로 표현할 수 있다.

$$f(x_1, x_2, ..., x_n) = f_{X_1}(x_1) f_{X_2}(x_2) \cdots f_{X_n}(x_n)$$

7.2 표본평균의 표본분포

표본추출의 목적은 이를 이용하여 모집단에 대한 추론을 하기 위한 것이다. 이 절에서는 표본에서 구한 표본통계량인 표본평균 $\overline{X}$를 이용하여 모평균 μ를 추론하는 데 필요한 표본평균의 특성을 파악하고자 한다.

모집단으로부터 무작위추출에 의해 n개의 관측값을 선택한다면 표본평균은 다음과 같이 정의된다.

$$\overline{X} = \frac{1}{n}(X_1 + X_2 + \cdots + X_n)$$

표본평균 $\overline{X}$는 확률변수 $X_1, X_2, ..., X_n$의 선형결합으로 이루어져 있으므로 $\overline{X}$ 또한 확률변수이다. $\overline{X}$의 분포의 성격을 파악하기 위해 기대값과 분산을 구하면 다음과 같다.

[정리 7.1] 확률표본 X_1, X_2, ..., X_n이 평균 μ, 분산 σ^2인 모집단으로부터 무작위 추출되었다면 표본평균 $\overline{X}$의 평균과 분산은 다음과 같다.

$$E(\overline{X}) = \mu, \quad Var(\overline{X}) = \frac{\sigma^2}{n}$$

증명 표본평균 $\overline{X}$의 평균은 앞 장의 [정리 6.7]을 확장하면 다음과 같이 정리된다.

$$E(\overline{X}) = E\left[\frac{1}{n}(X_1 + X_2 + \cdots + X_n)\right]$$
$$= \frac{1}{n}\left[(E(X_1) + E(X_2) + \cdots + E(X_n)\right]$$

정의에 의해 각각의 관측값 X_i는 모평균이 μ인 모집단의 분포를 따르므로

$$E(X_1) = E(X_2) = \cdots = \mu$$

이다. 따라서 표본평균 $\overline{X}$의 평균은 다음과 같이 계산할 수 있다.

$$E(\overline{X}) = \frac{1}{n}(\mu + \mu + \cdots + \mu) = \frac{1}{n}(n\mu) = \mu$$

마찬가지로 정의에 의해 관측값 $X_1, X_2, ..., X_n$이 상호 독립이므로 [정리 6.7]을 확장하면 표본평균 $\overline{X}$의 분산은 다음과 같다.

$$Var(\overline{X}) = Var\left[\frac{1}{n}(X_1 + X_2 + \cdots + X_n)\right]$$
$$= \frac{1}{n^2}[Var(X_1) + Var(X_2) + \cdots + Var(X_n)]$$

정의에 의해 X는 모분산이 σ^2인 모집단을 따르므로 다음이 성립한다.

$$Var(\overline{X}) = \frac{1}{n^2}(\sigma^2 + \sigma^2 + \cdots + \sigma^2) = \frac{1}{n^2}(n\sigma^2) = \frac{\sigma^2}{n}$$

통계량을 이용하여 모수를 추론하는 과정을 **추정**(estimation)이라 하고 추정하는데 사용되는 통계량을 **추정량**(estimator)이라 한다. 추정단계에서 발생하는 오차를 **추정오차**(error of estimation)라 하고 이는 추정량에 관한 표본분포의 표준편차인 **표준오차**(standard error; $s.e$)를 통해 얻어진다. 또한 표준오차의 제곱의 역수를 **정도**(precision)라 하고 추정의 정확성에 대한 평가를 하는데 사용된다. 추정, 추정량, 추정오차 및 정도에 대한 자세한 내용은 8장에서 살펴보겠다.

표본평균 $\overline{X}$의 표준편차는 $\sigma/\sqrt{n}$ 이고 $\overline{X}$가 모평균 μ에서 떨어져 있는 정도를 나타내는 것이다. 즉, $\sigma/\sqrt{n}$는 표본평균 $\overline{X}$의 표준오차이고 이는 표본평균을 이용하여 모평균을 추정하는데 발생하는 추정오차로 볼 수 있다.

[정의 7.3] **표본평균 $\overline{X}$의 표준오차는 다음과 같이 정의된다**

$$\sigma(\overline{X}) = \frac{\sigma}{\sqrt{n}} \quad \text{또는} \quad s.e(\overline{X}) = \frac{\sigma}{\sqrt{n}}$$

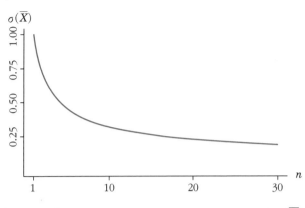

[그림 7-1] $\sigma = 1$인 경우 표본크기에 따른 표준오차 $\sigma(\overline{X})$

위 [그림 7-1]로부터 표본크기 n이 커짐에 따라 $\overline{X}$의 표준오차가 작아지는 것을 알 수 있다. 즉, 표본크기가 커질수록 $\overline{X}$의 표준오차가 작아져 μ에 대한 추정오차가 줄어들고 **정도**가 높아진다는 것을 알 수 있다. 만약 표본의 크기 n이 무한히 커지면 $\overline{X}$의 표준오차는 0이 된다.

각 원소가 동일한 확률을 갖는 유한모집단의 확률표본 $X_1, ..., X_n$에 대한 표본평균의 분포에서 표본평균의 기대값 $E(\overline{X})$는 어떠한 표본크기에도 복원추출이든 비복원추출이든 모평균 μ와 같다. 그러나 표본평균의 분산은 복원추출인 경우에만 $Var(\overline{X}) = \sigma^2/n$이 적용된다. 이는 모집단에서 추출된 표본의 단위들이 상호독립을 전제로 하기 때문이다. 복원추출의 경우 추출시점에 상관없이 표본단위들은 언제나 독립적으로 추출되지만 비복원추출의 경우 추출시점에 따라 앞선 추출의 결과에 따라 추출확률이 달라지기 때문에 독립적으로 추출되지 않는다. 즉, 확률표본의 단위들이 독립적으로 추출되지 않았다면 $Var(\overline{X}) = c \times \sigma^2/n$이고 여기서 c는 비복원추출에서 사용되는 수정계수이다. 수정계수 c에 대한 설명은 본 교재의 범위와 수준을 벗어나기 때문에 생략하겠다.

예제 7-3 평균이 5이고 분산이 16인 모집단으로부터 무작위로 25개의 표본을 추출하였다면 표본평균 $\overline{X}$의 평균과 분산을 구하고 표준오차를 구하라.

풀이 $n = 25$이고 모평균 $\mu = 5$, 모분산 $\sigma^2 = 16$이므로 $\overline{X}$의 평균, 분산, 표준오차는 다음과 같다.

$$E(\overline{X}) = \mu = 5, \ Var(\overline{X}) = \frac{\sigma^2}{n} = \frac{16}{25}, \ \sigma(\overline{X}) = \frac{\sigma}{\sqrt{n}} = \frac{4}{5}$$

다음으로 **표본평균**의 **표본분포**(the sampling distribution of the sample mean)를 고려해 보자. 통계량의 표본분포를 구하는 방법으로는 두 가지가 있다. 한 가지는 **확률법칙** (probability rule)에 의해 계산하는 것이고 다른 방법은 컴퓨터를 이용해 **모의실험** (simulation experiment)을 통해 구하는 것이다. 예제 7−4는 확률법칙을 이용하여 표본평균의 분포를 구하는 것이며 모의실험을 이용한 결과는 7.3.2절에서 설명된다.

예제 7-4 세 개의 원소로 이루어진 모집단의 분포가 아래와 같다고 하자.

[표 7.1] 모집단의 분포

x	2	3	4
$p_X(x)$	1/3	1/3	1/3

a) 모집단 분포의 평균 μ와 분산 σ^2을 계산하라.

b) $n=2$인 표본을 무작위 복원추출한다고 할 때 표본평균의 표본분포를 구하라.

c) b)에서의 표본평균의 평균, 분산을 구한 후 모집단의 평균, 분산과 비교하라.

d) $n=2$인 표본을 무작위 비복원추출한다고 할 때 표본평균의 평균을 구하여 c)에서 구한 표본평균의 평균과 비교하라.

풀이 a) $\mu = \sum_x x p_X(x) = 2\left(\dfrac{1}{3}\right) + 3\left(\dfrac{1}{3}\right) + 4\left(\dfrac{1}{3}\right) = 3$

$\sigma^2 = \sum_x (x-\mu_x)^2 p_X(x) = (2-3)^2\left(\dfrac{1}{3}\right) + (3-3)^2\left(\dfrac{1}{3}\right) + (4-3)^2\left(\dfrac{1}{3}\right) = \dfrac{2}{3}$

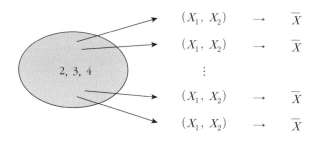

[그림 7−2] 유한 모집단에서 $n=2$인 표본추출

b) $n=2$인 표본을 복원추출하였으므로 모든 가능한 표본의 수는 $3 \times 3 = 9$가지이고 각 표본이 발생할 확률은 1/9로 동일하다. 각 표본과 표본평균은 [표 7.2]와 같고

이를 정리하여 표본평균 $\overline{X}$의 분포를 구하면 [표 7.3]과 같다.

[표 7.2] 예제 7-4의 $n=2$인 복원추출 결과

(x_1, x_2)	$p(x_1, x_2)$	$\overline{x}$	(x_1, x_2)	$p(x_1, x_2)$	$\overline{x}$	(x_1, x_2)	$p(x_1, x_2)$	$\overline{x}$
(2 , 2)	1/9	2	(3 , 2)	1/9	2.5	(4 , 2)	1/9	3
(2 , 3)	1/9	2.5	(3 , 3)	1/9	3	(4 , 3)	1/9	3.5
(2 , 4)	1/9	3	(3 , 4)	1/9	3.5	(4 , 4)	1/9	4

[표 7.3] 예제 7-4의 복원추출인 경우 표본평균 $\overline{X}$의 표본분포

$\overline{x}$	2	2.5	3	3.5	4
$p_{\overline{X}}(\overline{x})$	1/9	2/9	3/9	2/9	1/9

c) 위 표본평균의 분포를 이용하여 $\overline{X}$의 평균과 분산을 구해보면 다음과 같다.

$$E(\overline{X}) = 2\left(\frac{1}{9}\right) + 2.5\left(\frac{2}{9}\right) + 3\left(\frac{3}{9}\right) + 3.5\left(\frac{2}{9}\right) + 4\left(\frac{1}{9}\right) = 3$$

$$Var(\overline{X}) = \frac{1}{9}(2-3)^2 + \frac{2}{9}(2.5-3)^2 + \frac{3}{9}(3-3)^2 + \frac{2}{9}(3.5-3)^2 + \frac{1}{9}(4-3)^2 = \frac{1}{3}$$

이를 모집단의 평균, 분산과 비교해 보면 [정리 7.1]의 결과와 같음을 알 수 있다.

$$E(\overline{X}) = 3 = \mu, \;\; Var(\overline{X}) = \frac{1}{3} = \frac{\sigma^2}{n} = \frac{2/3}{2}$$

d) $n=2$인 표본을 비복원추출하였으므로 모든 가능한 표본의 수는 $3 \times 2 = 6$가지이다. 각 표본과 표본평균은 [표 7.4]와 같고 이를 정리하여 표본평균 $\overline{X}$의 분포를 보면 [표 7.5]와 같다.

[표 7.4] 예제 7-4의 $n=2$인 비복원추출 결과

(x_1, x_2)	$p(x_1, x_2)$	$\overline{x}$	(x_1, x_2)	$p(x_1, x_2)$	$\overline{x}$
(2 , 3)	1/6	2.5	(3 , 4)	1/6	3.5
(2 , 4)	1/6	3	(4 , 2)	1/6	3
(3 , 2)	1/6	2.5	(4 , 3)	1/6	3.5

[표 7.5] 예제 7-4의 비복원추출 표본평균 $\overline{X}$의 표본분포

$\overline{x}$	2.5	3	3.5
$p_{\overline{X}}(\overline{x})$	1/3	1/3	1/3

위 표본평균의 분포를 이용하여 $\overline{X}$의 평균을 구해보면 다음과 같다.

$$E(\overline{X}) = 2.5\left(\frac{1}{3}\right) + 3\left(\frac{1}{3}\right) + 3.5\left(\frac{1}{3}\right) = 3 = \mu$$

따라서 동일 확률 예제에서는 복원이든 비복원이든 $E(\overline{X}) = \mu$가 성립한다.

[그림 7-3]은 모집단의 확률분포와 $n = 2$인 표본평균 $\overline{X}$의 표본분포를 나타낸다. $\overline{X}$의 표본분포는 모집단의 확률분포보다 더 모집단 μ에 밀집된 분포를 하게 된다.

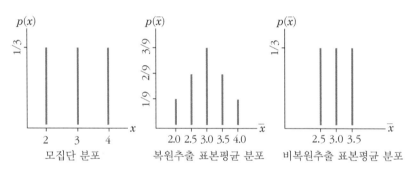

[그림 7-3] 예제 7-4의 모집단 확률분포와 표본평균 $\overline{X}$의 분포

예제 7-5 예제 7-4의 자료를 이용하여 **표본분산**의 **표본분포**(the sampling distribution of the sample variance)에 대한 물음에 답하라.

a) $n = 2$인 표본을 무작위로 복원추출한다고 할 때 표본분산 S^2의 분포를 구하라.

b) S^2의 기대값이 σ^2와 같음을 보여라.(즉, $E(S^2) = \sigma^2$)

풀이 a) 예제 7-4의 경우와 마찬가지로 $n = 2$인 표본을 복원추출하였으므로 모든 가능한 표본의 수는 9가지이고, 각 표본이 발생할 확률은 1/9로 동일하다. 각 표본과 표본분산은 다음과 같다.

[표 7.6] 예제 7-5의 $n=2$인 무작위 복원추출

(x_1, x_2)	$\overline{x}$	$s^2 = \dfrac{1}{n-1}\displaystyle\sum_{i=1}^{2}(x_i-\overline{x})^2 = (x_1-\overline{x})^2+(x_2-\overline{x})^2$
(2 , 2)	2	$(2-2)^2+(2-2)^2=0$
(2 , 3)	2.5	$(2-2.5)^2+(3-2.5)^2=1/2$
(2 , 4)	3	$(2-3)^2+(4-3)^2=2$
(3 , 2)	2.5	$(3-2.5)^2+(2-2.5)^2=1/2$
(3 , 3)	3	$(3-3)^2+(3-3)^2=0$
(3 , 4)	3.5	$(3-3.5)^2+(4-3.5)^2=1/2$
(4 , 2)	3	$(4-3)^2+(2-3)^2=2$
(4 , 3)	3.5	$(4-3.5)^2+(3-3.5)^2=1/2$
(4 , 4)	4	$(4-4)^2+(4-4)^2=0$

이를 정리하여 표본분산 S^2의 분포를 표와 그래프로 나타내면 다음과 같다.

[표 7.7] 예제 7-5의 표본분산 S^2의 표본분포

s^2	0	1/2	2
$p_{S^2}(s^2)$	3/9	4/9	2/9

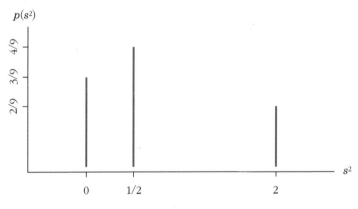

[그림 7-4] 표본분산 S^2의 표본분포

b) 위 분포로부터 $E[S^2]$을 구해보면 다음과 같다.

$$E(S^2) = \sum_{s^2} s^2 p_{S^2}(s^2) = 0 \cdot \frac{3}{9} + \frac{1}{2} \cdot \frac{4}{9} + 2 \cdot \frac{2}{9} = \frac{2}{3} = \sigma^2$$

따라서 표본분산 S^2의 기대값은 모분산 σ^2과 같다.

표본평균의 표본분포가 모평균 μ를 중심으로 변동하는 것처럼 표본분산의 표본분포도 모분산 σ^2을 중심으로 변동한다. 표본분산의 분포는 일반적으로 작은 값이 많이 발생하고 큰 값이 적게 발생하는 비대칭 분포(왜도가 양수)를 따른다. 모집단이 모분산 σ^2인 정규분포를 따르면 표본분산 S^2의 함수인 $\dfrac{(n-1)}{\sigma^2}S^2$의 분포는 자유도 $n-1$인 카이제곱분포를 따른다. 이에 대한 자세한 설명은 7.4절에서 살펴보겠다.

예제 7-6 한 자동차 정비소에서는 자동차 정기검사에 4기통 차량은 40,000원, 6기통 차량은 45,000원, 8기통 차량은 50,000원을 받는다고 한다. 이 정비소에서 정기검사를 받는 전체 차량의 20%는 4기통 차량, 30%는 6기통 차량, 50%는 8기통 차량이라고 한다. 특정한 날 2개의 차량을 무작위로 선택한다고 할 때 X_1을 첫 번째 선택된 차량의 정기검사비라고 하고 X_2를 두 번째 선택된 차량의 정기검사비라고 하자.

a) 표본평균과 표본분산의 확률분포를 구하라.

b) 표본평균의 기대값과 분산을 구하고 표본분산의 기대값을 구하라.

c) 특정한 날 4개의 차량을 무작위로 선택한다고 할 때 표본평균의 확률분포를 구하고 표본평균의 기대값과 표준오차를 구하라.

풀이 a) 모집단분포는 모평균은 $\mu = 46,500$이고 모분산은 $\sigma^2 = 15,250,000$인 [표 7.8]과 같다. 모집단에서 2개의 차량이 선택될 결과는 [표 7.9]와 같고 표본평균과 표본분산의 확률분포는 각각 다음 [표 7.10], [표 7.11]과 같다.

[표 7.8] 모집단의 분포

x	40,000	45,000	50,000
$p_X(x)$	0.2	0.3	0.5

[표 7.9] 예제 7-6의 두 개 차량의 선택 결과

x_1	x_2	$p(x_1, x_2)$	$\overline{x}$	s^2
40,000	40,000	0.04	40,000	0
40,000	45,000	0.06	42,500	12,500,000
40,000	50,000	0.10	45,000	50,000,000
45,000	40,000	0.06	42,500	12,500,000
45,000	45,000	0.09	45,000	0
45,000	50,000	0.15	47,500	12,500,000
50,000	40,000	0.10	45,000	50,000,000
50,000	45,000	0.15	47,500	12,500,000
50,000	50,000	0.25	50,000	0

[표 7.10] 예제 7-6의 표본평균 $\overline{X}$의 표본분포

$\overline{x}$	40,000	42,500	45,000	47,500	50,000
$p_{\overline{X}}(\overline{x})$	0.04	0.12	0.29	0.30	0.25

[표 7.11] 예제 7-6의 표본분산 S^2의 표본분포

s^2	0	12,500,000	50,000,000
$p_{S^2}(s^2)$	0.38	0.42	0.20

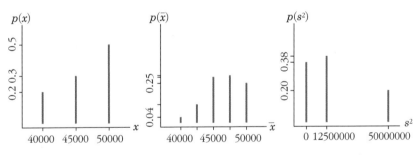

[그림 7-5] 예제 7-6의 모집단 확률분포와 표본평균, 표본분산의 분포

b) $E(\overline{X}) = \sum_{\overline{x}} \overline{x}\, p_{\overline{X}}(\overline{x}) = (40,000)(0.04) + \cdots + (50,000)(0.25) = 46,500 = \mu$

$V(\overline{X}) = \sum_{\overline{x}} \overline{x}^{\,2} p_{\overline{X}}(\overline{x}) - E(\overline{X})^2$

$\qquad = (40,000)^2(0.04) + \cdots + (50,000)^2(0.25) - (46,500)^2$

$$= 7{,}625{,}000 = \frac{15{,}250{,}000}{2} = \frac{\sigma^2}{2}$$

$$E(S^2) = \sum_{s^2} s^2 \, p_{S^2}(s^2) = (0)(0.38) + (12{,}500{,}000)(0.42) + (50{,}000{,}000)(0.20)$$

$$= 15{,}250{,}000 = \sigma^2$$

c) 모집단에서 4개의 차량이 선택될 결과는 [표 7.12]와 같다. 모집단 원소가 3개이고 표본크기가 $n = 4$이므로 가능한 결과는 총 $3^4 = 81$가지이다.

[표 7.12] 예제 7-6의 네 개 차량의 선택 결과

x_1	x_2	x_3	x_4	$p(x_1, x_2, x_3, x_4)$	$\bar{x}$	s^2
40,000	40,000	40,000	40,000	0.0016	40,000	0
40,000	40,000	40,000	45,000	0.0024	41,250	6,250,000
40,000	40,000	40,000	50,000	0.004	42,500	25,000,000
40,000	40,000	45,000	40,000	0.0024	41,250	6,250,000
⋮	⋮	⋮	⋮	⋮	⋮	⋮
50,000	50,000	45,000	50,000	0.0375	48,750	6,250,000
50,000	50,000	50,000	40,000	0.025	47,500	25,000,000
50,000	50,000	50,000	45,000	0.0375	48,750	6,250,000
50,000	50,000	50,000	50,000	0.0625	50,000	0

따라서 표본평균의 표본분포를 다음과 같이 구하고 이를 이용하여 표본평균의 기대값과 표준오차를 구할 수 있다.

[표 7.13] 예제 7-6의 표본평균 $\overline{X}$의 표본분포

$\bar{x}$	$p_{\overline{X}}(\bar{x})$
40,000	0.0016
41,250	0.0096
42,500	0.0376
43,750	0.0936
45,000	0.1761
46,250	0.2340
47,500	0.2350
48,750	0.1500
50,000	0.0625

$$E(\overline{X}) = 46{,}500 = \mu, \ \ s.e(\overline{X}) = 1{,}952.562 = \sigma/\sqrt{4}$$

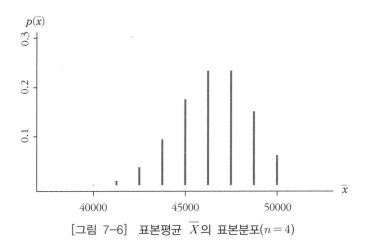

[그림 7-6] 표본평균 $\overline{X}$의 표본분포($n=4$)

예제 **7-7**   한 대형마트의 계산대에서 고객이 대기하는 시간은 모수 λ를 가지는 지수
분포를 따른다고 하자. 어떤 무작위 두 명의 고객이 계산대에서 대기하는 시간을 각
각 X_1, X_2(서로 독립)라고 하면 두 명의 총 대기시간($T_o = X_1 + X_2$)를 구할 수 있는
누적분포함수를 구하라. 또 총 대기시간을 확률변수로 갖는 확률밀도함수와 평균 대
기시간을 확률변수로 갖는 확률밀도함수를 구하라

풀이   두 확률변수가 서로 독립이고 각각 지수분포를 따르므로 총 대기시간의 누적분포함수
는 다음과 같이 구할 수 있다.

$$
\begin{aligned}
F_{T_o}(t) &= P(X_1 + X_2 \le t) \\
&= \iint_{\{(x_1+x_2)\,:\,x_1+x_2 \le t\}} f(x_1, x_2)\,dx_1 dx_2 \\
&= \int_0^t \int_0^{t-x_1} \lambda e^{-\lambda x_1} \cdot \lambda e^{-\lambda x_2}\,dx_2 dx_1 \\
&= \int_0^t \lambda e^{-\lambda x_1} \int_0^{t-x_1} \lambda e^{-\lambda x_2}\,dx_2 dx_1 \\
&= \int_0^t \lambda e^{-\lambda x_1} \left[-e^{-\lambda x_2} \right]_0^{t-x_1} dx_1 \\
&= \int_0^t \lambda e^{-\lambda x_1} \left(1 - e^{-\lambda(t-x_1)} \right) dx_1 \\
&= \int_0^t [\lambda e^{-\lambda x_1} - \lambda e^{-\lambda t}]\,dx_1 \\
&= \left[-e^{\lambda x_1} - \lambda e^{-\lambda t} x_1 \right]_0^t \\
&= \left(-e^{-\lambda t} - \lambda t e^{-\lambda t} \right) - (-1 - 0) \\
&= 1 - e^{-\lambda t} - \lambda t e^{-\lambda t}
\end{aligned}
$$

이를 그래프로 표현하면 [그림 7-7]과 같다.

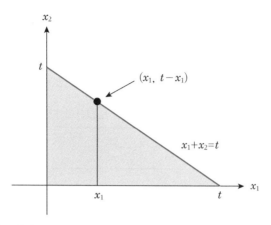

[그림 7-7] 예제 7-7에서 T_o의 누적분포를 구하기 위한 영역

T_o의 누적분포함수를 미분하면 총 대기시간의 확률밀도함수를 구할 수 있다.

$$f_{T_o}(t) = \begin{cases} \lambda^2 t e^{-\lambda t}, & t \geq 0 \\ 0, & t < 0 \end{cases}$$

이 확률밀도함수는 $r=2$, λ를 모수로 갖는 감마분포의 형태이다. 평균 대기시간의 누적분포함수 $F_{\overline{X}}(\overline{x})$는 다음과 같다. 이때 $\overline{X} = T_o/2$이므로 $T_o \leq 2\overline{x}$인 영역의 확률을 구하면 된다.

$$
\begin{aligned}
F_{\overline{X}}(\overline{x}) &= P(X_1 + X_2 \leq 2\overline{x}) \\
&= \iint_{\{(x_1 + x_2) : x_1 + x_2 \leq 2\overline{x}\}} f(x_1, x_2) dx_1 dx_2 \\
&= \int_0^{2\overline{x}} \int_0^{2\overline{x} - x_1} \lambda e^{-\lambda x_1} \cdot \lambda e^{-\lambda x_2} dx_2 dx_1 \\
&= \int_0^{2\overline{x}} [\lambda e^{-\lambda x_1} - \lambda e^{-2\lambda \overline{x}}] dx_1 \\
&= 1 - e^{-2\lambda \overline{x}} - 2\lambda \overline{x} e^{-2\lambda \overline{x}} \\
&= F_{T_o}(2\overline{x})
\end{aligned}
$$

즉, $\overline{X}$의 누적분포함수는 $T_o = X_1 + X_2$의 누적분포함수에 $2\overline{x}$를 대입한 결과와 같다. 위의 평균 대기시간의 누적분포함수를 $\overline{x}$에 대해 미분하면 평균 대기시간의 확률밀도함수를 다음과 같이 구할 수 있다.

$$f_{\bar{X}}(\bar{x}) = \begin{cases} 4\lambda^2 \bar{x} e^{-2\lambda \bar{x}}, & \bar{x} \geq 0 \\ 0, & \bar{x} < 0 \end{cases}$$

예제 7-8 모집단이 다음의 세 개의 원소로 구성되어 있고 모집단의 분포가 다음과 같다.

[표 7.14] 모집단의 분포

x	10	15	20
$p_X(x)$	0.5	0.1	0.4

a) 모집단 분포의 평균 μ와 분산 σ^2을 계산하라.

b) $n=2$인 표본을 무작위 **비복원추출**한다고 할 때 표본평균의 분포를 구하라.

c) $n=2$인 표본을 무작위 **비복원추출**한다고 할 때 표본분산의 분포를 구하라.

풀이 a) $\mu = \sum_x x\, p_X(x) = 10(0.5) + 15(0.1) + 20(0.4) = 14.5$

$\sigma^2 = \sum_x (x - \mu_x)^2 p_X(x)$
$= (10 - 14.5)^2(0.5) + (15 - 14.5)^2(0.1) + (20 - 14.5)^2(0.4)$
$= 22.25$

b) $n=2$인 표본을 비복원추출하였으므로 모든 가능한 표본의 수는 $3 \times 2 = 6$가지이다. 각 표본과 표본평균은 다음과 같고 이를 정리한 표본평균의 분포는 [표 7.16]과 같다.

[표 7.15] 예제 7-8의 $n=2$인 비복원추출

(x_1, x_2)	$p(x_1, x_2)$	$\bar{x}$	(x_1, x_2)	$p(x_1, x_2)$	$\bar{x}$
(10 , 15)	$0.5 \times \dfrac{0.1}{0.5} = 0.1$	12.5	(15 , 20)	$0.1 \times \dfrac{0.4}{0.9} = 0.044$	17.5
(10 , 20)	$0.5 \times \dfrac{0.4}{0.5} = 0.4$	15	(20 , 10)	$0.4 \times \dfrac{0.5}{0.6} = 0.333$	15
(15 , 10)	$0.1 \times \dfrac{0.5}{0.9} = 0.056$	12.5	(20 , 15)	$0.4 \times \dfrac{0.1}{0.6} = 0.067$	17.5

[표 7.16] 예제 7-8의 표본평균 $\bar{X}$의 표본분포

$\bar{x}$	12.5	15	17.5
$p_{\bar{X}}(\bar{x})$	0.156	0.733	0.111

c) 각 표본과 표본분산은 [표 7.17]과 같고 이를 정리한 표본분산의 분포는 [표 7.18]과 같다.

[표 7.17] 예제 7-8의 $n=2$인 비복원추출

(x_1, x_2)	$p(x_1, x_2)$	$\overline{x}$	s^2
(10 , 15)	0.1	12.5	$(10-12.5)^2 + (15-12.5)^2 = 12.5$
(10 , 20)	0.4	15	$(10-15)^2 + (20-15)^2 = 50$
(15 , 10)	0.056	12.5	$(15-12.5)^2 + (10-12.5)^2 = 12.5$
(15 , 20)	0.044	17.5	$(15-17.5)^2 + (20-17.5)^2 = 12.5$
(20 , 10)	0.333	15	$(20-15)^2 + (10-15)^2 = 50$
(20 , 15)	0.067	17.5	$(20-17.5)^2 + (15-17.5)^2 = 12.5$

[표 7.18] 예제 7-8의 표본분산 S^2의 표본분포

s^2	12.5	50
$p_{S^2}(s^2)$	0.267	0.733

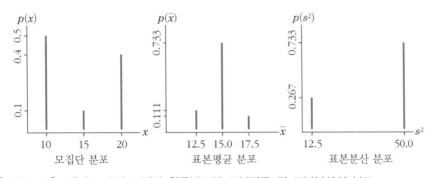

[그림 7-8] 예제 7-8의 모집단 확률분포와 표본평균 및 표본분산의 분포

7.3 중심극한정리와 대수의 법칙

7.2절에서 표본평균의 표본분포와 표본평균의 평균 및 표준오차를 살펴보았다. 7.3절에서는 $\overline{X}$의 표본분포의 형태를 모집단이 정규분포를 따를 때와 정규분포를 따르지 않을 때로 구분하여 살펴보겠다.

7.3.1 모집단이 정규분포를 따를 때

평균이 μ이고 분산이 σ^2인 정규분포를 따르는 모집단으로부터 무작위로 표본을 추출한 경우 각 확률표본 $X_1, X_2, \ldots, X_n$은 확률표본의 정의에 의해 평균이 μ이고 분산이 σ^2인 정규분포를 따른다. 이 경우 표본평균 $\overline{X}$의 분포는 $X_1, X_2, \ldots, X_n$의 선형결합으로 이루어져 있으므로 정규분포를 따르며 이 정규분포의 평균은 μ이고 분산은 σ^2/n이다.

예제 7-9 평균이 0, 표준편차가 5인 정규분포를 따르는 모집단으로부터 표본크기가 n인 표본을 무작위 추출했을 경우 다음 표본의 개수 각각에 대해 표본평균 $\overline{X}_n$의 표본분포를 구하라.

a) $n = 5$ b) $n = 10$ c) $n = 30$

풀이 모집단이 정규분포를 따르므로 $\overline{X}$의 표본분포는 정규분포를 따르며 이 정규분포의 모수인 $\mu_{\overline{X}}$와 $\sigma_{\overline{X}}$는 다음과 같다.

a) $\mu_{\overline{X}} = \mu = 0$, $\sigma_{\overline{X}} = \sigma/\sqrt{n} = 5/\sqrt{5}$

b) $\mu_{\overline{X}} = \mu = 0$, $\sigma_{\overline{X}} = \sigma/\sqrt{n} = 5/\sqrt{10}$

c) $\mu_{\overline{X}} = \mu = 0$, $\sigma_{\overline{X}} = \sigma/\sqrt{n} = 5/\sqrt{30}$

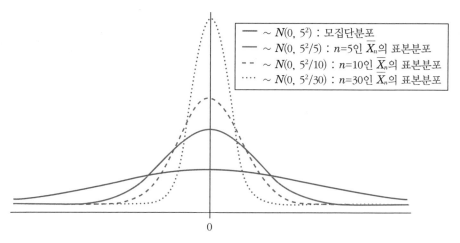

[그림 7-9] 예제 7-9의 모집단의 분포와 $n = 5, 10, 30$인 경우 $\overline{X}_n$의 표본분포

```
┌─ Computer Programming    예제 7-9 ──────────────────────────┐
│ # Using R                                                       │
│ x=seq(-10,10,0.01)                                              │
│ plot(x,dnorm(x,0,5),type="l",xlab="",ylab="",xaxt="n",yaxt="n",bty="l",lty=1,lwd=2, │
│   ylim=c(0,0.45))                                               │
│ abline(v=0)                                                     │
│ axis(side=1,at=0)                                               │
│ lines(x,dnorm(x,0,5/sqrt(5)),type="l",xlab="",ylab="",xaxt="n",yaxt="n",bty="l",lty=1,lwd=1) │
│ lines(x,dnorm(x,0,5/sqrt(10)),type="l",xlab="",ylab="",xaxt="n",yaxt="n",bty="l",lty=2,lwd=1) │
│ lines(x,dnorm(x,0,5/sqrt(30)),type="l",xlab="",ylab="",xaxt="n",yaxt="n",bty="l",lty=3,lwd=2) │
└─────────────────────────────────────────────────────────────┘
```

[그림 7-9]는 모집단이 정규분포를 따를 때 모집단의 분포와 n이 커짐에 따른 $\overline{X}_n$ 의 표본분포를 나타낸 것이다. n이 커짐에 따라 $\overline{X}_n$의 분포는 모평균 μ에 더 집중된다. 여기서 $\overline{X}_n$의 n첨자는 표본평균을 이루는 표본크기를 의미한다.

7.3.2 모집단이 정규분포를 따르지 않을 때

만약 모집단이 정규분포를 따르지 않는다면 표본평균 $\overline{X}$의 분포는 정확히 정의할 수 없다. 그러나 표본크기 n이 충분히 크다면 모집단의 분포와 상관없이 표본평균의 분포는 근사적으로 정규분포를 따르게 된다. 이러한 성질을 **중심극한정리**(central limit theorem)라고 한다. 모집단의 분포가 정규분포가 아니거나 또는 그 분포를 전혀 알 수 없는 경우에도 표본크기만 적당히 크다면 중심극한정리에 의해 모집단의 특성을 규명하는데 정규분포를 이용할 수 있다.

┌───┐
│ **[정리 7.2] 중심극한정리**   │
│   │
│   표본크기 n의 확률표본 $X_1,...,X_n$의 기대값과 분산이 각각 $E(X_i)=\mu$, │
│ $Var(X_i)=\sigma^2$일 때, $X_1,...,X_n$의 선형결합(linear combination)으로 이루어진 $\overline{X}_n$의 │
│ 통계량의 분포는 모집단의 분포에 상관없이 n이 커짐에 따라 $N(\mu,\,\sigma^2/n)$인 정규분 │
│ 포를 따르게 된다.   │
└───┘

평균 μ, 분산 σ^2을 갖는 분포로부터 표본크기 n인 확률표본 $X_1, \dots, X_n$을 선택한다면 표본평균 $\overline{X}_n$는 모평균 μ를 중심으로 변동하고 그 표준오차는 $\sigma/\sqrt{n}$이 된다. 특히 n이 커짐에 따라 $\overline{X}_n$의 표준오차가 줄어들어 $\overline{X}_n$의 표본분포는 μ에 더 가까워지고 그 분포는 모집단의 분포에 상관없이 $N(\mu, \sigma^2/n)$에 근사해간다.

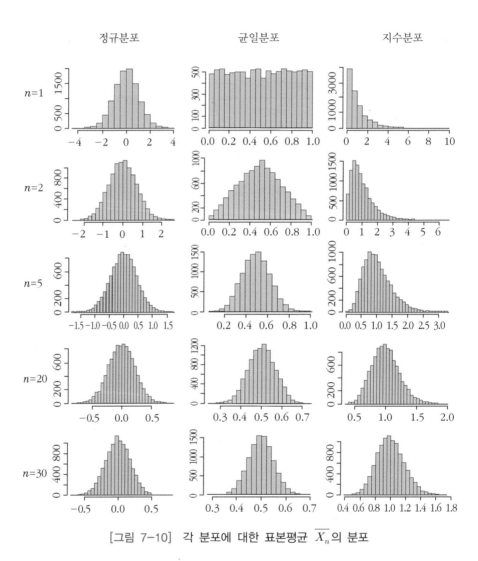

[그림 7-10] 각 분포에 대한 표본평균 $\overline{X}_n$의 분포

[그림 7-10]은 모의실험을 통하여 중심극한정리를 표현한 것으로 통계량의 표본분포를 구하는 방법으로 모의실험을 수행하는 것이다. 이 방법은 확률법칙을 이용하여 통계

량의 표본분포를 구하기가 복잡할 때 사용할 수 있다. [그림 7-10]은 모집단으로부터 표본크기 n인 확률표본을 추출하여 $\bar{x}_n$를 구하는 과정을 10,000번 수행하여 구한 10,000개의 $\bar{x}_n$의 표본분포를 도수 히스토그램으로 표현한 것이다. 이 도수 히스토그램은 표본평균의 표본분포의 근사이며 수행횟수가 많아짐에 따라 실제 분포에 근사된다.

[그림 7-10]은 모집단의 분포가 각 열에 대해 각각 정규분포, 균일분포, 지수분포를 따를 때 표본크기가 커질수록 표본평균 $\bar{X}_n$의 표본분포는 정규분포에 근접함을 보여준다. $n=1$인 경우의 분포는 모집단의 분포에서 추출된 확률표본이 된다. 또한 모평균 μ를 중심으로 n이 커짐에 따라 $\bar{X}_n$의 표준오차가 점점 줄어드는 것도 볼 수 있다.

첫 번째 열은 정규분포를 따르는 모집단에서 추출된 표본들의 표본평균의 분포이다. 모집단이 정규분포를 따르므로 $\bar{X}_n$의 표본분포는 정규분포이다. 표본의 수 n이 커짐에 따라 표본평균 $\bar{X}_n$의 표준오차는 줄어드는 것을 알 수 있다. 즉, 모집단의 분포보다 표본평균 $\bar{X}_n$의 분포가 모평균 μ에 더 밀집된 형태가 된다. 두 번째와 세 번째 열은 모집단

Computer Programming   그림 7-10

```
# Using R
par(mfrow=c(5,3))
par(mar=c(2,2,2,2))
par(oma=c(1,1,1,1))
num=c(1,2,5,20,30)
Normal=rep(0,10000)
Uniform=rep(0,10000)
Exp=rep(0,10000)
for(i in 1:5) {
                for(j in 1:10000) {
                Normal[j] = mean(rnorm(num[i]))
                Uniform[j] = mean(runif(num[i]))
                Exp[j] = mean(rexp(num[i]))
        }
        hist(Normal,main="",breaks=25,col='gray')
        hist(Uniform,main="",breaks=25,col='gray')
        hist(Exp,main="",breaks=25,col='gray')
}
```

이 정규분포를 따르지 않더라도 표본평균 $\overline{X}_n$의 표본분포는 n이 커짐에 따라 정규분포에 근접함을 보여준다. 또한 n이 커짐에 따라 표본평균은 모평균에 근접할 확률이 커진다.

또 다른 예로 [그림 7-11]의 (a)는 어떤 모집단의 분포를 나타내며 $\overline{X}_n$는 독립적으로 무작위 추출된 표본크기 6인 관측값에서 계산된 하나의 표본평균을 나타낸다. 이 경우 (b)는 모든 가능한 표본평균 $\overline{X}_n$의 표본분포를 나타내며 $\overline{X}_n$의 표본분포는 근사적으로 정규분포를 따르며 모집단보다 모평균 μ에 더 밀집됨을 나타낸다.

중심극한정리는 모집단의 분포와 관계없이 항상 성립하기 때문에 매우 유용하다. 그러나 표본크기가 충분히 크지 않으면 적용이 곤란하다. 경험적으로 $n \geq 30$이면 표본크기가 충분하다고 판단할 수 있다.

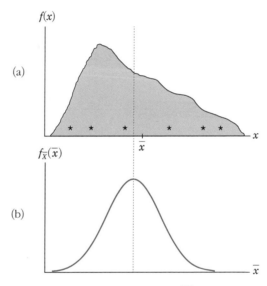

(a) 모집단의 확률분포 (b) $n=6$인 $\overline{X}_n$의 표본 분포

[그림 7-11] 모집단의 분포 $f_X(x)$와 표본평균의 분포 $f_{\overline{X}}(\overline{x})$

예제 7-10 통계학 강의를 수강하는 학생을 대상으로 통계학 시험을 본 결과 통계학 성적은 평균이 63점이고 분산이 25인 **정규분포**를 따른다고 하자. 다음 물음에 답하라.
a) 무작위로 추출된 한 학생이 65점 이상일 확률을 구하라.
b) 30명의 학생을 무작위 추출하였을 때 이 표본의 평균이 65점 이상일 확률을 구하라.
c) 만일 통계학 성적의 분포가 정규분포를 따르지 않을 경우 b)에 답하라.

풀이 a) $P(X \geq 65) = P\left(Z \geq \dfrac{65-63}{5}\right) = P\left(Z \geq \dfrac{2}{5}\right) = 0.345$

b) 모집단이 정규분포 $N(63,5^2)$을 따를 때, $n=30$인 표본평균 $\overline{X}_n$의 분포는 정규분포 $N(63, 25/30)$을 따른다. 따라서 구하고자 하는 확률은 $P(\overline{X} \geq 65)$이므로 이를 표준화 시키면 다음과 같다.

$$z = \frac{\overline{x} - \mu}{\sigma/\sqrt{n}} = \frac{65-63}{5/\sqrt{30}} \approx 2.19$$

따라서 구하고자 하는 확률은 $P(\overline{X} \geq 65) = P(Z \geq 2.19) = 0.0143$이다.

[그림 7–12]는 X의 분포보다 $\overline{X}_n$의 분포가 분산이 더 작아서 $\mu = 63$에 더 집중됨을 보여준다.

c) 모집단이 정규분포를 따르지 않더라도 표본크기 n이 30으로 충분히 크므로 중심극한정리를 적용하면 표본평균의 분포는 정규분포를 따르게 된다. 따라서 b)의 결과와 동일한 결과를 얻을 수 있다.

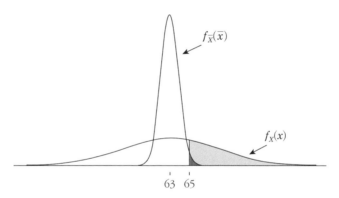

[그림 7–12] 예제 7–10의 모집단의 확률분포 $f_X(x)$와 표본평균의 분포 $f_{\overline{X}}(\overline{x})$

예제 7-11 $\mu = 7$, $\sigma = 0.6$인 모집단으로부터 $n = 25$인 확률표본을 추출한다고 하자. 다음의 근사확률을 구하라.

a) 표본평균 $\overline{X}$가 6.9 이하일 확률을 구하라.

b) 표본평균 $\overline{X}$가 모평균 $\mu = 7$의 0.1 범위 안에 있을 확률을 구하라.

풀이 a) $\sigma(\overline{X}) = \dfrac{\sigma}{\sqrt{n}} = \dfrac{0.6}{\sqrt{25}} = 0.12$

$$z = \frac{\overline{x} - \mu}{\sigma(\overline{X})} = \frac{6.9-7}{0.12} \approx -0.83$$

$$P(\overline{X} < 6.9) = P(Z < -0.83) = 0.5 - 0.2967 = 0.2033$$

b) $P(6.9 < \overline{X} < 7.1) = 2(0.2967) = 0.5934$

예제 7-12 평균이 30이고 분산이 4인 모집단으로부터 표본크기가 36인 표본을 추출하였을 때 표본평균 $\overline{X}$가 모집단의 평균으로부터 0.5이상 벗어날 확률을 구하라.

풀이 $n = 36$으로 표본크기가 충분히 크므로 중심극한정리에 의해 표본평균 $\overline{X}$는 정규분포를 따른다. $\overline{X}$의 평균과 표준오차를 구해보면 다음과 같다.

$$X \sim N(30, 4)$$
$$\overline{X} \sim N(30, 1/9)$$
$$E(\overline{X}) = 30, \ Var(\overline{X}) = \frac{4}{36} = \frac{1}{9}, \ \sigma(\overline{X}) = \sqrt{\frac{1}{9}} = \frac{1}{3}$$

구하고자 하는 확률은 $P(\overline{X} \geq 30.5, \ \overline{X} \leq 29.5)$이므로 계산결과는 다음과 같다.

$$
\begin{aligned}
P(\overline{X} \geq 30.5, \ \overline{X} \leq 29.5) &= 1 - P(29.5 \leq \overline{X} \leq 30.5) \\
&= 1 - P\left(\frac{29.5 - 30}{1/3} \leq Z \leq \frac{30.5 - 30}{1/3} \right) \\
&= 1 - P(-1.5 \leq Z \leq 1.5) \\
&= 1 - 0.8664 = 0.1336
\end{aligned}
$$

7.3.3 대수의 법칙

앞에서 언급하였듯이 표준오차의 의미를 살펴보면 표본크기 n이 커지면 표본평균의 분산이 작아져 표본평균이 모평균 근처에 더욱 집중되어 감을 뜻한다. 따라서 표본크기가 커짐에 따라 모평균에 가까운 표본평균을 얻을 확률이 커지는 반면, 모평균과 극단적으로 떨어진 표본평균을 얻을 확률은 작아진다. 이러한 법칙을 **대수의 법칙**(law of large numbers)이라고 한다.

[정리 7.3] 대수의 약법칙(weak law of large numbers)

$X_1, \dots, X_n$이 평균 μ, 유한한 분산 σ^2을 갖는 분포로부터 추출된 확률표본일 때, 임의의 $\epsilon(>0)$에 대해 다음이 성립한다.

$$\lim_{n \to \infty} P(|\overline{X}_n - \mu| < \epsilon) = 1$$

증명 체비셰프 부등식을 이용하여 증명한다.

$$P(|X-\mu| < k\sigma) \geq 1 - \frac{1}{k^2}$$

$\overline{X}_n$를 평균이 μ이고, 분산이 σ^2인 분포로부터 추출된 표본크기 n인 확률표본의 평균이라고 하자. 체비셰프 부등식을 표본평균 $\overline{X}_n$에 적용하면 다음과 같다. 임의의 상수 $\epsilon > 0$에 대해서

$$P(|\overline{X}_n-\mu| < \epsilon) = P(|\overline{X}_n-\mu| < k\frac{\sigma}{\sqrt{n}}) \geq 1 - \frac{1}{k^2}$$

이때 $\epsilon = k\frac{\sigma}{\sqrt{n}}$ 이라 놓으면, $P(|\overline{X}_n-\mu| < \epsilon) \geq 1 - \frac{\sigma^2}{n\epsilon^2}$ 이 되므로

$$\lim_{n \to \infty} P(|\overline{X}_n-\mu| < \epsilon) = 1 \text{ 또는 } \lim_{n \to \infty} P(|\overline{X}_n-\mu| \geq \epsilon) = 0$$

이 성립한다. 이는 $\overline{X}_n \xrightarrow{P} \mu$ 로 표기하며 $\xrightarrow{P}$를 **확률적으로 수렴**(converge in probability)이라고 한다. 즉, σ^2이 유한할 경우 $\overline{X}_n$, $n = 1, 2, 3, \dots$는 μ로 확률적으로 수렴한다. 이를 대수의 약법칙이라 한다.

예제 7-13 어떤 모집단의 분포가 평균은 알려져 있지 않고 분산이 2라고 한다. 표본 평균 $\overline{X}$가 모평균으로부터 0.5 이내에 존재할 확률을 최소 95%로 하려고 할 때 표본크기 n의 최소크기를 구하라.

풀이 $\epsilon = 0.5$이고 $\sigma^2 = 2$이므로 $P(|\overline{X}-\mu| < 0.5) \geq 0.95$를 만족하는 표본크기 n을 구해야 하므로 대수의 법칙을 이용하면 다음과 같이 정리된다.

$$P(|\overline{X}-\mu| < \epsilon) \geq 1 - \frac{\sigma^2}{n\epsilon^2}$$

위 식을 만족하는 표본크기 n은 다음과 같다.

$$1 - \frac{\sigma^2}{n\epsilon^2} = 1 - \frac{2}{0.5^2 n} \geq 0.95$$

$$\frac{2}{0.5^2 n} \leq 0.05$$

$$n \geq \frac{2}{0.5^2 \cdot 0.05} = 160$$

따라서 표본평균이 모평균으로부터 0.5 이내에 존재할 확률이 최소 95%가 되기 위한

최소 표본크기는 160이다.

예제 7-14 $\overline{X}$가 $\mu \pm 0.25\sigma$이내에 속할 확률을 최소 95%가 되기 위한 적절한 표본크기를 구하라.

풀이 $P\left(\,\mid \overline{X} - \mu \mid \, < 0.25\sigma \right) \geq 1 - \dfrac{\sigma^2}{n\epsilon^2} = 1 - \dfrac{\sigma^2}{n(0.25\sigma)^2} \geq 0.95$

$$n \geq \frac{1}{(0.25)^2(0.05)} = 320$$

표본평균이 $\mu \pm 0.25\sigma$이내에 속할 확률이 최소 95%가 되기 위한 최소 표본크기는 320이다.

7.3.4 확률변수의 선형결합의 분포

표본평균 $\overline{X}$와 표본총합 $\sum_{i=1}^{n} X_i$은 통계적인 적용에서 자주 사용되는 통계량으로 확률변수의 **선형결합**이며 이 통계량도 확률변수이다. 따라서 이들 통계량의 분포를 구할 수 있다.

[정의 7.4] n개의 확률변수 $X_1, \ldots, X_n$와 n개의 상수 $a_1, \ldots, a_n$가 주어질 때, 확률변수 $Y = a_1 X_1 + \cdots + a_n X_n = \sum_{i=1}^{n} a_i X_i$는 X_i의 선형결합이라 불린다.

[정의 7.4]에서 살펴본 선형결합은 $a_1 = a_2 = \cdots = 1$이면 $Y = X_1 + \cdots + X_n = \sum_{i=1}^{n} X_i$로 표본총합을 의미하고 $a_1 = a_2 = \cdots = a_n = \dfrac{1}{n}$이면 $Y = \dfrac{1}{n}X_1 + \cdots + \dfrac{1}{n}X_n = \dfrac{1}{n}\sum_{i=1}^{n} X_i = \overline{X}$으로 표본평균을 의미한다. 여기서 X_i가 상호 독립이거나 동일한 분포일 필요는 없다. 모든 X_i가 다른 분포를 따르고 다른 평균과 분산을 갖는다고 해도 선형결합의 분포를 찾을 수 있다. 다음은 선형결합의 기대값과 분산을 구하는 방법이다.

다음의 [정리 7.4]에서 ①의 첫 번째 식은 선형결합의 기대값은 기대값의 선형결합으로 표현됨을 의미한다. 앞서 6장에서 설명된 두 변수의 선형결합의 기대값에서 살펴보았듯이 $E(2X_1 + 5X_2) = 2\mu_1 + 5\mu_2$와 같이 표현할 수 있다. 이 정리는 두 변수의 선형결합의 기대값과 분산을 여러 개의 확률변수의 선형결합으로 확장한 것이다. 두 번째 식은 선형결합의 분산은 공분산의 선형결합으로 표현된다는 의미인데 $i = j$이면 $Cov(X_k, X_k) = Var(X_k)$가 되므로 확률변수들의 선형결합의 분산은 변수들의 분산과 공분산의 선형결합이 됨을 의미한다. ②번은 상호독립이라는 특수한 경우에는 공분산이 0이므로 선형결합의 분산은 분산의 선형결합으로 표현됨을 의미한다.

7.2절에서 살펴본 표본평균의 기대값과 분산은 모든 i에 대해 $a_i = 1/n$이 되어 $E(\overline{X}) = \mu$와 $Var(\overline{X}) = \sigma^2/n$으로 표현된다. 여기서 X_i는 상호 독립이며 동일한 분포로부터 얻어진 것이다. 동일한 방법으로 표본총합 $\sum_{i=1}^{n} X_i$에 대해서도 적용된다.

[정리 7.4] $X_1, \ldots, X_n$은 각각 평균 $\mu_1, \ldots, \mu_n$을 갖고 각각 분산 $\sigma_1^2, \ldots, \sigma_n^2$을 갖는다고 하면,

① X_i가 상호 독립 여부에 관계없이 다음이 성립한다.

$$E(a_1 X_1 + a_2 X_2 + \cdots + a_n X_n) = a_1 E(X_1) + a_2 E(X_2) + \cdots + a_n E(X_n)$$
$$= a_1 \mu_1 + \cdots + a_n \mu_n$$

$$Var(a_1 X_1 + \cdots + a_n X_n) = \sum_{i=1}^{n} \sum_{j=1}^{n} a_i a_j Cov(X_i, X_j)$$

② $X_1, \ldots, X_n$가 상호 독립이면 다음이 성립한다.

$$Var(a_1 X_1 + a_2 X_2 + \cdots + a_n X_n)$$
$$= a_1^2 Var(X_1) + a_2^2 Var(X_2) + \cdots + a_n^2 Var(X_n)$$
$$= a_1^2 \sigma_1^2 + \cdots + a_n^2 \sigma_n^2$$

$$\sigma_{a_1 X_1 + \cdots + a_n X_n} = \sqrt{a_1^2 \sigma_1^2 + \cdots + a_n^2 \sigma_n^2}$$

[정리 7.5] $X_1, X_2, \ldots, X_n$는 상호 독립이고 각각 개별적인 정규분포를 따른다면(서로 다른 평균과 분산을 갖는다는 것을 의미) X_i의 선형결합도 정규분포를 따른다. 특히 정규분포를 따르는 서로 독립인 두 변수의 차$(X_1 - X_2)$ 역시 정규분포를 따른다.

7.4 정규분포에서 추출된 표본분포

통계학에서 정규분포가 매우 중요한 역할을 담당하는 것은 9장과 10장에서 알게 될 것이다. 물론 중심극한정리만으로도 충분히 중요한 부분을 차지하지만 또 다른 중요한 이유들이 있다. 첫 번째는 많은 분야의 연구과정에서 직면하는 모집단들은 정규분포에 근사하는 경우가 많다. 이러한 현상은 중심극한정리가 그 근거를 제공한다. 실제로 많은 경우 모집단이 정규분포를 따르고 있다. 정규분포에서부터 추출된 표본들의 분포는 통계학에서 많이 활용된다. 표본으로부터 모집단을 추론함에 있어 관측된 표본들의 분포는 여러 가지 함수형태를 갖게 되는데 이를 알아야 통계적 추론을 할 수 있다. 이때 모집단이 정규분포를 따른다면 추출된 표본분포의 분포를 구하는데 다른 어떤 분포를 가정한 것보다 수학적으로 더 쉽다. 정규분포를 토대로 통계적 방법의 적용에서 실험자들은 자료가 따르는 분포함수의 일반적 형태를 잘 알거나 적어도 대략적으로 알고 있다. 만약 모집단의 분포가 정규분포라면 참분포인 정규분포를 사용할 것이고 정규분포가 아니라도 변형된 관측값이 정규분포를 따르도록 자료를 변환시켜 사용할 수 있다.

7.4.1 표본평균

확률표본의 모든 가능한 함수 중 가장 간단한 것 중 하나는 표본평균이고 정규분포로부터 추출된 확률표본의 표본평균에 대한 정확한 분포 역시 정규분포이다. 앞서 7.2절에서 살펴보았지만 정규분포로부터 추출된 표본분포의 특성을 알아보기 위해 다시 살펴보기로 하자.

[정리 7.6] 평균 μ이고 분산이 σ^2인 정규분포로부터 크기 n의 확률표본을 추출하여 얻은 표본평균 $\overline{X}_n$는 평균이 μ이고 분산이 σ^2/n인 정규분포를 따른다.

증명 본 절에서는 이 정리를 적률생성함수 기법을 이용하여 증명한다.

$$m_{\overline{X}_n}(t) = E\left[\exp\left(t\overline{X}_n\right)\right] = E\left[\exp\left(\frac{t\sum X_i}{n}\right)\right]$$

$$= E\left[\prod_{i=1}^{n}\exp\left(\frac{tX_i}{n}\right)\right] = \prod_{i=1}^{n}E\left[\exp\left(\frac{tX_i}{n}\right)\right]$$

$$= \prod_{i=1}^{n} m_{X_i}\left(\frac{t}{n}\right) = \prod_{i=1}^{n} \exp\left[\frac{\mu t}{n} + \frac{1}{2}\left(\frac{\mu t}{n}\right)^2\right]$$

$$= \exp\left[\mu t + \frac{(\sigma t)^2}{2n}\right]$$

이 결과는 평균이 μ이고 분산이 σ^2/n인 정규분포의 적률 생성 함수이다.

$\overline{X}_n$의 정확한 분포를 알기 때문에 $\overline{X}_n$으로 μ를 추론할 수 있다. 예를 들어 통계량 $\overline{X}_n$를 사용하여 알려지지 않은 모수 μ가 어떤 특정 범위 내에 있을 확률을 계산할 수 있다.

7.4.2 카이제곱분포

정규분포는 두 개의 알려지지 않은 모수 μ와 σ^2이 있다. 앞 절에서 모평균 μ를 추론 할 수 있는 $\overline{X}_n$의 분포를 알아보았다. 이번 절에서는 모분산 σ^2을 추론할 수 있는 표본분산 $S^2 = \dfrac{1}{n-1}\sum_{i=1}^{n}(X_i - \overline{X})^2$의 분포를 살펴본다. S^2의 분포와 관련된 분포로는 카이제곱분포가 있다.

[정의 7.5] 확률변수 X의 확률밀도함수가 다음과 같다면

$$f_X(x) = \frac{1}{\Gamma(k/2)}\left(\frac{1}{2}\right)^{k/2} x^{k/2-1} e^{-\frac{1}{2}x}, \ 0 < x < \infty, \ k > 0$$

확률변수 X는 자유도 k인 카이제곱분포를 따른다고 한다.

카이제곱분포는 두 모수 $r = k/2$, $\lambda = 1/2$를 갖는 감마분포의 특별한 경우이다. 따라서 확률변수 X가 카이제곱분포를 따르면 평균, 분산, 적률생성함수를 다음과 같이 쉽게 구할 수 있다.

$$E(X) = \frac{k/2}{1/2} = k, \ \ Var(X) = \frac{k/2}{(1/2)^2} = 2k, \ \ m_X(t) = \left[\frac{1/2}{1/2-t}\right]^{k/2} = \left[\frac{1}{1-2t}\right]^{k/2}, \ t < 1/2$$

[정리 7.7] 확률변수 X_i, $i = 1, 2, \ldots, k$가 평균 μ_i, 분산 σ_i^2인 정규분포를 따르고 상호 독립일 때 $U = \sum_{i=1}^{k} \left(\dfrac{X_i - \mu_i}{\sigma_i} \right)^2$는 자유도가 k인 카이제곱분포를 따른다.

증명 표준화된 확률변수 $Z_i = (X_i - \mu_i)/\sigma_i$는 표준정규분포를 따른다.

$$m_U(t) = E[e^{tU}] = E\left[e^{t\sum Z_i^2} \right]$$
$$= E\left[\prod_{i=1}^{k} E(e^{tZ_i^2}) \right] = \prod_{i=1}^{k} E(e^{tZ_i^2})$$

곱기호 내의 기대값을 정리하면 다음과 같다.

$$E[e^{tZ^2}] = \int_{-\infty}^{\infty} e^{tz^2} \left(\frac{1}{\sqrt{2\pi}} \right) e^{-\frac{1}{2}z^2} dz$$
$$= \int_{-\infty}^{\infty} \left(\frac{1}{\sqrt{2\pi}} \right) e^{-\frac{1}{2}(1-2t)z^2} dz$$
$$= \frac{1}{\sqrt{1-2t}} \int_{-\infty}^{\infty} \frac{\sqrt{1-2t}}{\sqrt{2\pi}} e^{-\frac{1}{2}(1-2t)z^2} dz$$
$$= \frac{1}{\sqrt{1-2t}}, \ t < \frac{1}{2}$$

따라서 U의 적률생성함수는 다음과 같이 정리되고 이는 자유도가 k인 카이제곱 분포의 적률생성함수와 같다.

$$\prod_{i=1}^{k} E\left[e^{tZ_i^2} \right] = \left(\frac{1}{1-2t} \right)^{k/2}, \ t < \frac{1}{2}$$

[정리 7.8] $X_1, \ldots, X_n$이 평균이 μ 분산이 σ^2인 정규분포의 확률표본이면,

$$U = \sum_{i=1}^{n} (X_i - \mu)^2 / \sigma^2$$은 자유도가 n인 카이제곱분포를 따른다.

μ 또는 σ^2이 알려져 있지 않다면 U는 통계량이 아니다. 이 정리의 중요한 점은 표준정규분포를 따르는 상호 독립인 확률변수의 제곱합은 합에서의 항의 개수과 같은 수를 자유도로 갖는 카이제곱분포를 따른다는 것이다.

[**정리 7.9**] $Z_1, Z_2, \ldots, Z_n$이 표준정규분포로부터의 확률표본이면

① $\overline{Z}$는 평균이 0이고 분산이 $1/n$을 갖는 정규분포를 따른다.

② $\overline{Z}$ 와 $\displaystyle\sum_{i=1}^{n}(Z_i - \overline{Z})^2$는 독립이다.

③ $\displaystyle\sum_{i=1}^{n}(Z_i - \overline{Z})^2$는 자유도가 $n-1$인 카이제곱분포를 따른다.

μ와 σ^2에 대한 추론을 위해서 확률표본은 평균 μ와 분산 σ^2를 갖는 정규분포로부터 추출됨을 가정한다. [정리 7.9]는 표준정규분포하에서의 결과이며 위의 정리는 다음과 같이 표현할 수 있다.

Z_i를 $(X_i - \mu)/\sigma$로 변환하면

① $\overline{Z} = \dfrac{1}{n}\displaystyle\sum_{i=1}^{n}\dfrac{(X_i - \mu)}{\sigma} = \dfrac{(\overline{X} - \mu)}{\sigma}$ 는 평균이 0 과 분산이 $1/n$을 갖는 정규분포를 따른다.

② $\overline{Z} = \dfrac{(\overline{X} - \mu)}{\sigma}$ 와 $\displaystyle\sum_{i=1}^{n}(Z_i - \overline{Z})^2 = \sum_{i=1}^{n}\left[\dfrac{(X_i - \mu)}{\sigma} - \dfrac{(\overline{X} - \mu)}{\sigma}\right]^2$

$= \displaystyle\sum_{i=1}^{n}\left[\dfrac{(X_i - \overline{X})^2}{\sigma^2}\right]$ 는 독립이며 그것은 $\overline{X}$와 $\displaystyle\sum_{i=1}^{n}(X_i - \overline{X})^2$이 독립임을 의미한다.

③ $\displaystyle\sum_{i=1}^{n}(Z_i - \overline{Z})^2 = \sum_{i=1}^{n}\left[\dfrac{(X_i - \overline{X})^2}{\sigma^2}\right]$ 는 자유도가 $n-1$인 카이제곱분포를 따른다.

[**정리 7.10**] $S^2 = \dfrac{1}{n-1}\displaystyle\sum_{i=1}^{n}(X_i - \overline{X})^2$가 평균이 μ, 분산이 σ^2인 정규분포로부터 추출된 확률표본의 표본분산이면 $U = \dfrac{(n-1)S^2}{\sigma^2}$ 는 자유도가 $n-1$인 카이제곱분포를 따른다.

7.4.3 F분포

F분포는 카이제곱분포를 따르는 2개의 확률변수를 각각의 자유도로 나눈 2개의 독립적인 확률변수의 비에 대한 분포이다. F분포는 9장과 10장의 통계적 추론에서 유용하게 사용되는 분포이다. 서로 독립인 U와 V를 자유도가 각각 m와 n를 갖는 카이제곱분포를 따른다고 하자. [정의 7.5]를 이용하면 이 두 확률변수의 결합확률밀도함수는 다음과 같이 정의할 수 있다.

$$f(u,v) = \frac{1}{\Gamma(m/2)\Gamma(n/2)2^{(m+n)/2}} u^{(m-2)/2} v^{(n-2)/2} e^{-\frac{1}{2}(u+v)},\ 0 < u < \infty,$$
$$0 < v < \infty$$

이 결합확률밀도함수는 분산의 비(varianne ratio)라고 불리는 $\dfrac{U/m}{V/n}$ 의 분포를 찾는데 이용된다. $X = \dfrac{U/m}{V/n}$, $Y = V$라고 치환하면 다음과 같은 X, Y의 결합확률밀도함수를 구할 수 있고 이를 적분하여 X의 주변확률밀도함수를 구할 수 있다.

$$f(x,y) = \frac{m}{n}y \frac{1}{\Gamma(m/2)\Gamma(n/2)2^{(m+n)/2}} \left(\frac{m}{n}xy\right)^{(m-n)/2} y^{(n-2)/2} e^{-\frac{1}{2}[(m/n)xy+y]}$$

$$\begin{aligned}
f_X(x) &= \int_0^\infty f(x,y)dy \\
&= \frac{1}{\Gamma(m/2)\Gamma(n/2)2^{(m+n)/2}} \left(\frac{m}{n}\right)^{m/2} x^{(m-2)/2} \int_0^\infty y^{(m+n-2)/2} e^{-\frac{1}{2}[(m+n)x+1]y} dy \\
&= \frac{\Gamma[(m+n)/2]}{\Gamma(m/2)\Gamma(n/2)} \left(\frac{m}{n}\right)^{m/2} \frac{x^{(m-2)/2}}{[1+(m/n)x]^{(m+n)/2}},\ 0 < x < \infty
\end{aligned}$$

> **[정리 7.11]** 서로 독립인 두 확률변수 U, V가 각각 자유도가 m, n인 카이제곱분포를 따른다면 $X = \dfrac{U/m}{V/n}$ 는 자유도가 m, n인 F분포를 따른다.

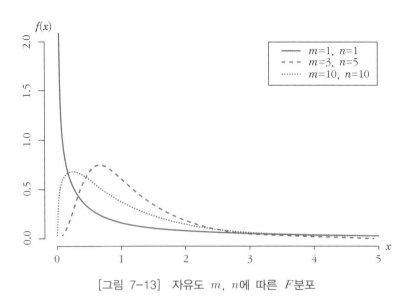

[그림 7-13] 자유도 m, n에 따른 F분포

자유도 m과 n에 대해 F분포의 밀도는 대칭형태가 아니므로 자유도의 순서가 매우 중요하다. 일반적으로 m을 분자의 자유도, n을 분모의 자유도라고 부른다. 다음의 정리를 이용하면 두 확률표본의 분산의 비를 추론할 때 F분포가 유용하게 사용된다.

[정리 7.12] $X_1, \cdots, X_{m+1}$는 평균 μ_X와 분산 σ^2를 갖는 정규분포로부터 추출된 크기 $m+1$의 확률표본이고, $Y_1, \cdots, Y_{n+1}$는 평균 μ_Y와 분산 σ^2를 갖는 정규분포로부터 추출된 크기 $n+1$의 확률표본이라고 하자. 두 확률표본들이 서로 독립이라면 $\sum_{i=1}^{m+1} \dfrac{(X_i - \overline{X})^2}{\sigma^2}$는 자유도가 m인 카이제곱분포를 따르고 $\sum_{j=1}^{n+1} \dfrac{(Y_j - \overline{Y})^2}{\sigma^2}$는 자유도가 n인 카이제곱분포를 따른다. 따라서 통계량 $\dfrac{\sum_{i=1}^{m+1}(X_i - \overline{X})^2/m}{\sum_{j=1}^{n+1}(Y_j - \overline{Y})^2/n}$는 자유도가 m과 n인 F분포를 따른다.

F분포와 관련된 추가적인 성질로 확률변수 X가 자유도 m과 n을 갖는 F분포를 따른다면 확률변수 $1/X$은 자유도 n과 m을 갖는 F분포를 따른다. 이 특성에 의해 한 개의 확률변수로 F분포에 대한 꼬리 확률을 구할 수 있다(부록 Ⅳ). 예를 들어 자유도 m

과 n을 갖는 F분포의 .95번째 분위수 $\xi_{.95}$가 주어지면 자유도 n과 m을 갖는 F분포상에서의 .05번째 분위수 $\xi'_{.05}$는 $1/\xi_{.95}$로 구할 수 있다. 일반적으로 X가 자유도 m과 n을 갖는 F분포의 확률변수이고 Y가 자유도 n과 m을 갖는 F분포의 확률변수라면 X의 p번째 분위수 ξ_p는 Y의 $(1-p)$번째 분위수인 ξ'_{1-p} 역수가 된다.

$$p = P[X \le \xi_p] = P\left[\frac{1}{X} \ge \frac{1}{\xi_p}\right] = P\left[Y \ge \frac{1}{\xi_p}\right] = 1 - P\left[Y < \frac{1}{\xi_p}\right],$$

$1-p = P[Y \le \xi'_{1-p}]$이므로 두 관계식으로부터 $\xi'_{1-p} = \dfrac{1}{\xi_p}$임을 알 수 있다.

7.4.4 t분포

통계적 추론에서 유용하게 사용되는 또 다른 분포는 표준정규분포를 따르는 확률변수와 카이제곱분포를 따르는 확률변수의 비에 대한 분포이다. 즉, Z가 표준정규분포의 확률변수이고 U가 자유도 k를 갖는 카이제곱분포의 확률변수이면서 서로 독립이면 $X = \dfrac{Z}{\sqrt{U/k}}$ 의 분포를 구할 수 있다. Z와 U의 결합밀도함수는 $0 < u < \infty$에 대해 다음과 같다.

$$f(z,u) = \frac{1}{\sqrt{2\pi}} \frac{1}{\Gamma(k/2)} \left(\frac{1}{2}\right)^{k/2} u^{(k/2)-1} e^{-\frac{1}{2}u} e^{-\frac{1}{2}z^2}$$

$X = \dfrac{Z}{\sqrt{U/k}}$ 와 $Y = U$로 치환하면 다음과 같은 X, Y의 결합확률밀도함수를 구할 수 있고 이를 적분하여 X의 주변확률밀도함수를 구할 수 있다.

$$f(x,y) = \sqrt{\frac{y}{k}} \frac{1}{\sqrt{2\pi}} \frac{1}{\Gamma(k/2)} \left(\frac{1}{2}\right)^2 y^{(k/2)-1} e^{-\frac{1}{2}y} e^{-\frac{1}{2}x^2 y/k} \ , \ 0 < y < \infty$$

$$f_X(x) = \int_{-\infty}^{\infty} f(x,y)dy$$

$$= \frac{1}{\sqrt{2k\pi}} \frac{1}{\Gamma(k/2)} \left(\frac{1}{2}\right)^{k/2} \int_0^\infty y^{k/2-1+\frac{1}{2}} e^{-\frac{1}{2}(1+x^2/k)y} dy$$

$$= \frac{\Gamma[(k+1)/2]}{\Gamma(k/2)} \frac{1}{\sqrt{k\pi}} \frac{1}{(1+x^2/k)^{(k+1)/2}}$$

[정의 7.6] 확률변수 X가 위의 $f_X(x)$의 확률밀도함수를 가지면 확률변수 X는 t분포를 갖는다고 정의되며, $f_X(x)$를 자유도 k인 t분포의 확률밀도함수라고 한다.

[정리 7.13] 확률변수 Z는 표준정규분포를 따르고 확률변수 U는 자유도가 k인 카이제곱분포를 따르며 Z와 U가 독립이면 $X = \dfrac{Z}{\sqrt{U/k}}$ 는 자유도가 k인 t분포를 따른다.

---

t분포는 자유도가 커짐에 따라 표준정규분포에 근접해 간다. 즉, $k \to \infty$ 이면 t분포의 밀도는 표준정규분포의 밀도와 같아진다. 또한 자유도가 k인 t분포를 따르는 확률변수의 제곱은 자유도가 1과 k인 F분포를 따르게 된다. 다음의 정리는 t분포가 확률표본에서 유용하게 사용되게 한다.

[정리 7.14] $X_1,\dots,X_n$이 평균 μ와 분산 σ^2를 갖는 정규분포로부터 추출된 크기 n의 확률표본이라면 $\dfrac{\overline{X} - \mu}{\sigma/\sqrt{n}}$ 는 표준정규분포를 따르고 $\displaystyle\sum_{i=1}^{n} \dfrac{(X_i - \overline{X})^2}{\sigma^2}$ 는 자유도가 $n-1$인 카이제곱분포를 따르며 두 확률변수는 서로 독립이다.

확률변수 $\dfrac{(\overline{X} - \mu)/(\sigma/\sqrt{n})}{\sqrt{(1/\sigma^2) \displaystyle\sum_{i=1}^{n}(X_i - \overline{X})^2/(n-1)}} = \dfrac{\sqrt{n(n-1)}\,(\overline{X} - \mu)}{\sqrt{\displaystyle\sum_{i=1}^{n}(X_i - \overline{X})^2}}$ 은 자유도 $n-1$ 인 t분포를 따른다.

7.5 표본비율의 표본분포

모집단에서 연속형 변수의 모수인 평균과 마찬가지로 이산형 변수의 모수인 비율도 매우 중요하다. 모집단 비율 p에 대한 통계량으로 표본비율 $\hat{p}$을 사용하는데 $\hat{p}$는 $\overline{X}$와 마찬가지로 표본마다 값이 변동하고 표본분포에 의해 설명된다. 예를 들어 어느 회사에서 생산되는 전구의 불량률을 추론하려면 전체 전구 중 무작위로 표본을 추출해야 한다. 추출한 표본 중 불량품의 개수를 파악하여 전체 불량률 p를 추론하는데 표본에서 구해진

비율을 표본비율 $\hat{p}$이라고 한다.

[정의 7.7] 표본크기 n인 표본을 무작위 추출하여 관심이 있는 사건의 발생횟수를 Y라고 하면 표본비율은 다음과 같다.

$$\hat{p} = \frac{Y}{n} = \frac{1}{n}\sum_{i=1}^{n} X_i, \quad X_i = \begin{cases} 1, & \text{성공일 때} \\ 0, & \text{실패일 때} \end{cases}$$

표본평균 $\overline{X}$의 평균과 분산의 특성을 살펴본 것과 같이 표본비율 $\hat{p}$의 평균과 분산의 특성을 살펴보자. 표본크기 n인 표본에서 관심이 있는 사건의 발생횟수를 Y라고 할 때 확률변수 Y는 모수가 n과 p인 이항분포를 따른다. 이항분포를 따르는 확률변수 Y의 평균은 $E(Y) = np$이고 분산은 $Var(Y) = np(1-p)$이므로 표본비율 $\hat{p}$의 평균과 분산은 다음과 같다.

[정리 7.15] 표본비율 $\hat{p}$의 평균, 분산, 표준오차는 다음과 같다.

$$E(\hat{p}) = p, \ Var(\hat{p}) = \frac{p(1-p)}{n}, \ \sigma(\hat{p}) = \sqrt{\frac{p(1-p)}{n}}$$

증명 $E(\hat{p}) = E\left(\dfrac{Y}{n}\right) = \dfrac{1}{n}E(Y) = \dfrac{1}{n}(np) = p$

$Var(\hat{p}) = Var\left(\dfrac{Y}{n}\right) = \dfrac{1}{n^2}Var(Y) = \dfrac{1}{n^2}(np(1-p)) = \dfrac{p(1-p)}{n}$

이항분포를 따르는 확률변수 Y는 n번 시행에서 성공의 횟수를 의미하고 이는 각 표본의 단위가 0 또는 1을 갖는 베르누이분포를 따르는 확률변수로 생각할 수 있으므로 n개 표본단위들의 합으로 표현할 수 있다. 즉,

$$X_i = \begin{cases} 1, & i\text{번째 시행에서 성공이 발생} \\ 0, & i\text{번째 시행에서 실패가 발생} \end{cases}$$

이고 X_i, $i = 1,...,n$들은 상호 독립이므로 $Y = \sum_{i=1}^{n} X_i$로 표현할 수 있다. 따라서 표본크기 n인 표본비율 $\hat{p}$은 다음과 같이 표현할 수 있다.

$$\hat{p} = \frac{Y}{n} = \frac{1}{n}\sum_{i=1}^{n}X_i = \overline{X}$$

따라서 표본비율의 표본분포는 표본평균의 표본분포와 동일한 특성을 갖는다. 즉, 표본크기 n인 무작위 추출된 표본에서 표본비율 $\hat{p}$은 모집단의 비율 p를 중심으로 변동하며 표준오차는 $\sqrt{\dfrac{p(1-p)}{n}}$ 이다. 또한 표본비율의 분포는 표본크기 n이 커짐에 따라 모집단 비율 p에 집중되며 **중심극한정리**에 의해 평균이 p이고 분산이 $p(1-p)/n$인 정규분포에 접근해 간다.

예제 7-15 우리나라의 실업률이 8%라고 한다. 정부에서는 매월 100명씩 표본을 추출하여 실업률을 조사한다고 할 때 다음 물음에 답하라.

a) 표본비율의 평균, 분산, 표준오차를 구하라.

b) 표본을 조사한 결과 실업률이 10% 이상으로 조사될 확률을 구하라.

풀이 a) $p = 0.08$이므로 평균, 분산, 표준오차는 다음과 같다.

$$E(\hat{p}) = p = 0.08$$
$$Var(\hat{p}) = \frac{p(1-p)}{n} = \frac{(0.08)(0.92)}{100} \approx 0.0007$$
$$\sigma(\hat{p}) = \sqrt{0.0007} = 0.0265$$

이 성질은 이항분포의 정규근사를 이용하여 설명할 수 있다. 확률변수 Y가 모수 (n, p)를 갖는 이항분포를 따를 때 표본비율 $\hat{p} = \dfrac{Y}{n}$와 관련된 확률은 Y와 관련된 확률과 같다. 따라서 $\hat{p}$의 분포는 Y의 분포인 이항분포와 같은 형태이다. 그러므로 이항분포처럼 $\hat{p}$의 분포는 n이 클 경우 정규분포로 근사된다.

b) 표본크기 n이 100으로 충분히 크므로 중심극한정리에 의해 표본비율 $\hat{p}$은 평균이 0.08이고 분산이 0.0007인 정규분포를 따른다. 따라서 우리가 구하고자 하는 확률은 $P(\hat{p} \geq 0.1)$이므로 다음과 같이 구할 수 있다.

$$P(\hat{p} \geq 0.1) = P\left(Z \geq \frac{\hat{p} - E(\hat{p})}{\sigma(\hat{p})}\right)$$
$$= P\left(Z \geq \frac{0.1 - 0.08}{0.0265}\right) \approx P(Z \geq 0.75) = 0.2266$$

따라서 실업률이 10% 이상으로 조사될 확률은 0.2266이다.

예제 7-16 어떤 공장에서 하루 생산량에 대한 불량률이 0.2라고 한다. 이 공장에서 하루 동안 생산된 제품 10개를 무작위로 추출했을 때 불량품이 4개를 초과해서 나올 확률을 다음에 제시한 방법을 이용하여 구하라.

a) 이항분포를 사용하여 정확한 확률을 구하라.

b) 이항분포의 정규근사를 사용하여 위의 확률을 구하라.

c) 표본비율의 정규근사를 이용하여 위의 확률을 구하라.

풀이 a) X를 하루 생산품 10개 중 불량품의 개수라고 하면 X는 $n=10$, $p=0.2$인 이항분 포를 따르는 확률변수가 된다. 따라서 우리가 구하고자 하는 확률은 다음과 같다.

$$P(X>4) = P(X \geq 5) = \sum_{x=5}^{10} \binom{10}{x} (0.2)^x (0.8)^{10-x} = 0.033$$

b) 이항분포를 따르는 확률변수 X에 대해 정규근사시킨 확률을 구해보면 다음과 같다.
① 연속성 수정을 할 경우

$$P(X>4) \approx P(X \geq 4.5) = P\left(Z \geq \frac{4.5 - 10(0.2)}{\sqrt{10(0.2)(0.8)}}\right)$$
$$= P(Z \geq 1.98) = 0.024$$

② 연속성 수정을 하지 않을 경우

$$P(X>4) = P(X \geq 5) = P\left(Z \geq \frac{5 - 10(0.2)}{\sqrt{10(0.2)(0.8)}}\right)$$
$$= P(Z \geq 2.37) = 0.0089$$

c) 모비율 $p=0.2$이고 $n=10$이므로 표본비율 $\hat{p} \sim N(0.2, 0.016)$인 정규분포에 근 사한다. 따라서 정규근사시킨 확률을 구해보면 다음과 같다.
① 연속성 수정을 할 경우

$$P\left(\hat{p} > \frac{4}{10}\right) = P\left(\hat{p} \geq \frac{4.5}{10}\right)$$
$$= P\left[Z \geq \frac{\frac{4.5}{10} - 0.2}{\sqrt{(0.2)(0.8)/10}}\right] = P(Z \geq 1.98) = 0.024$$

② 연속성 수정을 하지 않을 경우

$$P(\hat{p} > 0.4) = P\left(Z \geq \frac{0.5 - 0.2}{\sqrt{(0.2)(0.8)/10}}\right) = P(Z \geq 2.37) = 0.0089$$

연속성 수정을 적용시킴으로써 참값에 근접한 값을 얻을 수 있다. 그러나 표본크 기 n이 크면 연속성 수정의 효과를 무시할 수 있다.

예제 7-17 A동 아파트에 살고 있는 사람 중 15명이 학생이라고 한다. 그 중에 남학생이 10명보다 많을 확률을 구하라.(전국 남녀학생의 비율이 .5로 가정)

풀이 〈방법 1〉 이항분포

확률변수 X는 $n=15$, $p=\dfrac{1}{2}$인 이항분포를 따르므로 $X \sim b\left(15, \dfrac{1}{2}\right)$이다.

부록 Ⅶ의 누적이항분포표를 이용하면 다음과 같이 구할 수 있다.

$$P(X > 10) = P(X \geq 11) = 0.0592$$

〈방법 2〉 이항분포의 정규근사

① 연속성 수정을 할 경우

$$
\begin{aligned}
P(X > 10) &= P(X \geq 10.5) \\
&= P\left(Z \geq \frac{10.5 - 15 \times 0.5}{\sqrt{15 \times 0.5 \times 0.5}}\right) \\
&= P(Z \geq 1.55) = 0.061
\end{aligned}
$$

② 연속성 수정을 하지 않을 경우

$$
\begin{aligned}
P(X > 10) &= P(X \geq 11) \\
&= P\left(Z \geq \frac{11 - 15 \times 0.5}{\sqrt{15 \times 0.5 \times 0.5}}\right) \\
&= P(Z \geq 1.81) = 0.0351
\end{aligned}
$$

〈방법 3〉 표본비율의 정규근사

A동 아파트에 사는 학생 중 남학생의 비율이 $\hat{p}$라고 하면 $\hat{p} \sim N\left(0.5, \dfrac{0.25}{15}\right)$이므로 비율에 대한 확률을 정규근사 시켜 구할 수 있다.

① 연속성 수정을 할 경우

$$
\begin{aligned}
P\left(\hat{p} > \frac{10}{15}\right) &\approx P\left(\hat{p} \geq \frac{10.5}{15}\right) \\
&= P\left(Z \geq \frac{10.5/15 - 0.5}{\sqrt{0.5 \times 0.5/15}}\right) \\
&= P(Z \geq 1.55) = 0.061
\end{aligned}
$$

② 연속성 수정을 하지 않을 경우

$$
\begin{aligned}
P\left(\hat{p} > \frac{10}{15}\right) &= P\left(Z \geq \frac{11/15 - 0.5}{\sqrt{(0.5)(0.5)/15}}\right) \\
&= P(Z \geq 1.87) = 0.0351
\end{aligned}
$$

연속성수정을 적용시킴으로서 참값에 매우 근접한 값을 얻을 수 있다.

01. 특정 직종에 종사하는 사람의 연간 소득 분포가 다음 표와 같다고 한다.(단위: 100만 원)

x: 소득	$p_X(x)$
2	0.5
4	0.3
6	0.15
8	0.05

a) 모집단의 μ, σ^2을 계산하라.

b) $n=2$ 표본을 선택한다고 할 때 표본평균 $\overline{X}$의 분포를 그리고 $E(\overline{X})=\mu$임을 보여라.

02. 모집단의 확률분포가 다음과 같다고 할 때 표본크기 $n=2$인 확률표본을 무작위 복원추출하였다. 다음 물음에 답하라.

$X=x$	40	45	50
$p_X(x)$	0.2	0.3	0.5

a) 모평균 μ와 모분산 σ^2을 구하라.

b) $\overline{X}$의 분포를 구하라.

c) $\overline{X}$의 평균과 분산을 구하고 S^2의 평균을 구하라.

03. 확률분포가 $p_X(x)=\dfrac{1}{5}$, $x=3,6,9,10,15$인 모집단에서 $n=3$의 표본을 비복원 무작위추출하였다. 표본평균의 분포와 표본중앙값의 분포를 구하고 막대그래프로 표현하라. 단, $n=3$인 각 확률표본은 동일한 확률 $\dfrac{1}{_NC_n}$을 갖게 추출되었다.

04. 어떤 모집단의 분산이 3이라고 한다. 표본평균 $\overline{X}$로 모평균을 추론하는데 있어서 오차가 ±0.5안에 들 확률을 최소 95%로 하려고 할 때 추출해야 할 최소한의 표본크기

는 얼마인가?

05. 계산원이 고객 한 명의 주문을 처리하는 시간은 독립적이며 평균 2.5분, 표준편차 1분인 확률변수이다. n명의 고객을 2시간 내에 처리 할 확률이 0.1이 되려면 고객 수 n은 몇 명이어야 하는가?

06. 공업회사를 150여 곳을 조사한 결과, 1985년과 비교하여 35% 회사에서 제품의 질이 향상되었다고 한다. 150여 곳의 공업회사에서 표본 수집하여 제품이 향상된 비율 $\hat{p}$를 추정하였다. $\hat{p}$과 실제 향상된 제품을 생산한 공업회사의 비율(p)의 차이가 0.01 이하가 될 확률을 구하라.

07. 확률분포가 아래 표와 같다고 할 때 다음 물음에 답하라.

x	1	2	3	4	5
$p_X(x)$	0.2	0.3	0.2	0.2	0.1

a) 표본크기가 $n = 2$인 경우에 표본평균 $\overline{X}$의 확률분포를 구하라.

b) 표본평균 $\overline{X}$가 4.5 이상일 확률을 구하라.

08. 평균이 15이고 분산이 16인 모집단으로부터 표본크기 $n = 64$인 확률표본을 무작위 추출했을 때 다음 물음에 답하라.

a) 표본평균 $\overline{X}$의 평균과 분산을 구하라.

b) 표본평균 $\overline{X}$의 분포는 어떠한 형태가 되겠는가?

c) 표본평균 $\overline{x} = 15.5$일 때 z값을 구하라.

d) 표본평균 $\overline{x} = 14$일 때 z값을 구하라.

09. 어떤 농장에서 생산되는 사과 한 상자의 무게가 평균이 6kg이고 표준편차가 2.5라고 한다. 이 농장에서 생산되는 사과상자 중 50개의 상자를 추출하여 무게를 측정하였다고 할 때 다음 물음에 답하라.

a) 사과상자 무게의 평균을 $\overline{X}$라고 할 때 $\overline{X}$의 평균과 분산을 구하라.

b) 사과상자 무게의 평균이 5.75kg과 6.25kg 사이에서 발생할 확률을 구하라.

c) 사과상자 무게의 평균이 5.5kg보다 작을 확률을 구하라.

10. 어느 여론조사기관에서 국민연금 실시에 대한 예비조사를 한 결과 30%가 찬성하고

나머지 70%는 반대했다고 한다. 이 비율이 옳다고 가정하고 50명의 표본을 무작위 추출했을 때 다음 물음에 답하라.

a) 표본비율 $\hat{p}$의 평균과 분산을 구하라.

b) 표본조사 결과 국민연금에 찬성하는 비율이 35% 이상일 확률을 구하라.

11. 컴퓨터 부품을 만드는 공장에서 부품의 불량률이 2%라고 한다. 1,000개의 부품 중 40개 이상이 불량일 확률은 얼마인가?

12. 어느 선박회사에서는 세 가지 부피($27ft^3$, $125ft^3$, $512ft^3$)의 컨테이너만을 다룬다고 한다. X_i $(i = 1,2,3)$를 i번째 기간 동안 배에 실린 컨테이너의 수라고 할 때, 모집단 의 평균과 표준편차는 다음과 같다.

$\mu_1 = 200$, $\mu_2 = 250$, $\mu_3 = 100$, $\sigma_1 = 10$, $\sigma_2 = 12$, $\sigma_3 = 8$

a) X_1, X_2, X_3가 서로 독립이라면 배에 실린 컨테이너의 전체 부피에 대한 기대값 과 분산을 구하라. 즉, $27X_1 + 125X_2 + 512X_3$에 대한 기대값과 분산을 구하라.

b) a)에서 X_1, X_2, X_3가 서로 독립이 아니라면 기대값과 분산은 각각 어떻게 되는 가?

13. X_1, X_2, X_3들은 서로 독립이고 평균이 각각 μ_1, μ_2, μ_3이고 분산이 각각 σ_1^2, σ_2^2, σ_3^2인 정규분포를 따른다고 할 때 다음 물음에 답하라.

a) $\mu_1 = \mu_2 = \mu_3 = 100$, $\sigma_1^2 = \sigma_2^2 = \sigma_3^2 = 12$일 때, $P(X_1 + X_2 + X_3 \leq 309)$를 계 산하라.

b) a)에서 $P(98 \leq \overline{X} \leq 102)$를 계산하라.

c) $\mu_1 = 90$, $\mu_2 = 100$, $\mu_3 = 110$, $\sigma_1^2 = 10$, $\sigma_2^2 = 12$, $\sigma_3^2 = 14$일 때
$P(98 \leq \overline{X} \leq 102)$를 계산하라.

14. 평균이 1이고, 표준편차가 0.36인 정규분포를 따르는 모집단으로부터 $n = 5$인 확률 표본을 무작위 추출한다고 할 때 다음 물음에 답하라.

a) 표본평균 $\overline{X}$의 평균과 표준편차를 구하라.

b) $P(\overline{X} \geq 1.3)$을 계산하라.

c) $P(\overline{X} < 0.5)$을 계산하라.

d) $P(0.7 < \overline{X} < 1.5)$을 계산하라.

15. 손님이 많은 어떤 대형 상점의 식료품 매장의 하루 평균 판매량을 $\overline{X}$(단위: 만원)라고 하자. 이 판매량 X는 당일 물품을 구입한 고객들에 의해 결정되어진다.

   a) X는 어떤 분포를 따르는지 설명하라.

   b) 이 식품 매장의 고객당 평균 소비액은 $E(X) = 5.50$이고, $\sigma = 2.50$이다. 만약 30명의 고객이 이 식품 매장에서 물건을 구입하였을 때 특정일의 평균 판매량 $\overline{X}$의 평균과 표준편차를 구하라.

16. 제조업체에서 생산되는 전류계의 설명서에는 게이지 판독값의 표준편차가 0.2 amp라고 표시되어있다. 생산된 전류계의 성능을 시험하기 위해 전류계 중 임의로 15개를 선택하여 측정하였다. 이때 15개 표본의 표본분산이 0.065보다 클 확률을 구하라. 단, 전류계에서 측정된 게이지는 정규분포를 따른다고 하자.

17. 한 국가의 서비스업 아르바이트생의 임금의 하루 평균은 8만원, 표준편차는 0.5만원으로 알려져 있다. 한 지역의 서비스업 아르바이트생의 임금이 전국 평균과 동일한지 알기 위하여 지역에서 64명 표본을 임의로 추출하였다. 이때 추출된 서비스업 아르바이트생의 평균 임금이 7.90만원보다 작을 확률을 구하라.

18. 수도권 지역과 비수도권 지역에서 선거를 한다고 할 때, 어떤 특정 후보자에 대한 수도권 지역 사람들의 지지율이 0.60이고 비수도권 지역 사람들의 지지율은 0.45라고 한다. 만약 수도권과 비수도권 투표자의 수가 각각 300과 200일 경우 그 특정 후보자를 지지하는 투표자의 수가 적어도 250명 이상일 근사 확률은 얼마인가?(단, 수도권과 비수도권에서 어떤 특정 후보자를 지지하는 사람의 수는 서로 독립이다.)

19. 연구자들은 배아의 초기 분열 단계에서 세포의 핵이 정상적으로 발달을 돕는 핵 이식 수술을 개발하였다. 초기 분열 단계에서 하나의 이식이 성공적으로 이루어질 확률이 0.65라면, 50번의 이식을 시도하였을 때 35번 이상 성공적으로 이식이 이루어질 확률을 구하라.

20. 어떤 병원에서 출생하는 신생아 10명 중 6명 이상이 여아일 확률을 다음의 방법으로 구하라.

   a) 이항분포를 이용하여 정확하게 계산하라.

   b) 정규분포를 이용하여 근사적으로 계산하라.

   c) 연속성수정을 이용하여 정규근사하여 계산하라.

21. 항공사는 항공편에 예약하였지만 실제 탑승하지 않는 고객은 예약인원 중 15%이다. 항공사에는 170석인 항공편에 대해 180석의 티켓을 판매하였다면, 실제 탑승하는 고객이 정해진 좌석을 초과할 확률을 구하라.

22. 특정 지역에서 유권자의 20%가 국가채권문제에 관심이 있다. 여론조사원은 81명이면 지역을 대표하기에 충분히 큰 표본 수라고 생각하여 81명의 유권자를 무작위로 선택하여 채권문제에 관심이 있는지 알아보았다. 선택된 유권자 중 채권문제에 관심이 있는 표본비율과 실제 채권문제에 관심을 가지고 있을 비율의 차이가 0.06이하일 확률을 구하라.

23. 한 고객의 주문을 처리하는데 걸리는 시간은 평균이 8분인 지수분포를 따른다. 만약 100명의 고객이 찾아왔다면, 그들 중 40% 이상이 10분 이상 기다렸을 확률을 구하라.

24. 구슬을 한 번 움켜잡을 때 손에 잡히는 구슬의 개수인 X의 확률분포는 다음과 같다.

x	4	5	6	7
$p_X(x)$	0.3	0.4	0.2	0.1

a) X의 평균과 분산을 구하라.

b) 구슬잡기를 49번 시행할 때의 표본평균 $\overline{X}$의 평균과 분산을 구하라.

c) 구슬잡시를 49번 시행할 때의 구슬의 평균개수가 5.5보다 크게 될 확률을 구하라.

25. 한 TV 방송국에서 시청률이 40%로 알려진 연속극이 있다. 프로그램의 편성을 새로 한 후 50명의 시청자를 무작위로 선택하여 이 연속극의 시청 여부를 물었다. 이 드라마에 대한 시청률이 전과 동일하다고 할 때 다음 물음에 답하라.

a) 50명의 시청자 중 20명 미만이 시청할 확률을 연속성 수정하여 구하라.

b) 50명의 시청자 중 30명 이상이 시청할 확률을 연속성 수정하여 구하라.

26. 어떤 대학에서 학생들의 학점(X)은 평균이 2.5이고 표준편차가 0.4라고 한다. 만약 36명의 학생을 무작위로 추출하여 학점을 조사했을 때, 다음 물음에 답하라.

a) 36명의 표본에 대한 표본평균 $\overline{X}$가 2.4 보다 작을 확률을 구하라.

b) 36명의 표본에 대한 표본평균 $\overline{X}$가 구간 (2.4, 2.7)안에 놓일 확률을 구하라.

27. 레스토랑의 고객의 주문금액은 평균 $\mu = 8$만원, 표준편차 $\sigma = 2$인 확률변수를 따른

다고 한다. 다음 물음에 답하라.

a) 처음 100명의 고객의 총 주문 금액이 750만원에서 840만원 사이일 확률을 구하라.

b) 주문받은 총 금액이 2,000만원 이상일 확률이 0.9가 되기 위하여 얼마나 많은 주문을 받아야 하는가?

28. 전구의 수명이 평균 36시간인 지수분포를 따른다고 한다. 품질확인을 위하여 18개의 전구의 수명을 측정하였다. 이때, 측정된 전구들의 수명의 합이 600시간보다 작을 확률을 중심극한정리를 이용하여 구하라.

29. 0에서 100 사이의 값(연속형)이 동일하게 발생 가능한(equally likely) 확률을 갖는 모집단이 있다고 하자. 이 모집단에서 표본크기가 n인 표본을 무작위로 추출하는 행위를 500번 반복하여 각각의 표본에 대한 표본평균 500개를 히스토그램으로 그렸다고 했을 때 다음 물음에 답하라.

a) 표본크기가 $n = 1$인 경우와 $n = 30$인 경우에 대해 각각의 히스토그램을 작성하고 히스토그램이 표본크기가 커짐에 따라 어떻게 변하는지 설명하라.

b) 표본크기가 $n = 1$인 경우와 $n = 30$인 경우에 대해 분포에 대한 평균과 분산을 구하라.

30. A가 매일 마시는 우유의 양은 서로 독립적이고 평균과 분산이 각각 13과 4인 분포를 따른다고 한다. 만약 A라는 사람이 현재 192리터의 우유를 가지고 있다고 할 때 현재로부터 2주일 경과 후에 우유가 남아 있을 확률을 구하라.

31. 모집단이 다음의 세 개의 원소로 구성되어 있고 모집단의 분포가 다음과 같을 때 다음 물음에 답하라.

x	10	15	20
$p_X(x)$	0.5	0.1	0.4

a) $n = 2$인 표본을 무작위 복원추출한다고 할 때 표본평균의 분포를 구하라.

b) $n = 2$인 표본을 무작위 복원추출한다고 할 때 표본분산의 분포를 구하라.

제 8 장

점 추 정

제 8 장 점 추 정

지금까지 다룬 전반부 7개의 장은 나머지 후반부에서 다룰 통계적 추론을 위한 기본 이론들을 설명하였다. 즉, 기술통계, 확률이론, 확률변수, 확률분포 등은 통계적 추론을 위한 기본적인 확률이론이고 7장의 표본분포는 기본적인 확률이론과 통계적 추론을 연결시켜 주는 이론이다. 특히 중심극한정리는 통계적 추론을 위해 많이 사용되는 이론이다.

통계적 추론은 모집단의 특성을 나타내는 모수(parameter)에 관한 의사결정이나 예측이다. 특히 모수에 관한 통계적 추론은 **추정**(estimation)과 **가설검정**(hypothesis testing)으로 나뉜다. 8장과 9장은 추정에 관하여 살펴보고 10장은 가설검정에 관하여 설명한다.

모르는 모수의 참값을 추론하기 위해 표본을 추출하여 하나의 값으로 모수를 추측하거나 모수가 속하는 범위를 추측하는 데 전자를 **점추정**(point estimation)이라 하고 후자를 **구간추정**(interval estimation)이라 한다. 이 장에서는 점추정을 다루기로 한다. 모평균 또는 모비율과 같은 우리가 관심 있는 모수에 대해 알려고 할 때 점추정의 목적은 표본을 사용하여 모수의 참값을 효율적으로 추측하는데 있다. 이 장에서는 점추정의 일반적인 성격에 대해서 알아본다.

8.1 점추정량

모집단으로부터 추출한 표본은 미지의 모집단의 모수에 대한 정보를 얻기 위한 것이다. 예를 들어 특정 상품의 선호도를 알아보고자 할 때 모든 고객을 대상으로 전부 조사하는 것은 불가능하므로 표본을 추출하여 특정 상품의 선호도에 대한 정보를 조사한다. 이때 표본으로부터 구한 대표값들은 확률변수에 대해 실제로 얻어진 값으로 표본에 따라 달라지는 확률변수이다. 이와 같은 표본에서 얻어지는 확률변수를 통계량이라고 부른다.

[정의 8.1] 통계량

관측 가능한 확률변수의 함수를 **통계량**(statistic)이라 하고 통계량은 그 자신이 관측 가능한 확률변수이며 미지의 모수를 포함하지 않는다.

표본평균 $\overline{X} = \dfrac{1}{n}\sum_{i=1}^{n} X_i$는 확률변수 X_i, $i = 1,...,n$들의 함수로 이루어지며 $\overline{X}$ 자체도 확률변수이다. 그리고 미지의 모수를 포함하지 않으므로 $\overline{X}$는 통계량이다. 마찬가지로 표본분산 S^2도 통계량이다.

[정의 8.2] 추정량

모수를 추정하기 위해 사용되는 통계량을 **추정량**(estimator)이라 하고 추정량이 관측되어 얻어진 값을 **추정값**(estimate)이라고 한다.

통계량 또는 추정량은 공식으로 나타낼 수 있다. 예를 들어 어떤 직종에 월평균 소득을 알기 위하여 모집단으로부터 일정한 크기의 표본을 추출하여 평균을 구한 결과 평균 소득이 200만원이었다면 표본평균 $\overline{X}$는 모평균 μ의 추정량이며 200만원은 모평균 μ의 추정값이다.

[정리 8.1] 점추정량

하나의 값으로 모수를 추정하는 통계량을 **점추정량**(point estimator)이라 하고 점추정량으로 얻어진 값을 **점추정값**(point estimate)이라고 한다.

예제 8-1   자동차 부품 회사에서 새로 개발된 범퍼가 기존의 범퍼에 비해 충격을 더 흡수한다고 한다. 이 회사에서는 새로 개발된 범퍼를 착용한 소형차 25대를 이용하여 벽에 충돌 실험을 하였다. X는 충돌 후 손상이 없는 소형차의 수라고 하고 모수 p는 충돌 후 손상이 없는 비율이라고 하자. 만약 실험결과 15대에서 충돌 후 손상이 없었다면 추정량은 $\hat{p} = \dfrac{X}{n}$이고 추정값은 $\dfrac{x}{n} = \dfrac{15}{25} = 0.6$이다.

추정량은 통계량으로서 확률변수이나 추정값은 추정량에 대한 관측된 값이다. 이 절에서는 모수에 대한 통계량으로서 점추정을 설명하고자 한다. 예를 들어 모평균 μ를 추정하고자 할 때 지금까지 우리는 일반적으로 표본평균 $\overline{X}$를 사용하였다. 그러나 앞에서 설명하였듯이 모평균에 대한 추정량으로 표본평균만이 있는 것은 아니라 중앙값, 최빈값 등이 있다. 이러한 추정량 중 어떤 추정량이 모수에 대한 좋은 추정량인지 판단해야 한다. 일반적으로 좋은 추정량을 판단하는 기준으로 불편성, 최소분산, 일치성의 세 가지 성격이 있다. 그리고 분명한 사실은 표본에서 얻은 통계량 또는 추정량은 표본을 추출할 때마다 변하게 되므로 확률변수라는 것이다. 불편성, 최소분산, 일치성의 세 가지 성격은 모수에 대한 추정량으로서 우리가 바라는 성격일 뿐 필수불가결한 성격은 아니다. 하지만 이러한 성격이 충족될수록 좋은 추정량이라고 판단할 수 있다.

8.1.1 불 편 성

추정량은 통계량이므로 반복해서 측정할 경우 추정량도 표본분포(sampling distribution)를 가진다. 추정량의 표본분포는 그 추정량이 얼마나 좋은 추정량인가에 대한 정보를 제공한다. 좋은 추정량이 갖추어야 할 첫 번째 성질로 추정량의 표본분포는 모수를 중심으로 분포해야 한다는 것이다. 즉, 모수를 θ라고 하고 그에 대한 추정량을 $\hat{\theta}$라고 할 때 $\hat{\theta}$은 표본이 바뀔 때마다 값이 바뀌므로 $\hat{\theta}$은 표본분포를 갖는다. 우리는 $\hat{\theta}$의 표본분포에서 $\hat{\theta}$의 표본분포의 평균이 추정할 모수 θ와 같아지기를 희망할 것이다. 즉, $\hat{\theta}$이 θ를 중심으로 분포한다면 그것의 기대값은 모수 θ가 될 것이다. 이와 같이 추정량 $\hat{\theta}$의 기대값이 θ가 될 때 **불편성**(unbiasedness)을 만족한다고 하며 $\hat{\theta}$을 모수 θ에 대한 **불편추정량**(unbiased estimator)이라고 한다.

[정의 8.3] 추정량 $\hat{\theta}$이 다음을 만족할 때 $\hat{\theta}$은 모수 θ에 대한 **불편추정량**이다.

$$E(\hat{\theta}) = \theta$$

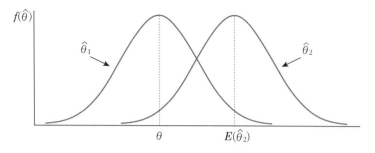

$f(\hat{\theta})$

$\hat{\theta}_1$

$\hat{\theta}_2$

θ　　　　$E(\hat{\theta}_2)$

[그림 8-1] 불편성 $E(\hat{\theta}_1) = \theta$

[그림 8-1]에서 보면 $\hat{\theta}_1$은 불편추정량이며 $\hat{\theta}_2$는 불편추정량이 아니다. $\hat{\theta}_2$의 분포는 모수 θ의 오른쪽 방향으로 이동된 형태의 분포를 가진다. 즉, $\hat{\theta}_2$는 불편추정량 $\hat{\theta}_1$보다 모수를 더 과대추정하기 쉽다.

7장에서 살펴보았듯이 $E(\overline{X}) = \mu$이므로 표본평균 $\overline{X}$는 μ에 대한 불편추정량이다. 표본에서 모분산 σ^2의 추정량으로 편차제곱합을 자유도 $n-1$로 나누어 주는 값을 사용하는 이유는 자유도로 나눈 S^2이 σ^2에 대한 불편추정량이기 때문이다. 즉, $E(S^2) = \sigma^2$이 성립한다는 의미이고 이에 대한 증명은 예제 8-2에서 살펴본다.

예제 8-2　　표본분산 S^2이 모분산 σ^2의 불편추정량이 됨을 보여라.

풀이　〈방법 1〉 먼저 표본분산을 다음과 같이 정리한다.

$$S^2 = \frac{\sum_{i=1}^{n}(X_i - \overline{X})^2}{n-1} = \frac{\sum_{i=1}^{n}(X_i^2 - 2X_i\overline{X} + \overline{X}^2)}{n-1} = \frac{1}{n-1}\left[\sum_{i=1}^{n}X_i^2 - \frac{1}{n}\left(\sum_{i=1}^{n}X_i\right)^2\right]$$

위의 정리된 표본분산과 $E(X^2) = Var(X) + (E(X))^2$을 이용하면 다음과 같이 불편추정량임을 증명할 수 있다.

$$\begin{aligned}
E(S^2) &= \frac{1}{n-1}\left[\sum_{i=1}^{n}E(X_i^2) - \frac{1}{n}E\left[\left(\sum_{i=1}^{n}X_i\right)^2\right]\right] \\
&= \frac{1}{n-1}\left[\sum_{i=1}^{n}(\sigma^2 + \mu^2) - \frac{1}{n}\left\{Var\left(\sum_{i=1}^{n}X_i\right) + \left(E\left(\sum_{i=1}^{n}X_i\right)\right)^2\right\}\right] \\
&= \frac{1}{n-1}\left[n\sigma^2 + n\mu^2 - \frac{1}{n}(n\sigma^2 + n^2\mu^2)\right] \\
&= \frac{1}{n-1}(n\sigma^2 - \sigma^2) = \sigma^2
\end{aligned}$$

〈방법 2〉 표본분산의 분자에 기대값을 취하면 다음과 같다.

$$E\left[\sum_{i=1}^{n}(X_i - \overline{X})^2\right] = E\left[\sum_{i=1}^{n}X_i^2 - 2\overline{X}\sum_{i=1}^{n}X_i + n\overline{X}^2\right]$$
$$= E\left(\sum_{i=1}^{n}X_i^2 - n\overline{X}^2\right)$$
$$= nE\left(X_i^2\right) - nE\left(\overline{X}^2\right)$$
$$= n(\mu^2 + \sigma^2) - n\left(\mu^2 + \frac{\sigma^2}{n}\right)$$
$$= (n-1)\sigma^2$$

따라서 $E(S^2) = \sigma^2$가 된다.

예제 8-3 X가 이항분포를 따르는 확률변수라고 할 때, 표본비율 $\dfrac{X}{n}$가 성공확률 p의 불편추정량임을 보여라.

풀이 X가 이항분포를 따르는 확률변수이므로 $E(X) = np$이다. 따라서

$$E\left(\frac{1}{n}X\right) = \frac{1}{n}E(X) = \frac{1}{n}np = p$$

가 되고 $\dfrac{X}{n}$는 p의 불편추정량이 된다.

예제 8-4 모평균이 μ인 모집단으로부터 $n = 4$인 확률표본을 X_1, X_2, X_3, X_4라고 하자. 다음과 같은 두 가지 추정방법을 사용하여 모평균 μ의 추정량을 구했을 때 이들이 μ에 대한 불편추정량임을 보여라.

$$\hat{\theta}_1 = \frac{X_1 + X_2 + X_3 + X_4}{4}, \; \hat{\theta}_2 = \frac{X_1 + 2X_2 + 3X_3 + 4X_4}{10}$$

풀이
$$E(\hat{\theta}_1) = E\left(\frac{X_1 + X_2 + X_3 + X_4}{4}\right)$$
$$= \frac{1}{4}\left[E(X_1) + E(X_2) + E(X_3) + E(X_4)\right]$$
$$= \frac{1}{4}(\mu + \mu + \mu + \mu) = \mu$$

$$E(\hat{\theta}_2) = E\left(\frac{X_1 + 2X_2 + 3X_3 + 4X_4}{10}\right)$$
$$= \frac{1}{10}\left[E(X_1) + 2E(X_2) + 3E(X_3) + 4E(X_4)\right]$$
$$= \frac{1}{10}(\mu + 2\mu + 3\mu + 4\mu) = \mu$$

따라서 $\hat{\theta}_1$, $\hat{\theta}_2$ 모두 μ에 대한 불편추정량이다.

$\hat{\theta}$의 기대값이 θ가 아닐 경우 추정량 $\hat{\theta}$을 **편의추정량**(biased estimator)이라고 한다. **편의**(bias)는 추정량의 기대값과 모수와의 차이를 말한다. 따라서 불편추정량은 편의가 0인 추정량이다.

[정의 8.4] 추정량 $\hat{\theta}$의 편의는 다음과 같다.

$$bias(\hat{\theta}) = E(\hat{\theta}) - \theta$$

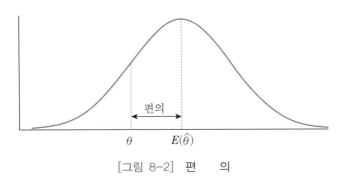

[그림 8-2] 편   의

[그림 8-2]는 추정량의 기대값 $E(\hat{\theta})$과 모수 θ와의 차이를 나타낸 그림으로 추정량의 기대값이 모수 θ에서 얼마나 떨어져 있는가를 보여준다.

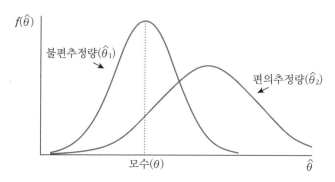

$f(\hat{\theta})$

불편추정량($\hat{\theta}_1$)

편의추정량($\hat{\theta}_2$)

모수(θ)

$\hat{\theta}$

[그림 8-3] 불편추정량과 편의추정량의 분포

[그림 8-3]은 한 가지 예로 불편추정량 $\hat{\theta}_1$의 분포와 편의추정량 $\hat{\theta}_2$의 분포를 보여준다. $\hat{\theta}_1$의 분포와 $\hat{\theta}_2$의 분포가 [그림 8-3]처럼 주어졌다면 불편추정량의 분포는 모수를 중심으로 모수 가까이에 집중적으로 다소 뾰족하게 퍼져있지만 편의추정량의 분포는 분포의 평균이 모수와 떨어져 넓게 퍼져있음을 볼 수 있다. 이는 불편추정량의 성질을 만족하고 분산이 작으면 모수에 가까운 값을 얻을 가능성이 높아짐을 말해 준다.

예제 8-5 Y 잡지사의 지난 몇 달간 구독자 20,000명의 구독횟수가 <표 A>와 같다. 이 자료를 분실하였다는 가정하에 자료를 다시 구축하기 위해 구독자 중 5,000명을 뽑아 전화조사를 실시한 결과는 <표 B>와 같다면 다음 물음에 답하라.

〈표 A〉			〈표 B〉		
구독횟수	도수	상대도수	구독횟수	도수	상대도수
0	10,000	0.50	0	2,800	0.56
1	2,000	0.10	1	500	0.10
2	3,000	0.15	2	700	0.14
3	5,000	0.25	3	1,000	0.20

a) 실제 자료의 평균과 새로 조사한 자료의 평균을 구하라.

b) 5,000번의 전화조사 결과를 지난 몇 달 간의 20,000명의 실제 자료와 비교하여 어떤 결과가 나왔는가?

풀이   a) 실제 자료의 평균은

$$\mu = 0(0.50) + 1(0.10) + 2(0.15) + 3(0.25) = 1.15$$

이고 5,000명의 전화조사 결과의 평균은 다음과 같다.

$$\hat{\mu} = 0(0.56) + 1(0.10) + 2(0.14) + 3(0.20) = 0.98$$

b) $\hat{\mu} - \mu = 0.98 - 1.15 = -0.17$이므로 전화조사의 결과는 실제조사의 결과보다 0.17만큼 과소평가되었음을 알 수 있다.

예제 8-6 예제 8-3에서 p에 대한 추정량으로 $\dfrac{X+1}{n+2}$ 을 사용하였다면 이 추정량이 불편추정량인지 편의추정량인지를 보이고, 편의추정량이라면 편의를 구하라.

풀이 먼저 추정량 $\dfrac{X+1}{n+2}$ 의 기대값을 구해보면 다음과 같다.

$$E\left(\frac{X+1}{n+2}\right) = \frac{1}{n+2}\left[E(X)+1\right] = \frac{np+1}{n+2}$$

따라서 $E\left(\dfrac{X+1}{n+2}\right) \neq p$이므로 $\dfrac{X+1}{n+2}$ 은 p에 대한 편의추정량이다. 편의를 구해보면 다음과 같다.

$$bias\left(\frac{X+1}{n+2}\right) = E\left(\frac{X+1}{n+2}\right) - p = \frac{np+1}{n+2} - p = \frac{1-2p}{n+2}$$

8.1.2 최소분산

불편성에 이어서 좋은 추정량으로서 갖추어야 할 두 번째 성질은 표본분포의 변동이 가능한 작아야한다는 성질이다. 즉, 추정값이 모수에 가까울수록 좋은 추정이라는 의미이다. 불편성 이외에 추정량의 분포가 모수를 중심으로 밀집된 분포를 갖는 추정량 즉, 표본을 추출할 때 생기는 분산이 작은 것이 더 바람직할 것이다. 두 개의 불편추정량이 있을 경우 어떤 것이 더 좋은 추정량인가의 판단은 어떤 추정량의 분산이 더 작은가로 결정될 수 있다. θ에 대한 두 불편추정량을 $\hat{\theta}_1$, $\hat{\theta}_2$라고 할 때 $\hat{\theta}_2$에 대한 $\hat{\theta}_1$의 **상대효율**(relative efficiency)은 다음과 같이 정의된다.

$\hat{\theta}_1$, $\hat{\theta}_2$가 불편추정량이라고 할 때 $\hat{\theta}_2$에 대한 $\hat{\theta}_1$의 상대효율이 1보다 클 경우 즉, $Var(\hat{\theta}_2) > Var(\hat{\theta}_1)$일 경우 $\hat{\theta}_1$을 $\hat{\theta}_2$보다 더 **효율적인** 추정량이라고 한다. 예를 들어 $\hat{\theta}_2$에 대한 $\hat{\theta}_1$의 상대효율이 1.5라고 하면 $\hat{\theta}_2$와 관련된 변동이 $\hat{\theta}_1$과 관련된 변동의 1.5 배라는 의미이므로 $\hat{\theta}_1$이 더 좋은 추정량이 된다. 반면에 $\hat{\theta}_2$에 대한 $\hat{\theta}_1$의 상대효율성이 0.7이라고 하면 $\hat{\theta}_2$와 관련된 변동이 $\hat{\theta}_1$과 관련된 변동의 70%라는 의미이므로 $\hat{\theta}_2$가 더 좋은 추정량이 된다. [그림 8-4]에서 볼 수 있듯이 불편추정량 중 작은 분산을 갖는 추정량의 분포가 모수에 더 밀집되어 있으므로 좋은 추정량의 성질을 만족한다.

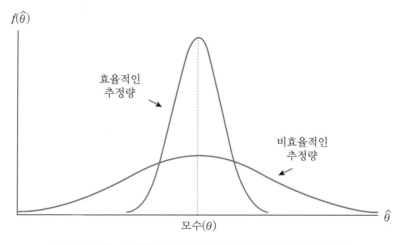

[그림 8-4] 효율적인 추정량과 비효율적인 추정량의 분포

예제 8-7 예제 8-4에서 모분산이 σ^2이라면 $\hat{\theta}_1$과 $\hat{\theta}_2$ 중 어느 것이 더 효율적인 추정량인지 보여라.

풀이 예제 8-4에서 이미 살펴봤듯이 $\hat{\theta}_1$과 $\hat{\theta}_2$는 모두 불편추정량이고 이 두 추정량의 분산과 $\hat{\theta}_2$에 대한 $\hat{\theta}_1$의 상대효율을 구해보면 다음과 같다.

$$Var(\hat{\theta}_1) = Var\left(\frac{X_1 + X_2 + X_3 + X_4}{4}\right) = \frac{1}{16}(\sigma^2 + \sigma^2 + \sigma^2 + \sigma^2) = \frac{1}{4}\sigma^2$$

$$Var(\hat{\theta}_2) = Var\left(\frac{X_1 + 2X_2 + 3X_3 + 4X_4}{10}\right) = \frac{1}{100}(\sigma^2 + 4\sigma^2 + 9\sigma^2 + 16\sigma^2) = \frac{3}{10}\sigma^2$$

$$RE(\hat{\theta}_1, \hat{\theta}_2) = \frac{Var(\hat{\theta}_2)}{Var(\hat{\theta}_1)} = \frac{3\sigma^2/10}{\sigma^2/4} = 1.2$$

상대효율이 1보다 큰 1.2이므로 $\hat{\theta}_1$이 $\hat{\theta}_2$보다 20% 더 효율적이다. 즉, $\hat{\theta}_2$는 우리가 20% 더 많은 표본을 추출한다면 $\hat{\theta}_1$의 정확도와 같아질 것이다. 확률표본은 추출된 확률이 동일하므로 동일한 가중치를 주는 표본평균이 더 효율적이다.

예제 8-8 표본크기 n이 커지면 표본평균 $\overline{X}$와 표본중앙값 $\widehat{Me}$은 중심극한정리에 의해 근사적으로 정규분포를 따른다는 사실은 이미 알려져 있다. 두 추정량이 따르는 정규분포는 다음과 같다.

$$\overline{X} \sim N\left(\mu, \frac{\sigma^2}{n}\right), \quad \widehat{Me} \sim N\left(\mu, \frac{\pi\sigma^2}{2n}\right)$$

두 추정량 표본평균 $\overline{X}$와 표본중앙값 $\widehat{Me}$ 중 어떤 추정량이 더 효율적인지 밝혀라.

풀이 두 추정량의 효율성을 살펴보기 위해 표본중앙값에 대한 표본평균의 상대효율은

$$RE(\overline{X}, \widehat{Me}) = \frac{Var(\widehat{Me})}{Var(\overline{X})} = \frac{\pi\sigma^2/2n}{\sigma^2/n} \approx 1.57$$

이므로 표본평균 $\overline{X}$가 표본중앙값 $\widehat{Me}$보다 57% 정도 더 효율적인 추정량이다. 즉, 표본중앙값의 변동은 표본평균의 변동의 약 157%이다. 따라서 모집단이 정규분포를 따를 때 모평균에 대한 추정량으로 표본평균이 더 낫다.

이처럼 두 추정량이 모두 불편추정량인 경우의 효율성 비교는 두 개의 분산을 비교함으로써 간단히 구할 수 있다. 그런데 추정량이 불편추정량이 아닐 경우에는 좋은 추정량의 판단기준은 무엇이 되겠는가? 즉, 편의는 크고 분산이 작은 추정량과 분산이 크고 편의가 작은 추정량 중 어떤 추정량이 더 좋은 추정량인지를 판단하는 기준이 필요하다. 이 경우에는 편의와 분산을 모두 고려한 판단기준이 필요하다.

[정의 8.6] **평균제곱오차**

모수 θ와 모수의 추정량 $\hat{\theta}$와의 거리 $|\hat{\theta}-\theta|$를 **추정오차**라고 하며 $E(|\hat{\theta}-\theta|^2)=$ $E(\hat{\theta}-\theta)^2$을 **평균제곱오차**(mean squared error; MSE)라고 하고 $MSE(\hat{\theta})$으로 표기한다.

[**정리 8.2**] $\hat{\theta}$이 모수 θ에 대한 추정량이라고 할 때 평균제곱오차(MSE)는 다음과 같이 표현할 수 있다.

$$MSE(\hat{\theta}) = E(\hat{\theta}-\theta)^2 = Var(\hat{\theta})+(E(\hat{\theta})-\theta)^2$$
$$= Var(\hat{\theta})+bias(\hat{\theta})^2$$

증명 $MSE(\hat{\theta}) = E(\hat{\theta}-\theta)^2$
$$= E((\hat{\theta}-E(\hat{\theta}))+(E(\hat{\theta})-\theta))^2$$
$$= E(\hat{\theta}-E(\hat{\theta}))^2+2E((\hat{\theta}-E(\hat{\theta}))(E(\hat{\theta})-\theta))+E(E(\hat{\theta})-\theta)^2$$
$$= Var(\hat{\theta})+2(E(\hat{\theta})-\theta)E(\hat{\theta}-E(\hat{\theta}))+(E(\hat{\theta})-\theta)^2$$
$$= Var(\hat{\theta})+(E(\hat{\theta})-\theta)^2$$

왜냐하면 $E(\hat{\theta}-E(\hat{\theta}))=0$이기 때문이다.

MSE를 이용하면 두 추정량의 효율성을 다음과 같이 정의할 수 있다. $\hat{\theta}_2$에 대한 $\hat{\theta}_1$의 상대효율이 1보다 클 경우 즉, $MSE(\hat{\theta}_2) > MSE(\hat{\theta}_1)$일 경우 $\hat{\theta}_1$을 $\hat{\theta}_2$보다 더 **효율적인** 추정량이라고 한다.

[정의 8.7] $\hat{\theta}_1$, $\hat{\theta}_2$를 모수 θ에 대한 추정량이라 할 때 $\hat{\theta}_2$에 대한 $\hat{\theta}_1$의 **상대효율** 은 다음과 같다.

$$RE(\hat{\theta}_1,\hat{\theta}_2) = \frac{MSE(\hat{\theta}_2)}{MSE(\hat{\theta}_1)}$$

예제 8-9 예제 8-3과 예제 8-6에서 p에 대한 추정량 $\dfrac{X}{n}$와 $\dfrac{X+1}{n+2}$의 MSE를

구하고 효율을 비교하라.

풀이　X가 이항분포를 따르는 확률변수이므로 $Var(X)=np(1-p)$이다. 따라서 각 추정량의 분산은 다음과 같다.

$$Var\left(\frac{X}{n}\right)=\frac{1}{n^2}\,Var(X)=\frac{1}{n^2}np(1-p)=\frac{p(1-p)}{n}$$

$$Var\left(\frac{X+1}{n+2}\right)=\frac{1}{(n+2)^2}\,Var(X+1)$$

$$=\frac{1}{(n+2)^2}\,Var(X)=\frac{np(1-p)}{(n+2)^2}$$

예제 8-3과 예제 8-6으로부터 각각의 편의는 0과 $\dfrac{1-2p}{n+2}$이었으므로 각각의 MSE는 다음과 같다.

$$MSE\left(\frac{X}{n}\right)=Var\left(\frac{X}{n}\right)+bias\left(\frac{X}{n}\right)^2=\frac{p(1-p)}{n}$$

$$MSE\left(\frac{X+1}{n+2}\right)=Var\left(\frac{X+1}{n+2}\right)+bias\left(\frac{X+1}{n+2}\right)^2$$

$$=\frac{np(1-p)}{(n+2)^2}+\frac{(1-2p)^2}{(n+2)^2}=\frac{1+(n-4)p-(n-4)p^2}{(n+2)^2}$$

두 추정량의 MSE는 n과 p에 의존하는 함수로 n을 고정했을 때 p가 0 또는 1에 가까울수록 $\dfrac{X}{n}$이 $\dfrac{X+1}{n+2}$보다 더 효율적이고 p가 0.5에 가까울수록 $\dfrac{X+1}{n+2}$이 $\dfrac{X}{n}$보다 더 효율적이다. 단, n이 커져감에 따라 그 차이는 줄어든다.

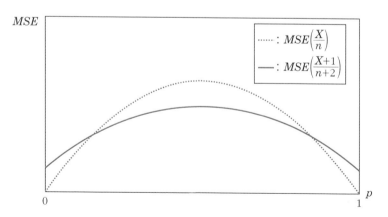

[그림 8-5] $\dfrac{X}{n}$와 $\dfrac{X+1}{n+2}$ 두 추정량의 MSE 비교

8.1.3 일치성

좋은 추정량이 갖추어야 할 성질 중 세 번째로 **일치성**(consistency)이 있다. 일치성이란 추정량의 분포가 표본크기를 무한히 증가시켰을 때 모수에 한없이 집결되는 것을 말한다. 즉, 추정량의 분산과 편의가 0으로 접근해 가는 것을 의미한다.

표본크기 n의 확률표본 $X_1, \ldots, X_n$으로부터 얻은 θ의 추정량을 $\hat{\theta}_n$이라 할 때, 다음을 만족하면 $\hat{\theta}_n$는 θ의 **일치추정량**(consistent estimator)이다.

$$\lim_{n \to \infty} P(|\hat{\theta}_n - \theta| < \epsilon) = 1$$

또한 표본크기가 커짐에 따라 편의와 분산 모두가 0에 접근하는 추정량을 **평균제곱오차 일치추정량**(MSE consistent estimator)이라고 한다.

$$\lim_{n \to \infty} MSE(\hat{\theta}_n) = 0$$

> **[정의 8.8]** 모수 θ로 확률적으로 수렴하는 추정량을 모수 θ의 **일치추정량**이라 한다. 또한 표본크기가 커짐에 따라 편의와 분산 모두가 0으로 접근하는 추정량을 **평균제곱오차 일치추정량**이라고 한다.

예를 들어 표본평균 $\overline{X}_n$는 편의가 0이고 분산이 σ^2/n이다. 표본크기 n이 무한히 커질 때 표본평균의 분산은 0에 접근한다. 따라서 표본평균 $\overline{X}_n$는 평균제곱오차 일치추정량이다. 또한 7장에서 설명한 **대수의 약법칙**에 의해 표본평균 $\overline{X}_n$는 모평균 μ의 일치추정량이다.

$$\lim_{n \to \infty} P(|\overline{X}_n - \mu| < \epsilon) = 1$$

예제 8-10 예제 8-3과 예제 8-6에서 p에 대한 추정량 $\dfrac{X}{n}$와 $\dfrac{X+1}{n+2}$이 일치추정

량, 평균제곱오차 일치추정량임을 보여라.

풀이 $\hat{p}_1 = \dfrac{X}{n}$, $\hat{p}_2 = \dfrac{X+1}{n+2}$ 라 하면 예제 8-9에서 구한대로 두 추정량의 평균제곱오차는 다음과 같다.

$$MSE\left(\hat{p}_1\right) = \frac{p(1-p)}{n}$$

$$MSE\left(\hat{p}_2\right) = \frac{1+(n-4)p-(n-4)p^2}{(n+2)^2}$$

[정의 8.8]에 의해 두 추정량의 평균제곱오차의 극한값은

$$\lim_{n\to\infty} MSE\left(\hat{p}_1\right) = \lim_{n\to\infty} \frac{p(1-p)}{n} = 0$$

$$\lim_{n\to\infty} MSE\left(\hat{p}_2\right) = \lim_{n\to\infty} \frac{1+(n-4)p-(n-4)p^2}{(n+2)^2} = 0$$

이므로 두 추정량 모두 평균제곱오차 일치추정량이다.

또한 마코프 부등식을 이용하면

$$\lim_{n\to\infty} P\left[|\hat{p}_1 - p| < \epsilon\right] = \lim_{n\to\infty} P\left[|\hat{p}_1 - p|^2 < \epsilon^2\right]$$

$$\geq \lim_{n\to\infty}\left[1 - \frac{E(\hat{p}_1 - p)^2}{\epsilon^2}\right] = \lim_{n\to\infty}\left[1 - \frac{p(1-p)}{n\epsilon^2}\right] = 1$$

$$\lim_{n\to\infty} P\left[|\hat{p}_2 - p| < \epsilon\right] = \lim_{n\to\infty} P\left[|\hat{p}_2 - p|^2 < \epsilon^2\right]$$

$$\geq \lim_{n\to\infty}\left[1 - \frac{E(\hat{p}_2 - p)^2}{\epsilon^2}\right]$$

$$= \lim_{n\to\infty}\left[1 - \frac{1+(n-4)p-(n-4)p^2}{(n+2)^2\epsilon^2}\right] = 1$$

이므로 두 추정량 모두 일치추정량이다.

8.2   점추정방법

우리는 8.1절에서 추정량이 가져야 할 바람직한 성질에 대해 살펴보았다. 그러나 바람직한 성질들을 모두 만족하는 추정량을 항상 찾을 수 있는 것은 아니다. 이 절에서는 일반적으로 많이 사용되어지는 추정방법에 대해 알아보고자 한다.

8.2.1 적률방법

적률방법(method of moment)은 매우 간단한 추정방법으로 4장에서 살펴본 적률을 이용하여 추정량을 찾는 방법이다. 4장에서 언급했듯이 원점에 대한 1차 적률은 확률변수 X의 모평균($\mu_1' = E(X^1) = \mu$)이고 분산은 2차 중심적률($\mu_2' = E[(X - \mu_X)^2]$)이다. 또한 분산은 원점에 대한 1차 적률과 2차 적률의 함수로 구할 수 있다($\mu_2' - (\mu_1')^2$). 본 절에서는 추가적으로 추정에 필요한 표본적률에 대해 알아보자.

[정의 8.9] 표본크기 n의 확률표본 $X_1, \ldots, X_n$이 존재할 때 원점에 대한 r차 **표본적률**(rth sample moment)은 M_r'로 표기하고 다음과 같이 정의한다.

$$M_r' = \frac{1}{n} \sum_{i=1}^{n} X_i^r$$

특히 $r = 1$이면, $M_1' = \frac{1}{n} \sum_{i=1}^{n} X_i^1 = \overline{X}$로 표본평균이 된다.

추정방법 중 적률방법은 표본적률이 모집단의 적률에 대응하는 좋은 추정값을 제공한다는 것을 기초로 하고 있다. 즉, M_r'은 μ_r'의 좋은 추정량이 되어야 한다는 것을 의미한다.

[정의 8.10] 다음의 방정식들의 해를 각 모수의 추정량으로 선택하는 방법을 **적률방법**(method of moment)이라 한다.

$$\mu_r' = M_r', \ r = 1, \ldots, t$$

여기서 t는 모수들의 개수이다.

예제 8-11 표본크기 n의 확률표본 $X_1, \ldots, X_n$이 $(\theta, 3\theta)$의 구간을 갖는 연속형 균

일분포에서 추출되었다면 적률방법을 이용하여 모수 θ를 추정하라.

풀이 균일분포를 따르는 확률변수의 $\mu_1{}'$의 값은

$$\mu_1{}' = E(X^1) = \mu = \frac{\theta + 3\theta}{2} = 2\theta$$

이고 이에 대응하는 표본적률은

$$M_1{}' = \frac{1}{n}\sum_{i=1}^{n} X_i = \overline{X}$$

이다. 따라서 적률방법에 의해 $\mu_1{}' = 2\theta = \overline{X} = M_1{}'$이 성립하므로 $\hat{\theta} = \dfrac{\overline{X}}{2}$이다. 그러므로 적률방법을 이용한 θ의 추정량은 $\dfrac{\overline{X}}{2}$이다.

예제 8-12 표본크기 n의 확률표본 $X_1, \ldots, X_n$이 정규분포로부터 추출되었다면 적률방법을 이용하여 모수 μ와 σ를 추정하라.

풀이 정규확률변수에서 $\mu_1{}'$의 값은 $\mu_1{}' = E(X^1) = \mu$이고 이에 대응하는 표본적률은 다음과 같다.

$$M_1{}' = \frac{1}{n}\sum_{i=1}^{n} X_i = \overline{X}$$

따라서 적률방법에 의해 $\mu_1{}' = \mu = \dfrac{1}{n}\sum X_n = M_1{}'$이 성립하므로 적률방법을 이용한 모평균의 추정량은 $\hat{\mu} = \overline{X}$이다. 또한 $\mu_2{}'$의 값은 $\mu_2{}' = E(X^2)$이고 이에 대응하는 표본적률은 다음과 같다.

$$M_2{}' = \frac{1}{n}\sum_{i=1}^{n} X_i^2$$

따라서 $\mu_2{}' = E(X^2) = \dfrac{1}{n}\sum_{i=1}^{n} X_i^2 = M_2{}'$이 성립하고 적률방법에 의해 다음이 성립한다.

$$\sigma^2 = E(X^2) - (E(X))^2 = \frac{1}{n}\sum_{i=1}^{n} X_i^2 - \overline{X}^2$$

그러므로 적률방법을 이용한 표준편차의 추정량은 다음과 같다.

$$\hat{\sigma} = \sqrt{\frac{1}{n}\sum_{i=1}^{n} X_i^2 - \overline{X^2}} = \sqrt{\frac{1}{n}\sum_{i=1}^{n}(X_i - \overline{X})^2}$$

적률방법으로 구한 분산 및 표준편차는 우리가 알고 있는 자유도를 사용한 표본분산 (S^2) 및 표본표준편차(S)와 다르다.

예제 8-13 표본크기 n의 확률표본 $X_1, \dots, X_n$이 평균이 λ인 포아송분포로부터 추출되었다면 적률방법을 이용하여 모수 λ를 추정하라.

풀이 $\mu_1{}'$의 값은 $\mu_1{}' = E(X^1) = \mu = \lambda$이므로 이에 대응하는 표본적률은 다음과 같다.

$$M_1{}' = \frac{1}{n}\sum_{i=1}^{n} X_i = \overline{X}$$

따라서 적률방법으로 구한 모수 λ의 추정량은 $\hat{\lambda} = \overline{X}$이다.

예제 8-14 표본크기 n의 확률표본 $X_1, \dots, X_n$이 모수가 λ인 지수분포로부터 추출되었다면 적률방법을 이용하여 모수 λ를 추정하라.

풀이 $\mu_1{}'$의 값은 $\mu_1{}' = E(X^1) = \mu = \dfrac{1}{\lambda}$이므로 이에 대응하는 표본적률은 다음과 같다.

$$M_1{}' = \frac{1}{n}\sum_{i=1}^{n} X_i = \overline{X}$$

따라서 적률방법으로 구한 모수 λ의 추정량은 $\hat{\lambda} = \dfrac{1}{\overline{X}}$이다.

다음과 같은 밀도함수를 가지는 베타분포(Beta distribution)를 생각해보자.

$$f_X(x) = \frac{\Gamma(\alpha+\beta)}{\Gamma(\alpha)\Gamma(\beta)} x^{\alpha-1}(1-x)^{\beta-1}, \; 0 < x < 1, \; \alpha > 0, \; \beta > 0$$

여기서 평균은 $\dfrac{\alpha}{\alpha+\beta}$이고 분산은 $\dfrac{\alpha\beta}{(\alpha+\beta)^2(\alpha+\beta+1)}$이다. 위의 분포를 따르는 확률표본을 구하고 이를 이용하여 구한 표본평균과 표본분산이 각각 $\dfrac{3}{8}$, $\dfrac{5}{192}$라고 가정하자. 위에서 알아본 적률방법을 이용하여 모수 α, β를 추정하면 다음과 같다.

$$\mu = \frac{\alpha}{\alpha + \beta} = \frac{3}{8} \, , \, \sigma^2 = \frac{\alpha\beta}{(\alpha+\beta)^2(\alpha+\beta+1)} = \frac{5}{192}$$

위 식의 해를 구하면 모수의 추정값을 구할 수 있다($\hat{\alpha} = 3$, $\hat{\beta} = 5$). 이 예제를 약간 변형하여 표본평균과 표본분산이 각각 $\frac{3}{8}$, $\frac{6}{192}$ 이라고 가정하고 적률방법을 이용하여 모수 α, β를 추정하면 다음과 같다.

$$\mu = \frac{\alpha}{\alpha + \beta} = \frac{3}{8} \, , \, \sigma^2 = \frac{\alpha\beta}{(\alpha+\beta)^2(\alpha+\beta+1)} = \frac{6}{192}$$

첫 번째 예제와 마찬가지로 위 식의 해를 구하면 모수의 추정값을 구할 수 있다 ($\hat{\alpha} = 2.438$, $\hat{\beta} = 4.063$).

위의 두 가지 경우에서 볼 수 있듯이 관측값을 조금만 변경해도 적률방법을 이용한 모수의 추정값들은 큰 차이가 있음을 알 수 있다. 적률방법은 다른 추정방법들을 사용할 수 없는 경우에도 모수를 추정할 수 있다는 점에서 장점이 있지만 로버스트한 방법이 아니라는 결정적인 약점이 있다.

8.2.2 최대우도방법

최대우도방법(method of maximum likelihood)은 적률방법보다 더 정교한 방법이다. 이 절에서는 최대우도방법에 대해 간략히 소개하고자 한다. 최대우도방법을 이용하기 위하여 먼저 우도함수에 대해 알아보자.

[정의 8.11] **우도함수**

확률표본 $X_1, \ldots, X_n$의 각각에 대응되는 표본 관측값을 $x_1, \ldots, x_n$이라 하자. 이 때 **우도함수**(likelihood function) $L(\theta \, ; x_1, \ldots, x_n)$은 $x_1, \ldots, x_n$을 통해 얻어지는 결합확률밀도함수로 정의되며 모수 θ의 함수이다.

$$L(\theta \, ; x_1, \ldots, x_n) = f(x_1, \ldots, x_n \, ; \theta) = \prod_{i=1}^{n} f_{X_i}(x_i \, ; \theta)$$

$L(\theta \, ; x_1, \ldots, x_n)$을 간단히 $L(\theta)$로 표현하기도 한다.

우도함수 $L(\theta\,;x_1,\ldots,x_n)$를 최대화시키는 θ의 값을 모수 θ의 추정값으로 선택하는 방법을 **최대우도방법**이라 한다.

우도함수를 최대화시키는 θ를 쉽게 구하기 위하여 일반적으로 우도함수에 자연로그를 취한 로그우도함수 $\ln L(\theta)$를 이용한다. 로그우도함수를 구하고자 하는 모수로 미분하여 얻어진 미분값을 0으로 놓고 방정식의 해를 구하면 우리가 원하는 θ의 추정량을 얻을 수 있다.

최대우도방법의 특징

일반적인 정칙조건(regularity condition)하에서 다음이 성립한다.

① $\hat{\theta}$는 θ의 근사 불편추정량이다.

② $\hat{\theta}$는 θ의 일치추정량이다.

③ 근사적으로 $\hat{\theta} \sim N(\theta\,,\,I_\theta^{-1})$이다. 여기서 $I_\theta = E\left[\left(\dfrac{\partial \ln L(\theta)}{\partial \theta}\right)^2\right]$이다.

④ 임의의 함수 $g(\,\cdot\,)$에 대하여 $\eta = g(\theta)$이면 $\hat{\eta} = g(\hat{\theta})$이다.

예제 8-15 $x_1,\ldots,x_n$이 n번의 베르누이실험을 통해 얻어진 관측값이라 하자. 이때 성공확률인 p의 추정량을 최대우도방법을 이용하여 구하라.

풀이   위의 베르누이실험에서 얻어진 관측값으로 구한 우도함수는

$$L(p\,;x_1,\ldots,x_n) = \prod_{i=1}^{n} p_{X_i}(x_i\,;p) = \prod_{i=1}^{n} p^{x_i}(1-p)^{1-x_i} = p^{\sum_{i=1}^{n} x_i}(1-p)^{n-\sum_{i=1}^{n} x_i}$$

이고 우도함수에 자연로그를 취해 로그우도함수를 구하면 다음과 같다.

$$\ln L(p) = \sum_{i=1}^{n} x_i \ln p + \left(n - \sum_{i=1}^{n} x_i\right) \times \ln(1-p)$$

위의 로그우도함수를 p에 대해 미분하면 다음과 같다.

$$\frac{d \ln L(p)}{dp} = \frac{1}{p}\sum_{i=1}^{n} x_i - \frac{1}{1-p}\left(n - \sum_{i=1}^{n} x_i\right)$$

로그우도함수를 미분한 식을 0의 값으로 갖는 방정식

$$\frac{1}{\hat{p}}\sum_{i=1}^{n}x_i - \frac{1}{1-\hat{p}}\left(n - \sum_{i=1}^{n}x_i\right) = 0$$

을 풀면 최대우도추정량 $\hat{p} = \frac{1}{n}\sum_{i=1}^{n}X_i$을 구할 수 있다.

예제 8-16 표본크기 n의 확률표본 $X_1, \dots, X_n$이 정규분포로부터 추출되었다면 최대우도방법을 이용하여 모수 μ와 σ^2을 추정하라.

풀이 정규분포로부터 추출된 표본크기 n인 확률표본은 다음과 같은 확률밀도함수를 갖는다.

$$L(\mu, \sigma^2) = \prod_{i=1}^{n}\frac{1}{\sqrt{2\pi\sigma^2}}e^{-\frac{(x_i-\mu)^2}{2\sigma^2}} = \left(\frac{1}{2\pi\sigma^2}\right)^{\frac{n}{2}}exp\left[-\frac{1}{2\sigma^2}\sum_{i=1}^{n}(x_i-\mu)^2\right]$$

따라서 로그우도함수는 $\ln L(\mu, \sigma^2) = -\frac{n}{2}ln2\pi - \frac{n}{2}ln\sigma^2 - \frac{1}{2\sigma^2}\sum_{i=1}^{n}(x_i-\mu)^2$이고 이를 모수 μ와 σ^2에 대해 각각 미분하면 다음과 같다.

$$\frac{\partial \ln L(\mu, \sigma^2)}{\partial \mu} = \frac{1}{\sigma^2}\sum_{i=1}^{n}(x_i-\mu)$$

$$\frac{\partial \ln L(\mu, \sigma^2)}{\partial \sigma^2} = -\frac{n}{2\sigma^2} + \frac{1}{2\sigma^4}\sum_{i=1}^{n}(x_i-\mu)^2$$

위의 식들을 0의 값을 갖는 방정식으로 하여 $\frac{1}{\sigma^2}\sum_{i=1}^{n}(x_i-\hat{\mu}) = 0$을 $\hat{\mu}$에 관해 풀면 μ의 최대우도추정량 $\hat{\mu} = \frac{1}{n}\sum_{i=1}^{n}X_i = \overline{X}$를 구할 수 있고 $-\frac{n}{2\hat{\sigma}^2} + \frac{1}{2(\hat{\sigma}^2)^2}\sum_{i=1}^{n}(x_i-\hat{\mu})^2$ $= 0$을 $\hat{\sigma}^2$에 관해 풀면 σ^2의 최대우도추정량 $\hat{\sigma}^2 = \frac{1}{n}\sum_{i=1}^{n}(X_i-\overline{X})^2$을 구할 수 있다.

예제 8-17 표본크기 n의 확률표본 $X_1, \dots, X_n$이 모수가 λ인 지수분포로부터 추출되었다면 최대우도방법을 이용하여 모수 μ와 σ^2을 추정하라.

풀이 우도함수는 $L(\lambda; x_1, \dots, x_n) = \lambda^n e^{-\lambda\sum_{i=1}^{n}x_i}$이고 양변에 자연로그를 취하면 로그우도함수는 $\ln L(\lambda) = n\ln\lambda - \lambda\sum_{i=1}^{n}x_i$이 된다. λ에 대해 양변을 미분하면 다음과 같다.

$$\frac{d\ln L(\lambda)}{d\lambda} = \frac{n}{\lambda} - \sum_{i=1}^{n} x_i$$

위의 식을 0을 갖는 방정식 $\frac{n}{\lambda} - \sum_{i=1}^{n} x_i = 0$ 으로 풀면 λ 의 최대우도추정량은 $\hat{\lambda} = \frac{1}{\overline{X}}$ 이 된다.

예제 8-18 표본크기 n 의 확률표본 $X_1, \dots, X_n$ 은 확률밀도함수가 다음과 같은 연속형 균일분포로부터 추출되었다.

$$f_{X_i}(x_i) = \frac{1}{\theta}, \ 0 \leq x_i \leq \theta, \ i = 1, \dots, n$$

최대우도방법을 이용하여 모수 θ 를 추정하라.

풀이 우도함수는 $L(\theta ; x_1, \dots, x_n) = \frac{1}{\theta} \cdots \frac{1}{\theta} = \frac{1}{\theta^n} \prod_{i=1}^{n} I_{(0,\theta)}(x_i)$ 이다. 우도함수 $L(\theta)$ 은 θ 의 단조함수이고 $0 < \theta < \infty$ 인 구간의 어떠한 곳에서도 $\frac{dL(\theta)}{d\theta}$ 이 0인 곳은 존재하지 않는다. 하지만 θ 가 감소함에 따라 $L(\theta)$ 이 증가하고 θ 는 집합 $x_1, \dots, x_n$ 의 최대값보다 크거나 같아야 한다는 점을 알고 있다. 그러므로 $L(\theta)$ 을 최대로 하는 θ 의 값은 표본에서 가장 큰 관측값이다. 즉, θ 의 최대우도추정량은 다음과 같다.

$$\hat{\theta} = X_{(n)} = max(X_1, \cdots, X_n)$$

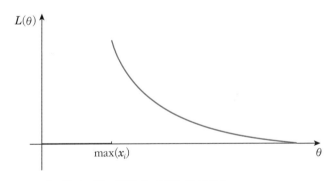

[그림 8-6] 예제 8-18의 우도함수

예제 8-19 표본크기 n 의 확률표본 $X_1, \dots, X_n$ 이 모수가 γ, λ 인 감마분포로부터 추출되었다면 최대우도방법을 이용하여 모수 λ 를 추정하라.

풀이 감마분포의 확률밀도함수는

$$f_X(x\,;\gamma,\lambda) = \frac{1}{\Gamma(\gamma)}\lambda^\gamma x^{\gamma-1}e^{-\lambda x},\ 0 \le x < \infty$$

이므로 로그우도함수는 다음과 같다.

$$\ln L(\gamma,\lambda) = \sum_{i=1}^{n}\left[\gamma\ln\lambda + (\gamma-1)\ln x_i - \lambda x_i - \ln\Gamma(\gamma)\right]$$

$$= n\gamma\ln\lambda + (\gamma-1)\sum_{i=1}^{n}\ln x_i - \lambda\sum_{i=1}^{n}x_i - n\ln\Gamma(\gamma)$$

양변을 γ와 λ에 대해 각각 미분하면 다음과 같다.

$$\frac{\partial \ln L(\gamma,\lambda)}{\partial\gamma} = n\ln\lambda + \sum_{i=1}^{n}\ln x_i - n\frac{\Gamma'(\gamma)}{\Gamma(\gamma)}$$

$$\frac{\partial \ln L(\gamma,\lambda)}{\partial\lambda} = n\frac{\gamma}{\lambda} - \sum_{i=1}^{n}x_i$$

두 번째 미분식을 0으로 놓고 식을 풀면 $\hat{\lambda} = \dfrac{n\hat{\gamma}}{\sum_{i=1}^{n}X_i} = \dfrac{\hat{\gamma}}{\bar{X}}$이 된다. 하지만 첫 번째 미분식을 0으로 놓고 식을 풀면

$$n\ln\hat{\gamma} - n\ln\bar{x} + \sum_{i=1}^{n}\ln x_i - n\frac{\Gamma'(\hat{\gamma})}{\Gamma(\hat{\gamma})} = 0$$

으로 비선형 방정식의 형태가 되므로 $\hat{\gamma}$에 대해 풀 수 없다. 따라서 감마분포의 경우 최대우도방법을 이용하여 모수를 추정하는 것은 불가능하다.

앞 절에서 언급하였듯이 이러한 경우에 적률방법을 이용하면 모수를 추정하는 것이 가능하다. 감마분포에서 적률방법을 이용하여 모수를 추정하는 문제는 연습문제로 남겨 둔다.

01. 표본크기 100인 확률표본을 추출하여 모평균 μ에 대한 다음의 두 추정량을 고려하자.

$$\overline{X}_{100} = \frac{1}{100}(X_1 + \cdots + X_{100}), \; \overline{X}_{90} = \frac{1}{90}(X_1 + \cdots + X_{90})$$

a) 추정량 $\overline{X}_{100}$과 $\overline{X}_{90}$은 불편추정량인가?

b) $\overline{X}_{100}$에 대한 $\overline{X}_{90}$의 상대효율을 구하고 그 의미를 설명하라.

02. 표본크기 2인 확률표본 X_1, X_2를 이용하여 모평균 μ에 대한 다음의 두 추정량을 고려하자.

$$\overline{X} = \frac{1}{2}(X_1 + X_2), \; \widetilde{X}^* = \frac{1}{3}X_1 + \frac{2}{3}X_2$$

a) 추정량 $\overline{X}$와 $\widetilde{X}^*$는 불편추정량인가?

b) $\overline{X}$와 $\widetilde{X}^*$ 중 어느 추정량이 더 효율적인가?

03. 확률표본 $X_1, \ldots, X_n$이 모비율 p인 베르누이 분포에서 추출되었다. 다음과 같은 p에 대한 두 개의 추정량을 고려할 때,

$$T_1 = \overline{X} = \frac{1}{n}\sum_{i=1}^{n}X_i, \; T_2 = \frac{1}{n+2}\sum_{i=1}^{n}X_i = \left(\frac{n}{n+2}\right)\overline{X}$$

T_2에 대한 T_1의 상대효율을 구하라.

04. 표본크기 n의 확률표본 $X_1, \ldots, X_n$이 정규분포로부터 추출되었다면 다음의 두 추정량의 효율을 비교하라.

$$S^2 = \frac{1}{n-1}\sum_{i=1}^{n}(X_i - \overline{X})^2, \; \hat{\sigma}^2 = \frac{1}{n}\sum_{i=1}^{n}(X_i - \overline{X})^2$$

05. 평균 μ, 분산 σ^2인 모집단으로부터 확률표본 $Y_1, Y_2, \cdots, Y_n$을 얻었다고 하자. 다음

과 같은 평균 μ에 대한 추정량을 구했을 때 다음 물음에 답하라.

$$\widehat{\mu_1} = \frac{1}{2}(Y_1 + Y_2), \quad \widehat{\mu_2} = \frac{1}{4}Y_1 + \frac{1}{4}Y_2 + \frac{Y_3 + \cdots + Y_{n-1} + Y_n}{2(n-2)}$$

a) 두 추정량이 불편추정량인지 아닌지를 보여라.

b) $\widehat{\mu_2}$에 대한 $\widehat{\mu_1}$의 상대효율을 구하라.

06. 모수 μ에 대한 불편추정량으로 서로 독립인 U, V를 고려한다고 하자. 그런데 V는 U보다 표준편차가 5배 더 크다고 한다. 다음과 같은 네 가지의 μ에 대한 추정량을 고려하자.

$$W_1 = \frac{1}{2}(U + V), \quad W_2 = \frac{4}{5}U + \frac{1}{5}V, \quad W_3 = \frac{5}{6}U + \frac{1}{6}V, \quad W_4 = U$$

a) 위 추정량 중 불편추정량인 것을 선택하라.

b) 추정량의 효율이 가장 좋은 순서대로 나열하라.

07. 다음과 같은 지수분포에서 추출된 확률표본 5개가 있다.

$$f(y) = \begin{cases} \left(\dfrac{1}{\theta}\right)e^{-y/\theta}, & y > 0, \\ 0, & \text{그 외} \end{cases}$$

θ에 대한 불편추정량 $\widehat{\theta_1} = Y_1$, $\widehat{\theta_2} = \dfrac{Y_1 + Y_2 + Y_3 + 2Y_4}{5}$, $\widehat{\theta_3} = \overline{Y}$을 고려할 때 $\widehat{\theta_3}$에 대한 $\widehat{\theta_1}$의 상대효율, $\widehat{\theta_3}$에 대한 $\widehat{\theta_2}$의 상대효율을 구하라.

08. $E(\widehat{\theta_1}) = E(\widehat{\theta_2}) = \theta$, $V(\widehat{\theta_1}) = \sigma_1^2$, $V(\widehat{\theta_2}) = \sigma_2^2$이다. 추정량 $\widehat{\theta_3} = a\widehat{\theta_1} + (1-a)\widehat{\theta_2}$을 고려하자.

a) $\widehat{\theta_3}$가 θ에 대한 불편추정량임을 보여라.

b) 만약 $\widehat{\theta_1}$과 $\widehat{\theta_2}$가 독립이라면, $\widehat{\theta_3}$의 분산을 최소로 하는 상수 a를 구하라.

09. n번의 시행에서 X번의 성공이 나타날 때 표본비율은 $\hat{p} = X/n$가 된다. 모비율 p에 대한 추정량으로 다음과 같은 p^*라는 추정량을 사용할 때 다음 물음에 답하라.

$$p^* = \frac{X+1}{n+1} = \left(\frac{n}{n+1}\right)\hat{p} + \left(\frac{1}{n+1}\right)$$

a) p^*의 평균과 분산을 구하라.

b) p^*의 MSE를 구하라.

10. 서로 독립인 확률변수 X, Y가 다음의 확률분포를 따른다고 한다.

x	6	9	12	y	6	9
$p_X(x)$	0.25	0.5	0.25	$p_Y(y)$	0.5	0.5

면적 $S = XY$를 갖는 사각형을 만들려고 한다. 여기서 X는 가로의 길이이고 Y는 세로의 길이라고 한다. 실제 만들어진 직사각형의 참값은 각각 가로 9, 세로 5라고 한다. 다음 물음에 답하라(단위: cm).

a) X는 불편추정량인가?

b) Y는 불편추정량인가?

c) 면적 S는 실제 면적의 불편추정량인가?

11. 조사자가 1,000개의 관측 자료를 조사하였으나 보관을 잘못한 탓에 250개의 관측 자료를 잃어버렸다고 한다. 1,000개 자료의 평균에 대한 나머지 750개 자료의 평균의 상대효율을 구하라.

12. $X \sim b(n,p)$일 때 $\dfrac{X+2}{n+2}$가 불편추정량인지 편의추정량인지 보이고 편의추정량이라면 편의를 구하라.

13. $X_1, \ldots, X_n$은 평균이 μ인 모집단으로부터 추출된 확률표본이라고 한다. 이때 μ에 대한 추정량으로 $\displaystyle\sum_{i=1}^{n} a_i X_i$를 고려했을 때, $\displaystyle\sum_{i=1}^{n} a_i X_i$가 μ에 대한 불편추정량이 되기 위한 조건을 구하라(단 a_i는 상수).

14. Y가 이항분포를 따르는 확률변수라고 할 때, Y/n가 성공확률 p의 일치추정량임을 보여라.

15. 표본크기 n의 확률표본 $X_1, \ldots, X_n$은 감마분포로부터 추출되었다. 적률방법을 이용하여 모수 α와 λ를 추정하라.

16. 표본크기 n의 확률표본 $X_1, \dots, X_n$이 모수가 λ인 포아송분포로부터 추출되었다면 최대우도방법을 이용하여 모수 λ를 추정하라.

17. 표본크기 n의 확률표본 $X_1, \dots, X_n$은 다음과 같은 확률밀도함수를 갖는 분포로부터 추출되었다.

$$f_X(x) = \theta x^{\theta-1}, \ 0 < x < 1, \ \theta > 0$$

적률방법을 이용하여 모수 θ를 추정하라.

18. 다음과 같은 분포에서 추출한 확률표본 $Y_1, Y_2, \dots, Y_n$이 있다.

$$f(y;\alpha) = \begin{cases} \alpha y^{\alpha-1}/4^\alpha, & 0 \le y \le 4, \\ 0, & \text{그 외} \end{cases}$$

$E(Y_1) = 4\alpha/(\alpha+1)$임을 보이고, 적률방법을 이용하여 α를 추정하라.

19. 표본크기 n의 확률표본 $X_1, \dots, X_n$은 다음과 같은 확률밀도함수를 갖는 분포로부터 추출되었다.

$$f(x;\theta) = \begin{cases} \left(\dfrac{2x}{\theta}\right)e^{-x^2/\theta}, & x > 0, \\ 0, & \text{그 외} \end{cases}$$

최대우도방법을 이용하여 모수 θ를 추정하라.

20. 표본크기 n의 확률표본 $X_1, \dots, X_n$이 $(-\theta, \theta)$의 구간을 갖는 연속형 균일분포에서 추출되었다면 적률방법과 최대우도방법을 이용하여 모수 θ를 추정하라.

제 9 장
구간추정

8장에서 점추정량이 모수 θ에 대해 불편성, 효율성, 일치성을 만족하면 바람직한 추정량이 된다고 살펴보았다. 그러나 점추정량이 이러한 조건을 만족하더라도 점추정량으로 얻은 점추정값은 모수를 중심으로 확률적으로 분포된 확률변수의 한 값일 뿐이다. 즉, 점추정량은 분산을 가지고 있으므로 확률표본에 의해 구해진 점추정값이 모수와 정확히 일치한다고 단정지을 수 없다. 예를 들어 모평균 μ의 바람직한 점추정량이 표본평균 $\overline{X}$이지만 이것은 σ^2/n이라는 분산을 가지고 있다. 즉, 모집단에서 추출된 하나의 확률표본으로 표본평균을 구하면 이것은 모평균 μ보다 더 클 수도 있고 더 작을 수도 있다. 따라서 추정값이 모수보다 클 수도 있고 작을 수도 있으므로 더욱 타당한 추정을 하기 위해 하나의 점추정값으로 모수를 추정하는 것이 아니라 일정한 **신뢰수준**(confidence level) 하에서 모수가 포함되어 있으리라고 기대되는 구간으로 모수를 추정하게 된다. 이것을 **구간추정**(interval estimation)이라 하고 추정된 구간을 **신뢰구간**(confidence interval)이라고 한다.

예를 들어 냉장고용 반도체의 평균수명에 대한 조사결과, 반도체의 평균수명이 7년에서 10년으로 나타났다고 하자. 이때 소비자들은 이 조사결과를 얼마나 신뢰할 수 있는지 알아야 정확하게 판단할 수 있다. 극단적으로 이 조사결과가 반도체의 평균 수명이 100년이라고 한다면 소비자들은 신뢰도가 낮다고 생각하고 이 조사결과를 믿지 않을 것이다. 보통의 경우 구간추정은 95%의 신뢰도를 적용하는데 이 신뢰도가 커지면 그 구간 안에 미지의 모수가 포함될 확신이 커지게 된다. 다시 말해 신뢰도가 커진다는 것은 미지의 모수가 포함될 구간이 넓어진다는 것이다. 이런 구간은 표본의 성격에 따라 구간의 폭이 달라진다.

9.1 신뢰구간

신뢰구간은 다음과 같이 정의된다.

[**정의 9.1**] 모수 θ에 대한 추정량을 $\hat{\theta}$이라고 하고 c를 임의의 상수라고 하면

$$P(|\hat{\theta} - \theta| \leq c) = 1 - \alpha$$
$$P(\hat{\theta} - c \leq \theta \leq \hat{\theta} + c) = 1 - \alpha$$

이고($0 \leq \alpha \leq 1$) 이때 구간 $(\hat{\theta} - c, \hat{\theta} + c)$을 모수 θ에 대한 $100(1 - \alpha)\%$ 신뢰구간이라 한다.

여기서 $100(1 - \alpha)\%$를 구간추정의 **신뢰수준**이라고 하고 보통 95%를 주로 사용한다. 신뢰수준 95%의 의미는 100번 중 95번은 신뢰구간이 모수를 포함하고 있다는 것이고 이는 95번은 올바른 구간추정이 된다는 의미이다. 다시 말해 구간추정은 실제로 한번 추출된 크기 n의 표본만을 가지고 추정하므로 구해진 구간은 모수를 포함하고 있거나 또는 포함하고 있지 않거나 둘 중 하나이다. 이런 표본을 뽑아 신뢰구간을 무수히 많이 계산하면 그 중 95% 정도는 모수를 포함한다는 확신이 있다는 것이다. 즉, 여러 번의 구간추정 중 95%만이 옳은 구간추정이라는 것이다. 따라서 우리가 계산한 신뢰구간은 100번 중 95번은 모수를 포함하는 다수의 신뢰구간 중 하나이다. 일반적으로 신뢰구간이라고 하면 위의 정의를 만족시키면서 구간의 길이가 최소인 것을 말한다.

모수의 신뢰한계 = 표본의 추정량 ± 표본오차(sampling error)
표본오차 = 신뢰계수 × 추정량의 표준오차(standard error)
신뢰계수: 신뢰도의 범위를 나타내는 상수

9.2 모평균의 구간추정

9.2.1 모분산 σ^2을 아는 경우

모평균 μ에 대한 $100(1-\alpha)\%$ 신뢰구간은 μ의 불편추정량인 표본평균 $\overline{X}$의 분포에서 두 점사이의 면적이 $100(1-\alpha)\%$가 되는 구간을 의미한다. 우리는 7장에서 모집단이 정규분포를 따르면 $\overline{X}$의 분포 또한 정규분포를 따르고 n이 충분히 크다면 중심극한 정리에 의해 $\overline{X}$의 분포가 모집단의 분포에 상관없이 정규분포를 따른다는 것을 살펴보았다. 따라서 모수 μ에 대한 신뢰구간을 구하기 위해 $\overline{X}$의 분포인 정규분포 $N(\mu, \sigma^2/n)$를 사용하여 두 점 사이의 면적이 $1-\alpha$를 만족하는 $z_{\alpha/2}$를 다음과 같이 구할 수 있다.

$$P\left(-z_{\alpha/2} < Z < z_{\alpha/2}\right) = 1-\alpha$$

예를 들어 $1-\alpha = 0.95$이면 $z_{\alpha/2} = z_{0.025} = 1.96$이고, $1-\alpha = 0.90$이면 $z_{\alpha/2} = z_{0.05} = 1.645$이다. [그림 9-1]과 같이 $100(1-\alpha)\%$ 신뢰구간은 최단구간을 의미하므로 정규분포에서 중앙에 위치해야 하고 양쪽 꼬리부분에 $\alpha/2$의 확률을 분배해야 한다.

$$P\left(-z_{\alpha/2} < \frac{\overline{X}-\mu}{\sigma/\sqrt{n}} < z_{\alpha/2}\right) = 1-\alpha$$

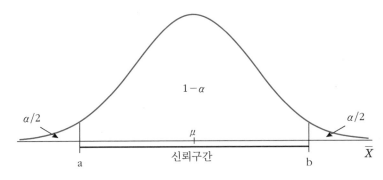

[그림 9-1] 표본평균의 분포(정규분포)에서의 신뢰구간(a, b)

[정의 9.1]로부터 표본평균 $\overline{X}$의 분포에서 $100(1-\alpha)\%$ 신뢰구간은 다음과 같이

정리할 수 있다.

$$P\left(\mid \overline{X} - \mu \mid < z_{\alpha/2}\frac{\sigma}{\sqrt{n}}\right) = 1 - \alpha$$

$$P\left(\mu - z_{\alpha/2}\frac{\sigma}{\sqrt{n}} < \overline{X} < \mu + z_{\alpha/2}\frac{\sigma}{\sqrt{n}}\right) = 1 - \alpha$$

$$P\left(\overline{X} - z_{\alpha/2}\frac{\sigma}{\sqrt{n}} < \mu < \overline{X} + z_{\alpha/2}\frac{\sigma}{\sqrt{n}}\right) = 1 - \alpha$$

모표준편차 σ가 알려져 있으므로 $\overline{X} - z_{\alpha/2}\dfrac{\sigma}{\sqrt{n}}$, $\overline{X} + z_{\alpha/2}\dfrac{\sigma}{\sqrt{n}}$는 표본평균 $\overline{X}$에 의존하며 확률변수이고 통계량이다. 이들은 확률을 가지는 분위수라 해서 확률분위수(random quantile)라고도 한다. 따라서 구간 $\left(\overline{X} - z_{\alpha/2}\dfrac{\sigma}{\sqrt{n}}, \overline{X} + z_{\alpha/2}\dfrac{\sigma}{\sqrt{n}}\right)$는 확률구간(random interval)이다. 즉, 확률구간 $\left(\overline{X} - z_{\alpha/2}\dfrac{\sigma}{\sqrt{n}}, \overline{X} + z_{\alpha/2}\dfrac{\sigma}{\sqrt{n}}\right)$가 모르는 모수 μ를 포함할 확률은 $1 - \alpha$이다. 표본평균 $\overline{X}$가 확률변수이므로 신뢰구간은 표본에서 구해진

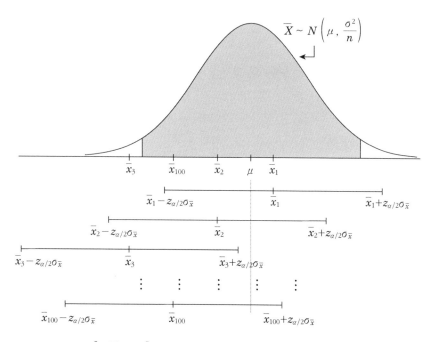

[그림 9-2] 모평균 μ에 대한 100개의 신뢰구간

$\overline{X}$에 의해서 확률적으로 변한다. 따라서 실험(random experiment)을 할 때 마다 구간의 값은 달라진다. [그림 9-2]는 표본크기 n인 실험을 100번 시행하여 각각의 표본평균 $\overline{X}$를 계산하여 모평균 μ에 대한 신뢰구간을 그린 것이다.

[그림 9-2]에 의해 알 수 있듯이 신뢰구간은 표본마다 변하는 표본평균 $\overline{X}$에 의해서 달라진다. 만약 95% 신뢰구간을 계산했다면 이는 [그림 9-2]의 세 번째 신뢰구간처럼 모평균 μ를 포함하지 않을 수도 있다. 이는 100번 표본을 추출하여 신뢰구간을 계산했을 때 5번 정도는 신뢰구간이 모평균 μ를 포함하지 않는 경우가 발생한다는 것을 의미한다.

[정리 9.1] 확률표본 $X_1, \ldots, X_n$은 $N(\mu, \sigma^2)$에서 추출되었거나 또는 모집단의 분포가 알려져 있지 않더라도 표본크기 n이 충분히 큰 경우는 알려진 모분산 σ^2에 대해 모평균 μ에 대한 $100(1-\alpha)\%$ 신뢰구간과 신뢰한계는 다음과 같다.

$$\left(\overline{X} - z_{\alpha/2}\frac{\sigma}{\sqrt{n}}, \ \overline{X} + z_{\alpha/2}\frac{\sigma}{\sqrt{n}}\right), \ \mu = \overline{X} \pm z_{\alpha/2}\frac{\sigma}{\sqrt{n}}$$

단, 표준정규분포에서 $P(|Z| \geq z_{\alpha/2}) = \alpha$이다.

표본크기 n이 커지면 표본평균의 표준오차 $\sigma/\sqrt{n}$는 작아지고 신뢰구간은 짧아진다. 즉, 표본크기가 커지면 그만큼 정확도(정도)가 높아진다는 것을 의미한다. 만약 주어진 표본크기에서 신뢰도를 높이려면 구간의 길이가 더 길어져야 한다. 즉, 동일한 표본평균 $\overline{X}_n$를 가지고 계산한 95% 신뢰구간과 99% 신뢰구간 중 99% 신뢰구간의 길이가 더 길다.

예제 9-1 한 전구 제조회사에서 판매하는 60촉짜리 전구의 수명의 분포가 $N(\mu, 1296)$을 따른다고 한다. 36개의 전구를 추출하여 전구의 수명을 조사한 결과 표본평균은 1,500시간이었다고 한다. 모평균 μ의 95% 신뢰구간을 구하라.

풀이 95% 신뢰한계가

$$\overline{x} \pm z_{0.025}\frac{\sigma}{\sqrt{n}} = 1500 \pm 1.96\sqrt{\frac{1296}{36}}$$

이므로 모평균μ의 95% 신뢰구간은 $(1488.24, 1511.76)$이다. 따라서 이 회사에서 제조된 60촉짜리 전구의 평균 수명은 1,488.24시간과 1,511.76시간 사이임을 95% 확신할 수 있다.

정규모집단에서 $n=9$인 표본을 추출하였더니, 표본평균이 36이었다고 한다. 이 정규모집단의 모분산이 9라고 할 때 다음 물음에 답하라.

a) 모평균 μ에 대한 95% 신뢰구간을 구하라.

b) 동일한 신뢰수준 95%를 유지하면서 신뢰구간의 폭이 ±1 미만이 될 수 있는 표본크기를 구하라.

풀이 a) $\bar{x}=36$, $\sigma^2=9$, $n=9$, $z_{0.025}=1.96$이므로 95% 신뢰한계는

$$\bar{x} \pm z_{0.025} \frac{\sigma}{\sqrt{n}} = 36 \pm 1.96 \frac{3}{\sqrt{9}}$$

이고 따라서 모평균 μ의 95% 신뢰구간은 $(34.04 , 37.96)$이 된다.

b) 신뢰구간의 폭을 신뢰수준이 95%이면서 ±1 미만이 되게 하려면 다음을 만족해야한다.

$$z_{0.025} \frac{\sigma}{\sqrt{n}} = \frac{1.96 \times 3}{\sqrt{n}} < 1$$

위의 식을 n에 관해서 풀면 $n > 34.5744$이 되므로 표본크기 n은 35이다.

[통계패키지 결과]

```
> CL.mu_sigma(36,sqrt(9),9,0.95)
  sample.mean pop.sigma sample.size conf.level    lower    upper
1          36         3           9       0.95 34.04004 37.95996
```

	sample_mean	pop_sigma	sample_size	conf_level	lower	upper
1	36	3	9	0.95	34.040036015	37.959963985

VIEWTABLE: Work.Cl_mu_sigma

Computer Programming 예제 9-2

```
# Using R
CL.mu_sigma=function(sample.mean,pop.sigma,sample.size,conf.level){
s.e=pop.sigma/sqrt(sample.size)
c.c=qnorm(1-(1-conf.level)/2)
lower=sample.mean-c.c*s.e
upper=sample.mean+c.c*s.e
data.frame(sample.mean,pop.sigma,sample.size,conf.level,lower,upper)
}
CL.mu_sigma(36,sqrt(9),9,0.95)
```

```
# Using SAS
data CL_mu_sigma;
sample_mean=36;
pop_sigma=sqrt(9);
sample_size=9;
conf_level=0.95;
lower=sample_mean-quantile('normal',1-(1-conf_level)/2)*pop_sigma/sqrt(sample_size);
upper=sample_mean+quantile('normal',1-(1-conf_level)/2)*pop_sigma/sqrt(sample_size);
run;
```

예제 9-3   어느 고등학교의 남학생 100명을 추출하여 몸무게를 측정한 결과 그 평균이 67kg이었다. 이 고등학교 남학생 전체에 대한 분산이 36이라고 할 때 이 고등학교 남학생 전체에 대한 평균 몸무게의 99% 신뢰구간을 구하라.

풀이 $n=100$으로 충분히 크므로 표본평균의 분포가 정규분포를 따른다고 할 수 있다. 따라서 $\overline{x}=67$, $\sigma^2=36$, $z_{0.005}=2.58$이므로 남학생 전체의 평균몸무게 μ에 대한 99% 신뢰한계는 다음과 같다.

$$\overline{x} \pm z_{0.005}\frac{\sigma}{\sqrt{n}} = 67 \pm 2.58\frac{6}{\sqrt{100}}$$

그러므로 남학생 전체의 평균 몸무게 μ의 99% 신뢰구간은 $(65.452 , 68.548)$이다.

9.2.2 모분산 σ^2을 모르는 경우

지금까지는 모분산 σ^2를 알고 있다는 가정 하에서 모평균 μ에 대한 구간추정을 하였다. 그러나 현실적으로 우리는 σ^2를 모르는 경우가 많다. 예를 들어 전구 제조업자는 과거의 경험으로 보아 여러 유형의 전구의 수명에 대한 표준편차를 잘 알고 있을 수도 있다. 그렇지만 대부분 조사자는 그 값을 잘 알지 못할 것이다. 이 경우 미지의 모분산 대신 추정량인 표본분산 S^2을 사용한다.

첫째, 모집단이 정규분포를 따르거나 또는 표본크기 n이 클 경우에는 모평균의 신뢰구간을 추정할 때 중심극한정리에 의해 표본평균의 분포가 정규분포를 따른다는 것을 이용한다. 그러나 표본평균의 분포가 정규분포라는 것을 알지만 정규분포의 모수인 모분산 σ^2을 모르기 때문에 정규분포의 분위수인 $z_{\alpha/2}$를 신뢰계수로 사용할 수 없다. 이 경우 모분산 σ^2 대신 표본분산 S^2을 사용하여 7장에서 살펴본 t분포를 통해 신뢰계수를 구한다.

[정리 9.2] 크기 n의 확률표본 $X_1, ..., X_n$의 표본평균의 표준화계수 $\dfrac{\overline{X} - \mu}{\sigma / \sqrt{n}}$ 가 표

준정규분포를 따르면 $\displaystyle\sum_{i=1}^{n} \dfrac{(X_i - \overline{X})^2}{\sigma^2}$ 는 자유도가 $n-1$인 카이제곱분포를 따르며

두 확률변수는 서로 독립이므로

확률변수 $\dfrac{(\overline{X} - \mu)/(\sigma / \sqrt{n})}{\sqrt{(1/\sigma^2)\displaystyle\sum_{i=1}^{n}(X_i - \overline{X})^2/(n-1)}} = \dfrac{\sqrt{n(n-1)}(\overline{X} - \mu)}{\sqrt{\displaystyle\sum_{i=1}^{n}(X_i - \overline{X})^2}}$ 은

자유도 $n-1$인 t분포를 따른다. 즉, 확률변수 $\dfrac{\overline{X} - \mu}{S / \sqrt{n}}$ 은 자유도 $n-1$인 t분포

를 따른다.

위의 [정리 9.2]를 이용하면 모집단이 정규분포를 따르거나 표본크기 n이 클 경우 $(n \geq 30)$에는 모평균의 신뢰구간을 추정할 수 있다. 이때 사용하는 표본분산 S^2은 모분산 σ^2의 불편추정량이자 일치추정량이다.

t분포는 1908년 고셋(W. S. Gossett)에 의해 밝혀졌고 스튜던트 t분포(Student's t distribution)라고 불려졌다. t분포는 정규분포처럼 평균에 대해 좌우대칭의 종모양이나 표준정규분포보다 중앙의 밀도는 낮고 더 넓게 퍼진 분포 형태를 가진다. 즉, t분포의 평균은 표준정규분포의 평균과 같이 0이나, t분포의 분산은 자유도/(자유도-2)로 1보다 커서 표준정규분포의 분산보다 크다. 그러나 표본크기(자유도)가 커짐에 따라 t분포는 정규분포에 접근해 간다. [그림 9-3]은 정규분포와 t분포를 비교한 것이다.

둘째, 모집단이 정규분포를 따르지 않고 표본크기가 작으며($n < 30$) 모분산 σ^2이 알려져 있지 않은 경우 S^2은 σ^2의 좋은 추정량이 될 수 없다. 따라서 표본평균의 분포를 정규분포 또는 t분포를 사용할 수 없으므로 일반적인 표본이론으로 구간추정을 할 수 없다. 이 문제는 비모수적 방법을 통해서 해결해야 하는데 본 교재의 수준을 벗어나므로 생략한다.

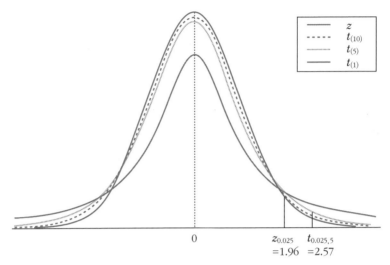

0 $z_{0.025}$ $t_{0.025,5}$
                            $=1.96$ $=2.57$

[그림 9-3] 표준정규분포와 t분포의 비교

Computer Programming 그림 9-3

```
# Using R
x=seq(-4,4,0.01)
plot(x,dnorm(x,0,1),type="l",xlab="",ylab="",bty="l",lty=1,lwd=2,ylim=c(0,0.45))
lines(x,dt(x,1),type="l",xlab="",ylab="",bty="l",lty=1,lwd=1)
lines(x,dt(x,5),type="l",xlab="",ylab="",bty="l",lty=2,lwd=1)
lines(x,dt(x,10),type="l",xlab="",ylab="",bty="l",lty=3,lwd=2)
lines(c(0,0),c(0,dnorm(0)),type="l",xlab="",ylab="",bty="l",lty=2,lwd=1)
lines(c(1.96,1.96),c(0,dnorm(1.96)),type="l",xlab="",ylab="",bty="l",lty=1,lwd=1)
lines(c(2.57,2.57),c(0,dt(2.57,5)),type="l",xlab="",ylab="",bty="l",lty=1,lwd=1)
abline(h=0)
```

[그림 9-3]에서 알 수 있듯이, t분포의 곡선은 자유도에 의존한다. 즉, t분포를 결정짓는 모수는 자유도인데 자유도에 따라 t분포의 곡선이 달라진다. 자유도의 개념을 간단히 설명하면, 자유도란 자유롭게 값을 가질 수 있는 관측치의 개수이다. 예를 들어 $X_1, X_2, \ldots, X_6$의 6개의 관측치의 평균이 20이라 하자. 그러면 6개 관측치의 합은 $X_1 + X_2 + \cdots + X_6 = 120$을 만족해야 한다. 즉, 6개의 관측치의 합이 120을 만족하면서 6개 중에서 아무런 제약 없이 자유롭게 값을 가질 수 있는 개수는 $6 - 1 = 5$이다. 그것은 앞에 5개의 값이 정해지면 마지막 여섯 번째는 $\sum_{i=1}^{6} X_i = 120$의 제약식에 의해 자동

적으로 결정되기 때문이다. 따라서 n개의 변수 $X_1, X_2, \ldots, X_n$에 대해서 자유도는 다음과 같다.

> t분포의 자유도
> = S^2을 계산하는데 사용된 정보의 양
> = S^2의 분모
> = n−제약식의 개수
> = $n-1$

여기서 1은 제약식의 개수가 한 개라는 것을 의미하며 n개의 관측값에서 한 개의 평균을 추정했다는 것을 의미한다. 2장에 S^2을 계산할 때 편차제곱합을 $n-1$로 나누었다. 이것은 S^2를 계산할 때 $n-1$개의 정보만을 사용함을 의미한다. 따라서 σ^2 대신 S^2을 사용하는 t분포의 자유도는 표본크기 n에서 1을 뺀 $n-1$이 된다. t분포를 이용하여 신뢰구간을 추정할 때 $z_{\alpha/2}$ 대신 $t_{(\alpha/2, n-1)}$가 사용된다. 즉,

$$T = \frac{\overline{X} - \mu}{S/\sqrt{n}} \sim t_{(n-1)}$$

이고 t분포의 확률변수 T는 표준정규분포의 확률변수 Z에서 σ 대신 S를 사용한 형태와 같다. 따라서 T는 σ를 알지 못하는 경우에 표본에 의해서 계산될 수 있고 S가 근사적으로 σ와 같지 않아도 T를 사용할 수 있다. σ 대신 S를 사용하므로 추정결과에 신뢰성이 낮아지며 σ를 알 경우보다 신뢰구간의 길이는 더 길어진다. 표본크기 n이 크고 σ가 알려져 있지 않은 경우 표본표준편차 S를 사용하면 σ를 아는 경우보다 신뢰구간의 길이는 더 커진다. 그러나 표본크기 n이 크다면 표본표준편차 S는 σ의 일치추정량이므로 거의 정확하게 추정한다.

표본크기가 작으면 일정비율의 신뢰도를 유지하기 위해서는 신뢰구간이 넓어지게 된다. 예를 들어 $Z_{0.025} = 1.96$, $t_{(0.025, 5)} = 2.57$이며 $t_{(\infty)} = Z$가 된다. t분포의 확률은 T 통계량과 자유도에 따라 결정된다. t분포표에서 자유도와 확률을 이용하면 T 통계량을 알 수 있다. <부록 Ⅲ>의 t분포표는 자유도 30까지만 표현되어 있고 자유도가 30이 넘는 경우는 컴퓨터를 이용해서 다음과 같이 간단하게 구할 수 있다.

$t_{(\alpha, d.f)}$의 계산		
[Excel]	[R]	[SAS]
TINV($2\alpha, d.f$)	qt($1-\alpha, d.f$)	CDF('t',$1-\alpha, d.f$)

다음의 [정리 9.3]은 모집단이 정규분포를 따르며 표본크기가 30 이하일 때 모분산 σ^2를 모르는 경우의 모평균의 신뢰구간을 구하는 방법이다.

[정리 9.3] 확률표본 $X_1, \dots, X_n$은 $N(\mu, \sigma^2)$에서 모집단에서 추출되었으며 $n \leq 30$ 이고 모분산 σ^2을 모르는 경우 모평균 μ에 대한 $100(1-\alpha)\%$ 신뢰구간과 신뢰한계는 다음과 같다.

$$\left(\overline{X} - t_{(\alpha/2, n-1)} \frac{S}{\sqrt{n}}, \ \overline{X} + t_{(\alpha/2, n-1)} \frac{S}{\sqrt{n}} \right), \ \mu = \overline{X} \pm t_{(\alpha/2, n-1)} \frac{S}{\sqrt{n}}$$

여기서 사용된 t값은 t분포에서 $P\left(|t| \geq t_{(\alpha/2, n-1)} \right) = \alpha$이다.

표본크기가 충분히 크다면 모평균의 신뢰구간은 [정리 9.3]에서 $t_{(\alpha/2, n-1)}$ 대신 $z_{\alpha/2}$을 사용하여 구할 수 있다.

예제 9-4 젖소가 생산하는 우유지방의 양을 추정하려고 한다. 우유지방의 양이 정규분포를 따른다고 할 때, 모평균을 추정하기 위하여 20마리 젖소의 우유지방을 측정한 결과 평균은 500.05이고 표본표준편차는 82.25이었다고 한다. 모평균 μ의 95% 신뢰구간을 구하라.

풀이 $n = 20$, $\overline{x} = 500.05$, $s = 82.25$, $t_{(0.025, 19)} = 2.093$이므로 신뢰구간은

$$\left(\overline{x} - t_{(0.025, 19)} \frac{s}{\sqrt{n}}, \ \overline{x} + t_{(0.025, 19)} \frac{s}{\sqrt{n}} \right)$$

$$\left(500.05 - (2.093)\left(\frac{82.25}{\sqrt{20}} \right), \ 500.05 + (2.093)\left(\frac{82.25}{\sqrt{20}} \right) \right)$$

이다. 그러므로 젖소 한 마리의 우유지방의 모평균 μ의 95% 신뢰구간은

$(461.56, 538.54)$이다.

예제 9-5   어떤 농장에서 생산되는 배추 중에서 배추 4포기를 무작위로 추출해서 무게를 측정한 결과가 다음과 같을 때 이 농장에서 생산되는 배추 전체의 평균무게에 대한 95% 신뢰구간을 구하라. 단, 배추의 무게는 정규분포를 따른다고 가정하자.

$$3.7 \qquad 4.5 \qquad 2.9 \qquad 3.5$$

풀이   먼저 표본평균과 표본분산을 구해보면 $\bar{x} = 3.65$, $s^2 = 0.44$가 된다. $n = 4$이므로 t분포표에서 자유도가 3인 $t_{0.025}$를 보면 $t_{(0.025, 3)} = 3.18$이므로 배추 전체의 평균무게에 대한 95% 신뢰한계를 구하면 다음과 같다.

$$\bar{x} \pm t_{(0.025, 3)} \frac{s}{\sqrt{n}} = 3.65 \pm 3.18 \frac{\sqrt{0.44}}{\sqrt{4}}$$

따라서 배추 전체의 평균무게에 대한 95% 신뢰구간은 $(2.599, 4.701)$가 된다.

[통계패키지 결과]

```
95 percent confidence interval:
 2.598508 4.701492
```

평균을 포함하는 신뢰 한계		
신뢰	신뢰 한계	
99.00%	1.720	5.580
95.00%	2.599	4.701
90.00%	2.872	4.428

Computer Programming   예제 9-5

```
# Using R
cabbage=c(3.7,4.5,2.9,3.5)
t.test(cabbage,conf.level=0.95)

# Using SAS
data ex9_5; input cabbage @@;
datalines;
3.7 4.5 2.9 3.5
run;
```

```
proc capability data=ex9_5 noprint;
intervals cabbage/method=4; run;
```

9.3 모평균 차의 구간추정

9.3.1 독립적인 두 표본

1) 모분산 σ_1^2, σ_2^2을 알 경우

확률표본 $X_1,...,X_{n_1}$과 $Y_1,...,Y_{n_2}$가 서로 독립인 정규분포를 각각 따른다고 할 때, 모평균 차에 대한 추정은 $\mu_1 - \mu_2$에 대한 추정을 말한다. 이것에 대한 구간추정은 두 모집단에서 추출된 표본평균의 차인 $\overline{X} - \overline{Y}$를 이용하는 것이 바람직하다. $\overline{X} - \overline{Y}$는 $\mu_1 - \mu_2$의 불편추정량이다. 앞 절에서 표본평균의 분포를 이용하여 신뢰구간을 구했듯이 여기서도 $\overline{X} - \overline{Y}$의 분포를 이용하여 모평균 차를 추정한다. 표본평균의 차 $\overline{X} - \overline{Y}$의 분포는 다음과 같다.

> **[정리 9.4]** $X_1,...,X_{n_1}$는 $N(\mu_1, \sigma_1^2)$으로부터 추출된 n_1개의 확률표본이고
> $Y_1,...,Y_{n_2}$은 $N(\mu_2, \sigma_2^2)$으로부터 추출된 n_2개의 확률표본이며, 두 표본들이
> **독립**이라고 할 때 $\overline{X} - \overline{Y}$의 분포는 다음과 같다.
>
> $$\overline{X} - \overline{Y} \sim N\left(\mu_1 - \mu_2, \frac{\sigma_1^2}{n_1} + \frac{\sigma_2^2}{n_2}\right)$$

증명 두 확률변수의 기대값과 분산의 성질을 이용하면 두 확률변수의 평균의 차의 기대값은

$$E(\overline{X} - \overline{Y}) = E(\overline{X}) - E(\overline{Y}) = \mu_1 - \mu_2$$

이고 X, Y가 서로 독립이므로 평균의 차의 분산은 다음과 같다.

$$Var(\overline{X} - \overline{Y}) = Var(\overline{X}) + Var(\overline{Y}) = \frac{\sigma_1^2}{n_1} + \frac{\sigma_2^2}{n_2}$$

따라서 평균의 차의 표준오차는 다음과 같다.

$$\sigma_{\overline{X}-\overline{Y}} = \sqrt{\frac{\sigma_1^2}{n_1} + \frac{\sigma_2^2}{n_2}}$$

정규분포를 따르는 모집단에서 표본을 추출하는 경우의 신뢰구간은 정확한 구간이 되나 그렇지 않은 경우에는 표본크기가 큰 경우만 중심극한정리에 의해 근사적인 신뢰구간을 구할 수 있다. 모평균 차에 대한 신뢰구간은 모평균의 신뢰구간에서와 같이 Z 통계량을 이용하여 구한다. 따라서 모분산 σ_1^2, σ_2^2을 아는 경우 Z 통계량은 다음과 같다.

$$Z = \frac{(\overline{X}-\overline{Y})-(\mu_1-\mu_2)}{\sqrt{\dfrac{\sigma_1^2}{n_1} + \dfrac{\sigma_2^2}{n_2}}} \sim N(0,1)$$

이를 이용하면 두 모평균 차 $\mu_1 - \mu_2$에 대한 $100(1-\alpha)\%$ 신뢰구간은 다음과 같다.

[정리 9.5] 모분산 σ_1^2, σ_2^2을 아는 경우

$X_1, ..., X_{n_1}$는 $N(\mu_1, \sigma_1^2)$으로부터 추출된 n_1개의 확률표본이고 $Y_1, ..., Y_{n_2}$은 $N(\mu_2, \sigma_2^2)$으로부터 추출된 n_2개의 확률표본이며 두 표본들이 독립이라고 하자. σ_1^2, σ_2^2이 알려져 있을 경우, 모평균 $\mu_1 - \mu_2$에 대한 $100(1-\alpha)\%$ 신뢰구간과 신뢰한계는

$$\left((\overline{X}-\overline{Y}) - z_{\alpha/2}\sqrt{\frac{\sigma_1^2}{n_1} + \frac{\sigma_2^2}{n_2}} \,,\, (\overline{X}-\overline{Y}) + z_{\alpha/2}\sqrt{\frac{\sigma_1^2}{n_1} + \frac{\sigma_2^2}{n_2}} \right)$$

$$\mu_1 - \mu_2 = (\overline{X}-\overline{Y}) \pm z_{\alpha/2}\sqrt{\frac{\sigma_1^2}{n_1} + \frac{\sigma_2^2}{n_2}}$$

이고 $z_{\alpha/2}$는 표준정규분포에서 $P\left(|Z| \geq z_{\alpha/2}\right) = \alpha$이다.

만약 두 모집단의 모분산이 동일하다면($\sigma_1^2 = \sigma_2^2 = \sigma^2$) 두 모평균의 차 $\mu_1 - \mu_2$의 신뢰구간은 다음과 같다.

$$\left((\overline{X} - \overline{Y}) - z_{\alpha/2}\sigma\sqrt{\frac{1}{n_1} + \frac{1}{n_2}} , \ (\overline{X} - \overline{Y}) + z_{\alpha/2}\sigma\sqrt{\frac{1}{n_1} + \frac{1}{n_2}} \right)$$

예제 9-6 어떤 전구를 생산하는 회사는 제1공장과 제2공장을 가지고 있다고 한다. 제1공장과 제2공장에서 생산되는 전구를 각각 100개 무작위 추출하여 수명시간을 측정한 결과 표본평균이 각각 2,500시간과 2,200시간이었다. 두 공장에서 생산되는 전구의 수명의 모표준편차가 각각 121시간과 81시간이라면 제1공장과 제2공장에 생산되는 전구의 평균 수명의 차의 95% 신뢰구간을 구하라.

풀이 제1공장과 제2공장에서 생산되는 전구의 수명을 각각 X, Y라고 할 때, $n_1 = 100$, $n_2 = 100$으로 충분히 크기 때문에 중심극한정리에 의해 표준정규분포를 사용하여 추정할 수 있다. $\overline{x} = 2500$, $\overline{y} = 2200$, $\sigma_1 = 121$, $\sigma_2 = 81$이므로 두 공장 간의 모평균 차에 대한 95% 신뢰한계는 다음과 같다.

$$(\overline{x} - \overline{y}) \pm z_{0.025}\sqrt{\frac{\sigma_1^2}{n_1} + \frac{\sigma_2^2}{n_2}} = (2500 - 2200) \pm 1.96\sqrt{\frac{121^2}{100} + \frac{81^2}{100}}$$

따라서, 두 공장에서 생산되는 전구의 평균 수명시간의 차에 대한 95% 신뢰구간은 (271.46, 328.54)가 된다. 즉 95% 신뢰도로 제1공장에서 생산된 전구의 평균수명은 제2공장에서 생산된 전구의 평균수명보다 최소 271.46시간, 최대 328.54시간 더 크다.

[통계패키지 결과]

```
> CL.mudiff_sigma(2500,2200,121,81,100,100,0.95)
  mean_x mean_y sigma_x sigma_y n_x n_y conf.level    lower    upper
1   2500   2200     121      81 100 100       0.95 271.4611 328.5389
```

	mean_x	mean_y	sigma_x	sigma_y	n_x	n_y	conf_level	lower	upper
				VIEWTABLE: Work.Cl_mudiff_sigma					
1	2500	2200	121	81	100	100	0.95	271.46114755	328.53885245

Computer Programming 예제 9-6

```
# Using R
CL.mudiff_sigma=function(mean_x,mean_y,sigma_x,sigma_y,n_x,n_y,conf.level){
s.e=sqrt(sigma_x^2/n_x+sigma_y^2/n_y)
c.c=qnorm(1-(1-conf.level)/2)
lower=mean_x-mean_y-c.c*s.e
upper=mean_x-mean_y+c.c*s.e
data.frame(mean_x,mean_y,sigma_x,sigma_y,n_x,n_y,conf.level,lower,upper)
}
CL.mudiff_sigma(2500,2200,121,81,100,100,0.95)
```

```
# Using SAS
data CL_mudiff_sigma;
mean_x=2500; mean_y=2200;
sigma_x=121; sigma_y=81;
n_x=100; n_y=100;
conf_level=0.95;
lower=mean_x-mean_y-quantile('normal',1-(1-conf_level)/2)
   *sqrt(sigma_x**2/n_x+sigma_y**2/n_y);
upper=mean_x-mean_y+quantile('normal',1-(1-conf_level)/2)
   *sqrt(sigma_x**2/n_x+sigma_y**2/n_y);
run;
```

예제 9-7 서울 지역의 강남에서 200가구, 강북에서 300가구를 추출하여 어느 달에 쓰레기봉투 구입량을 조사해 보니 강남에서 평균 20장, 강북에서 평균 12장을 구입했다고 한다. 강남과 강북의 모분산이 4로 동일하다고 할 때 강남과 강북의 쓰레기봉투 평균 구입량의 차에 대한 95% 신뢰구간을 구하라.

풀이 강남에서 쓰레기봉투 구입량을 X, 강북에서 쓰레기봉투 구입량을 Y라고 할 때 $n_1 = 200$, $n_2 = 300$으로 표본크기가 충분히 크므로 중심극한정리에 의해 두 지역의 쓰레기봉투 구입량의 평균 차는 정규분포를 따른다고 할 수 있다. $\bar{x} = 20$, $\bar{y} = 12$, $\sigma^2 = 4$이므로 강남과 강북의 쓰레기봉투 구입량의 평균 차에 대한 95% 신뢰한계는 다음과 같다.

$$(\bar{X} - \bar{Y}) \pm z_{0.025}\sigma\sqrt{\frac{1}{n_1} + \frac{1}{n_2}} = (20 - 12) \pm 1.96 \times 2\sqrt{\frac{1}{200} + \frac{1}{300}}$$

따라서 강남과 강북의 쓰레기봉투 구입량의 평균 차에 대한 95% 신뢰구간은 $(7.64, 8.36)$이 된다. 그러므로 95% 신뢰수준 하에서 강남이 강북보다 평균적으로 쓰레기 봉투를 7.64장 이상 더 구입함을 알 수 있다.

2) 모분산 σ_1^2, σ_2^2을 모르는 경우

지금까지는 두 모집단의 모분산 σ_1^2과 σ_2^2을 알고 있다는 가정 하에서 모평균 차의 구간추정을 하였으나 이제는 모분산을 모르는 경우에 대해서 생각해 보자. 이때 두 모집단의 분산이 동일한 경우와 동일하지 않은 경우로 구분하여 신뢰구간을 구한다.

먼저 두 모집단의 모분산을 동일하다는 것$(\sigma_1^2 = \sigma_2^2 = \sigma^2)$을 가정하는 경우는 모분산을 아는 경우의 신뢰구간에서 σ^2 대신 S^2를 사용하여 구간을 추정한다. 이때 두 모집단의 공통된 분산인 σ^2을 대체할 수 있는 추정량인 **합동분산**(pooled variance) S_p^2를 사용해야 한다. 합동분산은 다음과 같이 계산된다.

$$S_p^2 = \frac{\sum_{i=1}^{n_1}(X_i - \overline{X})^2 + \sum_{j=1}^{n_2}(Y_j - \overline{Y})^2}{(n_1 - 1) + (n_2 - 1)}$$

$$= \frac{(n_1 - 1)S_1^2 + (n_2 - 1)S_2^2}{n_1 + n_2 - 2}$$

두 모집단은 동일한 분산을 가지고 있으므로 이를 추정하기 위해 두 표본의 정보를 모두 이용하는 것이 타당하다. 따라서 합동분산은 두 표본 각각의 편차제곱합을 더한 것을 두 표본의 자유도로 나누어 준 형태가 된다.

두 번째로 두 모집단의 모분산이 동일하지 않다는 것($\sigma_1^2 \neq \sigma_2^2$)을 가정하는 경우는 확률변수 $\overline{X} - \overline{Y}$의 분포를 정확하게 파악할 수 없다. 이를 해결하기 위해 모분산을 알고 있는 경우의 신뢰구간에서 σ_1^2과 σ_2^2 대신 S_1^2와 S_2^2를 사용하여 구간을 추정한다. 두 모집단의 모분산이 동일한 경우와 비교하여 분포의 자유도를 구하는 방식이 다르다.

앞에서와 마찬가지로 모분산의 추정량을 사용했으므로 신뢰구간을 추정할 때 t분포를 사용한다. 모분산이 동일하다고 가정된 경우는 σ^2 대신 S_p^2를 이용하기 때문에 t분포의 자유도는 S_p^2을 계산할 때 적용된 분모항과 같다. 하지만 모분산이 동일하지 않다고 가정된 경우는 추정량이 S_1^2와 S_2^2 두 개이므로 자유도는 다른 방법으로 구해야 한다. 이때 사용하는 자유도는 웰치의 조정자유도(Welch's adjusted degrees of freedom) 또는 새터스웨이트의 자유도(Satterthwaite's degrees of freedom)라고 부른다.

[**정리 9.6**] $X_1, \ldots, X_{n_1}$는 $N(\mu_1, \sigma_1^2)$으로부터 추출된 n_1개의 확률표본이고 $Y_1, \ldots, Y_{n_2}$은 $N(\mu_2, \sigma_2^2)$으로부터 추출된 n_2개의 확률표본이며, 두 표본들이 **독립**이고 σ_1^2과 σ_2^2은 알려져 있지 않다고 가정하자.

i) $\sigma_1^2 = \sigma_2^2 = \sigma^2$

$$T = \frac{(\overline{X} - \overline{Y}) - (\mu_1 - \mu_2)}{S_p \sqrt{\dfrac{1}{n_1} + \dfrac{1}{n_2}}} \sim t_{(n_1 + n_2 - 2)}$$

ii) $\sigma_1^2 \neq \sigma_2^2$

$$T = \frac{(\overline{X} - \overline{Y}) - (\mu_1 - \mu_2)}{\sqrt{\dfrac{S_1^2}{n_1} + \dfrac{S_2^2}{n_2}}} \sim t_{(\nu)}$$

여기서 $\nu = \dfrac{\left(\dfrac{S_1^2}{n_1} + \dfrac{S_2^2}{n_2}\right)^2}{\dfrac{(S_1^2/n_1)^2}{n_1 - 1} + \dfrac{(S_2^2/n_2)^2}{n_2 - 1}}$ 이다.

따라서 [정리 9.3]에서처럼 두 모집단의 분산이 알려져 있지 않은 경우 $100(1 - \alpha)\%$ 신뢰구간은 다음과 같다.

[정리 9.7] X와 Y의 두 모집단이 **정규분포**를 따르고 서로 **독립**이며, 두 모집단의 분산을 모르는 경우 모평균 차 $\mu_1 - \mu_2$ 에 대한 $100(1 - \alpha)\%$ 신뢰구간과 신뢰한계는 다음과 같다.

i) $\sigma_1^2 = \sigma_2^2 = \sigma^2$

$$\left((\overline{X} - \overline{Y}) - t_{(\alpha/2, n_1 + n_2 - 2)} S_p \sqrt{\dfrac{1}{n_1} + \dfrac{1}{n_2}} , \right.$$
$$\left. (\overline{X} - \overline{Y}) + t_{(\alpha/2, n_1 + n_2 - 2)} S_p \sqrt{\dfrac{1}{n_1} + \dfrac{1}{n_2}} \right)$$

$$\mu_1 - \mu_2 = (\overline{X} - \overline{Y}) \pm t_{(\alpha/2, n_1 + n_2 - 2)} S_p \sqrt{\dfrac{1}{n_1} + \dfrac{1}{n_2}}$$

여기서 $P\left(|t| \geq t_{(\alpha/2, n_1 + n_2 - 2)} \right) = \alpha$ 이다.

ii) $\sigma_1^2 \neq \sigma_2^2$

$$\left((\overline{X} - \overline{Y}) - t_{(\alpha/2, \nu)} \sqrt{\dfrac{S_1^2}{n_1} + \dfrac{S_2^2}{n_2}} , \ (\overline{X} - \overline{Y}) + t_{(\alpha/2, \nu)} \sqrt{\dfrac{S_1^2}{n_1} + \dfrac{S_2^2}{n_2}} \right)$$

$$\mu_1 - \mu_2 = (\overline{X} - \overline{Y}) \pm t_{(\alpha/2,\nu)} \sqrt{\frac{S_1^2}{n_1} + \frac{S_2^2}{n_2}}$$

여기서 ν는 새터스웨이트의 자유도이고 $P\left(|t| \geq t_{(\alpha/2,\nu)}\right) = \alpha$이다.

표본크기가 충분히 크다면 두 모집단의 모평균 차의 신뢰구간은 [정리 9.7]의 ii)에서 $t_{(\alpha/2,\nu)}$ 대신 $z_{\alpha/2}$을 사용하여 구할 수 있다.

예제 9-8 한 고등학교에서 A, B 두 학급에 대해 수학시험을 보았다고 한다. 두 학급에서 각각 5명과 7명의 학생을 무작위로 추출하여 성적(X)을 조사한 결과 A학급은 평균이 72점, 표준편차가 5점이었고, B학급은 평균이 65점, 표준편차가 3점이었다. 두 학급의 수학성적에 대한 모분산이 동일하다고 할 때 두 학급의 수학성적의 평균 차에 대한 95% 신뢰구간을 구하라.(단, 두 학급의 성적은 정규분포 가정)

풀이 $s_A = 5$, $s_B = 3$, $n_A = 5$, $n_B = 7$이므로 이에 대한 합동표준편차 s_p를 구해보면 다음과 같다.

$$s_p = \sqrt{\frac{(n_A-1)s_A^2 + (n_B-1)s_B^2}{n_A+n_B-2}}$$

$$= \sqrt{\frac{(5-1)5^2 + (7-1)3^2}{5+7-2}} = 3.92$$

$\overline{x}_A = 72$, $\overline{x}_B = 65$이고 자유도가 $5+7-2 = 10$이고 $\alpha = 0.05$인 t값은 t분포표에 의해 2.23이므로 두 평균 차에 대한 95% 신뢰한계는 다음과 같다.

$$(\overline{x}_A - \overline{x}_B) \pm t_{(0.025,10)} s_p \sqrt{\frac{1}{n_A} + \frac{1}{n_B}} = (72-65) \pm 2.23(3.92)\sqrt{\frac{1}{5}+\frac{1}{7}}$$

따라서 두 모집단의 평균 차에 대한 95% 신뢰구간은 $(1.88, 12.12)$가 된다.

[통계패키지 결과]
```
> CL.mudiff_s(72,65,5,3,5,7,0.95)
  mean_x mean_y s_x s_y n_x n_y pooled.var conf.level    lower    upper
1     72     65   5   3   5   7       15.4       0.95 1.880127 12.11987
```

	mean_x	mean_y	s_x	s_y	n_x	n_y	pooled_var	conf_level	lower	upper
VIEWTABLE: Work.Cl_mudiff_s										
1	72	65	5	3	5	7	15.4	0.95	1.8801267118	12.119873288

```
# Using R
CL.mudiff_s=function(mean_x,mean_y,s_x,s_y,n_x,n_y,conf.level){
pooled.var=((n_x-1)*s_x^2+(n_y-1)*s_y^2)/(n_x+n_y-2)
s.e=sqrt(pooled.var*(1/n_x+1/n_y))
c.c=qt(1-(1-conf.level)/2,n_x+n_y-2)
lower=mean_x-mean_y-c.c*s.e
upper=mean_x-mean_y+c.c*s.e
data.frame(mean_x,mean_y,s_x,s_y,n_x,n_y,pooled.var,conf.level,lower,upper)
}
CL.mudiff_s(72,65,5,3,5,7,0.95)


# Using SAS
data CL_mudiff_s;
mean_x=72; mean_y=65;
s_x=5; s_y=3;
n_x=5; n_y=7;
pooled_var=((n_x-1)*s_x**2+(n_y-1)*s_y**2)/(n_x+n_y-2);
conf_level=0.95;
lower=mean_x-mean_y-quantile('t',1-(1-conf_level)/2,n_x+n_y-2)
   *sqrt(pooled_var*(1/n_x+1/n_y));
upper=mean_x-mean_y+quantile('t',1-(1-conf_level)/2,n_x+n_y-2)
   *sqrt(pooled_var*(1/n_x+1/n_y));
run;
```

예제 9-9   자동차 타이어 두 종류의 견고성을 각각 100개씩 노상성능 검사를 통해 비교하려고 한다. 마멸될 때까지 거리를 측정한 결과가 다음과 같다. 두 종류 타이어의 모평균 차에 대한 95% 신뢰구간을 구하고, 두 종류의 타이어의 평균 견고성에 차이가 있는가?

	타이어 1	타이어 2
표본평균	39,600km	30,120km
표본분산	2,160,000	2,940,000

풀이 X를 타이어 1의 마멸될 때까지의 거리, Y를 타이어 2의 마멸될 때까지의 거리라고

하면 $\bar{x} = 39{,}600$, $\bar{y} = 30{,}120$, $s_1^2 = 2{,}160{,}000$, $s_2^2 = 2{,}940{,}000$, $n_1 = 100$, $n_2 = 100$
이다. 두 모집단의 분산이 같다고 가정할 수 없으므로 새터스웨이트 자유도를 먼저 다음과 같이 구한다.

$$\nu = \frac{\left(\dfrac{s_1^2}{n_1} + \dfrac{s_2^2}{n_2}\right)^2}{\dfrac{(s_1^2/n_1)^2}{n_1 - 1} + \dfrac{(s_2^2/n_2)^2}{n_2 - 1}}$$

$$= \frac{\left(\dfrac{2{,}160{,}000}{100} + \dfrac{2{,}940{,}000}{100}\right)^2}{\dfrac{(2{,}160{,}000/100)^2}{99} + \dfrac{(2{,}940{,}000/100)^2}{99}} = 193.4744$$

구한 자유도를 이용하여 t값을 컴퓨터로 구해보면 $t_{(0.025, 193.4744)} = 1.9722$이고 컴퓨터를 이용할 수 없다면 표본크기가 충분히 크기 때문에 t값 대신에 $z_{0.025} = 1.96$를 사용하여 계산할 수 있다. 따라서 두 종류의 타이어의 평균 견고성에 차에 대한 95% 신뢰한계는

$$(\bar{x} - \bar{y}) \pm t_{(0.025, 193.4744)} \sqrt{\frac{s_1^2}{n_1} + \frac{s_2^2}{n_2}}$$

$$= (39{,}600 - 30{,}120) \pm 1.9722 \times \sqrt{\frac{2{,}160{,}000}{100} + \frac{2{,}940{,}000}{100}}$$

$$= 9{,}480 \pm 445.39$$

이고 신뢰구간은 $(9{,}034.62, 9{,}925.39)$이다. 그러므로 95% 신뢰수준 하에서 타이어 1이 타이어 2보다 평균적으로 9,034.62km 이상 더 오래감을 알 수 있다. 즉, 견고성면에서 타이어 1이 타이어 2보다 좋다고 할 수 있다.

예제 9-10 한 페인트 제조회사는 새 상품을 개발하여 기존 상품과의 건조시간을 비교하고자 한다. 기존 상품과 새 상품을 각각 10종류의 벽에 칠한 후 건조시간을 측정하였다. 두 상품의 페인트 건조시간은 정규분포를 따른다고 할 때 새 상품의 건조시간이 기존 상품보다 얼마나 더 빠른지 95% 신뢰구간을 이용하여 설명하라. 단, 모분산이 동일한 경우와 그렇지 않은 경우로 구분하여 설명하라.

기존상품	49	44	47	44	46	40	48	45	45	42
새상품	44	41	45	44	43	39	42	40	40	42

풀이 기존상품의 페인트 건조시간을 X라고 하고 새상품의 페인트 건조시간을 Y라고 하면

기술통계량은 다음과 같다.

$$\overline{x} = 45, \ \overline{y} = 42, \ s_1^2 = 7.33, \ s_2^2 = 4, \ n_1 = 10, \ n_2 = 10$$

1) 두 집단의 모분산이 동일한 경우

두 집단의 모분산이 동일하므로 먼저 표본합동분산 s_p^2을 구한다.

$$
\begin{aligned}
s_p^2 &= \frac{(n_1 - 1)s_1^2 + (n_2 - 1)s_2^2}{n_1 + n_2 - 2} \\
&= \frac{(10-1)(7.33)^2 + (10-1)4^2}{10 + 10 - 2} = 5.67
\end{aligned}
$$

자유도가 $10 + 10 - 2 = 18$이고 $\alpha = 0.05$인 t값은 t분포표에 의해 2.101이므로 두 평균 차에 대한 95% 신뢰한계는 다음과 같다.

$$(\overline{x} - \overline{y}) \pm t_{(0.025, 18)} s_p \sqrt{\frac{1}{n_1} + \frac{1}{n_2}} = (45 - 42) \pm 2.101 \sqrt{5.67\left(\frac{1}{10} + \frac{1}{10}\right)}$$

따라서 두 모집단의 평균 차에 대한 95% 신뢰구간은 $(0.76, 5.24)$가 된다.

2) 두 집단의 모분산이 동일하지 않은 경우

두 집단의 모분산이 동일하지 않으므로 먼저 새터스웨이트의 자유도 ν를 구한다.

$$
\begin{aligned}
\nu &= \frac{\left(\dfrac{s_1^2}{n_1} + \dfrac{s_2^2}{n_2}\right)^2}{\dfrac{(s_1^2/n_1)^2}{n_1 - 1} + \dfrac{(s_2^2/n_2)^2}{n_2 - 1}} \\
&= \frac{\left(\dfrac{7.33}{10} + \dfrac{4}{10}\right)^2}{\dfrac{(7.33/10)^2}{9} + \dfrac{(4/10)^2}{9}} = 16.567
\end{aligned}
$$

자유도가 16.567이고 $\alpha = 0.05$인 t값을 컴퓨터를 이용해서 구하면 2.1199이므로 두 평균 차에 대한 95% 신뢰한계는 다음과 같다.

$$(\overline{x} - \overline{y}) \pm t_{(0.025, 16.57)} \sqrt{\frac{s_1^2}{n_1} + \frac{s_2^2}{n_2}} = (45 - 42) \pm 2.12 \sqrt{\frac{7.33}{10} + \frac{4}{10}}$$

따라서 두 모집단의 평균 차에 대한 95% 신뢰구간은 $(0.75, 5.25)$이 된다.

[통계패키지 결과]

```
95 percent confidence interval:      95 percent confidence interval:
 0.7633977 5.2366023                  0.7494483 5.2505517
```

group	Method	Mean	95% CL Mean	
1old		45.0000	43.0628	46.9372
2new		42.0000	40.5693	43.4307
Diff (1-2)	Pooled	3.0000	0.7634	5.2366
Diff (1-2)	Satterthwaite	3.0000	0.7494	5.2506

Computer Programming 예제 9-10

```
# Using R
old=c(49,44,47,44,46,40,48,45,45,42)
new=c(44,41,45,44,43,39,42,40,40,42)
t.test(old,new,var.equal=T)
t.test(old,new,var.equal=F)

# Using SAS
data ex9_10;
 input group $ dry @@;
datalines;
1old 49 1old 44 1old 47 1old 44 1old 46
1old 40 1old 48 1old 45 1old 45 1old 42
2new 44 2new 41 2new 45 2new 44 2new 43
2new 39 2new 42 2new 40 2new 40 2new 42
run;
proc ttest data=ex9_10;
 class group; var dry;
run;
```

9.3.2 대응표본

관찰값들이 짝을 이루고 있는 표본을 **대응표본**(paired sample; matched sample)이라고
한다. 예를 들어 고혈압 환자에 대한 치료제의 임상시험을 한다고 할 때 우리는 치료제가
과연 효과가 있는지에 관심이 있다고 하자. 이것을 조사하기 위해서 n명의 고혈압 환자를
추출하여 동일한 환자에게서 치료제를 투여하기 전과 투여한 후의 혈압을 측정하여 관찰
하였다고 하면 투여하기 전의 n개의 관찰값과 투여한 후의 n개의 관찰값은 서로 짝을 이
루며 대응되는데, 이러한 표본을 대응표본이라고 한다.

n개의 짝을 이루는 대응표본의 차이, 즉, 위의 예에서 투여 전과 투여 후의 혈압의 차이를 분석하기 위해서는 관찰값들 각각의 차이 $D_i = X_i - Y_i$를 계산하여 단일표본으로 생각하면 된다. 그러면 모집단의 차이 Δ에 대한 신뢰구간은 평균 $\overline{D}$를 사용하여 구할 수 있다.

[정리 9.8] n개의 차이(difference) $D_1, \ldots, D_n$이 **정규모집단**으로부터의 추출된 확률표본이라면 모집단의 차이 Δ에 대한 $100(1-\alpha)\%$ 신뢰구간과 신뢰한계는 다음과 같다.

$$\left(\overline{D} - t_{(\alpha/2, n-1)} \frac{S_D}{\sqrt{n}} , \ \overline{D} + t_{(\alpha/2, n-1)} \frac{S_D}{\sqrt{n}} \right)$$

$$\Delta = \overline{D} \pm t_{(\alpha/2, n-1)} \frac{S_D}{\sqrt{n}}$$

단, t분포에서 $P\left(|t| \geq t_{(\alpha/2, n-1)} \right) = \alpha$이다.

예제 9-11 통계학 수업을 수강하는 학생을 대상으로 중간고사와 기말고사 성적의 차이를 알아보고자 한다. 통계학 수업을 수강하는 학생 중 5명을 무작위로 추출하여 성적을 조사한 결과가 다음과 같을 때 중간고사와 기말고사의 성적 차에 대한 95% 신뢰구간을 구하라. 단, 중간고사와 기말고사 성적은 정규분포를 따른다고 가정한다.

학 생	1	2	3	4	5
중간고사	81	38	65	68	43
기말고사	72	35	60	61	40

풀이 위의 자료는 대응표본이므로 우선 중간고사와 기말고사의 차 d_i를 구한다.

학 생	1	2	3	4	5
d_i	9	3	5	7	3

$\overline{d} = 5.4$, $s_d^2 = \sum_{i=1}^{n} \frac{(d_i - \overline{d})^2}{n-1} = 6.8$이므로 95% 신뢰한계는 다음과 같다.

$$\bar{d} \pm t_{(0.025,4)} \frac{s_d}{\sqrt{n}} = 5.4 \pm 2.78 \frac{\sqrt{6.8}}{\sqrt{5}}$$

따라서 위의 신뢰한계를 이용하면 중간고사 성적과 기말고사 성적의 차에 대한 95% 신뢰구간은 (2.16, 8.64)가 된다. 위의 5명의 학생에 대해 95% 신뢰수준으로 중간고사 성적이 기말고사 성적보다 최소한 2.16점 더 높다.

[통계패키지 결과]

```
95 percent confidence interval:
 2.162136 8.637864
```

Difference	N	Lower CL Mean	Mean	Upper CL Mean
mid - last	5	2.1621	5.4	8.6379

Computer Programming 예제 9-11

```
# Using R
mid=c(81,38,65,68,43)
last=c(72,35,60,61,40)
t.test(mid,last,paired=T)

# Using SAS
data ex9_11;
input mid last @@;
datalines;
81 72 38 35 65 60 68 61 43 40
run;
proc ttest data=ex9_11;
paired mid*last; run;
```

예제 9-12 한 제조업자는 두 가지 유형의 자동차 타이어의 마모를 비교하려 한다. A형과 B형의 타이어 한 개씩 5개 자동차의 뒷축에 무작위로 할당하여 장착시켰다. 일정시간 자동차 운행 후 각 타이어의 마모량은 다음과 같다고 할 때 이 두 가지 종류 타이어의 평균 마모의 차에 관한 95% 신뢰구간을 구하려고 한다. 단, 각 타이어의 모집단의 분포는 정규분포를 가정한다.

자동차	A형 타이어	B형 타이어
1	8.8	8.6
2	9.6	9.2
3	12.1	11.5
4	10.0	9.4
5	9.8	9.3

a) 독립적인 두 표본으로 추출되었을 경우 모분산이 같다고 가정하고 신뢰구간을 구하라.

b) 대응표본으로 추출되었을 경우 신뢰구간을 구하라.

c) 위의 두 가지 방법 중 이 문제는 어떤 방법이 옳은지 밝혀라.

풀이 a) 두 표본의 평균과 분산를 구하면 다음과 같다.

$$\bar{x}_1 = 10.06, \ s_1^2 = 1.508, \ \bar{x}_2 = 9.60, \ s_2^2 = 1.225$$

따라서 두 표본의 합동분산은

$$s_p^2 = \frac{(n_1-1)s_1^2 + (n_2-1)s_2^2}{n_1+n_2-2} = \frac{4 \times 1.508 + 4 \times 1.225}{10-2} = 1.367$$

이다. $\alpha = 0.05$인 t분포값은 $t_{(n_1+n_2-2, 0.025)} = t_{(8, 0.025)} = 2.306$이므로 두 모평균 차에 의한 95% 신뢰한계는

$$(10.06 - 9.6) \pm 2.306 \sqrt{1.367\left(\frac{1}{5} + \frac{1}{5}\right)} = 0.46 \pm 1.705$$

이고 신뢰구간은 $(-1.245, 2.165)$이다.

b) 대응표본으로 추출되었을 경우 두 변수의 차이값은 다음과 같다.

자동차	A형 타이어	B형 타이어	d_i	d_i^2
1	8.8	8.6	0.2	0.04
2	9.6	9.2	0.4	0.16
3	12.1	11.5	0.6	0.36
4	10.0	9.4	0.6	0.36
5	9.8	9.3	0.5	0.25
총합			2.3	1.17

$$\overline{d}=\frac{2.3}{5}=0.46, \quad s_d^2=\frac{\sum\limits_{i=1}^{n}d_i^2-(\sum\limits_{i=1}^{n}d_i)^2/n}{n-1}=\frac{1.17-(2.3)^2/5}{4}=\frac{0.112}{4}=0.022$$

$\alpha=0.05$인 t분포값은 $t_{(n-1,0.025)}=t_{(4,0.025)}=2.776$이므로 두 표본이 대응표본으로 추출되었을 경우 두 타이어의 평균 마모의 차이의 95%에 대한 신뢰한계는

$$0.46\pm2.776\frac{\sqrt{0.022}}{\sqrt{5}}=0.46\pm0.184$$

이고 신뢰구간은 $(0.276, 0.644)$이다.

c) 한 자동차 안에 장착되어 측정된 A형과 B형 타이어의 마모량은 서로 연관되어 있기 때문에 두 타이어의 측정값을 쌍(pair)으로 구한 b)의 경우가 옳다. 독립표본을 합동한 t통계량(two sample pooled t)인 경우, 두 모집단에서 추출된 표본이 서로 독립이고 무작위를 가정한다. 그러나 이 문제의 모형에서는 두 표본의 독립이 충족되지 않는다. 왜냐하면, 어떤 한 자동차 안에서 측정된 A, B 타이어 마모량은 서로 연관되어 있기 때문이다.

만약 10개의 타이어가 랜덤하게 10개의 자동차 축에 할당되었다면 이는 독립적인 확률표본이 되며, 이 경우 변동이 많아서 표준오차는 커지게 된다. 그러나 이 문제의 경우 각 5개의 자동차에서 A, B 두 유형의 타이어를 비교하기 위해 쌍으로 측정값을 구했으므로 쌍을 이루는 모형이 옳으며, 이는 5개의 차이의 측정치만 고려하므로 자동차 간 변동을 줄일 수 있는 장점이 있다.

정리하면, 이 문제의 경우에서 독립표본을 가정하여 합동분산을 사용한 경우 신뢰구간은 대응표본인 경우의 신뢰구간보다 더 넓게 되며 부정확해진다. 대응표본인 경우 대응 관찰값의 차이를 이용하는 것이 더 정확한 추정값을 제공한다. 따라서 이 자료에서 보면 95% 신뢰계수에서 두 타이어의 평균 마모의 차이는 존재하며 A형 타이어의 평균 마모가 B형 타이어보다 0.276에서 0.644 사이로 더 크다.

9.4 모비율의 구간추정

모비율에 대한 구간추정은 모평균에 대한 구간추정과 비슷하다. 모비율 p에 대한 추정량은 표본비율(sample proportion) $\hat{p}$이고 표본크기 n이 클 경우 중심극한의 정리에 의해 다음이 성립한다.

[정리 9.9] 표본비율 $\hat{p}$의 표본분포는 근사적으로 정규분포를 따른다.

$$\hat{p} \sim N\left(p, \frac{p(1-p)}{n}\right)$$

표본비율 $\hat{p}$를 표준화하면 다음과 같이 표준정규분포를 따른다.

$$\frac{\hat{p}-p}{\sqrt{\dfrac{p(1-p)}{n}}} \sim N(0,1)$$

위와 같이 표본비율 $\hat{p}$의 표본분포의 평균은 모비율 p이고 표준오차 $\sigma(\hat{p}) = \sqrt{\dfrac{p(1-p)}{n}}$ 이다. 만약 모비율 p가 알려져 있지 않다면 표준오차 $\sigma(\hat{p})$는 p 대신 $\hat{p}$를 사용한다. 오차가 있지만 표본크기가 충분히 크다면 무시할 수 있다. 즉, 표본비율 $\hat{p}$의 표준오차의 추정량은 $\hat{\sigma}(\hat{p}) = \sqrt{\dfrac{\hat{p}(1-\hat{p})}{n}}$ 이다. 따라서 모비율 p에 대한 $100(1-\alpha)\%$ 신뢰구간은 다음과 같다.

[정리 9.10] 표본이 충분히 클 경우 모비율 p에 대한 $100(1-\alpha)\%$ 신뢰구간과 신뢰한계는 다음과 같다.

$$\left(\hat{p}-z_{\alpha/2}\sqrt{\frac{\hat{p}(1-\hat{p})}{n}}, \ \hat{p}+z_{\alpha/2}\sqrt{\frac{\hat{p}(1-\hat{p})}{n}}\right)$$

$$p = \hat{p} \pm z_{\alpha/2}\sqrt{\frac{\hat{p}(1-\hat{p})}{n}}$$

단, 표준정규분포에서 $P(|Z| \geq z_{\alpha/2}) = \alpha$ 이다.

예제 9-13 한 여론조사기관에서는 C정당의 지지도를 조사하기 위하여 344명의 유권자를 대상으로 설문조사를 한 결과 83명이 C정당을 지지하는 것으로 나타났다. 전국 유권자의 C정당 지지도에 대한 90% 신뢰구간을 구하라.

풀이 표본비율은 $\hat{p} = 83/344 = 0.241$이고 90% 신뢰구간은 다음과 같이 구해진다.

$$\left(\hat{p} - z_{\alpha/2} \sqrt{\frac{\hat{p}(1-\hat{p})}{n}} \; , \; \hat{p} + z_{\alpha/2} \sqrt{\frac{\hat{p}(1-\hat{p})}{n}} \right)$$

$$\left(0.241 - 1.645 \sqrt{\frac{0.241(1-0.241)}{344}} \; , \; 0.241 + 1.645 \sqrt{\frac{0.241(1-0.241)}{344}} \right)$$

따라서 모비율의 90% 신뢰구간은 $(0.203, 0.279)$이다. 즉, 전국적으로 C정당의 지지율은 최소 20.3%에서 최대 27.9%라고 90% 확신할 수 있다.

예제 9-14 정부에서 100명의 표본을 추출하여 실업자를 조사한 결과 7명이 실업자이었다고 할 때 다음 물음에 답하라.

a) 우리나라 전체의 실업률에 대한 95% 신뢰구간을 구하라.

b) 95%의 신뢰수준에서 신뢰구간의 너비가 0.02 미만이 되기 위해서는 표본크기 n의 최소값이 얼마인지 구하라.

풀이 a) $n = 100$으로 표본크기가 충분히 크기때문에 $\sigma(\hat{p})$을 추정할 때 p 대신 $\hat{p}$를 사용해도 큰 무리가 없다. $\hat{p} = 7/100 = 0.07$이므로 전체 실업률에 대한 95% 신뢰한계는 다음과 같다.

$$\hat{p} \pm z_{0.025} \sqrt{\frac{\hat{p}(1-\hat{p})}{n}} = 0.07 \pm 1.96 \sqrt{\frac{0.07(1-0.07)}{100}}$$

따라서, 전체 실업률에 대한 95% 신뢰구간은 $(0.02, 0.12)$가 된다.

b) 신뢰구간의 너비가 0.02 미만이어야 하므로 표본크기 n은 다음 조건을 만족한다.

$$\left(\hat{p} + z_{\alpha/2} \sqrt{\frac{\hat{p}(1-\hat{p})}{n}} \right) - \left(\hat{p} - z_{\alpha/2} \sqrt{\frac{\hat{p}(1-\hat{p})}{n}} \right) < 0.02$$

$$2 \times z_{\alpha/2} \sqrt{\frac{\hat{p}(1-\hat{p})}{n}} < 0.02$$

$$1.96 \sqrt{\frac{0.07(1-0.07)}{n}} < 0.01$$

$$2500.88 < n$$

따라서 95% 신뢰구간의 폭이 ± 0.01 미만이 되기 위한 표본크기의 최소값은 2,501명이다.

```
> CL.proportion(100,7,0.95)
  sample.proportion       s.e conf.level       lower       upper
1              0.07 0.0255147      0.95  0.01999210 0.1200079
```

situation= 1.unempl 에 대한 이항비	
비율	0.0700
ASE	0.0255
95% 신뢰하한	0.0200
95% 신뢰상한	0.1200

Computer Programming 예제 9-14

Using R

```
CL.proportion=function(sample.size,success,conf.level){
sample.proportion=success/sample.size
s.e=sqrt(sample.proportion*(1-sample.proportion)/sample.size)
c.c=qnorm(1-(1-conf.level)/2)
lower=sample.proportion-c.c*s.e
upper=sample.proportion+c.c*s.e
data.frame(sample.proportion,s.e,conf.level,lower,upper)
}
CL.proportion(100,7,0.95)
```

Using SAS

```
data unemployed;
input situation $ count @@;
datalines;
1.unemployed 7 2.employed 93
run;
proc freq data=unemployed;
 weight count;
 tables situation / binomial;
run;
```

9.5 모비율 차의 구간추정

모비율 차의 구간추정 역시 모평균 차의 구간추정과 마찬가지로 대표본인 경우 두 표본비율의 분포가 정규분포를 따른다고 가정하고 구한다.

[정리 9.11] 독립인 두 집단의 표본비율 $\hat{p}_1$과 $\hat{p}_2$의 차인 $\hat{p}_1 - \hat{p}_2$의 표본분포는 n_1과 n_2가 충분히 크면 근사적으로 정규분포를 따른다.

$$\hat{p}_1 - \hat{p}_2 \sim N\left(p_1 - p_2 \,, \; \frac{p_1(1-p_1)}{n_1} + \frac{p_2(1-p_2)}{n_2}\right)$$

표본비율의 차인 $\hat{p}_1 - \hat{p}_2$를 표준화하면 표준정규분포를 따른다.

$$\frac{(\hat{p}_1 - \hat{p}_2) - (p_1 - p_2)}{\sqrt{\dfrac{p_1(1-p_1)}{n_1} + \dfrac{p_2(1-p_2)}{n_2}}} \sim N(0\,,\,1)$$

단일집단의 모비율의 구간추정에서와 마찬가지로 모비율 p_1, p_2가 알려져 있지 않더라도 표본크기 n_1과 n_2가 충분히 크다면 p_1, p_2 대신 $\hat{p}_1$, $\hat{p}_2$를 사용하여 구간추정할 수 있다. 두 비율의 차에 대한 신뢰구간은 다음과 같다.

[정리 9.12] 두 표본비율 $\hat{p}_1 - \hat{p}_2$에 대한 $100(1-\alpha)\%$ 신뢰구간과 신뢰한계는 다음과 같다.
(두 집단이 서로 독립이고 표본크기가 충분히 큰 경우)

$$\left(\begin{array}{l} (\hat{p}_1 - \hat{p}_2) - z_{\alpha/2}\sqrt{\dfrac{\hat{p}_1(1-\hat{p}_1)}{n_1} + \dfrac{\hat{p}_2(1-\hat{p}_2)}{n_2}} \,, \\[2mm] (\hat{p}_1 - \hat{p}_2) + z_{\alpha/2}\sqrt{\dfrac{\hat{p}_1(1-\hat{p}_1)}{n_1} + \dfrac{\hat{p}_2(1-\hat{p}_2)}{n_2}} \end{array}\right)$$

$$p_1 - p_2 = (\hat{p}_1 - \hat{p}_2) \pm z_{\alpha/2} \sqrt{\frac{\hat{p}_1(1-\hat{p}_1)}{n_1} + \frac{\hat{p}_2(1-\hat{p}_2)}{n_2}}$$

단, 표준정규분포에서 $P(|Z| \geq z_{\alpha/2}) = \alpha$이다.

예제 9-15 얼룩을 지울 수 있는 두 가지 세척제가 있다. 이 두 세척제의 효과를 시험해 보았다. 시험 결과 첫 번째 세척제는 72번 중 61번 얼룩을 지우는데 성공했고, 두 번째 세척제는 79번 중 42번 성공했다고 한다. 두 세척제의 효과의 차이에 대한 95% 신뢰구간을 구하라.

풀이 두 세척제의 표본비율은 $\hat{p}_1 = \frac{61}{72} = 0.847$, $\hat{p}_2 = \frac{42}{79} = 0.532$이고 95% 신뢰한계는 다음과 같이 구한다.

$$(\hat{p}_1 - \hat{p}_2) \pm z_{0.025} \sqrt{\frac{\hat{p}_1(1-\hat{p}_1)}{n_1} + \frac{\hat{p}_2(1-\hat{p}_2)}{n_2}}$$
$$= (0.847 - 0.532) \pm (1.96) \sqrt{\frac{(0.847)(1-0.847)}{72} + \frac{(0.532)(1-0.532)}{79}}$$
$$= 0.315 \pm 0.138$$

두 비율 차의 95% 신뢰구간은 $(0.177, 0.453)$이다. 따라서 두 세척제 중 첫 번째 세척제가 얼룩을 지우는 데 훨씬 좋은 것으로 보인다.

예제 9-16 어떤 라디오를 생산하는 A, B 두 공장이 있다고 한다. 각각의 공장에서 200대와 300대의 라디오를 무작위로 추출하여 불량품을 조사한 결과 A공장은 60대, B공장은 30대였다고 한다. 이 두 공장의 불량률의 차이에 대한 95% 신뢰구간을 구하라.

풀이 표본크기 $n_A = 200$, $n_B = 300$으로 충분히 크므로 중심극한의 정리에 의해 정규분포를 따른다고 할 수 있고, 표준오차 추정에서 p 대신 $\hat{p}$를 사용할 수 있다. $\hat{p}_A = 60/200 = 0.3$이고, $\hat{p}_B = 30/300 = 0.1$이므로 두 불량률 차에 대한 95% 신뢰한계는 다음과 같다.

$$(\hat{p}_A - \hat{p}_B) \pm z_{0.025} \sqrt{\frac{\hat{p}_A(1-\hat{p}_A)}{n_A} + \frac{\hat{p}_B(1-\hat{p}_B)}{n_B}}$$
$$= (0.3 - 0.1) \pm 1.96 \sqrt{\frac{0.3(1-0.3)}{200} + \frac{0.1(1-0.1)}{300}}$$

따라서 A, B 두 공장의 불량률 차이에 대한 95% 신뢰구간은 $(0.128, 0.272)$가 된다.

[통계패키지 결과]

```
> CL.proportion_diff(200,300,60,30,0.95)
  sample.p.A sample.p.B        s.e conf.level      lower      upper
1        0.3        0.1 0.03674235       0.95 0.1279863 0.2720137
```

VIEWTABLE: Work.Cl_proportion_diff

	n_a	n_b	x_a	x_b	p_a	p_b	conf_level	lower	upper
1	200	300	60	30	0,3	0,1	0,95	0,1279863249	0,2720136751

Computer Programming 예제 9-16

\# Using R

CL.proportion_diff=function(n.A,n.B,x.A,x.B,conf.level){

sample.p.A=x.A/n.A

sample.p.B=x.B/n.B

s.e=sqrt(sample.p.A*(1-sample.p.A)/n.A+sample.p.B*(1-sample.p.B)/n.B)

c.c=qnorm(1-(1-conf.level)/2)

lower=sample.p.A-sample.p.B-c.c*s.e

upper=sample.p.A-sample.p.B+c.c*s.e

data.frame(sample.p.A,sample.p.B,s.e,conf.level,lower,upper)

}

CL.proportion_diff(200,300,60,30,0.95)

\# Using SAS

data CL_proportion_diff;

n_a=200; n_b=300;

x_a=60; x_b=30;

p_a=x_a/n_a; p_b=x_b/n_b;

conf_level=0.95;

lower=p_a-p_b-quantile('normal',1-(1-conf_level)/2)*sqrt(p_a*(1-p_a)/n_a+p_b*(1-p_b)/n_b);

upper=p_a-p_b+quantile('normal',1-(1-conf_level)/2)*sqrt(p_a*(1-p_a)/n_a+p_b*(1-p_b)/n_b);

run;

9.6 모분산의 구간추정

분산 σ^2에 대한 신뢰구간은 표본분산 $S^2 = \dfrac{1}{n-1}\sum_{i=1}^{n}(X_i - \overline{X})^2$을 이용한다. 7장 표본분포 [정리 7.10]에서 언급했던 확률표본의 표본분산의 함수가 카이제곱분포를 따르는 것을 이용하여 구간추정한다.

> **[정리 9.13]** 평균 μ, 분산 σ^2인 **정규분포**를 따르는 모집단으로부터 크기가 n인 확률표본을 반복하여 추출하여 각 표본에 대한 분산 S^2을 계산하면 확률변수 $\dfrac{(n-1)S^2}{\sigma^2}$은 자유도가 $(n-1)$인 카이제곱분포를 따른다.
>
> $$\frac{(n-1)S^2}{\sigma^2} \sim \chi^2_{(n-1)}$$

카이제곱분포는 좌우대칭의 분포가 아니므로 위 [정리 9.13] 로부터 다음과 같이 정리할 수 있다.

$$P\left(\chi^2_{(1-\alpha/2,\,n-1)} \leq \frac{(n-1)S^2}{\sigma^2} \leq \chi^2_{(\alpha/2,\,n-1)}\right) = 1-\alpha$$

$$P\left(\frac{(n-1)S^2}{\chi^2_{(\alpha/2,\,n-1)}} \leq \sigma^2 \leq \frac{(n-1)S^2}{\chi^2_{(1-\alpha/2,\,n-1)}}\right) = 1-\alpha$$

따라서 모분산 σ^2에 대한 $100(1-\alpha)\%$ 신뢰구간은 다음과 같다.

$$\left(\frac{(n-1)S^2}{\chi^2_{(\alpha/2,\,n-1)}},\ \frac{(n-1)S^2}{\chi^2_{(1-\alpha/2,\,n-1)}}\right)$$

여기서 $P\left(X^2 \geq \chi_{(\alpha/2,\,n-1)}\right) = P\left(X^2 \leq \chi_{(1-\alpha/2,\,n-1)}\right) = \alpha/2$를 만족한다.

[**정리 9.14**] 확률표본 $X_1, X_2, \ldots, X_n$이 $N(\mu, \sigma^2)$에서 추출되고 모평균 μ와 모분산 σ^2은 모두 알려져 있지 않다면 모분산 σ^2에 대한 $100(1-\alpha)\%$ 신뢰구간은 다음과 같다.

$$\left(\frac{(n-1)S^2}{\chi^2_{(\alpha/2,\, n-1)}} \,,\, \frac{(n-1)S^2}{\chi^2_{(1-\alpha/2,\, n-1)}} \right)$$

예제 9-17 캔에 음료를 넣는 기계가 있는데 음료가 담긴 캔의 무게가 정규분포를 따른다고 한다. 음료가 담긴 캔들에서 잰 무게의 분산이 일정한 양을 넘는다면 그 기계를 점검한다고 한다. 이를 위해 9개의 캔을 임의로 추출하여 무게를 측정하였다. 이 자료를 이용하여 모분산 σ^2에 대한 95% 신뢰구간을 구하라.

$$20.8 \quad 20.3 \quad 21.2 \quad 21.6 \quad 19.9 \quad 20.4 \quad 19.8 \quad 19.8 \quad 18.6$$

풀이 표본분산은 $S^2 = 0.7875$이고 신뢰수준 $100(1-\alpha) = 0.95$에 따른 카이제곱의 분포값은 $\chi^2_{(0.975,\,8)} = 2.18$, $\chi^2_{(0.025,\,8)} = 17.53$이다.

$$\frac{(9-1)(0.7875)}{17.53} \le \sigma^2 \le \frac{(9-1)(0.7875)}{2.18}$$

따라서 모분산 σ^2에 대한 95% 신뢰구간은 $(0.36, 2.88)$이다.

예제 9-18 어떤 화초의 종자 씨가 여무는데 필요한 날수가 정규분포를 따른다고 한다. $n=13$의 표본 씨들을 조사한 결과 $\overline{X} = 18.97$, $\sum_{i=1}^{13}(X_i - \overline{X})^2 = 128.41$이라고 한다. 모분산 σ^2에 대한 95% 신뢰구간을 구하라.

풀이 신뢰수준에 따른 카이제곱분포의 분포값은 $\chi^2_{(0.975,\,12)} = 4.4$, $\chi^2_{(0.025,\,12)} = 23.34$이다.

$$\frac{128.41}{23.34} \le \sigma^2 \le \frac{128.41}{4.4}$$

따라서 모분산 σ^2에 대한 95% 신뢰구간은 $(5.50, 29.18)$이다.

9.7 허용오차 및 표본크기의 결정

표본을 선택하기 위해서는 어느 정도 정확하게 추정하여야 하는가를 미리 정해야 한다. 추정의 정확도는 표본이 허용하는 오차를 의미하며 절대오차, 상대오차, 상대표준오차 등을 사용하여 허용오차를 결정한다.

[정리 9.15] 모수를 θ, 모수를 추정하기 위한 추정량을 $\hat{\theta}$이라고 하면 허용오차의 종류는 다음과 같다.

① 절대오차 : $|\hat{\theta} - \theta|$

② 상대오차 : $\dfrac{|\hat{\theta} - \theta|}{\theta}$

③ 상대표준오차 : $\dfrac{\hat{\sigma}(\hat{\theta})}{\theta}$

본 교재에서 추정에서는 표본오차를 사용하고 있고 이는 절대오차와 같다. 따라서 표본을 선택하는데 필요한 표본오차는 절대오차(표본오차)를 사용하기로 한다. 표본오차는 표본크기 n에 관한 함수이므로 허용오차로 표본오차를 미리 결정하면 우리가 원하는 표본크기의 최소값을 구할 수 있다. 단일모집단의 경우 표본오차는 다음과 같이 세 가지 경우로 나누어지고 상황에 맞게 표본크기를 구할 수 있다. 추정방법에 따른 표본오차와 표본크기 결정방법은 다음과 같다.(복원추출의 경우)

	모평균 추정		모비율 추정
	σ^2가 알려져 있을 때	σ^2가 알려져 있지 않을 때	
표본오차 (허용오차)	$e = z_{\alpha/2} \dfrac{\sigma}{\sqrt{n}}$	$e = t_{(\alpha/2,\, n-1)} \dfrac{s}{\sqrt{n}}$	$e = z_{\alpha/2} \sqrt{\dfrac{p(1-p)}{n}}$
표본크기	$n = \left(\dfrac{z_{\alpha/2}\sigma}{e} \right)^2$	$n = \left(\dfrac{t_{(\alpha/2,\, n-1)}\, s}{e} \right)^2 {}^{*}$	$n = \left(\dfrac{z_{\alpha/2}}{e} \right)^2 p(1-p) {}^{**}$

* 표본크기 n을 구하기 위해 필요한 t분포의 분포값에 n이 필요하다. 일반적인 경우 예비표본을 추출하여 표본표준편차 s와 분포값을 이용하여 추가로 필요한 표본크기를 계산하는데 사용한다.

** 표본크기 n을 구하기 위해 필요한 p가 알려져 있지 않은 경우에는 $p(1-p)$가 최대가 되는 $p = 0.5$를 이용하여 표본크기를 계산한다.

위에서 구한 표본크기 결정방법은 모두 복원추출 하에서 사용되는 방법이다. 모집단의 크기가 무한이거나 셀 수 없는 경우는 복원추출과 비복원추출은 모두 동일한 표본크기를 갖게 된다. 그러나 모집단의 크기가 유한이고 비복원추출의 경우는 앞서 구한 표본크기를 이용하면 간단하게 구할 수 있다.

$$n' = \frac{n}{1 + \dfrac{n}{N}}$$

여기서 n'은 유한모집단에서 비복원추출의 표본크기, n은 복원추출의 표본크기, N은 모집단크기이다. 일반적으로 모집단 크기가 1,000,000개가 넘으면 $n' \approx n$이 된다.

예를 들어 95% 신뢰도로 모비율을 추정할 경우 표본오차 또는 오차의 한계를 0.05로 한다면

$$1.96 \sqrt{\frac{p(1-p)}{n}} = 0.05$$

이며

$$n = \left(\frac{1.96}{0.05}\right)^2 p(1-p)$$

이 된다. 따라서

$$n = \begin{cases} 323, & p = 0.3 \\ 384, & p = 0.5 \end{cases}$$

이다. p에 대한 정보가 없을 경우 $p = 0.5$를 사용하게 되며, 이는 주어진 신뢰도와 표본오차를 만족하는 최대 표본크기가 된다.

만약 90% 신뢰도이면(표본오차 = 0.05인 경우)

$$n = \left(\frac{1.645}{0.05}\right)^2 p(1-p)$$

이 된다. 따라서

$$n = \begin{cases} 227, & p = 0.3 \\ 271, & p = 0.5 \end{cases}$$

이다.

　　복원추출인 경우 허용오차 또는 오차의 한계(maximum allowable error)는

$$e = \pm z_{\alpha/2} \sqrt{\frac{p(1-p)}{n}}$$

이 된다. 즉 $\hat{p} = 0.5$인 경우, 95% 신뢰도로

$$e = \pm 1.96 \sqrt{\frac{0.5 \times 0.5}{n}}$$

가 되며 $n = 985$인 경우

$$e = \pm 1.96 \sqrt{\frac{0.5 \times 0.5}{985}} = \pm 0.031$$

이 된다. 이는 $n = 985$인 경우 표본 추정값의 정도는 95%의 신뢰도로 ± 0.031 이내가 되는 것을 의미한다. 즉 주어진 표본 크기로부터 모수를 추론한다면 최대한 5%에서는 허용 오차를 벗어날 수 있다. 따라서 모집단의 모수(즉 모비율)는 95% 신뢰도로 표본 추정값 (즉, 표본비율)± 0.031 이내에 있게 된다.

　　주어진 표본크기로부터 모수를 추론한다면 모수와 추정량의 차이가 $\pm e$ 이내 차이를 발생시킬 가능성이 95%이라는 것은 주어진 표본 크기를 구성할 수 있는 모든 가능한 경우의 수에서 최소한 95%의 표본에서는 허용오차 이내의 결과를 제공하게 되고 최대한 5%내에서는 허용오차를 벗어날 수 있다는 의미이다. 다시 말해 주어진 표본 크기에서 모수에 대한 95% 신뢰구간이 (추정값 $- e$, 추정값 $+ e$)이라는 의미이다.

예제 9-19　　어떤 보험회사에서는 회사가 지불하는 자동차보험의 청구액이 정규분포를 따른다고 한다. 회사가 지불하는 자동차보험의 평균 청구액을 알기 위해 16개의 청구서를 조사한 결과 다음과 같은 자료를 얻었다. 신뢰도 95%에서 100만원 이내의 표본 오차로 모집단 평균 청구액을 추정하기 위해서는 몇 개의 표본을 더 추출해야 하는지 구하라.(단위: 원)

700	530	700	950	500	330	260	500
1,200	450	2,100	500	380	1,080	1,350	400

풀이 $n = 16$, $\bar{x} = 748.75$, $s = 484.299$, $t_{(0.025,\,15)} = 2.131$ 이고 허용오차 e를 100만원 이내로 결정했기 때문에 다음과 같이 계산된다.

$$n = \left(\frac{t_{(\alpha/2,\,n-1)}\, s}{e} \right)^2 = \left(\frac{2.131 \times 484.299}{100} \right)^2 = 106.511$$

따라서 추가할 표본크기는 $107 - 16 = 91$개이다.

예제 9-20 전국의 국민들을 대상으로 대통령선거에서 A후보의 득표율을 추정하고자 한다. 신뢰수준을 95%와 90%로 하는 경우, 주어지는 모비율을 0.3 또는 0.5로 하는 경우, 허용오차를 ±3%p와 ±5%p로 하는 경우의 표본크기를 각각 비교하라.

풀이 각각 사용되는 값은 $z_{0.025} = 1.96$, $z_{0.05} = 1.645$, $e = 0.03$이다. $n = \left(\dfrac{z_{\alpha/2}}{e} \right)^2 p(1-p)$ 에 $p = 0.3$과 $p = 0.5$를 대입하여 풀면 다음과 같다.

e	90% 신뢰수준		95% 신뢰수준	
	$p = 0.3$	$p = 0.5$	$p = 0.3$	$p = 0.5$
±3%p	632	752	897	1068
±5%p	227	271	323	384

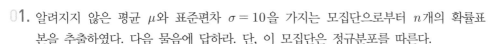

01. 알려지지 않은 평균 μ와 표준편차 $\sigma = 10$을 가지는 모집단으로부터 n개의 확률표본을 추출하였다. 다음 물음에 답하라. 단, 이 모집단은 정규분포를 따른다.

   a) $n = 100, 200, 400$일 때 모평균 μ의 95% 신뢰구간의 너비를 구하고 비교하라.

   b) 신뢰구간의 너비가 표본의 크기의 영향을 받는가? 만약 영향을 받는다면 표본의 크기가 2인 경우와 4인 경우의 신뢰구간 너비를 구하라.

   c) $n = 100$인 경우 90%, 95%, 99%로 신뢰도가 변할 때 신뢰구간의 너비가 어떻게 변하는지 비교하라.

02. 모집단으로부터 64개의 표본을 추출하여 계산한 결과가 아래와 같을 때 μ에 대한 95% 신뢰구간을 구하라.

$$\sum_{i=1}^{64} x_i = 200, \quad \sum_{i=1}^{64} x_i^2 = 639$$

03. 어떤 인터넷 서버에서는 회원 중 250명을 무작위 추출하여 조사한 결과 이용자의 주당 평균 이용시간은 10.5시간이고, 표준편차는 5.2시간이라고 한다. 다음 물음에 답하라.

   a) 이 서버의 모든 이용자의 평균 접속 시간에 대한 95% 신뢰구간을 구하라.

   b) 이 서버 측에서는 모든 이용자의 주당 평균 접속 시간이 13시간 이상이라고 하는데 이 주장이 맞는 주장인지를 답하라.

04. 어떤 공장에서는 표준편차가 0.75인 정규분포를 따르는 지름의 딱지를 만들어낸다고 할 때 다음 물음에 답하라.

   a) 20개의 딱지를 골라 규격조사를 실시한 결과 딱지 지름의 표본평균이 4.8이라 할 때 모평균의 95% 신뢰구간을 구하라.

   b) 95%의 신뢰도를 가지며 허용오차가 0.4가 되도록 하려면 표본크기는 얼마가 되어야 하는지 구하라.

05. 어떤 상점에서 하루 평균 매출액을 알기 위해 9일간 매출액을 조사한 결과가 아래와 같다. 하루 평균 매출액에 대한 95% 신뢰구간을 구하라. 단 매출액은 정규분포를 따

른다.

$$2500 \quad 1080 \quad 1650 \quad 2218 \quad 1575 \quad 2172 \quad 947 \quad 3425 \quad 1221$$

06. 콘크리트 파이프 배치를 위해 사용되는 PC 강선을 제조하고 있다. 품질관리검사는 6개의 표본에 대하여 최고인장강도를 측정한다. 표본들의 측정된 최고인장강도는 261, 258, 253, 256, 257, 256으로 밝혀졌을 때, 95% 신뢰구간을 구하라.

07. 예약 스케줄링을 개선하기 위하여 의사는 각 환자를 치료하는 데 소요되는 평균시간을 추정하기로 하였다. 3주 동안 49명의 환자를 표본으로 추출하여 시간을 측정한 결과 평균은 30분, 표준편차는 7분이었다.
    a) 의사가 각 환자를 치료하는 데 소요되는 평균시간에 대한 95% 신뢰구간을 구하라.
    b) a)에서 추정과 관련된 최대허용오차는 얼마인지 구하라.

08. 과체중으로 다이어트를 실시하려고 하는 여성 60명을 대상으로 두 가지 다이어트 방법의 효과를 비교해 보려고 한다. 30명씩 두 그룹으로 나눈 후 1달 동안 두 가지 다이어트 방법을 실시한 결과 처음의 평균 비만지수 30이 다음과 같이 변하였다고 한다. 95% 신뢰구간을 이용하여 두 방법을 비교하라.

	방법 1	방법 2
표본평균	22.3	14.7
표준오차	2.6	2.1

09. 어느 학급에서 1학기와 2학기 성적의 차에 대해 조사하고자 한다. 4명의 학생을 무작위로 추출하여 성적을 조사한 결과가 아래와 같을 때 이 학급 전체의 성적 차에 대한 95% 신뢰구간을 구하라. 단, 1학기와 2학기의 성적 차는 정규분포를 따른다고 가정한다.

학 생	1	2	3	4
1학기	64	66	89	77
2학기	54	54	70	62

10. A, B 두 도시의 가구당 월평균 소득의 차를 알기 위해 A시에서 40가구, B시에서 30가구를 무작위로 추출하였다. 추출된 표본의 통계량이 $\overline{x}_A = 1,900,000$, $\overline{x}_B = 1,600,000$이

며, $\sigma_A = 54{,}000$, $\sigma_B = 42{,}000$일 때 $\mu_A - \mu_B$ 의 95% 신뢰구간을 구하라.

11. 통계학과 학생 100명을 무작위로 추출하여 통계학 과목을 수강한 학생을 조사한 결과 70명의 학생이 통계학을 수강하였다고 한다. 통계학과 전체 학생 중 통계학 과목을 수강한 학생의 비율의 95% 신뢰구간을 구하라.

12. 성인 400명과 청소년 600명을 대상으로 어떤 TV 프로그램에 대한 의견조사를 실시한 결과 성인 100명, 청소년 300명이 그 프로그램을 선호하였다고 한다. 실제로 성인이 그 프로그램을 선호하는 비율과 청소년이 선호하는 비율의 차에 대한 95% 신뢰구간을 구하라.

13. 어느 병원에서 환자가 진료를 받기 위해 대기하는 시간이 모평균 0.5시간이고, 모표준편차가 0.1시간이었다. 99% 신뢰수준 하에서 ± 0.05시간 이하의 허용오차로 μ를 추정하기 위한 최소한의 표본크기를 구하라.

14. 통계학 과목을 수강하는 학생을 대상으로 통계학 시험을 보았다고 한다. 남학생과 여학생 간의 성적 차를 조사하기 위해 남학생(x_1) 20명, 여학생(x_2) 15명을 무작위로 추출하여 평균과 분산을 조사한 결과가 다음과 같을 때 전체 남학생과 여학생의 성적 차에 대한 95% 신뢰구간을 구하라.

$$\overline{x}_1 = 68, \ s_1^2 = 49, \ \overline{x}_2 = 74, \ s_2^2 = 36$$

15. 정규분포를 따르는 모집단의 분산이 $\sigma^2 = 100$일 때 모평균 μ를 95%와 99%의 신뢰도에서 ± 2의 표본오차로 추정하기 위한 최소한의 표본크기를 구하라.

16. 한 공업사의 유지보수 인력은 컴퓨터 보조프로그램을 이용하여 기계수리에 활용하도록 계획하고 있다. 그리고 유지보수 인력이 컴퓨터 보조프로그램을 이수하데 소요되는 시간은 표준편차가 5.74일인 정규분포를 따른다고 알려져 있다. 다음 물음에 답하라.
   a) 20명의 종업원을 표본으로 선택하여, 각자 연수프로그램을 마쳤을 때 평균 49.8일이 소요되었다. 평균 이수 소요시간의 95% 신뢰구간을 구하라.
   b) 90% 신뢰수준에서, 신뢰구간의 폭이 2일 미만이 되는데 필요한 표본의 크기는 얼마인가?

17. 수렵협회에서는 수렵허가기간 동안 수렵면허소지자들의 실제 사냥기간의 평균을 추정하고자 한다. 사전조사로 모집단의 표준편차(σ)가 8일이라고 알고 있으며, 평균에 대한 오차를 이틀 이내로 하려고 한다. 95% 신뢰도로 얼마나 많은 수렵면허소지자를 조사해야 하는가?

18. 모비율이 알려져 있지 않을 때 모비율 p를 95%와 99%의 신뢰도로 ±0.02의 오차범위로 추정하기 위한 최소한의 표본크기를 구하라.

19. 95% 신뢰도로 모비율을 추정할 때 표본크기가 1,000인 경우 최대허용오차는 얼마이며 이 값의 의미를 설명하라.

20. $\sigma^2 = 9$인 정규분포에서 25개의 확률표본을 추출하였다. 그리고 확률표본을 이용하여 (5.35, 7.35)와 같은 신뢰구간을 구하였다. 이때 사용된 신뢰계수를 구하라.

21. 어떤 공장에서는 두 가지 교육방법의 효과를 비교하기를 원하여 신입사원을 대상으로 같은 크기의 두 그룹으로 나누어 교육을 실시하려고 한다. 각 그룹의 교육효과의 모표준편차가 8이라고 할 때 교육 후 95%의 신뢰도를 가지며 교육효과의 허용오차가 10이 되도록 하기 위해서 각 그룹에 신입사원을 어떻게 배정해야 하는지 설명하라.

22. 국회의원 선거에서 A후보에 대한 지지율을 조사하기 위해 200명의 사람을 무작위로 추 출한 결과 80명이 A후보를 지지하였다고 하자. 이때 전체 유권자에 대한 A후보의 지지도를 95%의 신뢰도로 구간추정하라.

23. 아래 표는 건강한 초등학생의 장액을 측정한 결과의 일부이다. 물음에 답하라.

	전체		남아(198명)		여아(202명)	
	평균	표준편차	평균	표준편차	평균	표준편차
콜레스테롤	1.84	0.38	1.84	0.45	1.83	0.32
베타-카로틴	572	391	582	481	555	350

    a) 남아대 여아의 콜레스테롤 수치의 모평균 차의 95% 신뢰구간을 구하고 의미하는 바를 설명하라.

    b) 남아대 여아의 평균 베타-카로틴 수치의 차의 95% 신뢰구간을 구하고 의미하는 바를 설명하라.

24. 치아 플라그 세척을 위해 신제품이 개발되었다. 기존의 제품과 비교를 위하여 16명의 지원자를 임의로 기존 제품을 사용하는 집단과 신제품을 사용하는 집단으로 나누었다. 2주 후, 각 집단의 치아 플라그 상태를 측정하였고 그 결과는 다음과 같다.

	기존 제품	신제품
표본 크기	8	8
평균	1.26	0.75
표준편차	0.32	0.32

두 집단의 분산은 동일하다고 가정할 때($\sigma_1^2 = \sigma_2^2$), 두 집단 간 치아 플라그 상태 차이의 90% 신뢰구간을 구하고 신제품이 효과가 있는지 보여라.

25. 이번 선거에 참여할 예정인 985명의 유권자를 대상으로 여론조사를 실시하였다. 여론조사에 참여한 유권자 중 592명이 다가오는 선거에서 A당 후보를 지지할 것이라고 응답했다. 모집단에서 A당 후보를 지지할 것이라고 응답한 유권자의 비율인 p의 90% 신뢰구간을 구하라. 이 정보에 의해 A당 후보가 선거에 승리할 수 있는지 설명하라.

26. 어떤 드라마의 시청시간이 남녀 모두 높다고 한다. 남자 26명과 여자 31명을 표본으로 택하여 시청시간을 조사한 결과 남자의 평균 시청시간은 29시간이고 표준 편차가 8시간이며 여자의 평균 시청시간은 20시간, 표준편차가 5시간이었다. 두 집단 모두 정규분포를 따르고 동일한 분산을 갖는다고 할 때 남녀 평균 시청시간 차이에 대한 95% 신뢰구간을 구하라.

27. 두 연구소에서는 소결(용융 없이 가열)을 이용하여 견고한 구리 제작한 후, 다공성을 측정하였다. 한 연구소에서 제작된 5개의 독립적인 표본의 다공성을 측정한 결과, 평균이 0.22, 분산은 0.001이었으며, 다른 연구소에서 제작된 6개의 독립적인 표본의 다공성을 측정한 결과, 평균이 0.17, 분산은 0.002이었다. 두 연구소에서 제작된 구리의 다공성 모평균 차이에 대한 95% 신뢰구간을 구하라. 단, $\sigma_1^2 = \sigma_2^2$을 가정하자.

28. 두 학교간 수학능력 평가를 위해 A학교에서 55명의 학생을 무작위로 선정하고, B학교에서는 45명의 학생을 무작위로 선정하여 수학시험을 치르게 하였다. A학교 학생들 성적의 평균 78점, 표준편차는 8점이며, B학교 학생들 성적의 평균 74점, 표준편차는 6점이다. 두 학교간 수학성적 평균 차이의 95% 신뢰구간을 구하라.

29. 정부에서 두 종류의 신품종 밀에 대한 수확량을 비교하기 위하여 9개 대학의 농학과에 실험을 의뢰하였다. 두 신품종 밀은 각 대학 농업시험장의 동일한 구역에서 각각 시험 재배되었으며 다음과 같이 수확량이 얻어졌다.

품종 \ 대학	1	2	3	4	5	6	7	8	9
신품종1	38	23	35	41	44	29	37	31	38
신품종2	45	25	31	38	50	33	36	40	43

두 신품종 밀의 수확량의 차이에 대한 95% 신뢰구간을 구하고, 그 신뢰구간으로 두 품종 간에 차이가 있다고 할 수 있는가? 수확량의 차이는 정규분포를 근사적으로 따른다고 가정한다. 또한 이 문제에서 측정값이 대응으로 얻어진 이유를 설명하라.

30. 연구팀은 15명을 표본으로 선정하여 한 주 동안 케이블 TV를 시청하는 시간과 라디오를 청취하는 시간에 대한 자료를 수집하였다.

개인	1	2	3	4	5	6	7	8	9	10	11	12	13	14	15
TV	23	9	23	22	12	25	23	18	16	23	15	14	15	16	23
라디오	26	12	27	19	13	28	23	22	14	22	15	17	16	15	22

케이블 TV 시청과 라디오 청취의 두 모집단 평균 이용시간의 차이에 대하여 95% 신뢰구간을 구하라. 또한 신뢰구간의 결과를 해석하라.

31. 전구를 생산하는 A, B 두 회사에서 각각 전구 300개와 400개를 무작위로 추출하여 불량품을 조사한 결과 A회사는 60개, B회사는 100개가 불량품이었다고 한다, 이 두 회사의 불량률의 차에 대한 95% 신뢰구간을 구하라.

32. 제조공장의 두 조립라인에서 불량률을 비교하기로 하였다. 두 조립라인 A, B로부터 독립적인 무작위 표본을 100개씩 추출한 결과, A라인에서 불량품이 16개, B라인에서 불량품이 14개 나왔다. 다음 질문에 답하라.
a) 두 조립라인의 불량률 차이의 98% 신뢰구간을 구하라.
b) 한 조립라인이 다른 라인보다 불량률이 높다고 할 수 있는가? 그 이유를 서술하라.

33. 모비율 $p = 0.3$일 경우 모비율 p를 99%의 확률로 ±0.03의 오차범위로 추정하기 위한 최소한의 표본크기를 구하라. 만약 모비율 p가 알려져 있지 않을 경우 주어진 신뢰도와 표본오차를 만족하는 최소한의 표본크기를 구하여 비교하라.

제10장

가설검정

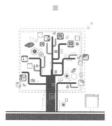

가설검정

10.1 가설검정의 이론

10.1.1 통계적 가설과 검정통계량

표본을 분석하여 모집단의 특성을 규명하는 통계적 추론의 방법으로 추정(estimation)
과 가설검정(hypothesis testing)이 있다. 앞장에서 설명하였듯이 추정은 표본으로부터 구해
진 통계량을 사용하여 모수의 특성을 규명하는 것이다. 그러나 사실 일상적으로 접하는
통계분석에서는 실제로 모수가 가질 수 있는 모든 구간에서 문제를 고려하기보다는 모수
가 특정값 또는 특정범위를 갖는가에 더 관심이 있을 수 있다. 따라서 **가설검정**은 모집단
(모수)에 대한 어떠한 가설을 설정하고 그 모집단으로부터 추출한 표본을 분석함으로써 그
가설의 타당성 여부를 결정하는 것이다. 예를 들어 어떤 건전지 회사에서 생산하는 건전
지의 평균수명 μ는 1,200시간으로 알려져 있다고 할 때, 이 회사에서는 최근 새로운 기술
을 도입하여 건전지의 평균수명이 1,200시간에서 1,500시간으로 연장되었다고 주장한다.
이러한 경우 우리는 이 회사의 주장이 타당한지를 알아보고 싶을 것이다. 이것이 통계분
석의 목적이 되고 이를 위해 관심 있는 모수는 μ가 가질 수 있는 범위 $(0\,,\,\infty)$가 아니
고 어떤 구체적인 값 $\mu = 1,200$(시간) 또는 $\mu = 1,500$(시간)일 것이다. 즉, 건전지의 평
균수명이 기존의 것을 유지하고 있는지 아니면 회사에서 주장하는 데로 연장되었는지를
확인하면 되는 것이다. 이와 같이 모수에 대한 두 개의 가설을 설정한 후 표본을 통해 어
떤 것이 옳은가에 대한 판단 기준을 제공하는 절차를 가설검정이라고 한다.

[정의 10.1] 통계적 가설과 가설검정

통계적 **가설**이란 단일 또는 여러 모집단에 대한 주장이고, **가설검정**이란 표본을 관찰하여 가설을 채택 또는 기각의 결정을 내리는 분석방법이다.

모집단의 특성에 대한 이러한 주장은 옳을 수도 있고 옳지 않을 수도 있다. 통계적 가설이 맞는지 틀린지는 모집단 전체를 조사하지 않는 한 확실하게 알 수 없다. 그러나 많은 경우에 있어서 모집단 전체를 조사한다는 것은 현실적으로 불가능할 뿐만 아니라 설사 가능하더라도 시간과 비용이 너무 많이 들어 비효율적일 때가 있다. 이러한 경우 표본을 선택하여 그 표본을 분석함으로써 모집단에 대한 주장(가설)의 타당성을 검정할 수 있다. 가설은 크게 두 가지로 분류될 수 있는데 연구과정에서 검정의 대상이 되는 가설인 **귀무가설**(null hypothesis)과 귀무가설이 받아들여질 수 없을 때 대신 받아들여지는 가설로서 실험자가 주장하는 바를 내용으로 하는 가설인 **대립가설**(alternative hypothesis)이 있다. 귀무가설과 대립가설은 각각 H_0와 H_1(또는 H_a)으로 표시한다. 위의 예의 경우에는 $H_0 : \mu = 1,200$와 $H_1 : \mu = 1,500$이 된다. 참고로 가설검정을 수행할 때 관심 있는 가설은 귀무가설이 아니라 대립가설이고 대립가설이 참이라는 확실한 근거가 없으면 귀무가설을 채택하게 된다. 결국 귀무가설이 채택되었다고 하더라도 귀무가설이 옳다고 주장할 수 없음을 의미한다. 이러한 이유로 "귀무가설이 채택되었다"라는 표현 대신에 "귀무가설을 기각하지 못한다"라는 표현을 사용하기도 한다.

[정의 10.2] 가설의 종류

① **귀무가설**(H_o)

기존에 알려진 사실을 간단하고 구체적으로 표현한 가설이다.

예 $\theta = \theta_0$(상수), $\theta_1 = \theta_2$

② **대립가설**(H_1)

실험자가 사실임을 입증하고자 하는 가설로서 귀무가설로 지정되지 않은 모든 경우를 포괄하여 설정된다.

예 $\theta > \theta_0,\ \theta < \theta_0,\ \theta \neq \theta_0$

$\theta_1 > \theta_2,\ \theta_1 < \theta_2,\ \theta_1 \neq \theta_2$

위와 같이 설정된 가설을 검정하기 위해서는 모집단에서 추출된 표본 정보에 따라 그 채택 여부가 결정되는데, 이때 표본을 사용하여 검정에 사용되는 통계량을 **검정통계량**(test statistic)이라고 한다.

> **[정의 10.3] 검정통계량**
>
> 두 가설 중 하나를 결정하기 위해 사용되는 통계량으로서, 일반적으로 모평균 μ와 모분산 σ^2에 대한 검정통계량으로서 각각 표본평균 $\overline{X}$(또는 $\sum_{i=1}^{n} X_i$)와 표본분산 S^2 을 사용한다. 특히 이때의 검정통계량의 분포는 항상 H_0하에서 정의된 모수값에 의해 결정된다.

10.1.2 제1종 오류와 제2종 오류

가설검정은 표본을 사용하여 얻어진 통계량을 기초로 해서 모집단의 특성을 구하려는 것이므로 표본이 어떻게 선택되느냐에 따라 잘못된 결론을 내릴 수도 있게 된다. 이처럼 표본오차는 언제나 존재하기 마련이며 따라서 표본에 근거를 둔 가설검정에 있어서도 항상 오류가 존재한다. 가설검정에서의 오류는 크게 두 가지로 나뉘는데, 그 중 하나는 귀무가설이 참임에도 불구하고 귀무가설을 기각하는 오류를 범하는 것이다. 이러한 오류를 **제1종 오류**(type I error)라고 부르며 제1종 오류를 범할 확률을 α로 표시한다. 또한 가설검정시 제1종 오류를 범할 확률의 허용한계를 **유의수준**(significance level)이라 한다. 또 다른 하나는 귀무가설이 틀림에도 불구하고 귀무가설을 채택하는 오류인데 이를 **제2종 오류**(type II error)라고 하고 제2종 오류를 범할 확률을 β로 표시한다. 이를 표로 정리하면 다음과 같다.

● 통계적 가설검정시 발생 가능한 오류

결정 상태	H_0 채택	H_0 기각
H_0가 참일 때	옳은 결정	제1종의 오류
H_0가 거짓일 때	제2종의 오류	옳은 결정

• α와 β

상태 \ 결정	H_0 채택	H_0 기각
H_0가 참일 때	$1-\alpha$ (신뢰도)	α (유의수준)
H_0가 거짓일 때	β	$1-\beta$ (검정력)

[정의 10.4] α와 β의 정의

$$\alpha = P(\text{제1종의 오류})= P\left(H_0\text{를 기각} \mid H_0\text{이 사실}\right)$$
$$\beta = P(\text{제2종의 오류})= P\left(H_0\text{를 채택} \mid H_1\text{이 사실}\right)$$

α와 β는 모두 오류를 범할 확률이므로 작을수록 좋다. 앞의 건전지 회사의 예에서 α와 β를 알아보자. 우선 건전지의 수명에 대한 가설을 다음과 같이 설정했다고 가정하자.

$$H_0 : \mu = 1{,}200, \quad H_1 : \mu = 1{,}500$$

이 가설을 검정하기 위해 $N(\mu, 20^2)$을 따르는 모집단에서 n개의 확률표본을 추출했다고 하고 이 표본으로부터 얻은 표본평균 $\overline{X}$가 $\overline{X} \ge 1{,}350$을 만족하면 H_0을 기각한다고 하자. 이때 표본평균 $\overline{X}$의 분포는 $N(\mu, 20^2/n)$이 되므로 귀무가설 H_0이 사실일 때 $\overline{X}$의 분포와 H_1이 사실일 때 $\overline{X}$의 분포는 각각 $N(1{,}200, 20^2/n)$와 $N(1{,}500, 20^2/n)$이 된다. 따라서 α와 β를 그림으로 나타내면 다음과 같이 된다.

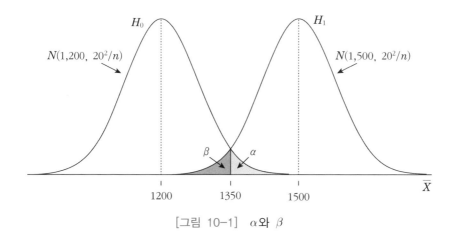

[그림 10-1] α와 β

여기서 α와 β는 동시에 작아질 수 없음을 확인할 수 있다. 즉, [그림 10-1]에서 α를 작게 하면 β가 커지고 β를 작게 하면 α가 커지게 되므로 α와 β는 서로 반비례 관계에 있다. 그러나 표본크기 n이 커진다면 표본분포의 분산이 작아지므로 α와 β는 동시에 작아질 수 있다.

두 오류의 확률 α와 β의 관계

① 주어진 표본크기 n하에서는 α와 β는 동시에 줄일 수 없다.
  즉, α와 β는 서로 반비례한다.
② α와 β를 동시에 줄이려면 표본크기 n을 증가시키면 된다.

10.1.3 검 정 력

위의 두 가지 오류는 연구자에게 있어서 매우 중요한 의미를 가진다. 어떤 의사결정을 할 때 옳은 결정과 옳지 않은 결정의 두 가지 경우가 생길 수 있다. 귀무가설이 옳음에도 불구하고 이를 기각할 확률이 α이므로 귀무가설이 옳을 때 이 가설을 채택할 확률은 $1-\alpha$가 된다. 마찬가지로 귀무가설이 옳지 않음에도 불구하고 이를 채택할 확률이 β이므로 귀무가설이 옳지 않을 때 이를 기각할 확률은 $1-\beta$가 된다. 따라서 $1-\alpha$와 $1-\beta$를 크게 하면 옳은 의사결정을 할 확률이 커지게 된다. 그러나 문제는 위에서 살펴보았듯이 α와 β는 서로 반비례 관계에 있다는 것이다. 따라서 α와 β를 동시에 작게 할수는 없다. 다시 말해 α를 작게 하면 β가 커지게 되므로 $1-\alpha$와 $1-\beta$를 동시에 크게할 수는 없다. 따라서 유의수준 α를 고정시키고 β를 줄여 $1-\beta$를 최대화시킨다. 여기서 α를 고정시키는 이유는 귀무가설이 사실일 때 대립가설을 채택하는 제1종의 오류가 발생하면 옳지 않은 방향으로 의사결정을 할 확률이 더 크고 그만큼 위험한 상태를 만들게 된다. 따라서 우리가 허용할 수 있는 제1종의 오류를 최대로 고정시켜 더 이상 제1종의 오류를 허용하지 않겠다는 의도로 α를 고정시킨다. 또한 귀무가설이 참일 때 귀무가설을 채택하는 것은 옳은 결정이지만 연구자에게는 그리 의미 있는 결과가 되지 못하기 때문에 $1-\beta$를 최대화시키는 이유이다. 가설검정을 한다는 것은 지금까지 알려진 모수가 어떤 이유로 인해서 달라졌을 것이라는 의심이 생길 때 실시하는 것이기 때문에 이전의 모수에 대한 주장을 언급해 놓은 귀무가설을 채택함으로써 이전의 모수와 같다는 결론을 얻게 되면 연구결과가 새로운 것이 못되므로 이는 의사결정 과정에서 관심을 갖지 못하며 결과적으로 아무런 도움을 주지 못하게 되기 때문이다. 따라서 α를 고정시킨 후 $1 - \beta$를 최대화시키는 것이 가장 효율적이라 할 수 있다. 이때의 $1 - \beta$를 **검정력**(power of test)이라고 한다.

[정의 10.5] 검정력

대립가설 H_1이 옳을 때 귀무가설 H_0를 기각할 확률을 의미하고, 이는 다음과 같이 표시된다.

$$1 - \beta = P\,(H_0\text{를 기각} \mid H_1\text{이 사실})$$

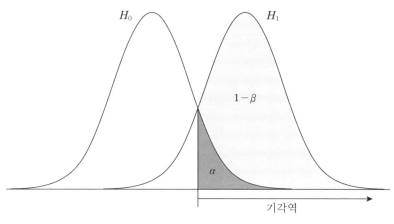

[그림 10-2] 검정력$(1 - \beta)$

10.1.4 임 계 값

건전지 회사의 예에서 표본평균 $\overline{X}$가 $\overline{X} \geq 1{,}350$을 만족하면 귀무가설을 기각한다고 가정하였다. 다시 말해 이때의 1,350은 귀무가설 H_0를 채택할 것인지 기각할 것인지를 판정하는 기준이 되는 값이 되는데, 이 값을 **임계값**(critical value)이라고 한다. 임계값은 유의수준 α, 표본크기 n, 검정통계량의 분포에 의해 결정된다.

[정의 10.6] 임계값

임계값은 주어진 유의수준 α하에서 귀무가설 H_0의 채택 또는 기각 여부를 판정하여 주는 기준이 되는 값이다.

건전지 회사의 예에서 유의수준이 $\alpha = 0.05$이고 표본크기가 $n = 100$이라고 할 때 모평균 μ에 대한 검정에서 주어진 α와 표본크기를 만족하는 임계값 c를 구해보자. 우선 $\alpha = P(\overline{X} \geq c \mid \mu = 1,200)$이므로 다음의 식이 성립한다.

$$0.05 = P(\overline{X} \geq c \mid \mu = 1,200)$$
$$= P\left(\frac{\overline{X} - 1200}{20/\sqrt{100}} \geq \frac{c - 1200}{20/\sqrt{100}}\right)$$
$$= P\left(Z \geq \frac{c - 1200}{2}\right)$$

따라서 $(c - 1200)/2 = 1.64$이므로 임계값은 $c = 1203.28$이 된다. 이 임계값을 기준으로 가설검정의 채택역(acceptance region)과 기각역(rejection region)을 정의한다.

[정의 10.7] 채택역과 기각역

① 채택역: 귀무가설 H_0를 받아들이는 영역이다.
② 기각역: 귀무가설 H_0를 받아들이지 않는 영역이다.

채택역과 기각역은 가설의 형태에 따라 달라지는데 모수를 θ라 하고 모수의 특정한 값을 θ_0라 하면 가설은 다음 표와 같은 형태로 설정된다. 검정방법은 대립가설 H_1의 형태에 따라 단측검정(one-tailed test)과 양측검정(two-tailed test)으로 구분되고 단측검정은 우측검정(right-tailed test)과 좌측검정(left-tailed test)으로 나누어진다.

검정방법	단측검정		양측검정
	우측검정	좌측검정	
H_0	$\theta = \theta_0$	$\theta = \theta_0$	$\theta = \theta_0$
H_1	$\theta > \theta_0$	$\theta < \theta_0$	$\theta \neq \theta_0$

검정통계량을 T라고 하고, 임계값을 c라고 할 때 검정방법에 따른 기각역의 형태는 일반적으로 다음의 표와 같이 된다.

검정방법	우측검정 $(H_1 : \theta > \theta_0)$	좌측검정 $(H_1 : \theta < \theta_0)$	양측검정 $(H_1 : \theta \neq \theta_0)$
기각역	$T \geq c$	$T \leq c$	$|T| \geq c$

10.1.5 가설검정의 절차

가설검정을 위한 순서를 요약하면 다음과 같다.

가설검정의 절차

① **가설설정**
   분석하고자 하는 목적에 따라 귀무가설 H_0와 대립가설 H_1을 설정한다.
② **유의수준 α와 표본크기 n 결정**
③ **검정통계량과 분포 결정**
   귀무가설 하에서 적절한 검정통계량 $T(X_1, ..., X_n)$과 H_0하에서의 T의 분포를 결정한다.
④ **임계값 및 기각역 결정**
   주어진 유의수준 α와 표본크기 n에 따라 임계값 c를 결정하고 H_1의 형태에 따라 기각역 C를 결정한다.
⑤ **검정통계량 계산**
   확률표본의 관측값을 이용하여 검정통계량의 값 t를 계산한다.
⑥ **의사결정**
   $t \in C$이면 H_0를 기각하고 $t \not\in C$이면 H_0를 채택한다.

10.1.6 P-값의 이용

가설검정에서 α를 고정시키고 $1 - \beta$를 최대화(β를 최소화) 하려고 한다. 우리는 오래 전부터 α의 값을 보통 0.05 또는 0.01로 정하고 이에 대한 기각역을 사용해 왔다. 따라서 가설검정의 결론은 α를 얼마로 하느냐에 따라 달라질 수 있다. 예를 들어 어떤 고등학교 학생들의 평균 수학점수가 71점이 안될 것이라는 주장이 옳은지 검정하기 위해 400명의 표본을 추출하여 평균을 구해 보니 $\overline{x} = 68$이고 이 고등학교 학생들의 수학점수의 표준편차는 $\sigma = 35$라고 알려져 있다고 가정하자. 이때의 가설은 다음과 같다.

$$H_0 : \mu = 71, \quad H_1 : \mu < 71$$

이때의 검정통계량 $\dfrac{\overline{X} - \mu}{\sigma/\sqrt{n}}$이 중심극한정리에 의해 표준정규분포를 따르므로 귀무가설 하에서의 z_0값을 구하면 다음과 같다.

$$z_0 = \frac{68 - 71}{35/\sqrt{400}} = -1.71$$

여기서 만약 $\alpha = 0.05$라고 했을 때의 임계값(c ; $\alpha = P(Z < c)$)을 표준정규분포표를 이용하여 구해 보면 -1.645가 되고 $\alpha = 0.01$일 경우에는 -2.33이 된다. 따라서 $\alpha = 0.05$일 때는 -1.71이 -1.645보다 작으므로 기각역에 속하게 되어 H_0를 기각하게 된다. 반면에 $\alpha = 0.01$일 때는 -1.71이 -2.33보다 크므로 기각역에 속하지 않으므로 H_0를 기각하지 못하게 된다. 이와 같이 미리 정해진 α값에 따라 결론이 달라질 수 있기 때문에 가설검정을 하는 사람이 가설검정의 맨 마지막 단계에서 α값을 스스로 결정하여 결론을 내릴 수 있게 하는 방법이 **P-값**(P-value)에 의한 가설검정이다.

[정의 10.8] P-값

P-값이란 귀무가설 H_0가 참일 때 표본에서 얻어진 결과가 귀무가설을 기각하게 하는 확률(H_0의 신빙성 측정)이다. 즉, 표본의 결과가 귀무가설 하의 모집단에서 추출되었을 때의 확률이고 H_0가 사실일 때 관측된 검정통계량의 값보다 더 귀무가설을 기각하게 하는 영역의 꼬리부분의 확률값이다.

P-값이 α보다 작거나 같으면 H_0를 기각하고 P-값이 α보다 크면 H_0를 기각하지 못하게 된다.

만약 $T = t(X_1, ..., X_n)$이 검정통계량이고 관측된 검정통계량의 값이 $t(X_1, ..., X_n) = t_0$이라고 하자. t가 작은 값일 때 H_0를 기각한다면 P-값은 다음과 같다.

$$P-\text{값}= P\left(T \leq t_0 \; ; H_0\right)$$

위의 예에서 $P-$값은 α와는 상관없이 항상 $P(Z \leq -1.71) = 0.0436$이 되므로 $\alpha = 0.05$일 때는 $P-$값$< \alpha$이 되어 H_0를 기각하게 되고 $\alpha = 0.01$일 때는 $P-$값$> \alpha$이 되어 H_0를 기각하지 못하게 된다. 다음의 [그림 10-3]은 $P-$값을 이용하여 가설을 검정한 결과를 나타낸 것이다.

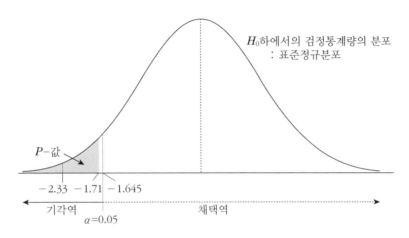

[그림 10-3] 수학점수의 검정에서의 $P-$값(음영부분)

10.1.7 구간추정과 가설검정의 관계

지금까지 앞에서 설명했듯이 구간추정과 가설검정은 모두 표본을 분석하여 모집단의 특성을 규명하는 통계적 추론 방법이다. 그렇다면 과연 구간추정과 가설검정의 차이는 무엇인가? 이를 살펴보기 위해 모분산 σ^2이 알려져 있다고 할 때 모평균 μ에 대한 구간추정과 가설검정에 대한 예를 들어보자. 먼저 8.2절 구간추정에서 $Z = \dfrac{\overline{X}-\mu}{\sigma/\sqrt{n}}$이 표준정규분포를 따르는 것을 이용하여 μ에 대한 $100(1-\alpha)\%$ 신뢰구간을 추정하였다. 마찬가지로 유의수준 α에서 $H_0 : \mu = \mu_0$, $H_1 : \mu \neq \mu_0$를 검정하는 것은 μ에 대한 $100(1-\alpha)\%$ 신뢰구간의 추정에서 이 신뢰구간 내에 μ_0가 포함되어 있지 않으면 H_0를 기각한다는 것과 동일하다. 이를 바꿔 말하면 μ_0가 신뢰구간 내에 있으면 귀무가설은 기각되지 않는다는 것을 의미한다. 유의수준 α에서 측정된 $\overline{x}$로 H_0를 기각시키지 못하는 것은 $\overline{X}$가

$100(1-\alpha)\%$의 확률로 $-z_{\alpha/2} \leq \dfrac{\overline{X}-\mu_0}{\sigma/\sqrt{n}} \leq z_{\alpha/2}$를 만족한다는 것을 의미하며

$\overline{X}-z_{\alpha/2}\dfrac{\sigma}{\sqrt{n}} \leq \mu_0 \leq \overline{X}+z_{\alpha/2}\dfrac{\sigma}{\sqrt{n}}$ 와 동일하게 된다. 따라서 구간추정에 있어서의 신뢰구간과 양측 가설검정에서의 채택역은 같은 의미를 가지게 되는 것이다. 즉, 신뢰구간은 채택가능한 귀무가설의 모수들의 집합으로 생각할 수 있다. 결국 통계적 추론에서의 구간추정과 가설검정은 서로의 보는 관점이 다를 뿐이지 별개의 것이 아니다.

10.2 단일모평균의 검정

10.2.1 모분산을 아는 경우

10.1.7절에서 구간추정과 가설검정이 별개의 것이 아닌 같은 것이라는 것을 살펴보았다. 따라서 단일모평균의 검정은 단일모평균에 대한 구간추정과 비교해서 보면 더욱 이해가 쉬울 것이다.

분산 σ^2이 알려져 있고 정규분포로부터 추출된 확률표본을 $X_1,...,X_n$라고 하고 다음 가설을 검정한다고 하자.

$$H_0 : \mu = \mu_0, \quad H_1 : \mu \neq \mu_0$$

이것은 양측검정에 해당되며 μ의 검정통계량은 단일모평균의 구간추정과 같이 표본평균 $\overline{X}$가 되고 $\overline{X}$가 $N(\mu, \sigma^2/n)$을 따르는 것을 이용한다. 단지 가설검정에서 귀무가설의 채택 여부는 $H_0 : \mu = \mu_0$하에서 생각하게 되므로 $\overline{X}$는 $N(\mu_0, \sigma^2/n)$을 따르게 된다. 마찬가지로 $\overline{X}$를 표준화하면 다음과 같이 표준정규확률변수 Z가 된다.

$$Z_0 = \dfrac{\overline{X}-\mu_0}{\sigma/\sqrt{n}}$$

Z_0는 표준정규분포 $N(0,1)$을 따르므로 다음 관계식이 성립한다.

$$P\left(-z_{\alpha/2} \leq \dfrac{\overline{X}-\mu_0}{\sigma/\sqrt{n}} \leq z_{\alpha/2}\right) = 1-\alpha$$

즉, 위의 식의 의미는 $-z_{\alpha/2} \leq \sqrt{n}\,(\overline{x}-\mu_0)/\sigma \leq z_{\alpha/2}$이면 H_0를 채택하고(H_0를 기각하지 못함) $\sqrt{n}\,(\overline{x}-\mu_0)/\sigma \geq z_{\alpha/2}$ 또는 $\sqrt{n}\,(\overline{x}-\mu_0)/\sigma \leq -z_{\alpha/2}$를 만족하면 H_0를 기각하게 된다.

예제 10-1 어느 초등학교 1학년 학생들의 키의 평균은 112cm이고 표준편차는 12cm 인 정규분포를 따른다고 한다. 이 사실을 확인하기 위해 16명을 무작위로 추출하여 키를 측정한 결과 평균 114.65cm이었다고 한다. 유의수준 5%에서 이 학교 1학년 학생들의 키의 평균이 112cm인지를 검정하라.

풀이 ① 귀무가설과 대립가설 설정: $H_0 : \mu = 112, \quad H_1 : \mu \neq 112$

② 유의수준 설정: $\alpha = 0.05$

③ 기각역을 설정: $z_{\alpha/2} = z_{0.025} = 1.96, \ -z_{\alpha/2} = -z_{0.025} = -1.96$

기각영역: $Z \geq 1.96$ 또는 $Z \leq -1.96$

④ 검정통계량의 값 계산: $\overline{x} = 114.65, \ \mu_0 = 112, \ \sigma = 12, \ n = 16,$

$$z_0 = \frac{114.65 - 112}{12/\sqrt{16}} = 0.883$$

⑤ $z_0 = 0.883$은 기각역에 속하지 않으므로 유의수준 $\alpha = 0.05$에서 귀무가설 H_0를 기각하지 못한다. 따라서 이 학교 학생의 평균키는 112cm라고 말할 수 있다.

⑥ P-값 계산: P-값 $= 2 \times P(Z \geq 0.883) = 2(1 - 0.8106) = 0.3788$

따라서 P-값 $> \alpha$이므로 귀무가설 H_0를 기각하지 못한다.

예제 10-2 어느 사무실에서 화재발생시 사용하는 스프링쿨러의 생산자는 기계가 작동 하는 평균 온도가 130도라고 주장한다. 따라서 기계가 제대로 작동하는지를 알아보기 위해서 9대의 기계를 표본으로 선택하여 실험한 결과 기계가 작동하는 평균 온도는 131.08도이다. 만약 모집단은 정규분포를 따르고 모표준편차가 1.5도인 경우 생산자 주장에 대해 유의수준 5%에서 가설검정하라.

풀이 ① 귀무가설과 대립가설 설정: $H_0 : \mu = 130, \quad H_1 : \mu \neq 130$

② 유의수준 설정: $\alpha = 0.05$

③ 기각역을 설정: $z_{\alpha/2} = z_{0.025} = 1.96, \ -z_{\alpha/2} = -z_{0.025} = -1.96$

기각영역: $Z \geq 1.96$ 또는 $Z \leq -1.96$

④ 검정통계량의 값 계산: $\overline{x} = 131.08, \ \mu_0 = 130, \ \sigma = 1.5, \ n = 9,$

$$z_0 = \frac{131.08 - 130}{1.5/\sqrt{9}} = 2.16$$

⑤ $z_0 = 2.16$은 기각역에 속하므로 유의수준 $\alpha = 0.05$에서 귀무가설 H_0를 기각한다. 따라서 H_0를 기각하므로 사용자의 주장은 받아 들어지지 않는다.

⑥ P-값 계산: P-값$= 2 \times P(Z \geq 2.16) = 0.03$
따라서 P-값$< \alpha$이므로 귀무가설 H_0를 기각한다.

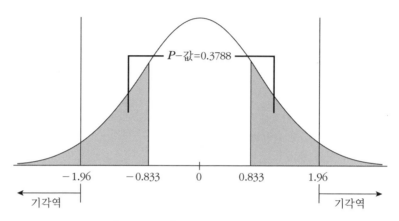

[그림 10-4] 예제 10-1의 P-값

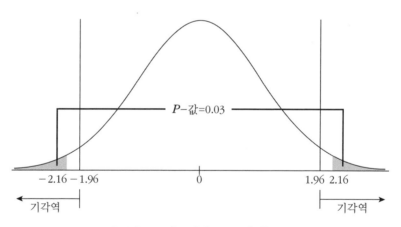

[그림 10-5] 예제 10-2의 P-값

```
> ztest(130,1.5,131.08,9,0.05)
               section      value
1       null hypothesis      130
2          sample mean    131.08
3          sample size        9
4  population variance     2.25
5      test statistics     2.16
6       critical value     1.96
7              p-value    0.031
8           conclusion  reject H0
```

VIEWTABLE: Work.Ztest

	h0	pop_sd	sam_mean	sam_size	alpha	z0	z	p_value	conclusion
1	130	1.5	131	9	0.05	2.16	1.96	0.03	reject h0

Computer Programming   예제 10-2

Using R

```
ztest=function(h0,psd,smean,n,alpha){
z0=(smean-h0)/(psd/sqrt(n))
z=qnorm(1-(alpha/2))
if (abs(z0)<z) conclusion="accept H0" else conclusion="reject H0"
p.value=(1-pnorm(abs(z0)))*2
test=c(h0,smean,n,round(psd^2,3),round(z0,3),round(z,3),round(p.value,3), conclusion)
name=c("null hypothesis", "sample mean","sample size","population variance",
  "test statistics","critical value","p-value","conclusion")
data.frame(section=name, value=test)
}
ztest(130,1.5,131.08,9,0.05)
```

Using SAS

```
data ztest;
h0=130; pop_sd=1.5; sam_mean=131.08; sam_size=9; alpha=0.05;
z=quantile('normal',1-(alpha/2));
z0=(sam_mean-h0)/(pop_sd/sqrt(sam_size));
if abs(z0)<z then conclusion='accept h0'; else conclusion='reject h0';
p_value-cdf('normal',-abs(z0))*2;
run;
```

지금까지는 양측검정의 경우를 살펴보았는데 단측검정의 경우에도 마찬가지이다. 다만 기각역이 표준정규분포의 한쪽에만 위치하는 것만 다를 뿐이다. 예를 들어 다음 가설을 검정하는 경우를 생각해 보자.

$$H_0 : \mu = \mu_0, \quad H_1 : \mu > \mu_0$$

이때는 기각역이 오른쪽에 위치하게 되므로 $Z \geq z_\alpha$일 때 H_0를 기각한다. 만일 대립가설이 $H_1 : \mu < \mu_0$이면 기각역은 왼쪽에 위치하며 $Z \leq -z_\alpha$일 때 H_0를 기각한다.

예제 10-3 특정 질병의 유행으로 손님이 많은 대형 A약국에서는 약을 미리 제조하여 약봉지에 담아두었다. 각 약봉지의 규격은 100㎠이다. 이 약을 과다복용 하더라도 몸에는 큰 부작용이 없지만 부족할 경우 약품의 효과를 제대로 발휘하지 못한다고 한다. 과거 경험에 따르면 모표준편차는 $2cm^2$라는 것을 알고 있다고 한다. 이 약국에서는 60개의 약봉지를 골라 측정한 결과 약봉지의 평균은 99.7㎠였다고 한다. 유의수준 5%에서 약봉지의 투약량이 적은지를 검정하라.

풀이
① 귀무가설과 대립가설 설정: $H_0 : \mu = 100, \quad H_1 : \mu < 100$
② 유의수준 설정: $\alpha = 0.05$
③ 기각역을 설정: $-z_\alpha = -z_{0.05} = -1.645$
   기각영역: $Z \leq -1.645$
④ 검정통계량의 값 계산: $\bar{x} = 99.7$, $\mu_0 = 100$, $\sigma = 2$, $n = 60$,
$$z_0 = \frac{99.7 - 100}{2/\sqrt{60}} = -1.162$$
⑤ $z_0 = -1.162$은 기각역에 속하지 않으므로 유의수준 $\alpha = 0.05$에서 귀무가설 H_0를 기각하지 못한다. 따라서 약의 투약량은 충분하다.
⑥ P-값 계산: P-값$= P(Z \leq -1.162) = 0.123$
   따라서 P-값$> \alpha$이므로 귀무가설 H_0를 기각하지 못한다.

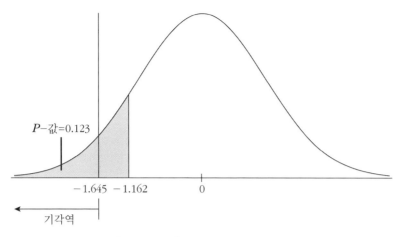

P-값$=0.123$

-1.645 -1.162 0

기각역

[그림 10-6] 예제 10-3의 P-값

예제 10-4   이 건전지는 건전지의 수명이 12시간 이상임을 보증한다고 선전하고 있다. 이를 확인하기 위해 35개의 건전지를 검사해 본 결과 평균은 12.7, 모분산은 3이었다고 한다. 이 건전지의 선전을 믿을 수 있는지를 유의수준 5%에서 검정하라.

풀이 ① 귀무가설과 대립가설 설정: $H_0 : \mu = 12, \quad H_1 : \mu > 12$

② 유의수준 설정: $\alpha = 0.05$

③ 기각역을 설정: $z_\alpha = z_{0.05} = 1.645$

기각영역: $Z \geq 1.645$

④ 검정통계량의 값 계산: $\bar{x} = 12.7$, $\mu_0 = 12$, $\sigma^2 = 3$, $n = 35$,

$$z_0 = \frac{12.7 - 12}{\sqrt{3/35}} = 2.391$$

⑤ $z_0 = 2.391$은 기각역에 속하므로 유의수준 $\alpha = 0.05$에서 귀무가설 H_0를 기각한다.

이 건전지의 평균수명이 12시간이라는 선전은 과대광고가 아님을 알 수 있다. 즉, 이 건전지의 수명은 12시간 이상이다.

⑥ P-값 계산: P-값$= P(Z \geq 2.391) = 0.0084$

따라서 P-값$< \alpha$이므로 귀무가설 H_0를 기각한다.

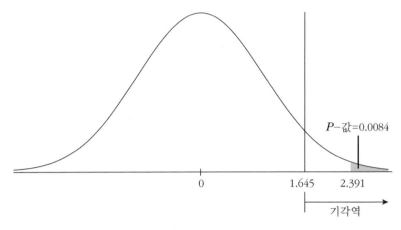

[그림 10-7]   예제 10-4의 P-값

10.2.2   모분산을 모르는 경우

이번에는 모분산 σ^2을 모르는 경우 모평균 μ를 검정해 보자. 이는 역시 구간추정의 경우와 마찬가지로 t분포가 이용된다. t분포는 표준정규분포처럼 0을 중심으로 대칭인 분포이므로 양측검정의 기각역은 바로 앞에서 설명한 σ^2를 아는 경우와 유사하다. 따라서 양측가설 $H_0 : \mu = \mu_0,$ $H_1 : \mu \neq \mu_0$에서 σ^2을 모르는 경우 사용되는 검정통계량은 $T_0 = \dfrac{\overline{X} - \mu_0}{S / \sqrt{n}}$ 이 되고 유의수준 α에서 T통계량의 값이 $T \geq t_{(\alpha/2, n-1)}$ 또는 $T \leq - t_{(\alpha/2, n-1)}$이면 H_0는 기각된다. 단측검정일 경우는 $H_1 : \mu > \mu_0$일 때 기각역은 $T \geq t_{(\alpha, n-1)}$이 되고 $H_1 : \mu < \mu_0$일 때 기각역은 $T \leq - t_{(\alpha, n-1)}$이 된다. 참고로 위와 똑같은 조건하에서 표본크기가 큰 경우는 모분산 σ^2을 모른다 할지라도 $\overline{X}$는 평균이 μ, 분산이 S^2/n인 정규분포에 근사하여 모분산을 아는 경우와 마찬가지로 표준정규분포를 사용하여 가설을 검정할 수 있다.

단일모평균의 검정		검정통계량과 H_0하에서의 분포	
		σ^2을 아는 경우	σ^2을 모르는 경우
모집단이 정규분포인 경우		$\dfrac{\overline{X}-\mu_0}{\sigma/\sqrt{n}} \sim N(0,1)$	소표본인 경우 $\dfrac{\overline{X}-\mu_0}{S/\sqrt{n}} \sim t_{(n-1)}$
모집단이 정규분포가 아닌 경우	n이 클 때 $n \geq 30$	$\dfrac{\overline{X}-\mu_0}{\sigma/\sqrt{n}} \overset{\cdot}{\sim} N(0,1)$	$\dfrac{\overline{X}-\mu_0}{S/\sqrt{n}} \overset{\cdot}{\sim} t_{(n-1)}$
	n이 작을 때 $n < 30$	비모수검정(nonparametric test)	

예제 10-5 어느 자동차 판매회사는 새 자동차를 사는 경우 3년 또는 50,000km의 보증을 제의하고 있다. 과거 경험에 의하면 보증기간 동안 수리비용은 차 한대 당 평균 40만원으로 정규분포를 따르는 것으로 나타났다. 그런데 이 수리비용의 평균비용에 대해서는 그렇지 않다는 의견이 많다. 그래서 27대의 자동차를 표본으로 추출하여 조사한 결과 평균 수리비용은 43만원, 표본표준편차는 12만원이었다. 유의수준 5%에서 평균 수리비용 μ에 대한 가설검정을 실시하라.

풀이 ① 귀무가설과 대립가설 설정: $H_0 : \mu = 40$, $H_1 : \mu \neq 40$

② 유의수준 설정: $\alpha = 0.05$

③ 기각역을 설정: $t_{(\alpha/2, n-1)} = t_{(0.025, 26)} = 2.056$,

$\qquad\qquad -t_{(\alpha/2, n-1)} = -t_{(0.025, 26)} = -2.056$

기각영역: $T \geq 2.056$ 또는 $T \leq -2.056$

④ 검정통계량의 값 계산: $\overline{x} = 43$, $\mu_0 = 40$, $s = 12$, $n = 27$,

$$t_0 = \frac{43-40}{12/\sqrt{27}} = 1.299$$

⑤ $t_0 = 1.299$는 기각역에 속하지 않으므로 유의수준 $\alpha = 0.05$에서 귀무가설 H_0를 기각할 수 없다. 따라서 평균 수리비용이 40만원이라고 할 수 있다.

⑥ P-값 계산: P-값 $= 2 \times P(T \geq 1.299) = 0.205$

따라서 P-값 $> \alpha$이므로 귀무가설 H_0를 기각할 수 없다.

```
> ttest(40,43,12,27,0.05)
          section     value
1 null hypothesis        40
2     sample mean        43
3     sample size        27
4 sample variance       144
5 test statistics     1.299
6  critical value     2.056
7         p-value     0.205
8      conclusion accept H0
```

VIEWTABLE: Work.Ttest

	h0	sam_sd	sam_mean	sam_size	alpha	t0	t	p_value	conclusion
1	40	12	43	27	0.05	1.299	2.0555	0.2053	accept h0

Computer Programming 예제 10-5

Using R

```
ttest=function(h0,smean,ssd,n,alpha){
t0=(smean-h0)/(ssd/sqrt(n))
t=qt(1-(alpha/2),n-1)
if (abs(t0)<t) conclusion="accept H0" else conclusion="reject H0"
p.value=(1-pt(abs(t0),n-1))*2
test=c(h0,round(smean,3),n,round(ssd^2,3),round(t0,3),round(t,3),round(p.value,3),
conclusion)
name=c("null hypothesis", "sample mean","sample size","sample variance",
  "test statistics","critical value","p-value","conclusion")
data.frame(section=name, value=test)
}
ttest(40,43,12,27,0.05)
```

Using SAS

```
data ttest;
h0=40; sam_mean=43; sam_sd=12; sam_size=27; alpha=0.05;
t=quantile('t',1-(alpha/2),sam_size-1);
t0=(sam_mean-h0)/(sam_sd/sqrt(sam_size));
if abs(t0)<t then conclusion='accept h0'; else conclusion='reject h0';
p_value=cdf('t',-abs(t0),sam_size-1)*2;
run;
```

예제 10-6 트럭용 차축을 공급하는 회사가 있다. 이 차축은 압력실험에서 ㎠당 80,000파운드를 지탱해야 한다. 너무 강하면 생산비용이 엄청나게 소요되고 너무 약하면 고객의 불평으로 판매에 영향을 미친다. 100개의 차축을 추출하여 강도(㎠당)를 측정한 결과 $\bar{x} = 79,600$파운드, $s = 4,000$파운드이었다. 유의수준 5%에서 모평균 μ에 대한 가설을 검정하라.

풀이 ① 귀무가설과 대립가설 설정: $H_0 : \mu = 80,000, \quad H_1 : \mu \neq 80,000$

② 유의수준 설정: $\alpha = 0.05$

③ 기각역을 설정: $t_{(\alpha/2, n-1)} = t_{(0.025, 99)} = 1.984,$
$$-t_{(\alpha/2, n-1)} = -t_{(0.025, 99)} = -1.984$$

기각영역: $T \geq 1.984$ 또는 $T \leq -1.984$

* 표본크기가 100으로 크기 때문에 표준정규분포를 가정한 임계값 $z_{\alpha/2} = 1.96$과 비슷한 값을 가지므로 이를 이용하여 검정하여도 된다.

④ 검정통계량의 값 계산: $\bar{x} = 79,600$, $\mu_0 = 80,000$, $s = 4,000$, $n = 100$,
$$t_0 = \frac{79,600 - 80,000}{4,000/\sqrt{100}} = -1.0$$

⑤ $t_0 = -1.0$는 기각역에 속하지 않으므로 유의수준 $\alpha = 0.05$에서 귀무가설 H_0를 기각할 수 없다. 따라서 생산 공장에는 이상이 없다고 할 수 있다.

⑥ P-값 계산 : P-값 $= 2 \times P(T \leq -1.0) = 0.320$

따라서 P-값$> \alpha$이므로 귀무가설 H_0를 기각할 수 없다.

* 표준정규분포를 이용하는 경우는 P-값 $= 2 \times P(Z \leq -1.0) = 0.317$이다.

[통계패키지 결과]

```
> ttest(80000,79600,4000,100,0.05)
          section      value
1 null hypothesis      80000
2     sample mean      79600
3     sample size        100
4 sample variance    1.6e+07
5 test statistics         -1
6  critical value      1.984
7         p-value       0.32
8      conclusion  accept H0
```

VIEWTABLE: Work.Ttest

	h0	sam_sd	sam_mean	sam_size	alpha	t0	t	p_value	conclusion
1	80000	4000	79600	100	0.05	-1	1.9842	0.3197	accept h0

```
# Using R
ttest=function(h0,smean,ssd,n,alpha){
t0=(smean-h0)/(ssd/sqrt(n))
t=qt(1-(alpha/2),n-1)
if (abs(t0)<t) conclusion="accept H0" else conclusion="reject H0"
p.value=(1-pt(abs(t0),n-1))*2
test=c(h0,round(smean,3),n,round(ssd^2,3),round(t0,3),round(t,3),round(p.value,3),
conclusion)
name=c("null hypothesis", "sample mean","sample size","sample variance",
 "test statistics","critical value","p-value","conclusion")
data.frame(section=name, value=test)
}
ttest(80000,79600,4000,100,0.05)

# Using SAS
data ttest;
h0=80000; sam_mean=79600; sam_sd=4000; sam_size=100; alpha=0.05;
t=quantile('t',1-(alpha/2),sam_size-1);
t0=(sam_mean-h0)/(sam_sd/sqrt(sam_size));
if abs(t0)<t then conclusion='accept h0'; else conclusion='reject h0';
p_value=cdf('t',-abs(t0),sam_size-1)*2;
run;
```

10.3 두 모평균 차의 검정

10.3.1 독립적인 두 표본의 경우

1) 모분산 σ_1^2, σ_2^2을 아는 경우

서로 독립인 두 정규모집단 $N(\mu_1, \sigma_1^2)$, $N(\mu_2, \sigma_2^2)$로부터 표본크기가 n_1과 n_2인 확률표본을 $X_1,...,X_{n_1}$와 $Y_1,...,Y_{n_2}$을 추출하였다면 두 모평균 차 $\mu_1 - \mu_2$의 점추정량 $\overline{X} - \overline{Y}$의 분포는 평균이 $\mu_1 - \mu_2$, 분산이 $\sigma_1^2/n_1 + \sigma_2^2/n_2$인 정규분포를 따른다. 따라서 다음의 확률변수 Z는 표준정규분포를 따르게 된다.

$$Z = \frac{(\overline{X} - \overline{Y}) - (\mu_1 - \mu_2)}{\sqrt{\sigma_1^2/n_1 + \sigma_2^2/n_2}}$$

이 표준정규분포를 이용하여 두 모평균의 차이에 대한 가설을 검정할 수 있다. 두 모평균의 차이에 대한 귀무가설은 일반적으로 다음과 같이 나타낼 수 있다.

$$H_0 : \mu_1 - \mu_2 = d_0 \ \ (\text{단, } d_0 \text{는 상수})$$

따라서 H_0 하에서 검정통계량을 구해 보면

$$Z_0 = \frac{(\overline{X} - \overline{Y}) - d_0}{\sqrt{\dfrac{\sigma_1^2}{n_1} + \dfrac{\sigma_2^2}{n_2}}}$$

이 된다. 만약 대립가설이 $H_1 : \mu_1 - \mu_2 \neq d_0$ 라면, $Z \geq z_{\alpha/2}$ 또는 $Z \leq -z_{\alpha/2}$ 일 때 H_0 를 기각하고 $H_1 : \mu_1 - \mu_2 > d_0$ 라면 $Z \geq z_\alpha$ 일 때 H_0 를 기각한다.

예제 10-7 A사의 제품과 B사의 제품의 로트에서 각각 표본 10개와 12개를 독립적으로 추출하여 인장강도를 측정한 결과 각각 $\overline{x} = 145\,kg/mm^2$, $\overline{y} = 138\,kg/mm^2$ 이 었다. 두 모집단은 표준편차가 각각 $\sigma_1 = 5\,kg/mm^2$, $\sigma_2 = 6\,kg/mm^2$ 인 정규분포를 따른다고 한다. 두 회사 제품의 인장 강도의 모평균에 차이가 있다고 할 수 있는 지에 대해 유의수준 1%에서 검정하라.

풀이 ① 귀무가설과 대립가설 설정: $H_0 : \mu_1 = \mu_2$, $H_1 : \mu_1 \neq \mu_2$
② 유의수준 설정: $\alpha = 0.01$
③ 기각역을 설정: $z_{\alpha/2} = z_{0.005} = 2.575$, $-z_{\alpha/2} = -z_{0.005} = -2.575$
　기각영역: $Z \geq 2.575$ 또는 $Z \leq -2.575$
④ 검정통계량의 값 계산: $\overline{x} = 145$, $\overline{y} = 138$, $\sigma_1 = 5$, $\sigma_2 = 6$, $n_1 = 10$, $n_2 = 12$,

$$z_0 = \frac{\overline{x} - \overline{y}}{\sqrt{\sigma_1^2/n_1 + \sigma_2^2/n_2}} = \frac{145 - 138}{\sqrt{5^2/10 + 6^2/12}} = 2.985$$

⑤ $z_0 = 2.985$ 는 기각역에 속하므로 유의수준 $\alpha = 0.01$ 에서 귀무가설 H_0 를 기각한다.
　H_0 를 기각하므로 두 회사의 제품에 차이가 있다고 할 수 있다.
⑥ $P-$값 계산: $P-$값 $= 2 \times P(Z \geq 2.985) = 0.003$
　따라서 $P-$값 $< \alpha$ 이므로 귀무가설 H_0 를 기각한다.

```
> zbitest(145,138,5,6,10,12,0.01)
                  section   value
1          sample mean 1      145
2          sample mean 2      138
3    population variance 1     25
4    population variance 2     36
5          sample size 1       10
6          sample size 2       12
7        test statistics     2.985
8         critical value     2.576
9               p-value      0.003
10           conclusion  reject H0
```

VIEWTABLE: Work.Zbitest

	mean_1	mean_2	psd_1	psd_2	size_1	size_2	alpha	z0	z	p_value	conclusion
1	145	138	5	6	10	12	0.01	2.9848	2.5758	0.0028	reject h0

Computer Programming 예제 10-7

Using R

```
zbitest=function(smean1,smean2,psd1,psd2,n1,n2,alpha){
z0=(smean1-smean2)/sqrt(psd1^2/n1+psd2^2/n2)
z=qnorm(1-(alpha/2))
if (abs(z0)<z) conclusion="accept H0" else conclusion="reject H0"
p.value=(1-pnorm(abs(z0)))*2
test=c(smean1,smean2,psd1^2,psd2^2,n1,n2,round(z0,3),round(z,3),round(p.value,3),
  conclusion)
name=c("sample mean 1","sample mean 2","population variance 1",
  "population variance 2","sample size 1","sample size 2","test statistics",
  "critical value","p-value","conclusion")
data.frame(section=name, value=test)
}
zbitest(145,138,5,6,10,12,0.01)
```

Using SAS

```
data zbitest;
mean_1=145; mean_2=138; psd_1=5; psd_2=6; size_1=10; size_2=12; alpha=0.01;
z=quantile('normal',1-(alpha/2));
z0=(mean_1-mean_2)/sqrt(psd_1**2/size_1+psd_2**2/size_2);
if abs(z0)<z then conclusion='accept h0'; else conclusion='reject h0';
```

10.4 단일 모비율의 검정

9장의 추정 부분에서 이미 설명하였듯이 n회의 이항 시행 중 성공 횟수를 X라고 하면 모비율 p의 추정량은 통계량 $\hat{p} = X/n$로 주어진다. n이 클 경우(보통 $n \times \min(\hat{p}, 1 - \hat{p}) \geq 5$을 만족하는 경우) 중심극한정리에 의해서 $\hat{p}$은 평균은 $\mu_{\hat{p}} = p$이고 분산은 $\sigma_{\hat{p}}^2 = p(1-p)/n$인 정규분포를 근사적으로 따르게 된다. 따라서 $H_0 : p = p_0$를 검정할 때의 검정통계량은 다음과 같이 된다.

$$Z_0 = \frac{\hat{p} - p_0}{\sqrt{\dfrac{p_0(1 - p_0)}{n}}}$$

여기서 검정통계량은 귀무가설 하에서 계산되므로 $\sigma_{\hat{p}}^2 = \dfrac{p_0(1 - p_0)}{n}$가 된다. 그러므로 유의수준 α에서 양측검정의 기각역은 $Z \leq -z_{\alpha/2}$ 또는 $Z \geq z_{\alpha/2}$가 되고, 대립가설이 $p < p_0$일 때의 기각역은 $Z \leq -z_\alpha$, 대립가설이 $p > p_0$일 때의 기각역은 $Z \geq z_\alpha$가 된다.

이번에는 n이 작을 경우에 대해 알아보자. $X = n\hat{p}$은 $b(n, p_0)$인 이산형 확률변수이므로 특정한 α값과 일치하는 기각역을 설정하기는 쉬운 일이 아니다. 따라서 이럴 경우엔 P-값을 이용하는 것이 좋다. 즉, 다음의 가설 $H_0 : p = p_0, \quad H_1 : p < p_0$를 유의수준 α에서 검정할 때에는 다음과 같이 이항분포를 이용하여 P-값을 구하게 된다.

$$P\text{-값} = P(X \leq x \mid p = p_0) = \sum_{k=0}^{x} \binom{n}{k} p_0^k (1 - p_0)^{n-k}$$

여기서 x는 표본크기 n인 표본에서의 성공 횟수이다. P-값이 α보다 같거나 작으면 H_0를 기각한다. 마찬가지 방법으로 다음의 가설 $H_0 : p = p_0, \quad H_1 : p > p_0$를 검정할 때의 P-값을 구해 보면 다음과 같다.

$$P\text{-값} = P(X \geq x \mid p = p_0) = 1 - \sum_{k=0}^{x-1} \binom{n}{k} p_0^k (1 - p_0)^{n-k}$$

마찬가지 방법으로 P-값이 α보다 같거나 작으면 H_0를 기각한다.

단일 모비율의 검정	검정통계량과 H_0하에서의 분포
n이 클 때 $(n \times \min(\hat{p}, 1-\hat{p}) \geq 5)$	$Z_0 = \dfrac{\hat{p} - p_0}{\sqrt{\dfrac{p_0(1-p_0)}{n}}} \sim N(0,1)$
n이 작을 때	$X = n\hat{p} \sim b(n, p_0)$

예제 **10-11**   어떤 기계는 30%의 불량품을 생산한다. 기계를 수선한 후에 100개를 생산하였더니 23개의 불량품이 나왔다. 수선한 후에 제품의 불량률이 감소되었는가의 여부에 대해 유의수준 5%에서 가설검정을 실시하라.

풀이   우선 조사자가 불량률이 감소되는 것에 관심이 있으므로 좌측검정을 실시한다.

① 귀무가설과 대립가설 설정: $H_0 : p = 0.3,\quad H_1 : p < 0.3$

② 유의수준 설정: $\alpha = 0.05$

③ 기각역을 설정: $-z_\alpha = -z_{0.05} = -1.645$,

기각영역 : $Z \leq -1.645$

④ 검정통계량의 값 계산: $\hat{p} = 23/100 = 0.23$, $p_0 = 0.3$,

$$z_0 = \frac{\hat{p} - p_0}{\sqrt{\dfrac{p_0(1-p_0)}{n}}} = \frac{0.23 - 0.3}{\sqrt{\dfrac{0.3 \cdot 0.7}{100}}} = \frac{0.23 - 0.3}{\sqrt{0.0021}} = -1.528$$

⑤ $z_0 = -1.528$는 기각역에 속하지 않으므로 유의수준 $\alpha = 0.05$에서 귀무가설 H_0를 기각할 수 없다. 따라서 수선한 후에 제품의 불량률이 감소되었다고 할 수 없다.

⑥ $P-$값 계산 : $P-$값$= P(Z \leq -1.528) = 0.0633$

따라서 $P-$값$> \alpha$이므로 귀무가설 H_0를 기각할 수 없다.

[통계패키지 결과]

```
> prop.test(23,100,0.3,alternative="less",correct=F)

        1-sample proportions test without continuity correction

data:  23 out of 100, null probability 0.3
X-squared = 2.3333, df = 1, p-value = 0.06332
alternative hypothesis: true p is less than 0.3
95 percent confidence interval:
 0.0000000 0.3057848
sample estimates:
   p
0.23
```

HO:P = 0.3 의 검정	
HO 하에서의 ASE	0.0458
Z	-1.5275
단측 Pr < Z	0.0633
양측 Pr > |Z|	0.1266

Computer Programming 예제 10-11

```
# Using R
prop.test(23,100,0.3,alternative="less",correct=F)

# Using SAS
data ex10_11;
input x $ count @@;
datalines;
1.success 23 2.failure 77
run;
proc freq data= ex10_11;
weight count; tables x / binomial(p=.3);
run;
```

* R program은 비율검정에서 표준정규분포 대신 카이제곱분포를 사용한다. 표준정규분포를 따르는 확률변수의 제곱은 자유도가 1인 카이제곱분포를 따른다는 성질을 이용한다.

10.5 두 모비율 차의 검정

추정 부분에서 서로 독립인 두 확률변수 X와 Y가 각각 이항분포 $b(n_1, p_1)$와 $b(n_2, p_2)$을 따른다고 하면 두 비율 추정량의 차이 $\hat{p}_1 - \hat{p}_2 = X/n_1 - Y/n_2$는 표본크기가 충분히 큰 경우 다음과 같은 평균과 분산을 갖는 정규분포를 근사적으로 따르게 됨을 설명하였다.

$$E(\hat{p}_1 - \hat{p}_2) = p_1 - p_2$$

$$Var(\hat{p}_1 - \hat{p}_2) = \frac{p_1(1 - p_1)}{n_1} + \frac{p_2(1 - p_2)}{n_2}$$

따라서 다음의 확률변수 Z는 표준정규분포를 따르게 된다.

$$Z = \frac{(\hat{p}_1 - \hat{p}_2) - (p_1 - p_2)}{\sqrt{p_1(1-p_1)/n_1 + p_2(1-p_2)/n_2}}$$

두 모비율 차이를 검정할 때는 일반적으로 "이항 모수가 서로 같다"(즉, $H_0 : p_1 = p_2$)라는 귀무가설을 검정하게 되고 이는 $p_1 = p_2 = p$라는 의미이므로 표준정규분포를 따르는 확률변수를 이용하면 검정통계량은 다음과 같다.

$$Z_0 = \frac{\hat{p}_1 - \hat{p}_2}{\sqrt{p(1-p)[1/n_1 + 1/n_2]}}$$

여기서 위의 식을 계산하려면 분모의 제곱근 안에 있는 모수 p를 추정해야 하는데 귀무가설 하에서 계산되므로 이에 대한 추정값은 두 비율이 같다는 전제 하에 다음과 같이 두 표본자료를 이용하여 합동비율을 계산한다.

$$\hat{p} = \frac{X + Y}{n_1 + n_2}$$

여기서 X와 Y는 각각 두 표본의 성공 횟수이다. 이제 $\hat{p}$을 대입하여 검정통계량을 정리하면 $z_0 = \dfrac{\hat{p}_1 - \hat{p}_2}{\sqrt{\hat{p}(1-\hat{p})[1/n_1 + 1/n_2]}}$ 이 되므로 대립가설에 따른 기각역을 다음과 같은 3가지 경우로 구할 수 있다.

1) $H_1 : p_1 > p_2$ 이면 $Z \geq z_\alpha$
2) $H_1 : p_1 < p_2$ 이면 $Z \leq -z_\alpha$
3) $H_1 : p_1 \neq p_2$ 이면 $Z \geq z_{\alpha/2}$ 또는 $Z \leq -z_{\alpha/2}$

단, 표본비율의 차이가 정규분포를 따르기 위해서는 표본 수 n_1, n_2가 충분히 커야 하고 표본비율이 0 또는 1에 너무 가까우면 정규분포에 근사하지 않는다.

두 모비율 차이의 검정	우측검정	좌측검정	양측검정
가설설정	$H_0 : p_1 - p_2 = 0$ $H_1 : p_1 - p_2 > 0$	$H_0 : p_1 - p_2 = 0$ $H_1 : p_1 - p_2 < 0$	$H_0 : p_1 - p_2 = 0$ $H_1 : p_1 - p_2 \neq 0$
검정통계량 및 H_0하에서의 분포	$Z_0 = \dfrac{\hat{p}_1 - \hat{p}_2}{\sqrt{\hat{p}(1-\hat{p})\,[1/n_1 + 1/n_2]}} \; \sim \; N(0\,,\,1),\; \hat{p} = \dfrac{X+Y}{n_1+n_2}$		
유의수준 α	$\alpha = P(Z \geq z_\alpha)$	$\alpha = P(Z \leq -z_\alpha)$	$\alpha = P(\,|Z|\, \geq z_{\alpha/2})$

예제 10-12 A 자동차 회사에서 생산하는 100대의 자동차를 표본으로 추출하여 시험한 결과 28대가 10만 마일 전에 엔진 수리를 필요로 하였다. 한편 B 자동차 회사에서 생산하는 150대의 자동차를 독립적으로 추출하여 시험한 결과 48대가 10만 마일 전에 엔진 수리를 필요로 하였다. 두 모비율에 차이가 있는 지를 유의수준 1%에서 검정하라.(1: A 자동차 회사, 2: B 자동차 회사)

풀이 ① 귀무가설과 대립가설 설정: $H_0 : p_1 = p_2, \quad H_1 : p_1 \neq p_2$

② 유의수준 설정: $\alpha = 0.01$

③ 기각역을 설정: $z_{\alpha/2} = z_{0.005} = 2.575, \; -z_{\alpha/2} = -z_{0.005} = -2.575$

기각영역: $Z \geq 2.575$ 또는 $Z \leq -2.575$

④ 검정통계량의 값 계산: $\hat{p}_1 = \dfrac{28}{100} = 0.28, \; \hat{p}_2 = \dfrac{48}{150} = 0.32,$

$$\hat{p} = \frac{X+Y}{n_1+n_2} = \frac{76}{250} = 0.304$$

$$z_0 = \frac{\hat{p}_1 - \hat{p}_2}{\sqrt{\hat{p}(1-\hat{p})\left(\dfrac{1}{n_1} + \dfrac{1}{n_2}\right)}} = \frac{0.28 - 0.32}{\sqrt{0.304 \cdot 0.696 \cdot \left(\dfrac{1}{100} + \dfrac{1}{150}\right)}} = -0.68$$

⑤ $z_0 = -0.68$는 기각역에 속하지 않으므로 유의수준 $\alpha = 0.01$에서 귀무가설 H_0를 기각할 수 없다. 따라서 두 자동차회사의 모비율에 차이가 있다는 충분한 증거는 없다.

⑥ P-값 계산: P-값 $= 2 \times P(Z \leq -0.68) = 0.5$

따라서 P-값 $> \alpha$이므로 귀무가설 H_0를 기각할 수 없다.

```
> pbitest(28,48,100,150,0.01)
                      section     value
1  the first sample proportion      0.28
2 the second sample proportion      0.32
3      sample pooled proportion     0.304
4             test statistics      -0.674
5               critical value      2.576
6                     p-value       0.501
7                  conclusion accept H0
```

```
          Pearson's Chi-squared test

data:  data
X-squared = 0.4537, df = 1, p-value = 0.5006
```

통계량	자유도	값	확률
카이제곱	1	0.4537	0.5006

* R과 SAS program의 내장함수를 이용한 두 모비율 차이검정에서는 표준정규분포 대신 카이제곱분포를 사용한다. 표준정규분포를 따르는 확률변수의 제곱은 자유도가 1인 카이제곱분포를 따른다는 성질을 이용한다. 즉, 검정통계량 -0.6736을 제곱하여 검정통계량이 0.4537이 된다.

Computer Programming 예제 10-12

```
# Using R
pbitest=function(x1,x2,n1,n2,alpha) {
p0=(x1+x2)/(n1+n2)
z0=(x1/n1-x2/n2)/sqrt(p0*(1-p0)*(1/n1+1/n2))
z=qnorm(1-(alpha/2))
if (abs(z0)<z) conclusion="accept H0" else conclusion="reject H0"
p.value=(1-pnorm(abs(z0)))*2
test=c(round(x1/n1,3),round(x2/n2,3),round(p0,3),round(z0,3),
     round(z,3), round(p.value,3),conclusion)
name=c("the first sample proportion","the second sample proportion",
"sample pooled proportion","test statistics","critical value","p-value","conclusion")
data.frame(section=name, value=test)
}
pbitest(28,48,100,150,0.01)
data=matrix(c(28,72,48,102),nc=2)
chisq.test(data)
```

```
# Using SAS
data ex10_12;
input car $ repair $ count @@;
datalines;
A Y 28 A N 72 B Y 48 B N 102
run;
proc freq data= ex10_12;
weight count; table car*repair / nocol nopercent chisq;
run;
```

10.6 단일 모분산의 검정

7장과 9장에서 살펴본 대로 정규분포를 따르는 모집단 $N(\mu, \sigma^2)$으로부터 추출된 크기가 n인 확률표본 $X_1, ..., X_n$의 표본분산을 $S^2 = \dfrac{1}{n-1}\sum_{i=1}^{n}(X_i - \overline{X})^2$이라 하면 통계량 $\dfrac{(n-1)S^2}{\sigma^2}$은 자유도가 $n-1$인 χ^2분포를 따른다. 따라서 귀무가설 $H_0 : \sigma^2 = \sigma_0^2$를 검정하기 위한 통계량은 다음과 같이 정의된다.

$$X_0^2 = \frac{(n-1)S^2}{\sigma_0^2} \sim \chi^2_{(n-1)}$$

주어진 유의수준 α하에서 모분산 σ^2에 대한 가설검정 절차를 요약하면 다음과 같다.

단일모분산의 검정	우측검정	좌측검정	양측검정
가설설정	$H_0 : \sigma^2 = \sigma_0^2$ $H_1 : \sigma^2 > \sigma_0^2$	$H_0 : \sigma^2 = \sigma_0^2$ $H_1 : \sigma^2 < \sigma_0^2$	$H_0 : \sigma^2 = \sigma_0^2$ $H_1 : \sigma^2 \neq \sigma_0^2$
검정통계량 및 H_0하에서의 분포	$X_0^2 = \dfrac{(n-1)S^2}{\sigma_0^2} \sim \chi^2_{(n-1)}$		
유의수준 α	$\alpha = P\left(X_0^2 \geq \chi^2_{(\alpha,n-1)}\right)$	$\alpha = P\left(X_0^2 \leq \chi^2_{(1-\alpha,n-1)}\right)$	$\alpha = P\left(\begin{array}{c} X_0^2 \leq \chi^2_{(1-\alpha/2,n-1)} \\ or \\ X_0^2 \geq \chi^2_{(\alpha/2,n-1)} \end{array}\right)$

예제 10-13 정규모집단 $N(\mu, \sigma^2)$에서 $n=25$인 표본을 추출하여 $s^2=49$를 얻었다. 이 모집단의 모분산을 55라고 할 수 있는지를 유의수준 10%에서 가설검정하라.

풀이 ① 귀무가설과 대립가설 설정: $H_0 : \sigma^2 = 55,\quad H_1 : \sigma^2 \neq 55$

② 유의수준 설정: $\alpha = 0.1$

③ 기각역을 설정: $\chi^2_{(1-\alpha/2, n-1)} = \chi^2_{(0.95, 24)} = 13.85$, $\chi^2_{(\alpha/2, n-1)} = \chi^2_{(0.05, 24)} = 36.42$

기각영역: $X_0^2 \leq 13.85$ 또는 $X_0^2 \geq 36.42$

④ 검정통계량의 값 계산: $n=25$, $s^2=49$,

$$x_0^2 = \frac{(n-1)S^2}{\sigma_0^2} = \frac{(25-1)49}{55} = 21.3818$$

⑤ $x_0^2 = 21.3818$는 기각역에 속하지 않으므로 유의수준 $\alpha = 0.1$에서 귀무가설 H_0를 기각할 수 없다. 따라서 유의수준 10%에서 모분산은 55라고 할 수 있다.

⑥ P-값 계산: 검정통계량의 값 21.3818은 중심에서 좌측영역에 위치하므로 P-값 $=2 \times P(X^2 \leq 21.3818) = 0.7678$이다.

따라서 P-값$> \alpha$이므로 귀무가설 H_0를 기각할 수 없다.

[통계패키지 결과]

```
> vartest(55,49,25,0.1)
                 section      value
1         null hypothesis         55
2         sample variance         49
3             sample size         25
4          test statistics     21.382
5      left critical value     13.848
6     right critical value     36.415
7                 p-value      0.768
8              conclusion accept H0
```

	h0	sam_var	sam_size	alpha	test_stat	left_critical	right_critical	p_value	conclusion
VIEWTABLE: Work.Var_test									
1	55	49	25	0.1	21.382	13.848	36.415	0.7678	accept h0

Computer Programming 예제 10-13

Using R

```
vartest=function(h0,var,n,alpha) {
x0=(n-1)*var/h0
chi.left=qchisq(alpha/2,n-1)
chi.right=qchisq(1-(alpha/2),n-1)
if (x0<chi.right & x0>chi.left) conclusion="accept H0" else conclusion="reject H0"
if (pchisq(x0,n-1)<0.5) p.value=(pchisq(x0,n-1))*2 else p.value=(1-(pchisq(x0,n-1)))*2
```

```
test=c(h0,var,n,round(x0,3),round(chi.left,3),round(chi.right,3),round(p.value,3),conclusion)
name=c("null hypothesis","sample variance","sample size","test statistics",
       "left critical value","right critical value","p-value","conclusion")
data.frame(section=name, value=test)
}
vartest(55,49,25,0.1)

# Using SAS
data var_test;
h0=55; sam_var=49; sam_size=25; alpha=0.1;
test_stat=(sam_size-1)*sam_var/h0;
left_critical=quantile('chisq',alpha/2,sam_size-1);
right_critical=quantile('chisq',1-alpha/2,sam_size-1);
if test_stat>left_critical and test_stat<right_critical then conclusion='accept h0';
   else conclusion='reject h0';
p_value=2*min(cdf('chisq',test_stat,sam_size-1),1-cdf('chisq',test_stat,sam_size-1));
run;
```

10.7 두 모분산 비의 검정

정규분포를 따르는 상호 독립인 두 모집단 $N(\mu_1, \sigma_1^2)$, $N(\mu_2, \sigma_2^2)$으로부터의 표본 크기가 n_1과 n_2인 확률표본을 각각 $X_1, ..., X_{n_1}$와 $Y_1, ..., Y_{n_2}$라고 할 때 이에 대한 표본 분산을 각각 $S_1^2 = \dfrac{1}{n_1 - 1} \displaystyle\sum_{i=1}^{n_1} (X_i - \overline{X})^2$, $S_2^2 = \dfrac{1}{n_2 - 1} \displaystyle\sum_{j=1}^{n_2} (Y_j - \overline{Y})^2$ 이라고 하자. 그러면 7장과 9장에서 살펴본 대로 $U = \dfrac{(n_1 - 1)S_1^2}{\sigma_1^2}$ 와 $V = \dfrac{(n_2 - 1)S_2^2}{\sigma_2^2}$ 은 각각 자유도가 $n_1 - 1$, $n_2 - 1$인 χ^2분포를 따르고 F분포의 정의에 의해 다음이 성립한다.

$$F = \frac{U/(n_1 - 1)}{V/(n_2 - 1)} = \frac{S_1^2/\sigma_1^2}{S_2^2/\sigma_2^2} = \frac{\sigma_2^2 S_1^2}{\sigma_1^2 S_2^2} \sim F_{n_1 - 1, n_2 - 1}$$

여기서 귀무가설을 $H_0 : \sigma_1^2/\sigma_2^2 = 1$(즉, $\sigma_1^2 = \sigma_2^2$)라고 정의하면 H_0하에서의 검정통계량 F_0는 다음과 같다.

$$F_0 = \frac{S_1^2}{S_2^2} \sim F_{n_1-1,\,n_2-1}$$

따라서 유의수준을 α하에서 σ_1^2와 σ_2^2의 동일성 여부에 대한 가설검정 절차를 요약하면 다음과 같다.

두 모분산 비의 검정	우측검정	좌측검정	양측검정
가설설정	$H_0 : \sigma_1^2 = \sigma_2^2$ $H_1 : \sigma_1^2 > \sigma_2^2$	$H_0 : \sigma_1^2 = \sigma_2^2$ $H_1 : \sigma_1^2 < \sigma_2^2$	$H_0 : \sigma_1^2 = \sigma_2^2$ $H_1 : \sigma_1^2 \neq \sigma_2^2$
검정통계량 및 H_0하에서의 분포	$F_0 = \dfrac{S_1^2}{S_2^2} \sim F_{n_1-1,\,n_2-1}$		

두 모분산 비의 검정에서 유의수준 α는 우측검정의 경우는 $\alpha = P\left[F_0 \geq F_{(\alpha,\,n_1-1,\,n_2-1)}\right]$이고 좌측검정의 경우는 $\alpha = P\left[F_0 \leq F_{(1-\alpha,\,n_1-1,\,n_2-1)}\right]$이다. 여기서 7장에서 살펴본 대로 $F_{(1-\alpha,\,n_{1-1},\,n_{2-1})} = \left(F_{(\alpha,\,n_{2-1},\,n_{1-1})}\right)^{-1}$이므로 좌측검정의 유의수준 α는 $\alpha = P\left[F_0 \leq \left(F_{(\alpha,\,n_2-1,\,n_1-1)}\right)^{-1}\right]$와 같다. 같은 방법으로 생각할 때 양측검정의 경우는 $\alpha = P\left[F_0 \geq F_{(\alpha/2,\,n_1-1,\,n_2-1)} \text{ 또는 } F_0 \leq \left(F_{(\alpha/2,\,n_2-1,\,n_1-1)}\right)^{-1}\right]$가 된다.

예제 10-14 12세의 남아와 여아 중에서 남아 25명, 여아 23명을 단순무작위 추출하여 폐활량을 조사한 결과, 남아의 분산은 0.145, 여아의 분산은 0.0942였다.(남녀 폐활량은 정규분포를 따른다고 가정) 두 모집단의 분산이 같은 지를 유의수준 5%에서 검정하라.(단, 1: 남아, 2: 여아)

풀이 ① 귀무가설과 대립가설 설정: $H_0 : \sigma_1^2 = \sigma_2^2$, $H_1 : \sigma_1^2 \neq \sigma_2^2$

② 유의수준 설정: $\alpha = 0.05$

③ 기각역 설정: $F_{(\alpha/2,\,n_1-1,\,n_2-1)} = F_{0.025,24,22} = 2.3315$,

$\left(F_{(\alpha/2,\,n_2-1,\,n_1-1)}\right)^{-1} = \left(F_{0.025,22,24}\right)^{-1} = 0.4356$

기각영역: $F_0 \geq 2.3315$ 또는 $F_0 \leq 0.4356$

④ 검정통계량의 값 계산: $s_1^2 = 0.145$, $s_2^2 = 0.0942$, $f_0 = \dfrac{s_1^2}{s_2^2} = \dfrac{0.145}{0.0942} = 1.5393$

⑤ $f_0 = 1.5393$은 기각역에 속하지 않으므로 유의수준 $\alpha = 0.05$에서 귀무가설 H_0를

기각할 수 없으므로 유의수준 5%에서 두 모집단의 분산은 같다고 할 수 있다.

⑥ $P-$값 계산: 검정통계량의 값 21.3818은 중심에서 우측영역에 위치하므로 $P-$값
$= 2 \times P(F \geq 1.5393) = 0.3129$이다.

따라서 $P-$값$> \alpha$이므로 귀무가설 H_0를 기각할 수 없다.

[통계패키지 결과]

```
> varbitest(0.145,0.0942,25,23,0.05)
                      section   value
1    the first sample variane    0.145
2 the second sample variance   0.0942
3        the first sample size      25
4       the second sample size      23
5             test statistics    1.539
6          left critical value    0.436
7         right critical value    2.331
8                     p-value    0.313
9              conclusion accept H0
```

VIEWTABLE: Work.Varbi_test

	sam_var1	sam_var2	n1	n2	alpha	test_stat	left_critical	right_critical	p_value	conclusion
1	0,145	0,0942	25	23	0,05	1,5393	2,3315	0,4356	0,31	reject h0

Computer Programming 예제 10-14

```
# Using R
varbitest=function(var1,var2,n1,n2,alpha) {
f0=var1/var2
f.left=qf(alpha/2,n1-1,n2-1)
f.right=1/qf(alpha/2,n2-1,n1-1)
if (f0<f.right & f0>f.left) conclusion="accept H0" else conclusion="reject H0"
if (pf(f0,n1-1,n2-1)<0.5) p.value=(pf(f0,n1-1,n2-1))*2 else p.value=(1-(pf(f0,n1-1,n2-1)))*2
test=c(var1,var2,n1,n2,round(f0,3),round(f.left,3),round(f.right,3),round(p.value,3),conclusion)
name=c("the first sample variane","the second sample variance","the first sample size",
        "the second sample size","test statistics","left critical value","right critical value",
        "p-value","conclusion")
data.frame(section=name, value=test)
}
varbitest(0.145,0.0942,25,23,0.05)

# Using SAS
data varbi_test;
sam_var1=0.145; sam_var2=0.0942; n1=25; n2=23; alpha=0.05;
```

```
test_stat=sam_var1/sam_var2;
left_critical=1/quantile('f',alpha/2,n2-1,n1-1);
right_critical=quantile('f',alpha/2,n1-1,n2-1);
if test_stat>left_critical and test_stat<right_critical then conclusion='accept h0';
   else conclusion='reject h0';
p_value=2*min(cdf('f',test_stat,n1-1,n2-1),1-cdf('f',test_stat,n1-1,n2-1));
run;
```

σ_1^2와 σ_2^2의 동일성 여부에 대한 가설검정은 두 집단의 평균 비교 가설검정에서 모분산이 알려져 있지 않은 경우 합동분산을 사용하는 방법과 새터스웨이트 조정 자유도를 이용하는 방법 중 하나를 선택하기 위한 사전검정으로도 사용된다.

예제 10-15 한 회사는 두 생산라인에서 생산되는 간장소스에 함유된 알코올 성분량의 평균이 동일하다고 발표하였다. 두 생산라인에서 제조되는 간장소스에 함유된 알코올 성분을 조사하는 실험을 수행하여 1일 8회 검사한 결과가 다음과 같다. 두 생산라인의 알코올 성분량이 모두 정규분포를 따른다고 할 때 통계패키지를 이용하여 회사의 발표가 옳은지 유의수준 5%에서 가설검정하라.

| 생산라인1 | 0.48 | 0.39 | 0.42 | 0.52 | 0.40 | 0.48 | 0.52 | 0.52 |
| 생산라인2 | 0.38 | 0.37 | 0.39 | 0.41 | 0.38 | 0.39 | 0.40 | 0.39 |

풀이 아래의 출력된 결과를 보면 먼저 두 집단의 분산이 동일한지에 대한 검정을 실시한 결과 $P-$값이 0.0008로 귀무가설을 기각한다. 따라서 두 집단의 분산이 동일하지 않으므로 모평균 비교를 위한 t검정에서 새터스웨이트 조정 자유도를 사용하는 방법으로 검정한다. 모평균 차이에 관한 검정을 실시한 결과 $P-$값이 0.0051로 귀무가설을 기각한다. 따라서 이 회사의 발표는 옳지 않고 두 생산라인에서 생산되는 간장소스에 함유된 알코올 성분량의 평균은 동일하지 않다.

[통계패키지 결과]

```
> var.test(line1,line2)

        F test to compare two variances

data:  line1 and line2
F = 19.6667, num df = 7, denom df = 7, p-value = 0.0008435
alternative hypothesis: true ratio of variances is not equal to 1
95 percent confidence interval:
  3.937342 98.233215
sample estimates:
ratio of variances
         19.66667

> t.test(line1,line2,var.equal=F)

        Welch Two Sample t-test

data:  line1 and line2
t = 3.8685, df = 7.71, p-value = 0.0051
alternative hypothesis: true difference in means is not equal to 0
95 percent confidence interval:
 0.03099859 0.12400141
sample estimates:
mean of x mean of y
  0.46625    0.38875
```

T-Tests					
Variable	Method	Variances	DF	t Value	Pr > |t|
alcohol	Pooled	Equal	14	3.87	0.0017
alcohol	Satterthwaite	Unequal	7.71	3.87	0.0051

Equality of Variances					
Variable	Method	Num DF	Den DF	F Value	Pr > F
alcohol	Folded F	7	7	19.67	0.0008

Computer Programming 예제 10-15

Using R

```
line1=c(0.48,0.39,0.42,0.52,0.40,0.48,0.52,0.52)
line2=c(0.38,0.37,0.39,0.41,0.38,0.39,0.40,0.39)
var.test(line1,line2)
t.test(line1,line2,var.equal=F)
```

```
# Using SAS
data ex10_15;
do alcohol=0.48,0.39,0.42,0.52,0.40,0.48,0.52,0.52;
   factory='line1'; output; end;
do alcohol=0.38,0.37,0.39,0.41,0.38,0.39,0.40,0.39;
   factory='line2'; output; end;
run;
proc ttest data=ex10_15;
class factory; var alcohol;
run;
```

01. 2003년 미국인 1,500명을 대상으로 한 여론조사에서 "안전한 지대에서도 밤에 혼자 다니는 것이 두려운가?"에 대한 질문의 결과로 45%의 미국인이 "그렇다"고 하였다. 그리고 이전의 여론조사를 통한 자료를 보면 2002년에는 42%가 "그렇다"고 응답을 하였다.

a) 이 두 비율의 변화에 대한 95% 신뢰구간을 구하라.

b) 두 비율에 대한 변화를 검정하기 위한 귀무가설과 대립가설을 세워라.

c) 귀무가설 하에서 P-값을 구하라.

d) 유의수준 5%에서 비율에 변화한 것이 통계적으로 유의한지를 신뢰구간과 P-값을 이용하여 설명하라.

02. 어떤 컴퓨터 회사에서는 그 회사에서 생산하는 컴퓨터 부품의 두께는 정규분포를 따르고 두께가 3.5㎛가 되도록 디자인하려고 한다. 이를 확인해 보기 위해서 다음의 10개의 표본을 무작위로 추출하여 그 각각의 두께를 측정하였더니 다음과 같았다.

$$3.21\ \ 2.49\ \ 2.94\ \ 4.98\ \ 4.02\ \ 3.82\ \ 3.30\ \ 2.85\ \ 3.34\ \ 3.91$$

위의 자료를 통해서 이 회사에서 생산하는 컴퓨터 부품의 두께가 3.5㎛라고 할 수 있는지 유의수준 5%에서 검정하라.

03. 저항기를 생산하는 회사의 생산업자는 자신의 회사에서 생산하는 저항기의 10% 이상이 미리 정해놓은 저항한계 기준에 미달된다고 주장한다. 이를 알아보기 위해서 60개의 저항기를 임의 추출하여 조사한 결과, 그 중 8개가 저항 한계 기준에 미달되었다. 이때 유의수준 $\alpha = 0.05$에서 생산업자의 주장이 맞는지에 대해 검정하라.

04. 9명의 사람이 마리화나를 피운 뒤와 보통의 담배를 피운 뒤 각각의 경우에 대해 심장박동 수를 측정하였더니 다음과 같았다. 보통 마리화나 담배를 피운 뒤의 심장박동 수는 정규분포를 따른다고 한다.

사람	1	2	3	4	5	6	7	8	9
담배	16	12	8	20	8	10	4	8	8
마리화나	20	24	8	8	4	20	28	20	20

마리화나가 보통 담배보다 심장박동 수를 증가시키는지에 대해 유의수준 $\alpha = 0.01$에서 검정하라.

05. 시계를 생산하는 공장에서 완성된 시계성능의 변화에 대해 알기 위해서 최종품질검사를 통과한 많은 시계들 중 10개를 무작위로 추출하여 한달 후의 시각을 표준 시계와 비교하여 그 차이를 기록한 결과, $\overline{x} = 0.7$초, $s = 0.4$초로 나타났다. 생산 후 한달이 지나고 표본시계와의 시간의 차이는 정규분포를 따른다고 할 때 다음 물음에 답하라.

   a) 가설을 $H_0 : \sigma^2 = 0.09$, $H_1 : \sigma^2 \neq 0.09$로 하여 유의수준 5%에서 검정하라.

   b) $\sigma^2 = 0.16$일 때의 검정력은 얼마인가?

06. 국내 지질학 조사기관에서 3월과 4월 각각의 동강에서의 물의 흐름량에 대해서 조사하였다. 3월 한달간(31일)의 경우에는 물의 흐름량(단위: $ft^3/\sec$)에 대한 평균과 표준편차가 각각 6.85와 1.2이었고, 4월 한달간(30일)의 경우에는 7.47과 2.3이었다. 3월과 4월의 물의 흐름량에 차이가 있는지를 유의수준 $\alpha = 0.05$에서 검정하라.

07. 어느 껌 공장에서 일반껌과 풍선껌의 두께가 일정하도록 생산목표를 정하고 있다. 일반껌과 풍선껌의 두께를 각각 X, Y라 하고 그것들이 $N(\mu_X, 0.96^2)$과 $N(\mu_Y, 0.108^2)$의 분포를 따른다고 한다. 일반껌과 풍선껌의 두께가 동일하게 생산되는지 알아보고자 일반껌 50개와 풍선껌 40개의 표본을 추출하여 $\overline{X} = 6.532$, $\overline{Y} = 6.749$의 결과를 얻었다. 유의수준 0.05에서 가설검정을 실시하고 P-값을 구하라.

08. 부동산 중계인은 집의 판매가를 정하기 위해서 2명의 감정사(A, B)를 고용하였다. 그리고 이 부동산 중계인은 감정사 A보다 감정사 B가 낮게 집의 판매가를 평가하는지도 궁금하였다. 이것을 검사하기 위해서 부동산 중계인은 2명의 감정사가 평가한 판매가격 중에서 무작위로 5개의 집에 대한 판매가를 선택하였다. 그 자료는 다음과 같다. 단, 감정사 A와 감정사 B가 평가한 집의 판매가는 정규분포를 따르고 각 분산은 서로 같고 가정하자.

	감정사 A	감정사 B
1	94	81
2	60	55
3	39	32
4	116	106
5	136	121

가설 검정을 하기 위한 귀무가설과 대립가설을 세우고 유의수준 5%에서 검정하라.

09. 특정 시험을 준비하고 있는 수험생에게 필요한 학습 프로그램을 개발하고 있는 업체는 두 가지 유형의 학습프로그램을 고려하고 있다. 유형 1을 통하여 훈련된 학생 12명에 대하여 예제문제에 대한 오답의 개수를 기록하고, 유형 2에 따라 훈련된 14명의 학생에 대하여 동일한 문제에 대해 오답을 기록하였다. 그 결과 유형 1에 대한 12명의 학생은 오답수의 표본평균 7.125, 표본분산 3.237이며, 유형 2에 대한 14명의 학생은 오답수의 표본평균 8.148, 표본분산 3.628이다. 이때 두 집단의 모표준편차가 동일하다고 가정한다.

a) 두 가지 유형의 학습프로그램에서 평균 오답수의 차이에 대한 90% 신뢰구간을 구하고 구해진 신뢰구간을 해석하라.

b) 두 가지 유형의 학습프로그램에서 평균 오답수의 차이가 있는지 유의수준 0.1에서 가설 검정하라. P-값을 정의하며 t분포표를 이용해 P-값의 대략적인 범위를 구하라.

10. 한 여론조사에서 현재 안전 규제가 핵발전소를 충분히 안전하게 할 수 있는지에 대한 결과를 다음과 같이 얻었다. 18세−30세의 나이를 가진 사람 420명 중 24%가 "그렇다"라고 응답을 하였고, 30세−50세의 나이를 가진 사람 510명 중 34%가 "그렇다"라고 응답을 하였다.

a) 연령별에 따라 의견 차이가 있는지를 알아보기 위한 귀무가설과 대립가설을 설정하라.

b) 귀무가설에 대한 P-값을 계산하여라.

c) 유의수준 5%에서 가설 검정하라. 그리고 통계적으로 유의한 차이가 있는지 없는지를 설명하라.

11. 두 가지의 암기방법에 대해 기억에 남아 있는 기간(정규분포 가정)에 차이가 있는지 조사하려고 한다. 9쌍의 학생들 중 각 쌍의 두 학생은 같은 정도의 지능지수와 학력

을 소유하도록 택하여 각 쌍에서 한 명씩 무작위 추출하여 암기방법 A를 적용하고 나머지 학생에게는 암기방법 B를 적용한 후 암기력에 대한 시험을 실시한 결과가 다음과 같다.

방법 \ 대응	1	2	3	4	5	6	7	8	9
A	90	86	72	65	44	52	46	38	43
B	85	87	70	62	44	53	42	35	46

유의수준 5%에서 두 암기 방법 간의 평균효력에 차이가 있는지 검정하라.

12. 병원의 의료진은 수술받을 예정인 환자들이 불안감에 휩싸인다는 사실을 알고 있다. 이에 따라 병원에서 환자들을 대상으로 불안감 해소를 위한 새로운 심리치료를 진행하기로 하였다. 심리치료를 시작하기 전에 수술을 받을 예정인 환자들에게 불안감 측정 테스트를 시행하고 심리치료가 끝난 후 환자들에게 다시 불안감 측정 테스트를 시행하였다. 다음 표는 임의로 뽑힌 9명의 환자들의 측정된 불안감 지수를 나타내는 것이다. 불안감 지수가 높을수록 환자의 수술에 대한 불안감이 높다고 한다.

환자 번호	심리치료 전	심리치료 후
1	120	76
2	96	86
3	89	65
4	120	117
5	130	122
6	78	69
7	121	80
8	119	98
9	107	78

이 자료를 바탕으로 심리치료 이후 불안감이 줄어들었다고 볼 수 있는가? 유의수준 0.01에서 검정하라.

13. 어떤 질환이 혈장 칼륨의 농도에 영향을 주는가를 알아보기로 하였다. 일반적으로 인체내의 혈장 칼륨의 농도는 정규분포를 따른다고 한다. 10명의 환자에 대하여 혈장 칼륨 농도를 측정하여 다음과 같은 자료를 얻었다.

3.40 2.98 3.83 3.94 4.10 3.65 3.43 3.72 3.52 2.60

건강한 사람에서 혈장 칼륨의 농도의 평균은 4.5라고 한다면, 질환에 걸린 사람의 칼륨농도는 정상인과 다르다고 할 수 있는지 유의수준 1%에서 검정하라.

14. 총탄의 속력이 초당 3,000피트가 되도록 제작되며 생산되는 총탄의 속력은 정규분포를 따른다고 한다. 8발의 총알의 속력을 재었더니 다음의 자료를 얻었다.

$$3,005 \quad 2,925 \quad 2,935 \quad 2,965 \quad 2,995 \quad 3,005 \quad 2,935 \quad 2,905$$

이 자료를 이용하여 평균 속력이 3,000피트라고 판단할 수 있는지 유의수준 0.05에서 가설검정 하라. 또한 $P-$값에 대한 식을 쓰고 그 범위를 구하라.

15. 종래의 TV튜브는 평균수명이 1,200시간이었으며 표준편차가 300시간이었다. 그런데 새로운 공정으로 생산한 100대의 TV튜브를 조사한 결과 평균수명이 1,265시간이었다. 새로운 공정이 기존의 공정보다 더 좋은가에 대해 가설검정 하고자 한다. 다음 물음에 답하라.(단, 임계값은 1265)
a) 귀무가설과 대립가설을 설정하고 $P-$값을 구하라.
b) 유의수준 0.05에서 a)의 가설을 검정하라.
c) 대립가설을 $\mu = 1,240$이라고 할 때 검정력을 계산하라.

16. 이번 선거에 참여예정인 985명의 유권자를 대상으로 여론조사를 실시하였다. 여론조사에 참여한 유권자 중 592명이 다가오는 선거에서 A당 후보를 지지할 것이라고 응답했다. 모집단에서 A당 후보를 지지할 것이라고 응답한 유권자의 비율인 p의 90% 신뢰구간을 구하라. 이 정보에 의해 A당 후보가 선거에 승리할 수 있는지 판단하라.

17. 어떤 공장에서는 부품의 두께가 3.5가 되도록 만들었다. 이를 확인해 보기 위해 9개의 표본을 무작위로 추출하여 그 각각의 두께를 측정하였더니 다음과 같았다.

$$3.12 \quad 2.49 \quad 2.94 \quad 4.98 \quad 4.02 \quad 3.03 \quad 2.85 \quad 2.97 \quad 3.30$$

모집단은 정규분포를 따른다고 가정하고 생산한 부품의 평균 두께가 3.5라고 할 수 있는지 유의수준 5%에서 검정하라. $\mu = 4.5$에서 검정력을 구하라.

18. 갑상선 환자 5명과 건강한 사람 12명의 혈청 중 칼슘량을 측정하여 다음과 같은 칼슘량을 얻었다. 갑상선 환자는 건강한 사람보다 혈청 칼슘이 많다고 할 수 있는지 유의수준 1%에서 검정하라.(정규분포 가정)

환자	11.8	2.2	11.7	12.8	14.0							
건강한 사람	10.2	10.5	11.3	10.3	9.6	11.8	9.7	10.3	9.5	9.8	10.1	10.7

19. 미국 보스톤에서 판사들의 배심원 선정시 여성 차별에 대해 조사 하였다고 한다. 700 명을 조사한 결과, 이 중 15%만이 여성이었다고 한다. 그러나 이 도시 전체에서 적절한 배심원 중 29%가 여성이라고 한다. 즉 여성 배심원이 전체에서 29%가 되어야 공정성이 보장된다고 한다. 판사들에 의해 선정된 배심원이 여성일 확률을 p라고 하고 판사들의 배심원 선정시 여성에 대한 공정성을 검정하려고 한다. 가설을 설정하고 유의수준 0.05에서 가설검정하라.

20. 부동산 회사에서 어느 지역의 평균 주택가격을 추정하기를 원한다. 그 지역의 집을 무작위로 25채를 추출하여 가격을 조사한 결과 표본평균 $\bar{x} = 148,000$이고 표본표준편차 $s = 62,000$이라고 할 때 다음 물음에 답하라.(단위: 달러)

a) 그 지역 전체 평균 주택가격에 대한 95% 신뢰구간을 구하라.

b) 어떤 사람이 그 지역에서 주택을 206,000에 샀다고 말했다. 이 사람의 말이 옳은지 아니면 거짓말을 한 것인지 a)의 결과로 설명하라.

21. 어느 시의회에서는 관할 지역에 위치한 아파트에 대해, 자녀가 있는 가정의 아파트 입주 거부율에 관심이 있다고 한다. p를 입주 거부를 한 가정의 비율이라고 할 때 $p > 0.75$일 경우 시의회에서는 이에 대한 대책을 마련하고자 한다. 다음 물음에 답하라.

a) 125군데의 아파트를 조사한 결과 102곳이 입주 거부를 행사하였다고 할 때, 대책 마련에 대한 결정을 내리기 위해서 필요한 귀무가설과 대립가설을 설정하고, 이에 대해 유의수준 $\alpha = 0.05$에서 검정을 하라.

b) a)의 조건하에서 $p = 0.8$일 때 제2종 오류가 발생할 확률을 구하라.

22. 어느 전구회사에서 수백만 개의 전구를 생산했는데, 생산된 전구에 대한 평균 수명시간과 표준편차가 각각 $\mu = 14,000$시간, $\sigma = 2,000$시간이라고 한다. 이 회사가 새로운 전구 생산 기술을 개발한 후 이 새로운 기술을 이용해서 생산된 전구 중 25개를 무작위로 추출하여 조사한 결과 표본평균 $\bar{x} = 14,740$이었다.(단 $\sigma = 2000$으로 동일)

a) 새로운 기술에 대한 전구의 수명시간 μ에 대한 95% 신뢰구간을 구하라.

b) 새로운 기술로 생산된 전구가 기존의 것보다 더 좋은지에 대한 가설검정을 위해 귀무가설과 대립가설을 설정하고 $\alpha = 0.05$에서 P-값을 이용하여 검정하라.

23. 어느 대학교에서 남자와 여자 교수를 독립적으로 표본추출하여 연봉을 조사한 결과가 아래와 같다고 하자. 남자와 여자 교수의 연봉이 정규분포를 따르고 각 모분산이 동일하다고 가정할 때 다음 물음에 답하라.

남자교수 : $n_1 = 25$, $\overline{x}_1 = 16$, $\sum\limits_{i=1}^{25} (x_{1i} - \overline{x}_1)^2 = 786$

여자교수 : $n_2 = 5$, $\overline{x}_2 = 11$, $\sum\limits_{j=1}^{5} (x_{2j} - \overline{x}_2)^2 = 40$

a) 남자교수와 여자교수 사이의 평균 연봉 차에 대한 95% 신뢰구간을 구하라.
b) 여자교수가 연봉에 대한 차별을 받고 있는지를 a)의 결과를 이용하여 설명하라.

24. 독서교육 연구자들은 도서관에 주기적으로 방문하는 성인들을 대상으로 독서능력 향상 프로그램을 실시하였다. 대상자들은 독서능력 향상 프로그램을 받는 집단과 그렇지 않은 집단으로 무작위로 나누어졌다. 이때 각 집단의 수는 15명이며 프로그램이 끝난 후 독서능력평가를 치르도록 하였다. 그 결과 독서능력 향상 프로그램을 받은 집단의 독서능력평가점수의 평균은 $\overline{x}_1 = 325.5$, 표준편차는 $s_1 = 33.1$이며, 독서능력 향상 프로그램을 받지 않은 집단의 독서능력평가점수의 평균은 $\overline{x}_2 = 304.2$, 표준편차는 $s_2 = 35.4$으로 나타났다.

a) 두 집단 간 독서능력평가점수의 평균이 차이가 있는지 유의수준 0.05에서 가설검정하라.
b) 두 집단의 독서능력평가점수의 평균($\mu_1 - \mu_2$)에 대한 95% 신뢰구간을 구하고 구해진 신뢰구간을 해석하라.

25. 한 담배 제조 회사에서는 새로 개발된 담배의 타르 함량이 평균 $4mg$ 미만이라고 주장하였다. 이에 대하여 25개의 담배를 선택하여 분석한 결과 표본평균과 표본 표준편차가 각각 $\overline{x} = 3.90\,mg$와 $s = 0.14\,mg$이라고 할 때 다음 물음에 답하라.(정규분포 가정)

a) 담배 제조 회사의 주장이 타당한지에 대해 가설을 설정하라.
b) 검정통계량과 귀무가설 하에서의 분포를 밝혀라.
c) P-값의 범위를 구하고 이를 통하여 $\alpha = 0.01$에서 의사결정을 하라.

26. 어느 자동차 회사에서는 새로운 브레이크 장치를 개발하였는데, 이 장치는 40mph의 속도에서 평균 제동거리가 120ft로 알려져 있다. 이 장치를 만든 회사의 연구원들은 제동거리가 120ft 미만으로 나올 경우에는 이 장치를 보완할 어떤 새로운 대책이 마련되어야 한다고 생각하고 있다.

a) 위의 경우에 대해 귀무가설과 대립가설을 설정하라.

b) 만약 브레이크 제동거리가 $\sigma = 10$인 정규분포를 따른다고 하고, $\bar{x}$를 36대의 자동차 브레이크 장치로부터 구한 제동거리라고 했을 때 다음 중 어떤 범위가 기각역으로써 적당한지 밝혀라.

$$R_1 = \{\bar{x} \; ; \bar{x} \geq 124.8\}, \; R_2 = \{\bar{x} \; ; \bar{x} \leq 115.2\},$$

$$R_3 = \{\bar{x} \; ; \bar{x} \geq 125.13 \text{ or } \bar{x} \leq 114.87\}$$

c) b)에서 구한 기각역에 대한 유의수준 α를 구하라.

d) b)의 조건 하에서 만약 실제 평균 제동 거리가 115ft임에도 불구하고 이 브레이크 장치가 보완되지 않을 확률(즉, 제2종의 오류)을 구하라.

27. 한 여론조사기관에서 추가적인 세금 부과 정책에 대한 사람들의 생각을 조사하였다. 무작위로 추출된 $N_1 = 217$명의 여성들 중 $n_1 = 48$명이 찬성이라고 대답하였고, 마찬가지로 무작위로 추출된 $N_2 = 186$명의 남성들 중 $n_2 = 49$명이 찬성이라고 대답하였다. 이 결과를 토대로 여성과 남성의 세금 부과 정책에 대한 찬성 비율이 같다고 할 수 있는가? 유의수준 0.05에서 검정하라.

제11장

범주형 자료분석

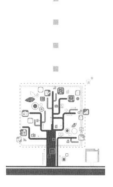

제11장 범주형 자료분석

지금까지 여러 가지 통계적 분석방법을 소개하였으며 특히 양적 자료(quantitative data)의 분석에 적합한 통계적 방법들을 살펴보았다. 그러나 여러 형태의 조사나 실험에서는 반응변수(response variable)가 양적 자료가 아닌 질적(qualitative) 자료 또는 범주형(categorical) 자료로 주어지며, 이 경우 반응변수를 범주형으로 표기할 수 있다. 각 실험단위가 숫자가 아닌 질(quality)또는 특성(characteristic)으로 측정된 경우 조사된 전체자료는 범주(category)나 특성으로 분류한 후 각 반응범주에 속하게 되는 자료의 개수를 나타냄으로써 자료를 정리할 수 있다. 예를 들어 이항실험(binomial experiment)인 경우 총 n번 시행에서 각 실험의 결과는 두 가지 중 한 가지 형태로 이루어지므로, 이들 실험의 결과는 두 가지 범주 중 한 가지로 표기할 수 있다. 이 장에서는 각 실험의 결과가 두 가지 이상의 범주 중 한 가지 범주에 속하게 되는 범주형 자료의 분석방법을 살펴보겠다.

11.1 범주형 자료와 다항실험

어떤 제품에 대한 소비자 만족도 조사를 한다고 하자. 무작위로 추출된 각 사람들에게 제품의 만족도를 상·중·하로 나타내게 하면, 이 자료는 범주형자료이다. 각 조사의 결과는 세 범주 중 한 가지에 속하게 되며 전체 조사의 결과는 각 범주에 속하는 개수로 나타낼 수 있다. 각 시행에서 가능한 결과가 셋 이상이 되는 실험을 다항실험(multinomial experiment)이라 하며, 실험의 결과는 셋 이상의 범주 중 한 가지에 속하게 된다. k ($k \geq 3$)개의 범주를 갖는 다항실험의 성격은 다음과 같다.

1. 실험은 n개의 시행(trial)으로 이루어진다.
2. 각 시행의 결과(outcome)는 k개의 가능한 결과(또는 범주) 중 한 가지에 속한다.
3. k개 결과에 대한 발생확률인 $p_1, p_2, ..., p_k$ (단, $\sum_{i=1}^{k} p_i = 1$)는 매 시행마다 일정하다.
4. 각 시행은 서로 독립적이다.
5. 우리가 관심을 갖는 확률변수는 k개의 결과에 속하는 관측도수 $n_1, n_2, ..., n_k$이다.

   (단, $\sum_{i=1}^{k} n_i = n$) 여기서 $n_1, n_2, ..., n_k$를 각 범주에 속하는 칸 도수(cell count)라고
   한다.

하나의 주사위를 n번 던지는 실험은 다항실험에 속한다. 이 실험은 동일한 n개의 시행으로 이루어지며 각 시행의 결과는 여섯 개의 가능한 결과 중 한가지이다. 그리고 각 시행은 서로 독립적이며, 여섯 개의 결과가 각각 발생할 확률은 매 시행마다 일정하다. 따라서 이 실험은 다항실험의 성격을 만족한다. 마찬가지로 앞에서 예를 들었던 어떤 제품의 소비자 만족도 실험 역시 다항실험이 된다.

11.2 카이제곱 통계량

이항실험과 다항실험과의 관계를 설명하면, 이항실험은 $k = 2$인 다항실험이다. 이항 확률변수와 관련된 성공확률 p에 대한 추론에서는 대표본인 경우 Z통계량에 근거한 정규 분포를 사용하였으나, 다항확률 $p_1, p_2, ..., p_k$에 대한 추론에서는 5.2.4절에서 설명한 카이제곱(chi-square)분포에 근거한 카이제곱 통계량이 사용된다. 카이제곱 통계량이 근사적으로 따르는 카이제곱분포는 1900년에 영국 통계학자 칼 피어슨(Karl Pearson)에 의해 유도되어, 카이제곱 통계량을 피어슨 카이제곱(Pearson's chi-square) 통계량이라고도 한다.

예제 **11-1** 자유도가 3인 분포에서 χ^2통계량값으로 7.53을 얻었다. 유의수준 $\alpha = 0.1$에서 H_0를 기각하는가? 아니면 채택하게 되는가?

풀이 우선 임계값을 구하기 위해 χ^2분포표에서 자유도를 나타내는 첫 번째 열에서 3을 찾아 그 행과 $\chi^2_{0.1}$에 해당되는 열이 교차하는 부분의 값을 찾으면 6.25이며 이 값이

$\chi^2_{3,\,0.1}$이다. 따라서 χ^2통계량값이 임계값보다 크므로 유의수준 $\alpha = 0.1$에서 H_0를 기각한다.

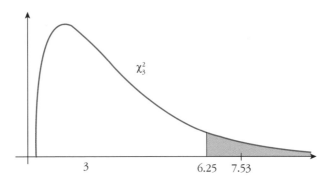

[그림 11-1] 자유도가 3인 χ^2분포에서의 임계값

11.3 적합도 검정

실제 실험에서 단일 특성에 의해 분류된 각 범주의 관측개수를 관측도수(observed frequency)라 한다. **적합도 검정**(goodness of fit test)이란 어떤 실험에서 관측도수가 우리가 가정하는 이론상의 분포를 따른다는 귀무가설을 검정하는 방법이다. 즉, 관측도수가 얼마나 이론상의 분포 또는 주어진 형태를 잘 따르는지를 검정하므로 적합도 검정이라고 한다. 10장 가설검정에서 n개의 확률표본 $X_1, ..., X_n$이 평균이 μ이고 분산이 σ^2인 정규분포를 따른다는 가정을 하였다. 만약 이 가정이 타당하지 않다면 이 가정으로부터 나온 가설검정 결과는 무의미하게 된다. 따라서 분석하고자 하는 모집단의 분포가 주어진 가정을 만족하는지 여부를 확인하는 과정은 매우 중요하다. 이처럼 가정된 분포의 타당성 여부에 대한 검정을 적합도 검정이라고 한다.

> **[정의 11.1] 적합도 검정**
>
> 적합도 검정은 귀무가설 하에서 가정한 모집단의 분포와 표본 관찰값들의 도수분포와의 차이에 대한 분석을 통하여 가정된 분포의 타당성 여부를 판단하는 검정이다.

예를 들어, 우리나라 성인의 키가 평균 μ와 분산 σ^2을 갖는 정규분포 $N(\mu, \sigma^2)$을 따른다고 가정했을 때, 이 가정이 적합한지 검정하기 위한 가설은 다음과 같다.

$$H_0 : \text{성인의 키는 정규분포 } N(\mu, \sigma^2) \text{을 따른다.}$$
$$H_1 : H_0 \text{가 사실이 아니다.}$$

이때, 만일 귀무가설 H_0가 사실일 경우 어느 성인의 키가 어느 특정 범주(예: 170cm 와 180cm사이)에 속하게 될 기대확률(expected probability)은 정규분포를 이용하여 구할 수 있다. 또한 이 기대확률과 표본의 개수를 곱하여 기대도수(expected frequency)를 계산할 수 있게 되는데, 만일 H_0가 사실이라면 표본조사로부터 구한 관측도수와 기대도수는 큰 차이가 없게 될 것이다. 따라서 기대도수와 관측도수의 차이를 반영해 주는 적당한 통계량을 이용한다면 적합도 검정을 할 수 있으며 그 통계량의 값이 클 경우(즉, 기대도수와 관측도수의 차가 클 경우)는 H_0를 기각하게 된다.

이제 적합도 검정의 절차에 대해 알아보자. 먼저 표본을 k개의 범주로 구분하고, 각 범주 i $(i = 1, ..., k)$에 속할 관측도수와 기대확률을 각각 n_i(단, $\sum_{i=1}^{k} n_i = n$)와 p_i (단, $\sum_{i=1}^{k} p_i = 1$)라고 한다면 $(n_1, ..., n_k)$의 분포는 다항분포 $multinom(n ; p_1, ..., p_k)$ 를 따르며 관측도수 n_i의 기대도수는 $E(n_i) = np_i$가 된다.

[표 11-1] k개 범주를 갖는 표본의 관측도수 및 기대도수

범 주	1	2	⋯	k	합 계
관측도수(n_i)	n_1	n_2	⋯	n_k	$\sum_{i=1}^{k} n_i = n$
기대확률(p_i)	p_1	p_2	⋯	p_k	$\sum_{i=1}^{k} p_i = 1$
기대도수($E(n_i)$)	np_1	np_2	⋯	np_k	$\sum_{i=1}^{k} np_i = n$

여기서 적합도 검정을 위한 검정통계량은 $X^2 = \sum_{i=1}^{k} \dfrac{(n_i - E(n_i))^2}{E(n_i)} = \sum_{i=1}^{k} \dfrac{(n_i - np_i)^2}{np_i}$ 이 되고, 이는 χ^2분포를 따르게 되는데, 이때 주의해야 될 것은 기대도수가 5 미만인 범주가 하나라도 있으면, X^2은 χ^2분포를 따른다고 보기 어렵게 되므로 기대도수가 5 이상

이 되도록 범주를 재조정한 후 검정을 실시해야 한다. 이때 χ^2분포의 자유도는 H_0에서의 기대확률 p_i가 구체적으로 명시되어 있는 경우와 p_i를 자료로부터 추정해야 하는 경우에 따라 달라지게 된다.

11.3.1 각 범주의 기대확률 p_i가 명시된 경우

적합도 검정을 위한 가설이

$$H_0 : \quad p_i = p_{i0}, \quad i = 1, \ldots, k$$
$$H_1 : \quad H_0\text{가 사실이 아니다.}$$

라고 했을 경우, 검정통계량 $X^2 = \sum_{i=1}^{k} \dfrac{(n_i - np_{i0})^2}{np_{i0}}$ 은 자유도가 $k-1$인 χ^2분포를 따르게 된다.

적합도 검정의 절차

① 가설설정:

$H_0 : \quad p_i = p_{i0}, \quad i = 1, \ldots, k$

$H_1 : \quad H_0$가 사실이 아니다.

② 검정통계량 및 분포: $X^2 = \sum_{i=1}^{k} \dfrac{(n_i - np_{i0})^2}{np_{i0}} \; \sim \; \chi^2_{k-1}$

③ 검정통계량 계산: $X^2 = \sum_{i=1}^{k} \dfrac{(n_i - np_{i0})^2}{np_{i0}}$

④ 의사결정: 유의수준 α에서 $X^2 \geq \chi^2_{\alpha, k-1}$이면 H_0 기각

예제 11-2 어떤 주사위를 60번 던져서 아래 표와 같은 결과를 얻었다고 하자. 이 주사위가 공정한지를 유의수준 $\alpha = 0.05$에서 검정하라. 그리고 주사위의 눈이 1이 나올 확률의 95% 신뢰구간을 구하라.

주사위 눈	1	2	3	4	5	6	합 계
관측도수	12	10	8	8	15	7	60

풀이 ① 가설설정 :

$$H_0 : \ p_i = 1/6, \ i = 1, \ ..., \ 6$$
$$H_1 : \ H_0 가 \ 사실이 \ 아니다.$$

② 검정통계량 계산 :

주사위 눈	1	2	3	4	5	6	합 계
n_i	12	10	8	8	15	7	60
H_0하에서의 p_i	1/6	1/6	1/6	1/6	1/6	1/6	1
$E(n_i)$	10	10	10	10	10	10	60
$(n_i - E(n_i))^2$	4	0	4	4	25	9	46
$(n_i - E(n_i))^2 / E(n_i)$	0.4	0	0.4	0.4	2.5	0.9	4.6

③ 의사결정: 검정통계량의 분포가 χ_5^2분포이고, $\chi_{0.05,5}^2 = 11.07 > 4.6$이므로 유의수준 $\alpha = 0.05$에서 H_0를 기각하지 못한다. 따라서 이 주사위는 '공정하다'라고 할 수 있다.

④ $P-$값 : $P(X^2 \geq 4.6) = 0.467$

⑤ p_1의 95% 신뢰구간 구축:

다항확률 중의 하나인 p_1의 신뢰구간을 구하기 위하여 우리는 모비율의 신뢰구간을 이용할 수 있다. 즉,

$$\hat{p_1} \pm 1.96\hat{\sigma}\ (\hat{p_1}) = \hat{p_1} \pm 1.96\sqrt{\frac{\hat{p_1}(1-\hat{p_1})}{n}} \ , \qquad 여기서 \ \hat{p_1} = \frac{n_1}{n} = \frac{12}{60}$$

$$= 0.2 \pm 1.96\sqrt{\frac{(0.2)\times(1-0.2)}{60}}$$

$$= 0.2 \pm 0.101$$

$$= (0.099, \ 0.301)$$

11.3.2 각 범주의 기대확률 p_i가 명시되지 않은 경우

H_0에서 p_i가 명시되지 않은 경우에는 자료로부터 p_i를 추정해야 되는데, 만약 p개를 추정한 경우는 앞에서의 검정통계량 X^2의 자유도는 $(k-1) - p$가 된다. 왜냐하면, 추정된 모수는 자료에서의 제약조건으로 작용하기 때문에 그 개수만큼 자유도를 잃게 된다.

한편, 각 범주의 기대확률 p_i가 명시되지 않은 경우에는 H_0에서 가정된 모집단의 기대분포가 이산형인가 아니면 연속형인가에 따라 그 검정방법에 있어서 차이가 있으므로 이에 해당되는 각각의 예제를 통해 살펴보고자 한다.

예제 11-3 기대분포가 이산형인 경우

100개의 중고차 판매점에서 각각 25명씩 고객들과 인터뷰를 한 결과 A라는 자동차를 선호하는 고객의 수를 X라고 했을 때, X가 과연 이항분포를 따르는지에 대해 유의수준 $\alpha = 0.05$에서 검정하라.

X	0	1	2	3	4	5	6	7	8	9	10이상	합계
중고차 대리점수	6	10	8	3	14	12	10	15	14	8	0	100

풀이 ① 가설설정 :

H_0: A라는 자동차를 선호하는 고객의 수 X는 이항분포 $b(n, p)$를 따른다.

H_1: H_0가 사실이 아니다.

② 검정통계량 계산: 우선 H_0하에서의 기대확률 $p_i \, (i = 1, \ldots, 11)$에 대한 추정값 $\hat{p_i}$은 $P(X = x) = \binom{25}{x} \hat{p}^x (1 - \hat{p})^{25 - x}$로부터 구할 수 있는데, 이때의 이항확률분포의 모수 p에 대한 추정값은 $\hat{p} = \dfrac{0 \times 6 + 1 \times 10 + \cdots + 10 \times 0}{2500} = 0.2$이므로 $\hat{p_i} = \binom{25}{i-1}$ $(0.2)^{i-1}(0.8)^{25-i+1}$, $i = 1, \ldots, 10$, $\widehat{p_{11}} = 1 - \sum\limits_{i=1}^{10} \hat{p_i}$이 된다.

X	0	1	2	3	4	5	6	7	8	9	10이상	합계
n_i	6	10	8	3	14	12	10	15	14	8	0	100
H_0하에서의 p_i	0.0038	0.0236	0.0708	0.1358	0.1867	0.1960	0.1633	0.1109	0.0623	0.0295	0.0173	1
$E(n_i)$	0.38	2.36	7.08	13.58	18.67	19.60	16.33	11.09	6.23	2.95	1.73	100

위의 표에서 n_1과 n_2 그리고 n_{10}과 n_{11}의 기대값이 5보다 작으므로 (n_1, n_2, n_3) 그리고 (n_9, n_{10}, n_{11})을 합쳐서 재정리하면 다음의 표와 같이 된다.

X	2이하	3	4	5	6	7	8이상	합 계
n_i	24	3	14	12	10	15	22	100
$E(n_i)$	9.82	13.58	18.67	19.60	16.33	11.09	10.91	100
$(n_i - E(n_i))^2 / E(n_i)$	20.48	8.24	1.17	2.95	2.45	1.38	11.27	47.94

③ 의사결정: $(k-1)-p=(7-1)-1=5$이므로 검정통계량의 분포가 χ_5^2분포이고,
$\chi_{0.05,5}^2=11.07<47.94$이므로 유의수준 $\alpha=0.05$에서 H_0를 기각한다. 따라서 X
는 이항분포를 따른다고 할 수 없다.

④ P-값 : $P(X^2 \geq 47.94)<0.0001$

예제 11-4 기대분포가 연속형인 경우

표본조사로부터 구한 n개의 자료를 k개의 범주로 나누는 방법은 다양하지만 일반
적으로 각 범주에 포함될 기대도수 $E(n_i)=np_i$가 모두 동일하도록 즉, p_i가 모두
같도록 나누는 것이 좋다. 우리나라 대학생들의 몸무게가 정규분포를 따르는지 알아
보기 위해 50명의 대학생을 임의로 선정하여 체중을 달아보았더니 표본평균과 표본
분산이 각각 $55.2kg$와 $5.715^2 kg^2$이었다. 유의수준 $\alpha=0.05$에서 검정하라.

풀이 ① 가설설정 :

$$H_0: \text{대학생들의 몸무게는 정규분포를 따른다.}$$
$$H_1: H_0\text{가 사실이 아니다.}$$

② 검정통계량 계산: $E(n_i)=np_i$에서 $n=50$이므로 $p_i=1/5$(즉 $k=5$)로 하게 되
면 각 계급의 확률은 똑같이 0.2가 되어 각 계급의 구분 점은 제20, 40, 60, 80백
분위수가 되고 각 계급의 기대도수는 10이 된다. $\bar{x}=55.2$, $s=5.175$이므로
$x=\bar{x}+zs$를 이용하여 각 백분위수를 구하면 다음과 같다.

$$\text{제20백분위수: } 55.2-0.84(5.715)=50.40$$
$$\text{제40백분위수: } 55.2-0.25(5.715)=53.77$$
$$\text{제60백분위수: } 55.2+0.25(5.715)=56.63$$
$$\text{제80백분위수: } 55.2+0.84(5.715)=60$$

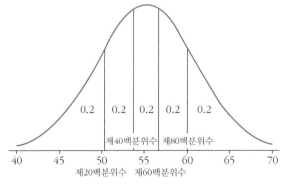

[그림 11-2] 기대분포가 연속형인 경우

그리고 각 계급에 속하는 도수와 기대도수들을 구한 것은 다음과 같다.

몸 무 게	50.40미만	50.40 ~53.77	53.77 ~56.64	56.64 ~60	60이상	합 계
n_i	5	12	9	15	9	50
p_i	0.2	0.2	0.2	0.2	0.2	1
$E(n_i)$	10	10	10	10	10	50
$(n_i - E(n_i))^2/E(n_i)$	2.5	0.4	0.1	2.5	0.1	5.6

③ 의사결정: 검정통계량의 분포가 χ_2^2분포이고, $\chi_{0.05,2}^2 = 5.99 > 5.6$이므로 유의수준 $\alpha = 0.05$에서 H_0를 기각하지 못한다. 따라서 대학생들의 체중은 정규분포를 따른다고 할 수 있다.

④ P-값 : $P(X^2 \geq 5.6) = 0.0608$

11.4 독립성 검정

다음은 기초 통계학 과목을 수강하고 있는 100명의 학생들의 학점을 각 학생이 1학년 때 미적분학 과목을 수강했는지 여부에 따라 나타낸 표이다.

[표 11-2] 기초통계학 학점과 미적분학 수강여부에 대한 3×2 분할표

(단위: 명)

미적분학 수강여부 기초통계학 학점	수 강	비수강	합 계
A	27	13	40
B	21	9	30
C	12	18	30
합 계	60	40	100

위의 표와 같이 관측된 자료를 두 개 이상의 항목 또는 특성으로 분할하여 얻어진 표를 **분할표**(contingency table)라고 한다. 위의 표는 3개의 행과 2개의 열을 갖고 있으므로 3×2 분할표를 나타낸 것이다. 3×2 분할표는 총 6개의 칸(cell)을 가지며 각 칸의 값은 관측도수를 나타낸다.

이제 $r \times c$ 분할표로 일반화시키자. 행을 나타내는 범주형 변수를 A, 열을 나타내는

범주형 변수를 B라 하고, A가 r개의 수준(level)을 가지며 B가 c개의 수준을 가진다고 하자. 그러면 $r \times c$ 분할표는 rc개의 칸을 가지며, 두 변수에 의하여 분류되는 표를 $r \times c$ 분할표 또는 이원 분할표(two−way contingency table)라고도 한다.

모집단에서 n명을 무작위로 추출하여 선택된 표본을 각각 두 범주형 변수 A, B에 따라 분류했을 경우, [표 11−3a]는 $r \times c$ 분할표내에서 칸의 관측도수를 나타낸 것이고, [표 11−3b]는 [표 11−3a] 해당되는 칸의 확률을 나타낸다.

[표 11−3a] $r \times c$ 분할표의 관측도수

A＼B	B_1	B_2	⋯	B_c	합　계
A_1	n_{11}	n_{12}	⋯	n_{1c}	n_{1+}
A_2	n_{21}	n_{22}	⋯	n_{2c}	n_{2+}
⋮	⋮	⋮		⋮	⋮
A_r	n_{r1}	n_{r2}	⋯	n_{rc}	n_{r+}
합　계	n_{+1}	n_{+2}	⋯	n_{+c}	n(고정)

[표 11−3b] $r \times c$ 분할표의 칸 확률(모집단)

A＼B	B_1	B_2	⋯	B_c	합　계
A_1	p_{11}	p_{12}	⋯	p_{1c}	p_{1+}
A_2	p_{21}	p_{22}	⋯	p_{2c}	p_{2+}
⋮	⋮	⋮		⋮	⋮
A_r	p_{r1}	p_{r2}	⋯	p_{rc}	p_{r+}
합　계	p_{+1}	p_{+2}	⋯	p_{+c}	1(고정)

[표 11−3a]에서 n_{ij}, $i = 1, \ldots, r$, $j = 1, \ldots, c$는 $A = A_i$ 그리고 $B = B_j$인 칸의 관측도수를 나타내며 [표 11−3b]에서 p_{ij}, $i = 1, \ldots, r$, $j = 1, \ldots, c$는 해당 확률 즉 $p_{ij} = P(A = A_i$ 그리고 $B = B_j)$를 나타낸다. 또한 $n_{i+} = \sum_{j=1}^{c} n_{ij}$를 나타내며 i번째 행의 관측도수의 합을 의미하며 마찬가지로 $n_{+j} = \sum_{i=1}^{r} n_{ij}$는 j번째 열의 관측도수의 합계를 나타낸다. [표 11−3b]에서 $p_{i+} = \sum_{j=1}^{c} p_{ij}$를 의미한다. 따라서 p_{ij}, $i = 1, \ldots, r$, $j = 1, \ldots, c$ 는 변수 A와 변수 B의 결합확률을 나타내며 p_{i+}, $i = 1, \ldots, r$는 A의 주변확률을,

p_{+j}, $j = 1, \ldots, c$는 B의 주변확률을 나타낸다. 여기서 $\sum_{i=1}^{r}\sum_{j=1}^{c}n_{ij} = n$, $\sum_{i=1}^{r}\sum_{j=1}^{c}p_{ij} = 1$을 만족한다.

p_{ij}는 모집단의 결합확률을 나타내며, 표본에서 얻은 칸의 비율(cell proportion)은 다음과 같다.

$$\hat{p}_{ij} = \frac{n_{ij}}{n}$$

위의 $r \times c$ 분할표에서 두 특성 A와 B가 서로 독립인지, 다시 말해, 한 특성(예: 미적분학의 수강 여부)이 다른 특성(예: 기초 통계학의 학점)에 영향을 미치는지 여부를 검정하는 것을 **독립성 검정**(test of independence)이라고 한다.

[정의 11.2] 독립성 검정

독립성 검정은 $r \times c$ 분할표에서 한 특성이 다른 특성에 영향을 미치는지 여부에 대해 알아보는 검정이다.

3장에서 살펴보았듯이 두 사상 A와 B가 독립이면 $P(AB) = P(A)P(B)$이다. 마찬가지로 $r \times c$ 분할표에서 두 범주형 변수 또는 특성인 A와 B가 독립이면, 분할표의 임의의 칸 $A = A_i$와 $B = B_j$에 속할 확률은 해당되는 i번째 행의 주변확률과 j번째 열의 주변확률의 곱과 같다. 따라서 위의 $r \times c$ 분할표에서 특성 A_i와 B_j를 동시에 갖는 모집단의 결합확률을 p_{ij}라 하고, 특성 A_i를 갖는 모집단의 주변확률을 p_{i+}, 특성 B_j를 갖는 모집단의 주변확률을 p_{+j}라 할 경우, 특성 A와 B가 서로 독립이라는 귀무가설은 다음과 같이 $p_{ij} = p_{i+}p_{+j}$로 나타낼 수 있다.

$$H_0: \ p_{ij} = p_{i+}p_{+j}, \quad \forall i, j$$
$$H_1: \ p_{ij} \neq p_{i+}p_{+j}, \quad \exists i, j$$

독립성 검정에서의 검정통계량은 적합도 검정에서 사용되었던 검정통계량과 마찬가지로 다음과 같다.

$$X^2 = \sum_{i=1}^{r} \sum_{j=1}^{c} \frac{(n_{ij} - E(n_{ij}))^2}{E(n_{ij})} = \sum_{i=1}^{r} \sum_{j=1}^{c} \frac{(n_{ij} - np_{ij})^2}{np_{ij}}$$

또한 이 검정통계량 역시 χ^2분포를 따르며 자유도는 $rc - 1 - (r-1) - (c-1) =$
$(r-1)(c-1)$이다. 그리고 검정통계량의 값을 구하기 위해서는 각 칸에 대한 기대도수인
$E(n_{ij})$의 값을 추정해야 한다.

n_{ij}를 i번째 행과 j번째 열의 칸에서의 관측도수라 한다면, n_{ij}의 기대도수 $E(n_{ij})$는

$$E(n_{ij}) = np_{ij}, \ i = 1, \ ..., \ r, \ j = 1, \ ..., c$$

이다. A와 B가 독립이라는 귀무가설하에서

$$p_{ij} = p_{i+}p_{+j}, \ i = 1, \ ..., r, \ j = 1, \ ..., c$$

이므로 귀무가설하에서 n_{ij}의 기대도수 $E(n_{ij})$는

$$E(n_{ij}) = np_{i+}p_{+j}$$

이다. 그런데 모집단에서의 확률 p_{i+}와 p_{+j}는 미지이므로 이것들의 추정량인

$$\hat{p}_{i+} = \frac{n_{i+}}{n}, \ \hat{p}_{+j} = \frac{n_{+j}}{n}$$

를 사용하면 귀무가설 하에서 각 칸의 기대도수는 다음과 같다.

A와 B는 독립이라는 귀무가설하에서 각 칸의 기대도수 $E(n_{ij})$의 추정량은 다음과
같다.

$$\hat{E}(n_{ij}) = \frac{n_{i+}n_{+j}}{n}, \ i = 1, \ ..., r, \ j = 1, \ ..., c$$

즉, $\hat{E}(n_{ij}) = \dfrac{(i \ 번째 \ 행합계) \times (j \ 번째 \ 열합계)}{총표본수}$ 이다.

독립성 검정의 절차

① 가설검정:

$H_0:\ p_{ij}=p_{i+}p_{+j},\ \forall i,j$

$H_1:\ p_{ij}\neq p_{i+}p_{+j},\ \exists i,j$

② 검정통계량 및 분포: $X^2=\sum_{i=1}^{r}\sum_{j=1}^{c}\dfrac{(n_{ij}-n\hat{p}_{ij})^2}{n\hat{p}_{ij}}\sim\chi^2_{(r-1)(c-1)}$

③ 검정통계량 계산: $X^2=\sum_{i=1}^{r}\sum_{j=1}^{c}\dfrac{(n_{ij}-n\hat{p}_{ij})^2}{n\hat{p}_{ij}}$, 단 $n\hat{p}_{ij}=\dfrac{n_{i+}n_{+j}}{n}$

④ 의사결정: 주어진 유의수준 α에서 $X^2\geq\chi^2_{\alpha,(r-1)(c-1)}$이면 H_0기각

독립성 검정의 자유도

$r\times c$ 분할표에서 독립성 검정의 자유도는 다음과 같다.

$$자유도=(r-1)(c-1)$$

여기서 r은 행의 수, c는 열의 수를 나타낸다.

예제 11-5 다음은 기초통계학을 수강하고 있는 100명의 학생들의 학점을 각 학생이 1학년 때 미적분학 과목을 수강했는가의 여부에 따라 나타낸 표이다.

(단위: 명)

미적분학 수강여부 기초통계학 학점	수 강	비 수 강	합 계
A	27	13	40
B	21	9	30
C	12	18	30
합 계	60	40	100

위의 표로부터 미적분학의 수강 여부와 기초통계학 과목의 학점이 서로 관계가 있는지 유의수준 $\alpha=0.05$에서 검정하라.

풀이 ① 가설설정 :

$H_0:\ p_{ij}=p_{i+}p_{+j},\ i=1,2,3,\ j=1,2$

$H_1:\ p_{ij}\neq p_{i+}p_{+j},\ \exists i,j$

② 검정통계량 계산 : $\hat{E}(n_{ij}) = \dfrac{n_{i+}n_{+j}}{n}$ 을 이용하여 기대도수를 구하면 다음과 같다.

미적분학 수강여부 \\ 기초통계학 학점	수 강	비 수 강	합 계
A	27(24)	13(16)	40
B	21(18)	9(12)	30
C	12(18)	18(12)	30
합 계	60	40	100

괄호 안은 기대도수의 추정값

따라서 검정통계량 X^2의 값은 다음과 같다.

$$X^2 = \frac{(27-24)^2}{24} + \cdots + \frac{(18-12)^2}{12} = 7.19$$

③ 의사결정: 검정통계량의 분포가 χ_2^2분포이고 $X^2 = 7.19 > \chi_{0.05,2}^2 = 5.99$이므로 유의수준 $\alpha = 0.05$에서 H_0를 기각한다. 따라서 미적분학을 수강한 학생과 수강하지 않은 학생 사이에는 기초 통계학 학점의 차이가 있다고 할 수 있다.

④ P-값 : $P(X^2 \geq 7.19) = 0.027$

11.5 동질성 검정

동질성 검정(test of homogeneity)은 둘 이상의 모집단이 있을 경우 각 모집단에서 어떤 특성의 분포가 동일한(homogeneous) 분포를 따르는지를 검정한다. 예를 들면 각 도별로 무작위로 표본을 추출하여 소득의 분포를 상·중·하로 조사한 경우 소득의 상·중·하각 그룹의 비율(proportion)이 도별로 같은지를 검정한다. 또 다른 예로 연령에 따른 흡연률의 차이라던가, 학력에 따른 어떤 특정 상품의 선호도 등의 분포가 동일한지 알아볼 때 사용된다.

일반적으로 $r \times c$분할표에서 행 합계 n_{i+}가 고정되어 있다고 할 때, n_{i+}가 특성 $B_1, \ldots, B_c$에 의해 비율로 나누어져 있다면 모든 A_i $(i = 1, \ldots, r)$는 서로 동일한 분포를 따르고 있는지에 대한 검정이 동질성 검정이다.

[정의 11.3] 동질성 검정

동질성 검정은 여러 개의 모집단들로부터 추출된 각 표본들이 하나의 특성에 대해 몇 개의 범주로 분류되었을 때, 이 모집단들이 주어진 특성에 대해 서로 동일한 분포를 따르는지 검정하는 것이다. 즉 동질성 검정은 어떤 특성을 갖는 요인(element)들의 비율이 각 모집단에 대해 동일한가를 알아보는 검정이다.

[표 11-4] $r \times c$ 분할표 (동질성 검정)

A(모집단) ＼ B(범주)	B_1(범주1)	B_2(범주2)	$\cdots$	B_c(범주c)	합계(고정됨)
A_1(모집단 1로부터의 표본)	$n_{11}(p_{11})$	$n_{12}(p_{12})$	$\cdots$	$n_{1c}(p_{1c})$	n_{1+}
A_2(모집단 2로부터의 표본)	$n_{21}(p_{21})$	$n_{22}(p_{22})$	$\cdots$	$n_{2c}(p_{2c})$	n_{2+}
$\vdots$	$\vdots$	$\vdots$		$\vdots$	$\vdots$
A_r(모집단 r로부터의 표본)	$n_{r1}(p_{r1})$	$n_{r2}(p_{r2})$	$\cdots$	$n_{rc}(p_{rc})$	n_{r+}
합 계(고정되지 않음)	n_{+1}	n_{+2}	$\cdots$	n_{+c}	n

따라서 동질성 검정에 대한 귀무가설은 둘 이상의 모집단에서 어떤 특성의 각 범주별 비율이 같다는 것이다. 즉, $H_0 : p_{1j} = p_{2j} = \cdots = p_{rj} = p_{0j}$, $j = 1$, ..., c이다. 독립성 검정에 비해 동질성 검정은 각 모집단에서 추출된 표본이 미리 정해져 있다. 즉, [표 11-4]에서 각 행 합계, n_{i+}, $i = 1$, ..., r는 미리 정해져 있다는 것이며, $\sum_{j=1}^{c} p_{ij} = 1$, $i = 1$, ..., r를 만족한다. 동질성 검정의 검정통계량은 독립성 검정에서처럼 카이제곱 검정통계량이다.

$$X^2 = \sum_{i=1}^{r} \sum_{j=1}^{c} \frac{(n_{ij} - E(n_{ij}))^2}{E(n_{ij})} = \sum_{i=1}^{r} \sum_{j=1}^{c} \frac{(n_{ij} - n_{i+}p_{+j})^2}{n_{i+}p_{+j}}$$

이 검정통계량 역시 자유도가 $r(c-1) - (c-1) = (r-1)(c-1)$인 χ^2분포를 따르게 되고, H_0하에서의 $E(n_{ij})$에 대한 추정량 $\hat{E}(n_{ij}) = n_{i+}\hat{p}_{+j}$으로 위의 귀무가설 H_0를 다시 표시해 보면

$$p_{11} = p_{21} = \cdots = p_{r1} = p_1$$

$$\vdots$$

$$p_{1c} = p_{2c} = \cdots = p_{rc} = p_c$$

와 같이 되며, p_{+j}의 추정량은 $\hat{p}_{+j} = \dfrac{n_{+j}}{n}, \ j = 1, \ \ldots, c$ 이므로

$$\hat{E}(n_{ij}) = n_{i+}\hat{p}_{+j} = n_{i+}\frac{n_{+j}}{n}, \ i = 1, \ \ldots, r, \ j = 1, \ \ldots, c$$

이 된다. 따라서 독립성 검정과 마찬가지로 $\hat{E}(n_{ij}) = \dfrac{n_{i+}n_{+j}}{n}$ 가 된다.

동질성 검정의 절차

① 가설설정:

H_0 : $p_{1j} = p_{2j} = \cdots = p_{rj},\ j = 1, \ \ldots, c$

H_1 : H_0가 사실이 아니다.

② 검정통계량 및 분포: $X^2 = \displaystyle\sum_{i=1}^{r}\sum_{j=1}^{c} \frac{(n_{ij} - n_{i+}\hat{p}_{+j})^2}{n_{i+}\hat{p}_{+j}} \sim \chi^2_{(r-1)(c-1)}$

③ 검정통계량 계산: $X^2 = \displaystyle\sum_{i=1}^{r}\sum_{j=1}^{c} \frac{(n_{ij} - n_{i+}\hat{p}_{+j})^2}{n_{i+}\hat{p}_{+j}}$, 단 $n_{i+}\hat{p}_{+j} = \dfrac{n_{i+}n_{+j}}{n}$

④ 의사결정: 주어진 유의수준 α에서 $X^2 \geq \chi^2_{\alpha,(r-1)(c-1)}$이면 H_0 기각

예제 11-6   30세 이상의 성인 남자를 대상으로 흡연률을 조사한 결과 다음과 같은 표를 얻었다. 각 연령층별로 흡연률에 차이가 있는지를 유의수준 $\alpha = 0.05$에서 검정하라.

흡연유무 연령	흡연자	비흡연자	합 계
30대	80	70	150
40대	55	45	100
50대	70	30	100
60대 이후	35	15	50
합 계	240	160	400

자료수집 시 행 합계는 고정

풀이 ① 가설설정:

$$H_0 : \ p_{1j} = p_{2j} = p_{3j} = p_{4j} = p_{+j} \, , \ j = 1, \, 2$$

$$H_1 : \ H_0\text{가 사실이 아니다.}$$

② 검정통계량 계산 : $\hat{p}_{+j} = \dfrac{n_{+j}}{n}$ 이므로, $\hat{E}(n_{ij}) = \dfrac{n_{i+}n_{+j}}{n}$ 를 이용하여 기대도수를 구하면 다음과 같다.

흡연유무 연령	흡연자	비흡연자	합 계
30대	80(90)	70(60)	150
40대	55(60)	45(40)	100
50대	70(60)	30(40)	100
60대 이후	35(30)	15(20)	50
합 계	240	160	400

괄호 안은 기대도수의 추정값

따라서 검정통계량 X^2의 값은 다음과 같다.

$$X^2 = \frac{(80-90)^2}{90} + \cdots + \frac{(15-20)^2}{20} = 10.069$$

③ 의사결정: 검정통계량 X^2은 자유도가 $(4-1)(2-1)=3$인 카이제곱분포를 따르며, $\chi^2_{0.05,3} = 7.815$이다. 따라서 기각역은 $X^2 \geq 7.815$이다. 그런데 $X^2 = 10.069 > \chi^2_{0.05,3} = 7.815$이므로 유의수준 $\alpha = 0.05$에서 H_0를 기각한다. 따라서 연령층에 따라 흡연률에 차이가 있다고 할 수 있다.

④ P-값 : $P(X^2 \geq 10.069) = 0.018$

연 / 습 / 문 / 제

01. 한 교배실험에서의 결과로서 315개의 둥글고 황색 완두, 108개의 둥글고 녹색 완두, 101개의 주름지고 황색 완두와 32개의 주름지고 녹색 완두를 얻었다. 멘델의 법칙에 따르면 네 종류의 비가 9 : 3 : 3 : 1이어야 한다. 교배의 결과는 멘델의 법칙에 어긋나는지를 위의 자료를 가지고 유의수준 $\alpha = 0.05$에서 검정하라.

02. 다음은 어느 식물학자가 A라는 식물의 분포를 알기 위해서 48곳을 조사한 결과이다.

A의 수	0	1	2	3	4이상	합 계
관측도수	7	7	14	14	6	48

위의 자료로부터 A의 수는 포아송분포를 따르는지 유의수준 $\alpha = 0.05$에서 검정하라.

03. 어느 한 도시의 일주일 동안 교차로에서 발생하는 교통사고 건수는 포아송분포를 따른다고 알려져 있다. 이를 확인하기 위하여 도시 내 40곳의 교차로에서 일주일 동안 발생하는 교통사고 건수를 조사하여 아래와 같은 결과를 얻었다. 이 자료로부터 도시에서 일주일 동안 발생하는 교통사고 건수가 포아송분포를 따르는지 유의수준 $\alpha = 0.05$에서 검정하라.

교통사고 건수	0	1	2	3	4	5	6
관측도수	7	10	8	7	5	2	1

04. 통계학과의 학생들 50명을 대상으로 통계학원론 시험을 본 결과 평균과 표준편차가 각각 72.93점, 3.28점으로 나타났다. 각 학생들의 점수가 다음과 같을 때 통계학원론 시험점수가 정규분포를 따르는지 유의수준 $\alpha = 0.05$에서 검정하라.

65.29	66.69	66.94	67.87	68.70	69.03	69.03	69.54	69.81	69.93
70.38	70.58	70.65	70.93	71.10	71.38	71.47	71.57	71.81	71.86
71.88	72.05	72.49	72.51	72.57	72.65	72.86	73.44	73.46	73.89
74.24	74.88	75.01	75.02	75.20	75.29	75.35	75.44	75.63	75.69
75.91	76.18	76.23	76.34	76.46	76.78	77.61	78.18	79.34	79.43

05. 교육수준이 결혼생활의 만족도에 영향을 미치는지 알기 위해 1,000명을 무작위추출하여 조사한 결과 아래의 표와 같이 나타났다. 이 자료에 의하면 교육수준이 결혼생활의 만족도에 영향을 미친다고 할 수 있는지를 유의수준 $\alpha = 0.01$에서 검정하라.

교육 수준	결혼생활 만족도		
	불만족	보 통	만 족
대　　학	70	114	245
고등학교	68	90	120
중 학 교	95	103	95

06. 남학생과 여학생에 따라 영어, 수학, 국어 세 과목에 대한 선호도가 다른가를 조사하고자 한다. 남학생 250명과 여학생 250명을 무작위로 추출하여 가장 좋아하는 한 과목을 택하게 하여 분류한 결과가 아래와 같다고 한다. 남학생과 여학생의 과목 선호도가 같다고 할 수 있는지를 유의수준 $\alpha = 0.05$에서 검정하라.

성별	과목		
	영 어	수 학	국 어
남학생	100	80	70
여학생	110	60	80

07. 성별에 따라 최종학력이 차이가 있는지 알기 위해 남녀별로 200명씩을 무작위추출하여 조사한 결과 아래의 표와 같이 나타났다. 이 자료에 따라 성별에 따라 최종학력이 차이가 있는지를 유의수준 $\alpha = 0.05$에서 검정하라.

성별	최종학력			합계
	고등학교	대학교	대학원	
남자	35	130	35	200
여자	48	124	28	200

08. 흡연여부와 폐암 간에 연관성이 존재하는지 알기 위해 조사한 결과 아래의 표와 같다. 흡연여부와 폐암 간에 연관성이 존재하는지 유의수준 $\alpha = 0.05$에서 검정하라.

흡연여부	폐암여부	
	예	아니오
흡연	132	82
비흡연	70	102

09. 성별에 따라 혈액형 비율의 차이가 있는지 알기 위해 남녀별로 80명씩을 무작위추출하여 조사한 결과 아래의 표와 같이 나타났다. 이 자료에 따라 성별에 따라 혈액형 비율의 차이가 있는지를 유의수준 $\alpha = 0.05$에서 검정하라.

성별	혈액형			
	A	B	AB	O
남자	19	18	17	26
여자	22	15	18	25

10. 500명의 수도권 거주자들에 대하여 주로 이용하는 교통수단을 조사한 결과 아래와 같은 결과를 얻었다. 거주하는 지역(서울, 인천, 경기)에 따라 주로 이용하는 교통수단의 차이가 있는지 유의수준 $\alpha = 0.05$에서 검정하라.

	주로 이용하는 교통수단		
	버스	지하철	자가용
서울	76	109	45
인천	42	38	28
경기	68	44	50

11. 아래의 표는 종교를 갖고 있는 사람과 그렇지 않은 사람들을 대상으로 사후 세계에 대한 믿음을 조사한 자료이다. 종교여부와 사후 세계에 대한 믿음 사이에 연관성이 있는지 유의수준 $\alpha = 0.1$에서 검정하라.

종교	사후 세계에 대한 믿음	
	예	아니오
있음	84	36
없음	22	48

12. 운전경력에 따라서 교통법규를 잘 지키는지 확인하기 위하여 무작위추출한 200명의

운전자를 대상으로 교통법규에 관한 시험을 실시하였다. 운전자의 운전경력과 시험합격 여부에 대한 결과는 아래의 표와 같다. 운전경력과 교통법규 시험합격 여부 사이에 연관성이 있는지 유의수준 $\alpha = 0.01$에서 검정하라.

운전경력	교통법규 시험	
	합격	불합격
3년 미만	26	31
3년 ~ 8년 미만	33	32
8년 이상	44	34

부　　록

I. 난 수 표

```
39 65 76 45 45    19 90 69 64 61    20 26 36 31 62    58 24 97 14 97    95 06 70 99 00
73 71 23 70 90    65 97 60 12 11    31 56 34 19 19    47 83 75 51 33    30 62 38 20 46
72 20 47 33 84    51 67 47 97 19    98 40 07 17 66    23 05 09 51 80    59 78 11 52 49
75 17 25 69 17    17 95 21 78 58    24 33 45 77 48    69 81 84 09 29    93 22 70 45 80
37 48 79 88 74    63 52 06 34 30    01 31 60 10 27    35 07 79 71 53    28 99 52 01 41

02 89 08 16 94    85 53 83 29 95    56 27 09 24 43    21 78 55 09 82    72 61 88 73 61
87 18 15 70 07    37 79 49 12 38    48 13 93 55 96    41 92 45 71 51    09 18 25 58 94
98 83 71 70 15    89 09 39 59 24    00 06 41 41 20    14 36 59 25 47    54 45 17 24 89
10 08 58 07 04    76 62 16 48 68    58 76 17 14 86    59 53 11 52 21    66 04 18 72 87
47 90 56 37 31    71 82 13 50 41    27 55 10 24 92    28 04 67 53 44    95 23 00 84 47

93 05 31 03 07    34 18 04 52 35    74 13 39 35 22    68 95 23 92 35    36 63 70 35 33
21 89 11 47 99    11 20 99 45 18    76 51 94 84 86    13 79 93 37 55    98 16 04 41 67
95 18 94 06 97    27 37 83 28 71    79 57 95 13 91    09 61 87 25 21    56 20 11 32 44
97 08 31 55 73    10 65 81 92 59    77 31 61 95 46    20 44 90 32 64    26 99 76 75 63
69 26 88 86 13    59 71 74 17 32    48 38 75 93 29    73 37 32 04 05    60 82 29 20 25

41 47 10 25 03    87 63 93 95 17    81 83 83 04 49    77 45 85 50 51    79 88 01 97 30
91 94 14 63 62    08 61 74 51 69    92 79 43 89 79    29 18 94 51 23    14 85 11 47 23
80 06 54 18 47    08 52 85 08 40    48 40 35 94 22    72 65 71 08 86    50 03 42 99 36
67 72 77 63 99    89 85 84 46 06    64 71 06 21 66    89 37 20 70 01    61 65 70 22 12
59 40 24 13 75    42 29 72 23 19    06 94 76 10 08    81 30 15 39 14    81 83 17 16 33

63 62 06 34 41    79 53 36 02 95    94 61 09 43 62    20 21 14 68 86    94 95 48 46 45
78 47 23 53 90    79 93 96 38 63    34 85 52 05 09    85 43 01 72 73    14 93 87 81 40
87 68 62 15 43    97 48 72 66 48    53 16 71 13 81    59 97 50 99 52    24 62 20 42 31
47 60 92 10 77    26 97 05 73 51    88 46 38 03 58    72 68 49 29 31    75 70 16 08 24
56 88 87 59 41    06 87 37 78 48    65 88 69 58 39    88 02 84 27 83    85 81 56 39 38

22 17 68 65 84    87 02 22 57 51    68 69 80 95 44    11 29 01 95 80    49 34 35 86 47
19 36 27 59 46    39 77 32 77 09    79 57 92 36 59    89 74 39 82 15    08 58 94 34 74
16 77 23 02 77    28 06 24 25 93    22 45 44 84 11    87 80 61 65 31    09 71 91 74 25
78 43 76 71 61    97 67 63 99 61    80 45 67 93 82    59 73 19 85 23    53 33 65 97 21
03 28 28 26 08    69 30 16 09 05    53 58 47 70 93    66 56 45 65 79    45 56 20 19 47

04 31 17 21 56    33 73 99 19 87    26 72 39 27 67    53 77 57 68 93    60 61 97 22 61
61 06 98 03 91    87 14 77 43 96    43 00 65 98 50    45 60 33 01 07    98 99 46 50 47
23 68 35 26 00    99 53 93 61 28    52 70 05 48 34    56 65 05 61 86    90 92 10 70 80
15 39 25 70 99    93 86 52 77 65    15 33 59 05 28    22 87 26 07 47    86 96 98 29 06
58 71 96 30 24    18 46 23 34 27    85 13 99 24 44    49 18 09 79 49    74 16 32 23 02

93 22 53 64 39    07 10 63 76 35    87 03 04 79 88    08 13 13 85 51    55 34 57 72 69
78 76 58 54 74    92 38 70 96 92    52 06 79 79 45    82 63 18 27 44    69 66 92 19 09
61 81 31 96 82    00 57 25 60 59    46 72 60 18 77    55 66 12 62 11    08 99 55 64 57
42 88 07 10 05    24 98 65 63 21    47 21 61 88 32    27 80 30 21 60    10 92 35 36 12
77 94 30 05 39    28 10 99 00 27    12 73 73 99 12    49 99 57 94 82    96 88 57 17 91
```

II. 표준정규분포표

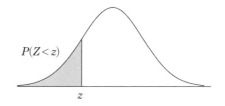

$P(Z < z)$

z	.00	.01	.02	.03	.04	.05	.06	.07	.08	.09
0.0	0.5000	0.5040	0.5080	0.5120	0.5160	0.5199	0.5239	0.5279	0.5319	0.5359
0.1	0.5398	0.5438	0.5478	0.5517	0.5557	0.5596	0.5636	0.5675	0.5714	0.5753
0.2	0.5793	0.5832	0.5871	0.5910	0.5948	0.5987	0.6026	0.6064	0.6103	0.6141
0.3	0.6179	0.6217	0.6255	0.6293	0.6331	0.6368	0.6406	0.6443	0.6480	0.6517
0.4	0.6554	0.6591	0.6628	0.6664	0.6700	0.6736	0.6772	0.6808	0.6844	0.6879
0.5	0.6915	0.6950	0.6985	0.7019	0.7054	0.7088	0.7123	0.7157	0.7190	0.7224
0.6	0.7257	0.7291	0.7324	0.7357	0.7389	0.7422	0.7454	0.7486	0.7517	0.7549
0.7	0.7580	0.7611	0.7642	0.7673	0.7704	0.7734	0.7764	0.7794	0.7823	0.7852
0.8	0.7881	0.7910	0.7939	0.7967	0.7995	0.8023	0.8051	0.8078	0.8106	0.8133
0.9	0.8159	0.8186	0.8212	0.8238	0.8264	0.8289	0.8315	0.8340	0.8365	0.8389
1.0	0.8413	0.8438	0.8461	0.8485	0.8508	0.8531	0.8554	0.8577	0.8599	0.8621
1.1	0.8643	0.8665	0.8686	0.8708	0.8729	0.8749	0.8770	0.8790	0.8810	0.8830
1.2	0.8849	0.8869	0.8888	0.8907	0.8925	0.8944	0.8962	0.8980	0.8997	0.9015
1.3	0.9032	0.9049	0.9066	0.9082	0.9099	0.9115	0.9131	0.9147	0.9162	0.9177
1.4	0.9192	0.9207	0.9222	0.9236	0.9251	0.9265	0.9279	0.9292	0.9306	0.9319
1.5	0.9332	0.9345	0.9357	0.9370	0.9382	0.9394	0.9406	0.9418	0.9429	0.9441
1.6	0.9452	0.9463	0.9474	0.9484	0.9495	0.9505	0.9515	0.9525	0.9535	0.9545
1.7	0.9554	0.9564	0.9573	0.9582	0.9591	0.9599	0.9608	0.9616	0.9625	0.9633
1.8	0.9641	0.9649	0.9656	0.9664	0.9671	0.9678	0.9686	0.9693	0.9699	0.9706
1.9	0.9713	0.9719	0.9726	0.9732	0.9738	0.9744	0.9750	0.9756	0.9761	0.9767
2.0	0.9772	0.9778	0.9783	0.9788	0.9793	0.9798	0.9803	0.9808	0.9812	0.9817
2.1	0.9821	0.9826	0.9830	0.9834	0.9838	0.9842	0.9846	0.9850	0.9854	0.9857
2.2	0.9861	0.9864	0.9868	0.9871	0.9875	0.9878	0.9881	0.9884	0.9887	0.9890
2.3	0.9893	0.9896	0.9898	0.9901	0.9904	0.9906	0.9909	0.9911	0.9913	0.9916
2.4	0.9918	0.9920	0.9922	0.9925	0.9927	0.9929	0.9931	0.9932	0.9934	0.9936
2.5	0.9938	0.9940	0.9941	0.9943	0.9945	0.9946	0.9948	0.9949	0.9951	0.9952
2.6	0.9953	0.9955	0.9956	0.9957	0.9959	0.9960	0.9961	0.9962	0.9963	0.9964
2.7	0.9965	0.9966	0.9967	0.9968	0.9969	0.9970	0.9971	0.9972	0.9973	0.9974
2.8	0.9974	0.9975	0.9976	0.9977	0.9977	0.9978	0.9979	0.9979	0.9980	0.9981
2.9	0.9981	0.9982	0.9982	0.9983	0.9984	0.9984	0.9985	0.9985	0.9986	0.9986
3.0	0.9987	0.9987	0.9987	0.9988	0.9988	0.9989	0.9989	0.9989	0.9990	0.9990
3.1	0.9990	0.9991	0.9991	0.9991	0.9992	0.9992	0.9992	0.9992	0.9993	0.9993
3.2	0.9993	0.9993	0.9994	0.9994	0.9994	0.9994	0.9994	0.9995	0.9995	0.9995
3.3	0.9995	0.9995	0.9995	0.9996	0.9996	0.9996	0.9996	0.9996	0.9996	0.9997
3.4	0.9997	0.9997	0.9997	0.9997	0.9997	0.9997	0.9997	0.9997	0.9997	0.9998

Ⅲ. t 분포표

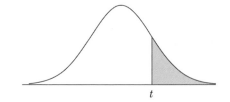

자유도	$t_{0.4}$	$t_{0.3}$	$t_{0.2}$	$t_{0.1}$	$t_{0.05}$	$t_{0.025}$	$t_{0.01}$	$t_{0.005}$
1	0.325	0.727	1.370	3.078	6.314	12.71	31.82	63.66
2	0.289	0.617	1.060	1.886	2.920	4.303	6.965	9.925
3	0.277	0.584	0.978	1.638	2.353	3.182	4.541	5.841
4	0.271	0.569	0.941	1.533	2.132	2.776	3.747	4.604
5	0.267	0.559	0.920	1.476	2.015	2.571	3.365	4.032
6	0.265	0.553	0.906	1.440	1.943	2.447	3.143	3.707
7	0.263	0.549	0.896	1.415	1.895	2.365	2.998	3.499
8	0.262	0.546	0.889	1.397	1.860	2.306	2.896	3.355
9	0.261	0.543	0.883	1.383	1.833	2.262	2.821	3.250
10	0.260	0.542	0.879	1.372	1.812	2.228	2.764	3.169
11	0.260	0.540	0.876	1.363	1.796	2.201	2.718	3.106
12	0.259	0.539	0.873	1.356	1.782	2.179	2.681	3.055
13	0.259	0.538	0.870	1.350	1.771	2.160	2.650	3.012
14	0.258	0.537	0.868	1.345	1.761	2.145	2.624	2.977
15	0.258	0.536	0.866	1.341	1.753	2.131	2.602	2.947
16	0.258	0.535	0.865	1.337	1.746	2.120	2.583	2.921
17	0.257	0.534	0.863	1.333	1.740	2.110	2.567	2.898
18	0.257	0.534	0.862	1.330	1.734	2.101	2.552	2.878
19	0.257	0.533	0.861	1.328	1.729	2.093	2.539	2.861
20	0.257	0.533	0.860	1.325	1.725	2.086	2.528	2.845
21	0.257	0.532	0.859	1.323	1.721	2.080	2.518	2.831
22	0.256	0.532	0.858	1.321	1.717	2.074	2.508	2.819
23	0.256	0.532	0.858	1.319	1.714	2.069	2.500	2.807
24	0.256	0.531	0.857	1.316	1.708	2.060	2.485	2.787
25	0.256	0.531	0.856	1.316	1.708	2.060	2.485	2.787
26	0.256	0.531	0.856	1.315	1.706	2.056	2.479	2.779
27	0.256	0.531	0.855	1.314	1.703	2.052	2.473	2.771
28	0.256	0.530	0.855	1.313	1.701	2.048	2.467	2.763
29	0.256	0.530	0.854	1.310	1.697	2.042	2.457	2.750
30	0.256	0.530	0.854	1.310	1.697	2.042	2.457	2.750
40	0.255	0.529	0.851	1.303	1.684	2.021	2.423	2.704
60	0.254	0.527	0.848	1.296	1.671	2.000	2.390	2.660
120	0.254	0.526	0.845	1.289	1.658	1.980	2.358	2.617
∞	0.253	0.524	0.842	1.282	1.645	1.960	2.326	2.576

IV. F 분포표

분모자유도	분자자유도	1	2	3	4	5	6	8	10	20	40	∞
1	$F_{0.25}$	5.83	7.50	8.20	8.58	8.82	8.98	9.19	9.32	9.58	9.71	9.85
	$F_{0.10}$	39.9	49.5	53.6	55.8	57.2	58.2	59.4	60.2	61.7	62.5	63.3
	$F_{0.05}$	161	200	216	225	230	234	239	242	248	251	254
2	$F_{0.25}$	2.57	3.00	3.15	3.23	3.28	3.31	3.35	3.38	3.43	3.45	3.48
	$F_{0.10}$	8.53	9.00	9.16	9.24	9.29	9.33	9.37	9.39	9.44	9.47	9.49
	$F_{0.05}$	18.5	19.0	19.2	19.2	19.3	19.3	19.4	19.4	19.4	19.5	19.5
	$F_{0.01}$	98.5	99.0	99.2	99.2	99.3	99.3	99.4	99.4	99.4	99.5	99.5
	$F_{0.001}$	993	999	999	999	999	999	999	999	999	999	999
3	$F_{0.25}$	2.02	2.28	2.36	2.39	2.41	2.42	2.44	2.44	2.46	2.47	2.47
	$F_{0.10}$	5.54	5.46	5.39	5.34	5.31	5.28	5.25	5.23	5.18	5.16	5.13
	$F_{0.05}$	10.1	9.55	9.28	9.12	9.10	8.94	8.85	8.79	8.66	8.59	8.53
	$F_{0.01}$	34.1	30.8	29.5	28.7	28.2	27.9	27.5	27.2	26.7	26.4	26.1
	$F_{0.001}$	167	149	141	137	135	133	131	129	126	125	124
4	$F_{0.25}$	1.81	2.00	2.05	2.06	2.07	2.08	2.08	2.08	2.08	2.08	2.08
	$F_{0.10}$	4.54	4.32	4.19	4.11	4.05	4.01	3.95	3.92	3.84	3.80	3.76
	$F_{0.05}$	7.71	6.94	6.59	6.39	6.26	6.16	6.04	5.96	5.80	5.72	5.63
	$F_{0.01}$	21.2	18.0	16.7	16.0	15.5	15.2	14.8	14.5	14.0	13.7	13.5
	$F_{0.001}$	74.1	61.3	56.2	53.4	51.7	50.5	49.0	48.1	46.1	45.1	44.1
5	$F_{0.25}$	1.69	1.85	1.88	1.89	1.89	1.89	1.89	1.89	1.88	1.88	1.87
	$F_{0.10}$	4.06	3.78	3.62	3.52	3.45	3.40	3.34	3.30	3.21	3.16	3.10
	$F_{0.05}$	6.61	5.79	5.41	5.19	5.05	4.95	4.82	4.74	4.56	4.46	4.36
	$F_{0.01}$	16.3	13.3	12.1	11.4	11.0	10.7	10.3	10.1	9.55	9.29	9.02
	$F_{0.001}$	47.2	37.1	33.2	31.1	29.8	28.8	27.6	26.9	25.4	24.6	23.8
6	$F_{0.25}$	1.62	1.76	1.78	1.79	1.79	1.78	1.77	1.77	1.76	1.75	1.74
	$F_{0.10}$	3.78	3.46	3.29	3.18	3.11	3.05	2.98	2.94	2.84	2.78	2.72
	$F_{0.05}$	5.99	5.14	4.76	4.53	4.39	4.28	4.15	4.06	3.87	3.77	3.67
	$F_{0.01}$	13.7	10.9	9.78	9.15	8.75	8.47	8.10	7.87	7.40	7.14	6.88
	$F_{0.001}$	35.5	27.0	23.7	21.9	20.8	20.0	19.0	18.4	17.1	16.4	15.8
7	$F_{0.25}$	1.57	1.70	1.72	1.72	1.71	1.71	1.70	1.39	1.67	1.66	1.65
	$F_{0.10}$	3.59	3.26	3.07	2.96	2.88	2.83	2.75	2.70	2.59	2.54	2.47
	$F_{0.05}$	5.59	4.74	4.35	4.12	3.97	3.87	3.73	3.64	3.44	3.34	3.23
	$F_{0.01}$	12.2	9.55	8.45	7.85	7.46	7.19	6.84	6.62	6.16	5.91	5.65
	$F_{0.001}$	29.3	21.7	18.8	17.2	16.2	15.5	14.6	14.1	12.9	12.3	11.7
8	$F_{0.25}$	1.54	1.66	1.67	1.66	1.66	1.65	1.64	1.63	1.61	1.59	1.58
	$F_{0.10}$	3.46	3.11	2.92	2.81	2.73	2.67	2.59	2.54	2.42	2.36	2.29
	$F_{0.05}$	5.32	4.46	4.07	3.84	3.69	3.58	3.44	3.35	3.15	3.04	2.93
	$F_{0.01}$	11.3	8.65	7359	7.01	6.63	6.37	6.03	5.81	5.36	5.12	4.86
	$F_{0.001}$	25.4	18.5	15.8	14.4	13.5	12.9	12.0	11.5	10.5	9.92	9.33
9	$F_{0.25}$	1.51	1.62	1.63	1.63	1.62	1.61	1.60	1.59	1.56	1.55	1.53
	$F_{0.10}$	3.36	3.01	2.81	2.69	2.61	2.55	2.47	2.42	2.30	2.23	2.16
	$F_{0.05}$	5.12	4.26	3.86	3.63	3.48	3.37	3.23	3.14	2.94	2.83	2.71
	$F_{0.01}$	10.6	8.02	6.99	6.42	6.06	5.80	5.47	5.26	4.81	4.57	4.31
	$F_{0.001}$	22.9	16.4	13.9	12.6	11.7	11.1	10.4	9.89	8.90	8.37	7.81

분모자유도	분자자유도	1	2	3	4	5	6	8	10	20	40	∞
10	$F_{0.25}$	1.49	1.60	1.60	1.59	1.59	1.58	1.56	1.55	1.52	1.51	1.48
	$F_{0.10}$	3.28	2.92	2.73	2.61	2.52	2.46	2.38	2.32	2.20	2.13	2.06
	$F_{0.05}$	4.96	4.10	3.71	3.48	3.33	3.22	3.07	2.98	2.77	2.66	2.54
	$F_{0.01}$	10.0	7.56	6.55	5.99	5.64	5.39	5.06	4.85	4.41	4.17	3.91
	$F_{0.001}$	21.0	14.9	12.6	11.3	10.5	9.92	9.20	8.75	7.80	7.30	6.76
12	$F_{0.25}$	1.56	1.56	1.56	1.55	1.54	1.53	1.51	1.50	1.47	1.45	1.42
	$F_{0.10}$	3.18	2.81	2.61	2.48	2.39	2.33	2.24	2.19	2.06	1.99	1.90
	$F_{0.05}$	4.75	3.89	3.49	3.26	3.11	3.00	2.85	2.75	2.54	2.43	2.30
	$F_{0.01}$	9.33	6.93	5.95	5.41	5.06	4.82	4.50	4.30	3.86	3.62	3.36
	$F_{0.001}$	18.6	13.0	10.8	9.63	8.89	8.38	7.71	7.29	6.40	5.93	5.42
14	$F_{0.25}$	1.44	1.53	1.53	1.52	1.51	1.50	1.48	1.46	1.43	1.41	1.38
	$F_{0.10}$	3.10	2.73	2.52	2.39	2.31	2.24	2.15	2.10	1.96	1.89	1.80
	$F_{0.05}$	4.60	3.74	3.34	3.11	2.96	2.85	2.70	2.60	2.39	2.27	2.13
	$F_{0.01}$	8.86	5.51	5.56	5.04	4.69	4.46	4.14	3.94	3.51	3.27	3.00
	$F_{0.001}$	17.1	11.8	9.73	8.62	7.92	7.43	6.80	6.40	5.56	5.10	4.60
16	$F_{0.25}$	1.42	1.51	1.51	1.50	1.48	1.48	1.46	1.45	1.40	1.37	1.34
	$F_{0.10}$	3.05	2.67	2.46	2.33	2.24	2.18	2.09	2.03	1.89	1.81	1.72
	$F_{0.05}$	4.49	3.63	3.24	3.01	2.85	2.74	2.59	2.49	2.28	2.15	2.01
	$F_{0.01}$	8.53	6.23	5.29	4.77	4.44	4.20	3.89	3.69	3.26	3.02	2.75
	$F_{0.001}$	16.1	11.0	9.00	7.94	7.27	6.81	6.19	5.81	4.99	4.54	4.06
20	$F_{0.25}$	1.40	1.49	1.48	1.46	1.45	1.44	1.42	1.40	1.36	1.33	1.29
	$F_{0.10}$	2.97	2.59	2.38	2.25	2.16	2.09	2.00	1.94	1.79	1.71	1.61
	$F_{0.05}$	4.35	3.49	3.10	2.87	2.71	2.60	2.45	2.35	2.12	1.99	1.84
	$F_{0.01}$	8.10	5.85	4.94	4.43	4.10	3.87	3.56	3.37	2.94	2.69	2.42
	$F_{0.001}$	14.8	9.95	8.10	7.10	6.46	6.02	5.44	5.08	4.29	3.86	3.38
30	$F_{0.25}$	1.38	1.45	1.44	1.42	1.41	1.39	1.37	1.35	1.30	1.27	1.23
	$F_{0.10}$	2.88	2.49	2.28	2.14	2.05	1.98	1.88	1.82	1.67	1.57	1.46
	$F_{0.05}$	4.17	3.32	2.92	2.69	2.53	2.42	2.27	2.16	1.93	1.79	1.62
	$F_{0.01}$	7.56	5.39	4.51	4.02	3.70	3.47	3.17	2.98	2.55	2.30	2.01
	$F_{0.001}$	13.3	8.77	7.05	6.12	5.53	5.12	4.58	4.24	3.49	3.07	2.59
40	$F_{0.25}$	1.36	1.44	1.42	1.40	1.39	1.37	1.35	1.33	1.28	1.24	1.19
	$F_{0.10}$	2.84	2.44	2.23	2.09	2.00	1.93	1.83	1.76	1.61	1.51	1.38
	$F_{0.05}$	4.08	3.23	2.84	2.61	2.45	2.34	2.18	2.08	1.84	1.69	1.51
	$F_{0.01}$	7.31	5.18	4.31	3.83	3.51	3.29	2.99	2.80	2.37	2.11	1.80
	$F_{0.001}$	12.6	8.25	6.60	5.70	5.13	4.73	4.21	3.87	3.15	2.73	2.23
60	$F_{0.25}$	1.35	1.42	1.41	1.38	1.37	1.35	1.32	1.30	1.25	1.21	1.15
	$F_{0.10}$	2.79	2.39	2.18	2.04	1.95	1.87	1.77	1.71	1.54	1.44	1.29
	$F_{0.05}$	4.00	3.15	2.76	2.53	2.37	2.25	2.10	1.99	1.75	1.59	1.39
	$F_{0.01}$	7.08	4.98	4.13	3.65	3.34	3.12	2.82	2.63	2.20	1.94	1.60
	$F_{0.001}$	12.0	7.76	6.17	5.31	4.76	4.37	3.87	3.54	2.83	2.41	1.89
120	$F_{0.25}$	1.34	1.40	1.39	1.37	1.35	1.33	1.30	1.28	1.22	1.18	1.10
	$F_{0.10}$	2.75	2.35	2.13	1.99	1.90	1.82	1.72	1.65	1.48	1.37	1.19
	$F_{0.05}$	3.92	3.07	2.68	2.45	2.29	2.17	2.02	1.91	1.66	1.50	1.25
	$F_{0.01}$	6.85	4.79	3.95	3.48	3.17	2.96	2.66	2.47	2.03	1.76	1.38
	$F_{0.001}$	11.4	7.32	5.79	4.95	4.42	4.04	3.55	3.24	2.53	2.11	1.54
∞	$F_{0.25}$	1.32	1.39	1.37	1.35	1.33	1.31	1.28	1.25	1.19	1.14	1.00
	$F_{0.10}$	2.71	2.30	2.08	1.94	1.85	1.77	1.67	1.60	1.42	1.30	1.00
	$F_{0.05}$	3.84	3.00	2.60	2.37	2.21	2.10	1.94	1.83	1.57	1.39	1.00
	$F_{0.01}$	6.63	4.61	3.78	3.32	3.02	2.80	2.51	2.32	1.88	1.59	1.00
	$F_{0.001}$	10.8	6.91	5.42	4.62	4.10	3.74	3.27	2.96	2.27	1.84	1.00

V. χ^2 분포표

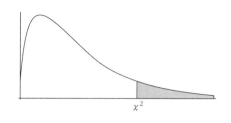

자유도	$\chi^2_{0.995}$	$\chi^2_{0.99}$	$\chi^2_{0.975}$	$\chi^2_{0.95}$	$\chi^2_{0.90}$	$\chi^2_{0.10}$	$\chi^2_{0.05}$	$\chi^2_{0.025}$	$\chi^2_{0.01}$	$\chi^2_{0.005}$
1	0.00004	0.00016	0.00098	0.0039	0.0158	2.71	3.84	5.02	6.63	7.88
2	0.01	0.0201	0.0506	0.1026	0.2107	4.61	5.99	7.38	9.21	10.6
3	0.0717	0.115	0.216	0.352	0.584	6.25	7.81	9.35	11.34	12.84
4	0.207	0.297	0.484	0.711	1.064	7.78	9.49	11.14	13.28	14.86
5	0.412	0.554	0.831	1.15	1.61	9.24	11.07	12.83	15.09	16.75
6	0.676	0.872	1.24	1.64	2.2	10.64	12.59	14.45	16.81	18.55
7	0.989	1.24	1.69	2.17	2.83	12.02	14.07	16.01	18.48	20.28
8	1.34	1.65	2.18	2.73	3.49	13.36	15.51	17.53	20.09	21.96
9	1.73	2.09	2.7	3.33	4.17	14.68	16.92	19.02	21.67	23.59
10	2.16	2.56	3.25	3.94	4.87	15.99	18.31	20.48	23.21	25.19
11	2.6	3.05	3.82	4.57	5.58	17.28	19.68	21.92	24.73	26.76
12	3.07	3.57	4.4	5.23	6.3	18.55	21.03	23.34	26.22	28.3
13	3.57	4.11	5.01	5.89	7.04	19.81	22.36	24.74	27.69	29.82
14	4.07	4.66	5.63	6.57	7.79	21.06	23.68	26.12	29.14	31.32
15	4.6	5.23	6.26	7.26	8.55	22.31	25	27.49	30.58	32.8
16	5.14	5.81	6.91	7.96	9.31	23.54	26.3	28.85	32	34.27
18	6.26	7.01	8.23	9.39	10.86	25.99	28.87	31.53	34.81	37.16
20	7.43	8.26	9.59	10.85	12.44	28.41	31.41	34.17	37.57	40
24	9.89	10.86	12.4	13.85	15.66	33.2	36.42	39.36	42.98	45.56
30	13.79	14.95	16.79	18.49	20.6	40.26	43.77	46.98	50.89	53.67
40	20.71	22.16	24.43	26.51	29.05	51.81	55.76	59.34	63.69	66.77
60	35.53	37.48	40.48	43.19	46.46	74.4	79.08	83.3	88.38	91.95
120	83.85	86.92	91.58	95.7	100.62	140.23	146.57	152.21	158.95	163.64

VI. 이항분포표

$$P(X=x) = p(x \; ; \; n,p) = \binom{n}{x} p^x (1-p)^{n-x}$$

	x	0.05	0.10	0.20	0.30	0.40	0.50	0.60	0.70	0.80	0.90	0.95
							p					
n=1	0	0.950	0.900	0.800	0.700	0.600	0.500	0.400	0.300	0.200	0.100	0.050
	1	0.050	0.100	0.200	0.300	0.400	0.500	0.600	0.700	0.800	0.900	0.950
n=2	0	0.903	0.810	0.640	0.490	0.360	0.250	0.160	0.090	0.040	0.010	0.003
	1	0.095	0.180	0.320	0.420	0.480	0.500	0.480	0.420	0.320	0.180	0.095
	2	0.003	0.010	0.040	0.090	0.160	0.250	0.360	0.490	0.640	0.810	0.903
n=3	0	0.857	0.729	0.512	0.343	0.216	0.125	0.064	0.027	0.008	0.001	0.000
	1	0.135	0.243	0.384	0.441	0.432	0.375	0.288	0.189	0.096	0.027	0.007
	2	0.007	0.027	0.096	0.189	0.288	0.375	0.432	0.441	0.384	0.243	0.135
	3	0.000	0.001	0.008	0.027	0.064	0.125	0.216	0.343	0.512	0.729	0.857
n=4	0	0.815	0.656	0.410	0.240	0.130	0.063	0.026	0.008	0.002	0.000	0.000
	1	0.171	0.292	0.410	0.412	0.346	0.250	0.154	0.076	0.026	0.004	0.000
	2	0.014	0.049	0.154	0.265	0.346	0.375	0.346	0.265	0.154	0.049	0.014
	3	0.000	0.004	0.026	0.076	0.154	0.250	0.346	0.412	0.410	0.292	0.171
	4	0.000	0.000	0.002	0.008	0.026	0.063	0.130	0.240	0.410	0.656	0.815
n=5	0	0.774	0.590	0.328	0.168	0.078	0.031	0.010	0.002	0.000	0.000	0.000
	1	0.204	0.328	0.410	0.360	0.259	0.156	0.077	0.028	0.006	0.000	0.000
	2	0.021	0.073	0.205	0.309	0.346	0.313	0.230	0.132	0.051	0.008	0.001
	3	0.001	0.008	0.051	0.132	0.230	0.313	0.346	0.309	0.205	0.073	0.021
	4	0.000	0.000	0.006	0.028	0.077	0.156	0.259	0.360	0.410	0.328	0.204
	5	0.000	0.000	0.000	0.002	0.010	0.031	0.078	0.168	0.328	0.590	0.774
n=6	0	0.735	0.531	0.262	0.118	0.047	0.016	0.004	0.001	0.000	0.000	0.000
	1	0.232	0.354	0.393	0.303	0.187	0.094	0.037	0.010	0.002	0.000	0.000
	2	0.031	0.098	0.246	0.324	0.311	0.234	0.138	0.060	0.015	0.001	0.000
	3	0.002	0.015	0.082	0.185	0.276	0.313	0.276	0.185	0.082	0.015	0.002
	4	0.000	0.001	0.015	0.060	0.138	0.234	0.311	0.324	0.246	0.098	0.031
	5	0.000	0.000	0.002	0.010	0.037	0.094	0.187	0.303	0.393	0.354	0.232
	6	0.000	0.000	0.000	0.001	0.004	0.016	0.047	0.118	0.262	0.531	0.735
n=7	0	0.698	0.478	0.210	0.082	0.028	0.008	0.002	0.000	0.000	0.000	0.000
	1	0.257	0.372	0.367	0.247	0.131	0.055	0.017	0.004	0.000	0.000	0.000
	2	0.041	0.124	0.275	0.318	0.261	0.164	0.077	0.025	0.004	0.000	0.000
	3	0.004	0.023	0.115	0.227	0.290	0.273	0.194	0.097	0.029	0.003	0.000
	4	0.000	0.003	0.029	0.097	0.194	0.273	0.290	0.227	0.115	0.023	0.004
	5	0.000	0.000	0.004	0.025	0.077	0.164	0.261	0.318	0.275	0.124	0.041
	6	0.000	0.000	0.000	0.004	0.017	0.055	0.131	0.247	0.367	0.372	0.257
	7	0.000	0.000	0.000	0.000	0.002	0.008	0.028	0.082	0.210	0.478	0.698

	x	0.05	0.10	0.20	0.30	0.40	0.50	0.60	0.70	0.80	0.90	0.95
							p					
n=8	0	0.663	0.430	0.168	0.058	0.017	0.004	0.001	0.000	0.000	0.000	0.000
	1	0.279	0.383	0.336	0.198	0.090	0.031	0.008	0.001	0.000	0.000	0.000
	2	0.051	0.149	0.294	0.296	0.209	0.109	0.041	0.010	0.001	0.000	0.000
	3	0.005	0.033	0.147	0.254	0.279	0.219	0.124	0.047	0.009	0.000	0.000
	4	0.000	0.005	0.046	0.136	0.232	0.273	0.232	0.136	0.046	0.005	0.000
	5	0.000	0.000	0.009	0.047	0.124	0.219	0.279	0.254	0.147	0.033	0.005
	6	0.000	0.000	0.001	0.010	0.041	0.109	0.209	0.296	0.294	0.149	0.051
	7	0.000	0.000	0.000	0.001	0.008	0.031	0.090	0.198	0.336	0.383	0.279
	8	0.000	0.000	0.000	0.000	0.001	0.004	0.017	0.058	0.168	0.430	0.663
n=9	0	0.630	0.387	0.134	0.040	0.010	0.002	0.000	0.000	0.000	0.000	0.000
	1	0.299	0.387	0.302	0.156	0.060	0.018	0.004	0.000	0.000	0.000	0.000
	2	0.063	0.172	0.302	0.267	0.161	0.070	0.021	0.004	0.000	0.000	0.000
	3	0.008	0.045	0.176	0.267	0.251	0.164	0.074	0.021	0.003	0.000	0.000
	4	0.001	0.007	0.066	0.172	0.251	0.246	0.167	0.074	0.017	0.001	0.000
	5	0.000	0.001	0.017	0.074	0.167	0.246	0.251	0.172	0.066	0.007	0.001
	6	0.000	0.000	0.003	0.021	0.074	0.164	0.251	0.267	0.176	0.045	0.008
	7	0.000	0.000	0.000	0.004	0.021	0.070	0.161	0.267	0.302	0.172	0.063
	8	0.000	0.000	0.000	0.000	0.004	0.018	0.060	0.156	0.302	0.387	0.299
	9	0.000	0.000	0.000	0.000	0.000	0.002	0.010	0.040	0.134	0.387	0.630
n=10	0	0.599	0.349	0.107	0.028	0.006	0.001	0.000	0.000	0.000	0.000	0.000
	1	0.315	0.387	0.268	0.121	0.040	0.010	0.002	0.000	0.000	0.000	0.000
	2	0.075	0.194	0.302	0.233	0.121	0.044	0.011	0.001	0.000	0.000	0.000
	3	0.010	0.057	0.201	0.267	0.215	0.117	0.042	0.009	0.001	0.000	0.000
	4	0.001	0.011	0.088	0.200	0.251	0.205	0.111	0.037	0.006	0.000	0.000
	5	0.000	0.001	0.026	0.103	0.201	0.246	0.201	0.103	0.026	0.001	0.000
	6	0.000	0.000	0.006	0.037	0.111	0.205	0.251	0.200	0.088	0.011	0.001
	7	0.000	0.000	0.001	0.009	0.042	0.117	0.215	0.267	0.201	0.057	0.010
	8	0.000	0.000	0.000	0.001	0.011	0.044	0.121	0.233	0.302	0.194	0.075
	9	0.000	0.000	0.000	0.000	0.002	0.010	0.040	0.121	0.268	0.387	0.315
	10	0.000	0.000	0.000	0.000	0.000	0.001	0.006	0.028	0.107	0.349	0.599
n=11	0	0.569	0.314	0.086	0.020	0.004	0.000	0.000	0.000	0.000	0.000	0.000
	1	0.329	0.384	0.236	0.093	0.027	0.005	0.001	0.000	0.000	0.000	0.000
	2	0.087	0.213	0.295	0.200	0.089	0.027	0.005	0.001	0.000	0.000	0.000
	3	0.014	0.071	0.221	0.257	0.177	0.081	0.023	0.004	0.000	0.000	0.000
	4	0.001	0.016	0.111	0.220	0.236	0.161	0.070	0.017	0.002	0.000	0.000
	5	0.000	0.002	0.039	0.132	0.221	0.226	0.147	0.057	0.010	0.000	0.000
	6	0.000	0.000	0.010	0.057	0.147	0.226	0.221	0.132	0.039	0.002	0.000
	7	0.000	0.000	0.002	0.017	0.070	0.161	0.236	0.220	0.111	0.016	0.001
	8	0.000	0.000	0.000	0.004	0.023	0.081	0.177	0.257	0.221	0.071	0.014
	9	0.000	0.000	0.000	0.001	0.005	0.027	0.089	0.200	0.295	0.213	0.087
	10	0.000	0.000	0.000	0.000	0.001	0.005	0.027	0.093	0.236	0.384	0.329
	11	0.000	0.000	0.000	0.000	0.000	0.000	0.004	0.020	0.086	0.314	0.569

		p										
	x	0.05	0.10	0.20	0.30	0.40	0.50	0.60	0.70	0.80	0.90	0.95
n=12	0	0.540	0.282	0.069	0.014	0.002	0.000	0.000	0.000	0.000	0.000	0.000
	1	0.341	0.377	0.206	0.071	0.017	0.003	0.000	0.000	0.000	0.000	0.000
	2	0.099	0.230	0.283	0.168	0.064	0.016	0.002	0.000	0.000	0.000	0.000
	3	0.017	0.085	0.236	0.240	0.142	0.054	0.012	0.001	0.000	0.000	0.000
	4	0.002	0.021	0.133	0.231	0.213	0.121	0.042	0.008	0.001	0.000	0.000
	5	0.000	0.004	0.053	0.158	0.227	0.193	0.101	0.029	0.003	0.000	0.000
	6	0.000	0.000	0.016	0.079	0.177	0.226	0.177	0.079	0.016	0.000	0.000
	7	0.000	0.000	0.003	0.029	0.101	0.193	0.227	0.158	0.053	0.004	0.000
	8	0.000	0.000	0.001	0.008	0.042	0.121	0.213	0.231	0.133	0.021	0.002
	9	0.000	0.000	0.000	0.001	0.012	0.054	0.142	0.240	0.236	0.085	0.017
	10	0.000	0.000	0.000	0.000	0.002	0.016	0.064	0.168	0.283	0.230	0.099
	11	0.000	0.000	0.000	0.000	0.000	0.003	0.017	0.071	0.206	0.377	0.341
	12	0.000	0.000	0.000	0.000	0.000	0.000	0.002	0.014	0.069	0.282	0.540
n=13	0	0.513	0.254	0.055	0.010	0.001	0.000	0.000	0.000	0.000	0.000	0.000
	1	0.351	0.367	0.179	0.054	0.011	0.002	0.000	0.000	0.000	0.000	0.000
	2	0.111	0.245	0.268	0.139	0.045	0.010	0.001	0.000	0.000	0.000	0.000
	3	0.021	0.100	0.246	0.218	0.111	0.035	0.006	0.001	0.000	0.000	0.000
	4	0.003	0.028	0.154	0.234	0.184	0.087	0.024	0.003	0.000	0.000	0.000
	5	0.000	0.006	0.069	0.180	0.221	0.157	0.066	0.014	0.001	0.000	0.000
	6	0.000	0.001	0.023	0.103	0.197	0.209	0.131	0.044	0.006	0.000	0.000
	7	0.000	0.000	0.006	0.044	0.131	0.209	0.197	0.103	0.023	0.001	0.000
	8	0.000	0.000	0.001	0.014	0.066	0.157	0.221	0.180	0.069	0.006	0.000
	9	0.000	0.000	0.000	0.003	0.024	0.087	0.184	0.234	0.154	0.028	0.003
	10	0.000	0.000	0.000	0.001	0.006	0.035	0.111	0.218	0.246	0.100	0.021
	11	0.000	0.000	0.000	0.000	0.001	0.010	0.045	0.139	0.268	0.245	0.111
	12	0.000	0.000	0.000	0.000	0.000	0.002	0.011	0.054	0.179	0.367	0.351
	13	0.000	0.000	0.000	0.000	0.000	0.000	0.001	0.010	0.055	0.254	0.513
n=14	0	0.488	0.229	0.044	0.007	0.001	0.000	0.000	0.000	0.000	0.000	0.000
	1	0.359	0.356	0.154	0.041	0.007	0.001	0.000	0.000	0.000	0.000	0.000
	2	0.123	0.257	0.250	0.113	0.032	0.006	0.001	0.000	0.000	0.000	0.000
	3	0.026	0.114	0.250	0.194	0.085	0.022	0.003	0.000	0.000	0.000	0.000
	4	0.004	0.035	0.172	0.229	0.155	0.061	0.014	0.001	0.000	0.000	0.000
	5	0.000	0.008	0.086	0.196	0.207	0.122	0.041	0.007	0.000	0.000	0.000
	6	0.000	0.001	0.032	0.126	0.207	0.183	0.092	0.023	0.002	0.000	0.000
	7	0.000	0.000	0.009	0.062	0.157	0.209	0.157	0.062	0.009	0.000	0.000
	8	0.000	0.000	0.002	0.023	0.092	0.183	0.207	0.126	0.032	0.001	0.000
	9	0.000	0.000	0.000	0.007	0.041	0.122	0.207	0.196	0.086	0.008	0.000
	10	0.000	0.000	0.000	0.001	0.014	0.061	0.155	0.229	0.172	0.035	0.004
	11	0.000	0.000	0.000	0.000	0.003	0.022	0.085	0.194	0.250	0.114	0.026
	12	0.000	0.000	0.000	0.000	0.001	0.006	0.032	0.113	0.250	0.257	0.123
	13	0.000	0.000	0.000	0.000	0.000	0.001	0.007	0.041	0.154	0.356	0.359
	14	0.000	0.000	0.000	0.000	0.000	0.000	0.001	0.007	0.044	0.229	0.488

						p						
	x	0.05	0.10	0.20	0.30	0.40	0.50	0.60	0.70	0.80	0.90	0.95
n=15	0	0.463	0.206	0.035	0.005	0.000	0.000	0.000	0.000	0.000	0.000	0.000
	1	0.366	0.343	0.132	0.031	0.005	0.000	0.000	0.000	0.000	0.000	0.000
	2	0.135	0.267	0.231	0.092	0.022	0.003	0.000	0.000	0.000	0.000	0.000
	3	0.031	0.129	0.250	0.170	0.063	0.014	0.002	0.000	0.000	0.000	0.000
	4	0.005	0.043	0.188	0.219	0.127	0.042	0.007	0.001	0.000	0.000	0.000
	5	0.001	0.010	0.103	0.206	0.186	0.092	0.024	0.003	0.000	0.000	0.000
	6	0.000	0.002	0.043	0.147	0.207	0.153	0.061	0.012	0.001	0.000	0.000
	7	0.000	0.000	0.014	0.081	0.177	0.196	0.118	0.035	0.003	0.000	0.000
	8	0.000	0.000	0.003	0.035	0.118	0.196	0.177	0.081	0.014	0.000	0.000
	9	0.000	0.000	0.001	0.012	0.061	0.153	0.207	0.147	0.043	0.002	0.000
	10	0.000	0.000	0.000	0.003	0.024	0.092	0.186	0.206	0.103	0.010	0.001
	11	0.000	0.000	0.000	0.001	0.007	0.042	0.127	0.219	0.188	0.043	0.005
	12	0.000	0.000	0.000	0.000	0.002	0.014	0.063	0.170	0.250	0.129	0.031
	13	0.000	0.000	0.000	0.000	0.000	0.003	0.022	0.092	0.231	0.267	0.135
	14	0.000	0.000	0.000	0.000	0.000	0.000	0.005	0.031	0.132	0.343	0.366
	15	0.000	0.000	0.000	0.000	0.000	0.000	0.000	0.005	0.035	0.206	0.463
n=16	0	0.440	0.185	0.028	0.003	0.000	0.000	0.000	0.000	0.000	0.000	0.000
	1	0.371	0.329	0.113	0.023	0.003	0.000	0.000	0.000	0.000	0.000	0.000
	2	0.146	0.275	0.211	0.073	0.015	0.002	0.000	0.000	0.000	0.000	0.000
	3	0.036	0.142	0.246	0.146	0.047	0.009	0.001	0.000	0.000	0.000	0.000
	4	0.006	0.051	0.200	0.204	0.101	0.028	0.004	0.000	0.000	0.000	0.000
	5	0.001	0.014	0.120	0.210	0.162	0.067	0.014	0.001	0.000	0.000	0.000
	6	0.000	0.003	0.055	0.165	0.198	0.122	0.039	0.006	0.000	0.000	0.000
	7	0.000	0.000	0.020	0.101	0.189	0.175	0.084	0.019	0.001	0.000	0.000
	8	0.000	0.000	0.006	0.049	0.142	0.196	0.142	0.049	0.006	0.000	0.000
	9	0.000	0.000	0.001	0.019	0.084	0.175	0.189	0.101	0.020	0.000	0.000
	10	0.000	0.000	0.000	0.006	0.039	0.122	0.198	0.165	0.055	0.003	0.000
	11	0.000	0.000	0.000	0.001	0.014	0.067	0.162	0.210	0.120	0.014	0.001
	12	0.000	0.000	0.000	0.000	0.004	0.028	0.101	0.204	0.200	0.051	0.006
	13	0.000	0.000	0.000	0.000	0.001	0.009	0.047	0.146	0.246	0.142	0.036
	14	0.000	0.000	0.000	0.000	0.000	0.002	0.015	0.073	0.211	0.275	0.146
	15	0.000	0.000	0.000	0.000	0.000	0.000	0.003	0.023	0.113	0.329	0.371
	16	0.000	0.000	0.000	0.000	0.000	0.000	0.000	0.003	0.028	0.185	0.440
n=17	0	0.418	0.167	0.023	0.002	0.000	0.000	0.000	0.000	0.000	0.000	0.000
	1	0.374	0.315	0.096	0.017	0.002	0.000	0.000	0.000	0.000	0.000	0.000
	2	0.158	0.280	0.191	0.058	0.010	0.001	0.000	0.000	0.000	0.000	0.000
	3	0.041	0.156	0.239	0.125	0.034	0.005	0.000	0.000	0.000	0.000	0.000
	4	0.008	0.060	0.209	0.187	0.080	0.018	0.002	0.000	0.000	0.000	0.000
	5	0.001	0.017	0.136	0.208	0.138	0.047	0.008	0.001	0.000	0.000	0.000
	6	0.000	0.004	0.068	0.178	0.184	0.094	0.024	0.003	0.000	0.000	0.000
	7	0.000	0.001	0.027	0.120	0.193	0.148	0.057	0.009	0.000	0.000	0.000
	8	0.000	0.000	0.008	0.064	0.161	0.185	0.107	0.028	0.002	0.000	0.000
	9	0.000	0.000	0.002	0.028	0.107	0.185	0.161	0.064	0.008	0.000	0.000
	10	0.000	0.000	0.000	0.009	0.057	0.148	0.193	0.120	0.027	0.001	0.000
	11	0.000	0.000	0.000	0.003	0.024	0.094	0.184	0.178	0.068	0.004	0.000
	12	0.000	0.000	0.000	0.001	0.008	0.047	0.138	0.208	0.136	0.017	0.001
	13	0.000	0.000	0.000	0.000	0.002	0.018	0.080	0.187	0.209	0.060	0.008
	14	0.000	0.000	0.000	0.000	0.000	0.005	0.034	0.125	0.239	0.156	0.041
	15	0.000	0.000	0.000	0.000	0.000	0.001	0.010	0.058	0.191	0.280	0.158
	16	0.000	0.000	0.000	0.000	0.000	0.000	0.002	0.017	0.096	0.315	0.374

	x	p										
		0.05	0.10	0.20	0.30	0.40	0.50	0.60	0.70	0.80	0.90	0.95
n=18	0	0.397	0.150	0.018	0.002	0.000	0.000	0.000	0.000	0.000	0.000	0.000
	1	0.376	0.300	0.081	0.013	0.001	0.000	0.000	0.000	0.000	0.000	0.000
	2	0.168	0.284	0.172	0.046	0.007	0.001	0.000	0.000	0.000	0.000	0.000
	3	0.047	0.168	0.230	0.105	0.025	0.003	0.000	0.000	0.000	0.000	0.000
	4	0.009	0.070	0.215	0.168	0.061	0.012	0.001	0.000	0.000	0.000	0.000
	5	0.001	0.022	0.151	0.202	0.115	0.033	0.004	0.000	0.000	0.000	0.000
	6	0.000	0.005	0.082	0.187	0.166	0.071	0.015	0.001	0.000	0.000	0.000
	7	0.000	0.001	0.035	0.138	0.189	0.121	0.037	0.005	0.000	0.000	0.000
	8	0.000	0.000	0.012	0.081	0.173	0.167	0.077	0.015	0.001	0.000	0.000
	9	0.000	0.000	0.003	0.039	0.128	0.185	0.128	0.039	0.003	0.000	0.000
	10	0.000	0.000	0.001	0.015	0.077	0.167	0.173	0.081	0.012	0.000	0.000
	11	0.000	0.000	0.000	0.005	0.037	0.121	0.189	0.138	0.035	0.001	0.000
	12	0.000	0.000	0.000	0.001	0.015	0.071	0.166	0.187	0.082	0.005	0.000
	13	0.000	0.000	0.000	0.000	0.004	0.033	0.115	0.202	0.151	0.022	0.001
	14	0.000	0.000	0.000	0.000	0.001	0.012	0.061	0.168	0.215	0.070	0.009
	15	0.000	0.000	0.000	0.000	0.000	0.003	0.025	0.105	0.230	0.168	0.047
	16	0.000	0.000	0.000	0.000	0.000	0.001	0.007	0.046	0.172	0.284	0.168
	17	0.000	0.000	0.000	0.000	0.000	0.000	0.001	0.013	0.081	0.300	0.376
	18	0.000	0.000	0.000	0.000	0.000	0.000	0.000	0.002	0.018	0.150	0.397
n=19	0	0.377	0.135	0.014	0.001	0.000	0.000	0.000	0.000	0.000	0.000	0.000
	1	0.377	0.285	0.068	0.009	0.001	0.000	0.000	0.000	0.000	0.000	0.000
	2	0.179	0.285	0.154	0.036	0.005	0.000	0.000	0.000	0.000	0.000	0.000
	3	0.053	0.180	0.218	0.087	0.017	0.002	0.000	0.000	0.000	0.000	0.000
	4	0.011	0.080	0.218	0.149	0.047	0.007	0.001	0.000	0.000	0.000	0.000
	5	0.002	0.027	0.164	0.192	0.093	0.022	0.002	0.000	0.000	0.000	0.000
	6	0.000	0.007	0.095	0.192	0.145	0.052	0.008	0.001	0.000	0.000	0.000
	7	0.000	0.001	0.044	0.153	0.180	0.096	0.024	0.002	0.000	0.000	0.000
	8	0.000	0.000	0.017	0.098	0.180	0.144	0.053	0.008	0.000	0.000	0.000
	9	0.000	0.000	0.005	0.051	0.146	0.176	0.098	0.022	0.001	0.000	0.000
	10	0.000	0.000	0.001	0.022	0.098	0.176	0.146	0.051	0.005	0.000	0.000
	11	0.000	0.000	0.000	0.008	0.053	0.144	0.180	0.098	0.017	0.000	0.000
	12	0.000	0.000	0.000	0.002	0.024	0.096	0.180	0.153	0.044	0.001	0.000
	13	0.000	0.000	0.000	0.001	0.008	0.052	0.145	0.192	0.095	0.007	0.000
	14	0.000	0.000	0.000	0.000	0.002	0.022	0.093	0.192	0.164	0.027	0.002
	15	0.000	0.000	0.000	0.000	0.001	0.007	0.047	0.149	0.218	0.080	0.011
	16	0.000	0.000	0.000	0.000	0.000	0.002	0.017	0.087	0.218	0.180	0.053
	17	0.000	0.000	0.000	0.000	0.000	0.000	0.005	0.036	0.154	0.285	0.179
	18	0.000	0.000	0.000	0.000	0.000	0.000	0.001	0.009	0.068	0.285	0.377
	19	0.000	0.000	0.000	0.000	0.000	0.000	0.000	0.001	0.014	0.135	0.377

						p						
	x	0.05	0.10	0.20	0.30	0.40	0.50	0.60	0.70	0.80	0.90	0.95
n=20	0	0.358	0.122	0.012	0.001	0.000	0.000	0.000	0.000	0.000	0.000	0.000
	1	0.377	0.270	0.058	0.007	0.000	0.000	0.000	0.000	0.000	0.000	0.000
	2	0.189	0.285	0.137	0.028	0.003	0.000	0.000	0.000	0.000	0.000	0.000
	3	0.060	0.190	0.205	0.072	0.012	0.001	0.000	0.000	0.000	0.000	0.000
	4	0.013	0.090	0.218	0.130	0.035	0.005	0.000	0.000	0.000	0.000	0.000
	5	0.002	0.032	0.175	0.179	0.075	0.015	0.001	0.000	0.000	0.000	0.000
	6	0.000	0.009	0.109	0.192	0.124	0.037	0.005	0.000	0.000	0.000	0.000
	7	0.000	0.002	0.055	0.164	0.166	0.074	0.015	0.001	0.000	0.000	0.000
	8	0.000	0.000	0.022	0.114	0.180	0.120	0.035	0.004	0.000	0.000	0.000
	9	0.000	0.000	0.007	0.065	0.160	0.160	0.071	0.012	0.000	0.000	0.000
	10	0.000	0.000	0.002	0.031	0.117	0.176	0.117	0.031	0.002	0.000	0.000
	11	0.000	0.000	0.000	0.012	0.071	0.160	0.160	0.065	0.007	0.000	0.000
	12	0.000	0.000	0.000	0.004	0.035	0.120	0.180	0.114	0.022	0.000	0.000
	13	0.000	0.000	0.000	0.001	0.015	0.074	0.166	0.164	0.055	0.002	0.000
	14	0.000	0.000	0.000	0.000	0.005	0.037	0.124	0.192	0.109	0.009	0.000
	15	0.000	0.000	0.000	0.000	0.001	0.015	0.075	0.179	0.175	0.032	0.002
	16	0.000	0.000	0.000	0.000	0.000	0.005	0.035	0.130	0.218	0.090	0.013
	17	0.000	0.000	0.000	0.000	0.000	0.001	0.012	0.072	0.205	0.190	0.060
	18	0.000	0.000	0.000	0.000	0.000	0.000	0.003	0.028	0.137	0.285	0.189
	19	0.000	0.000	0.000	0.000	0.000	0.000	0.000	0.007	0.058	0.270	0.377
	20	0.000	0.000	0.000	0.000	0.000	0.000	0.000	0.001	0.012	0.122	0.358
n=25	0	0.277	0.072	0.004	0.000	0.000	0.000	0.000	0.000	0.000	0.000	0.000
	1	0.365	0.199	0.024	0.001	0.000	0.000	0.000	0.000	0.000	0.000	0.000
	2	0.231	0.266	0.071	0.007	0.000	0.000	0.000	0.000	0.000	0.000	0.000
	3	0.093	0.226	0.136	0.024	0.002	0.000	0.000	0.000	0.000	0.000	0.000
	4	0.027	0.138	0.187	0.057	0.007	0.000	0.000	0.000	0.000	0.000	0.000
	5	0.006	0.065	0.196	0.103	0.020	0.002	0.000	0.000	0.000	0.000	0.000
	6	0.001	0.024	0.163	0.147	0.044	0.005	0.000	0.000	0.000	0.000	0.000
	7	0.000	0.007	0.111	0.171	0.080	0.014	0.001	0.000	0.000	0.000	0.000
	8	0.000	0.002	0.062	0.165	0.120	0.032	0.003	0.000	0.000	0.000	0.000
	9	0.000	0.000	0.029	0.134	0.151	0.061	0.009	0.000	0.000	0.000	0.000
	10	0.000	0.000	0.012	0.092	0.161	0.097	0.021	0.001	0.000	0.000	0.000
	11	0.000	0.000	0.004	0.054	0.147	0.133	0.043	0.004	0.000	0.000	0.000
	12	0.000	0.000	0.001	0.027	0.114	0.155	0.076	0.011	0.000	0.000	0.000
	13	0.000	0.000	0.000	0.011	0.076	0.155	0.114	0.027	0.001	0.000	0.000
	14	0.000	0.000	0.000	0.004	0.043	0.133	0.147	0.054	0.004	0.000	0.000
	15	0.000	0.000	0.000	0.001	0.021	0.097	0.161	0.092	0.012	0.000	0.000
	16	0.000	0.000	0.000	0.000	0.009	0.061	0.151	0.134	0.029	0.000	0.000
	17	0.000	0.000	0.000	0.000	0.003	0.032	0.120	0.165	0.062	0.002	0.000
	18	0.000	0.000	0.000	0.000	0.001	0.014	0.080	0.171	0.111	0.007	0.000
	19	0.000	0.000	0.000	0.000	0.000	0.005	0.044	0.147	0.163	0.024	0.001
	20	0.000	0.000	0.000	0.000	0.000	0.002	0.020	0.103	0.196	0.065	0.006
	21	0.000	0.000	0.000	0.000	0.000	0.000	0.007	0.057	0.187	0.138	0.027
	22	0.000	0.000	0.000	0.000	0.000	0.000	0.002	0.024	0.136	0.226	0.093
	23	0.000	0.000	0.000	0.000	0.000	0.000	0.000	0.007	0.071	0.266	0.231
	24	0.000	0.000	0.000	0.000	0.000	0.000	0.000	0.001	0.024	0.199	0.365
	25	0.000	0.000	0.000	0.000	0.000	0.000	0.000	0.000	0.004	0.072	0.277

VII. 누적이항분포표

$$P(X \le c) = F(c) = \sum_{x=0}^{c} p(x\;;\;n\,,p) = \sum_{x=0}^{c} \binom{n}{x} p^x (1-p)^{n-x}$$

							p					
	c	0.05	0.10	0.20	0.30	0.40	0.50	0.60	0.70	0.80	0.90	0.95
n=1	0	0.950	0.900	0.800	0.700	0.600	0.500	0.400	0.300	0.200	0.100	0.050
	1	1.000	1.000	1.000	1.000	1.000	1.000	1.000	1.000	1.000	1.000	1.000
n=2	0	0.902	0.810	0.640	0.490	0.360	0.250	0.160	0.090	0.040	0.010	0.002
	1	0.997	0.990	0.960	0.910	0.840	0.750	0.640	0.521	0.360	0.190	0.097
	2	1.000	1.000	1.000	1.000	1.000	1.000	1.000	1.000	1.000	1.000	1.000
n=3	0	0.875	0.729	0.512	0.343	0.216	0.125	0.064	0.027	0.008	0.001	0.000
	1	0.993	0.972	0.896	0.784	0.648	0.500	0.352	0.216	0.104	0.028	0.007
	2	1.000	0.999	0.992	0.973	0.936	0.875	0.784	0.657	0.488	0.271	0.143
	3	1.000	1.000	1.000	1.000	1.000	1.000	1.000	1.000	1.000	1.000	1.000
n=4	0	0.815	0.656	0.410	0.240	0.130	0.063	0.026	0.008	0.002	0.000	0.000
	1	0.986	0.948	0.819	0.652	0.475	0.313	0.179	0.084	0.027	0.004	0.000
	2	1.000	0.996	0.973	0.916	0.821	0.688	0.525	0.348	0.181	0.052	0.014
	3	1.000	1.000	0.998	0.992	0.974	0.938	0.870	0.760	0.590	0.344	0.185
	4	1.000	1.000	1.000	1.000	1.000	1.000	1.000	1.000	1.000	1.000	1.000
n=5	0	0.774	0.590	0.328	0.168	0.078	0.031	0.010	0.002	0.000	0.000	0.000
	1	0.997	0.919	0.737	0.528	0.337	0.188	0.087	0.031	0.007	0.000	0.000
	2	0.999	0.991	0.942	0.837	0.683	0.500	0.317	0.163	0.058	0.009	0.001
	3	1.000	1.000	0.993	0.969	0.913	0.813	0.663	0.472	0.263	0.081	0.023
	4	1.000	1.000	1.000	0.998	0.99	0.969	0.922	0.832	0.672	0.410	0.226
	5	1.000	1.000	1.000	1.000	1.000	1.000	1.000	1.000	1.000	1.000	1.000
n=6	0	0.735	0.531	0.262	0.118	0.047	0.016	0.004	0.001	0.000	0.000	0.000
	1	0.967	0.886	0.655	0.420	0.233	0.109	0.041	0.011	0.002	0.000	0.000
	2	0.998	0.984	0.901	0.744	0.544	0.344	0.179	0.070	0.017	0.001	0.000
	3	1.000	0.999	0.983	0.930	0.821	0.656	0.456	0.256	0.099	0.016	0.002
	4	1.000	1.000	0.998	0.989	0.959	0.891	0.767	0.580	0.345	0.114	0.033
	5	1.000	1.000	1.000	0.999	0.996	0.984	0.953	0.882	0.738	0.469	0.265
	6	1.000	1.000	1.000	1.000	1.000	1.000	1.000	1.000	1.000	1.000	1.000
n=7	0	0.698	0.478	0.210	0.082	0.028	0.008	0.002	0.000	0.000	0.000	0.000
	1	0.956	0.850	0.577	0.329	0.159	0.063	0.019	0.004	0.000	0.000	0.000
	2	0.996	0.974	0.852	0.647	0.420	0.227	0.096	0.029	0.005	0.000	0.000
	3	1.000	0.997	0.967	0.874	0.710	0.500	0.290	0.126	0.033	0.003	0.000
	4	1.000	1.000	0.995	0.971	0.904	0.773	0.580	0.353	0.148	0.026	0.004
	5	1.000	1.000	1.000	0.996	0.981	0.938	0.841	0.671	0.423	0.150	0.044
	6	1.000	1.000	1.000	1.000	0.998	0.992	0.972	0.918	0.790	0.522	0.302
	7	1.000	1.000	1.000	1.000	1.000	1.000	1.000	1.000	1.000	1.000	1.000

	x	p										
		0.05	0.10	0.20	0.30	0.40	0.50	0.60	0.70	0.80	0.90	0.95
n=8	0	0.663	0.430	0.168	0.058	0.017	0.004	0.001	0.000	0.000	0.000	0.000
	1	0.943	0.813	0.503	0.255	0.106	0.035	0.009	0.000	0.000	0.000	0.000
	2	0.994	0.962	0.797	0.552	0.315	0.145	0.050	0.011	0.001	0.000	0.000
	3	1.000	0.995	0.944	0.806	0.594	0.363	0.174	0.058	0.010	0.000	0.000
	4	1.000	1.000	0.990	0.942	0.826	0.637	0.406	0.194	0.056	0.005	0.000
	5	1.000	1.000	0.999	0.989	0.950	0.855	0.685	0.448	0.203	0.038	0.006
	6	1.000	1.000	1.000	0.999	0.991	0.965	0.894	0.745	0.497	0.187	0.057
	7	1.000	1.000	1.000	1.000	0.999	0.996	0.983	0.942	0.832	0.570	0.337
	8	1.000	1.000	1.000	1.000	1.000	1.000	1.000	1.000	1.000	1.000	1.000
n=9	0	0.630	0.387	0.134	0.040	0.010	0.002	0.000	0.000	0.000	0.000	0.000
	1	0.929	0.775	0.436	0.196	0.071	0.020	0.004	0.000	0.000	0.000	0.000
	2	0.992	0.947	0.738	0.463	0.232	0.090	0.025	0.004	0.000	0.000	0.000
	3	0.999	0.992	0.914	0.730	0.483	0.254	0.099	0.020	0.001	0.000	0.000
	4	1.000	0.999	0.980	0.901	0.733	0.500	0.267	0.099	0.020	0.001	0.000
	5	1.000	1.000	0.997	0.975	0.901	0.746	0.517	0.270	0.086	0.008	0.001
	6	1.000	1.000	1.000	0.996	0.975	0.910	0.768	0.537	0.262	0.053	0.008
	7	1.000	1.000	1.000	1.000	0.996	0.980	0.929	0.804	0.564	0.225	0.071
	8	1.000	1.000	1.000	1.000	1.000	0.998	0.990	0.960	0.866	0.613	0.370
	9	1.000	1.000	1.000	1.000	1.000	1.000	1.000	1.000	1.000	1.000	1.000
n=10	0	0.599	0.349	0.107	0.028	0.006	0.001	0.000	0.000	0.000	0.000	0.000
	1	0.914	0.736	0.376	0.149	0.046	0.011	0.002	0.000	0.000	0.000	0.000
	2	0.988	0.930	0.678	0.383	0.167	0.055	0.012	0.002	0.000	0.000	0.000
	3	0.999	0.987	0.879	0.650	0.382	0.172	0.055	0.011	0.001	0.000	0.000
	4	1.000	0.998	0.967	0.850	0.633	0.377	0.166	0.047	0.006	0.000	0.000
	5	1.000	1.000	0.994	0.953	0.834	0.623	0.367	0.150	0.033	0.002	0.000
	6	1.000	1.000	0.999	0.989	0.945	0.828	0.618	0.350	0.121	0.013	0.001
	7	1.000	1.000	1.000	0.998	0.988	0.945	0.833	0.617	0.322	0.070	0.012
	8	1.000	1.000	1.000	1.000	0.998	0.989	0.954	0.851	0.624	0.264	0.086
	9	1.000	1.000	1.000	1.000	1.000	0.999	0.994	0.972	0.893	0.651	0.401
	10	1.000	1.000	1.000	1.000	1.000	1.000	1.000	1.000	1.000	1.000	1.000
n=11	0	0.569	0.314	0.086	0.020	0.004	0.000	0.000	0.000	0.000	0.000	0.000
	1	0.898	0.697	0.322	0.113	0.030	0.006	0.001	0.000	0.000	0.000	0.000
	2	0.985	0.910	0.617	0.313	0.119	0.033	0.006	0.001	0.000	0.000	0.000
	3	0.998	0.981	0.839	0.570	0.296	0.113	0.029	0.004	0.000	0.000	0.000
	4	1.000	0.997	0.950	0.790	0.533	0.274	0.099	0.022	0.002	0.000	0.000
	5	1.000	1.000	0.988	0.922	0.753	0.500	0.247	0.078	0.012	0.000	0.000
	6	1.000	1.000	0.998	0.978	0.901	0.726	0.467	0.210	0.050	0.003	0.000
	7	1.000	1.000	1.000	0.996	0.971	0.887	0.704	0.430	0.161	0.019	0.002
	8	1.000	1.000	1.000	0.999	0.994	0.967	0.881	0.687	0.383	0.090	0.015
	9	1.000	1.000	1.000	1.000	0.999	0.994	0.970	0.887	0.678	0.303	0.102
	10	1.000	1.000	1.000	1.000	1.000	1.000	0.996	0.980	0.914	0.686	0.431
	11	1.000	1.000	1.000	1.000	1.000	1.000	1.000	1.000	1.000	1.000	1.000

						p						
	x	0.05	0.10	0.20	0.30	0.40	0.50	0.60	0.70	0.80	0.90	0.95
n=12	0	0.540	0.282	0.069	0.014	0.002	0.000	0.000	0.000	0.000	0.000	0.000
	1	0.882	0.659	0.275	0.085	0.020	0.003	0.000	0.000	0.000	0.000	0.000
	2	0.980	0.889	0.558	0.253	0.083	0.019	0.003	0.000	0.000	0.000	0.000
	3	0.998	0.974	0.795	0.493	0.225	0.073	0.015	0.002	0.000	0.000	0.000
	4	1.000	0.996	0.927	0.724	0.438	0.194	0.057	0.009	0.001	0.000	0.000
	5	1.000	0.999	0.981	0.882	0.665	0.387	0.158	0.039	0.004	0.000	0.000
	6	1.000	1.000	0.996	0.961	0.842	0.613	0.335	0.118	0.019	0.001	0.000
	7	1.000	1.000	0.999	0.991	0.943	0.806	0.562	0.276	0.073	0.004	0.000
	8	1.000	1.000	1.000	0.998	0.985	0.927	0.775	0.507	0.205	0.026	0.002
	9	1.000	1.000	1.000	1.000	0.997	0.981	0.917	0.747	0.442	0.111	0.020
	10	1.000	1.000	1.000	1.000	1.000	0.997	0.980	0.915	0.725	0.341	0.118
	11	1.000	1.000	1.000	1.000	1.000	1.000	0.998	0.986	0.931	0.718	0.460
	12	1.000	1.000	1.000	1.000	1.000	1.000	1.000	1.000	1.000	1.000	1.000
n=13	0	0.513	0.254	0.055	0.010	0.001	0.000	0.000	0.000	0.000	0.000	0.000
	1	0.865	0.621	0.234	0.064	0.013	0.002	0.000	0.000	0.000	0.000	0.000
	2	0.975	0.866	0.502	0.202	0.058	0.011	0.001	0.000	0.000	0.000	0.000
	3	0.997	0.966	0.747	0.421	0.169	0.046	0.008	0.001	0.000	0.000	0.000
	4	1.000	0.994	0.901	0.654	0.353	0.133	0.032	0.004	0.000	0.000	0.000
	5	1.000	0.999	0.970	0.835	0.574	0.291	0.098	0.018	0.001	0.000	0.000
	6	1.000	1.000	0.993	0.938	0.771	0.500	0.229	0.062	0.007	0.000	0.000
	7	1.000	1.000	0.999	0.982	0.902	0.709	0.426	0.165	0.030	0.001	0.000
	8	1.000	1.000	1.000	0.996	0.968	0.867	0.647	0.346	0.099	0.006	0.000
	9	1.000	1.000	1.000	0.999	0.992	0.954	0.831	0.579	0.253	0.034	0.003
	10	1.000	1.000	1.000	1.000	0.999	0.989	0.942	0.798	0.498	0.134	0.025
	11	1.000	1.000	1.000	1.000	1.000	0.998	0.987	0.936	0.766	0.379	0.135
	12	1.000	1.000	1.000	1.000	1.000	1.000	0.999	0.990	0.945	0.746	0.487
	13	1.000	1.000	1.000	1.000	1.000	1.000	1.000	1.000	1.000	1.000	1.000
n=14	0	0.488	0.229	0.044	0.007	0.001	0.000	0.000	0.000	0.000	0.000	0.000
	1	0.847	0.585	0.198	0.047	0.008	0.001	0.000	0.000	0.000	0.000	0.000
	2	0.970	0.842	0.448	0.161	0.040	0.006	0.001	0.000	0.000	0.000	0.000
	3	0.996	0.956	0.698	0.355	0.124	0.029	0.004	0.000	0.000	0.000	0.000
	4	1.000	0.991	0.870	0.584	0.279	0.090	0.018	0.002	0.000	0.000	0.000
	5	1.000	0.999	0.956	0.781	0.486	0.212	0.580	0.008	0.000	0.000	0.000
	6	1.000	1.000	0.988	0.907	0.692	0.395	0.150	0.031	0.002	0.000	0.000
	7	1.000	1.000	0.998	0.969	0.850	0.605	0.308	0.093	0.012	0.000	0.000
	8	1.000	1.000	1.000	0.992	0.942	0.788	0.514	0.219	0.044	0.001	0.000
	9	1.000	1.000	1.000	0.998	0.982	0.910	0.721	0.416	0.130	0.009	0.000
	10	1.000	1.000	1.000	1.000	0.996	0.971	0.876	0.645	0.302	0.044	0.004
	11	1.000	1.000	1.000	1.000	0.999	0.994	0.960	0.839	0.552	0.158	0.030
	12	1.000	1.000	1.000	1.000	1.000	0.999	0.992	0.953	0.802	0.415	0.153
	13	1.000	1.000	1.000	1.000	1.000	1.000	0.999	0.993	0.956	0.771	0.512
	14	1.000	1.000	1.000	1.000	1.000	1.000	1.000	1.000	1.000	1.000	1.000

						p						
	x	0.05	0.10	0.20	0.30	0.40	0.50	0.60	0.70	0.80	0.90	0.95
n=15	0	0.463	0.206	0.035	0.005	0.000	0.000	0.000	0.000	0.000	0.000	0.000
	1	0.829	0.549	0.167	0.035	0.005	0.000	0.000	0.000	0.000	0.000	0.000
	2	0.964	0.816	0.398	0.127	0.027	0.004	0.000	0.000	0.000	0.000	0.000
	3	0.995	0.944	0.648	0.297	0.091	0.018	0.002	0.000	0.000	0.000	0.000
	4	0.999	0.987	0.836	0.515	0.217	0.059	0.009	0.001	0.000	0.000	0.000
	5	1.000	0.998	0.939	0.722	0.403	0.151	0.034	0.004	0.000	0.000	0.000
	6	1.000	1.000	0.982	0.869	0.610	0.304	0.095	0.015	0.001	0.000	0.000
	7	1.000	1.000	0.996	0.950	0.787	0. 5	0.213	0.050	0.004	0.000	0.000
	8	1.000	1.000	0.999	0.985	0.905	0.696	0.390	0.131	0.018	0.000	0.000
	9	1.000	1.000	1.000	0.996	0.966	0.849	0.597	0.278	0.061	0.002	0.000
	10	1.000	1.000	1.000	9.999	0.991	0.941	0.783	0.485	0.164	0.013	0.001
	11	1.000	1.000	1.000	1.000	0.998	0.982	0.909	0.703	0.352	0.056	0.005
	12	1.000	1.000	1.000	1.000	1.000	0.996	0.973	0.873	0.602	0.184	0.036
	13	1.000	1.000	1.000	1.000	1.000	1.000	0.995	0.965	0.833	0.451	0.171
	14	1.000	1.000	1.000	1.000	1.000	1.000	1.000	0.995	0.965	0.794	0.537
	15	1.000	1.000	1.000	1.000	1.000	1.000	1.000	1.000	1.000	1.000	1.000
n=16	0	0.440	0.185	0.028	0.003	0.000	0.000	0.000	0.000	0.000	0.000	0.000
	1	0.811	0.515	0.141	0.026	0.003	0.000	0.000	0.000	0.000	0.000	0.000
	2	0.957	0.789	0.352	0.099	0.018	0.002	0.000	0.000	0.000	0.000	0.000
	3	0.993	0.932	0.598	0.246	0.065	0.011	0.001	0.000	0.000	0.000	0.000
	4	0.999	0.983	0.798	0.450	0.167	0.038	0.005	0.000	0.000	0.000	0.000
	5	1.000	0.997	0.918	0.660	0.329	0.105	0.019	0.002	0.000	0.000	0.000
	6	1.000	0.999	0.973	0.825	0.527	0.227	0.058	0.007	0.000	0.000	0.000
	7	1.000	1.000	0.993	0.926	0.716	0.402	0.142	0.026	0.001	0.000	0.000
	8	1.000	1.000	0.999	0.974	0.858	0.598	0.284	0.074	0.007	0.000	0.000
	9	1.000	1.000	1.000	0.993	0.942	0.773	0.473	0.175	0.027	0.001	0.000
	10	1.000	1.000	1.000	0.998	0.981	0.895	0.671	0.340	0.820	0.003	0.000
	11	1.000	1.000	1.000	1.000	0.995	0.962	0.833	0.550	0.202	0.017	0.001
	12	1.000	1.000	1.000	1.000	0.999	0.989	0.935	0.754	0.402	0.068	0.007
	13	1.000	1.000	1.000	1.000	1.000	0.998	0.982	0.901	0.648	0.211	0.043
	14	1.000	1.000	1.000	1.000	1.000	1.000	0.997	0.974	0.859	0.485	0.189
	15	1.000	1.000	1.000	1.000	1.000	1.000	1.000	0.997	0.972	0.815	0.560
	16	1.000	1.000	1.000	1.000	1.000	1.000	1.000	1.000	1.000	1.000	1.000
n=17	0	0.418	0.167	0.023	0.002	0.000	0.000	0.000	0.000	0.000	0.000	0.000
	1	0.792	0.482	0.118	0.019	0.002	0.000	0.000	0.000	0.000	0.000	0.000
	2	0.950	0.762	0.310	0.077	0.012	0.001	0.000	0.000	0.000	0.000	0.000
	3	0.991	0.917	0.549	0.202	0.046	0.006	0.000	0.000	0.000	0.000	0.000
	4	0.999	0.978	0.758	0.389	0.126	0.025	0.003	0.000	0.000	0.000	0.000
	5	1.000	0.995	0.894	0.597	0.264	0.072	0.011	0.001	0.000	0.000	0.000
	6	1.000	0.999	0.962	0.775	0.448	0.166	0.035	0.003	0.000	0.000	0.000
	7	1.000	1.000	0.989	0.895	0.641	0.315	0.092	0.013	0.000	0.000	0.000
	8	1.000	1.000	0.997	0.960	0.801	0.500	0.199	0.040	0.003	0.000	0.000
	9	1.000	1.000	1.000	0.987	0.908	0.685	0.359	0.105	0.011	0.000	0.000
	10	1.000	1.000	1.000	0.997	0.965	0.834	0.552	0.225	0.038	0.001	0.000
	11	1.000	1.000	1.000	0.999	0.989	0.928	0.736	0.403	0.106	0.005	0.000
	12	1.000	1.000	1.000	1.000	0.997	0.975	0.874	0.611	0.242	0.022	0.001
	13	1.000	1.000	1.000	1.000	1.000	0.994	0.954	0.798	0.451	0.083	0.009
	14	1.000	1.000	1.000	1.000	1.000	0.999	0.988	0.923	0.690	0.238	0.050
	15	1.000	1.000	1.000	1.000	1.000	1.000	0.998	0.981	0.882	0.518	0.208
	16	1.000	1.000	1.000	1.000	1.000	1.000	1.000	0.998	0.977	0.833	0.582

	x	\multicolumn{11}{c}{p}
		0.05	0.10	0.20	0.30	0.40	0.50	0.60	0.70	0.80	0.90	0.95
---	---	---	---	---	---	---	---	---	---	---	---	---
n=18	0	0.397	0.150	0.018	0.002	0.000	0.000	0.000	0.000	0.000	0.000	0.000
	1	0.774	0.450	0.099	0.014	0.001	0.000	0.000	0.000	0.000	0.000	0.000
	2	0.942	0.734	0.271	0.060	0.008	0.001	0.000	0.000	0.000	0.000	0.000
	3	0.989	0.902	0.501	0.165	0.033	0.004	0.000	0.000	0.000	0.000	0.000
	4	0.998	0.972	0.716	0.333	0.094	0.015	0.001	0.000	0.000	0.000	0.000
	5	1.000	0.994	0.867	0.534	0.209	0.048	0.006	0.000	0.000	0.000	0.000
	6	1.000	0.999	0.949	0.722	0.374	0.119	0.020	0.001	0.000	0.000	0.000
	7	1.000	1.000	0.984	0.859	0.563	0.240	0.058	0.006	0.000	0.000	0.000
	8	1.000	1.000	0.996	0.940	0.737	0.407	0.135	0.021	0.001	0.000	0.000
	9	1.000	1.000	0.999	0.979	0.865	0.593	0.263	0.060	0.004	0.000	0.000
	10	1.000	1.000	1.000	0.994	0.942	0.760	0.437	0.141	0.016	0.000	0.000
	11	1.000	1.000	1.000	0.999	0.980	0.881	0.626	0.278	0.051	0.001	0.000
	12	1.000	1.000	1.000	1.000	0.994	0.952	0.791	0.466	0.133	0.006	0.000
	13	1.000	1.000	1.000	1.000	0.999	0.985	0.906	0.667	0.284	0.028	0.002
	14	1.000	1.000	1.000	1.000	1.000	0.996	0.967	0.835	0.499	0.098	0.011
	15	1.000	1.000	1.000	1.000	1.000	0.999	0.992	0.940	0.729	0.266	0.058
	16	1.000	1.000	1.000	1.000	1.000	1.000	0.999	0.986	0.901	0.550	0.226
	17	1.000	1.000	1.000	1.000	1.000	1.000	1.000	0.998	0.982	0.850	0.603
	18	1.000	1.000	1.000	1.000	1.000	1.000	1.000	1.000	1.000	1.000	1.000
n=19	0	0.377	0.135	0.014	0.001	0.000	0.000	0.000	0.000	0.000	0.000	0.000
	1	0.755	0.420	0.083	0.010	0.001	0.000	0.000	0.000	0.000	0.000	0.000
	2	0.933	0.705	0.237	0.046	0.005	0.000	0.000	0.000	0.000	0.000	0.000
	3	0.987	0.885	0.455	0.133	0.023	0.002	0.000	0.000	0.000	0.000	0.000
	4	0.998	0.965	0.673	0.282	0.070	0.010	0.001	0.000	0.000	0.000	0.000
	5	1.000	0.991	0.837	0.474	0.163	0.032	0.003	0.000	0.000	0.000	0.000
	6	1.000	0.998	0.932	0.666	0.308	0.084	0.012	0.001	0.000	0.000	0.000
	7	1.000	1.000	0.977	0.818	0.488	0.180	0.035	0.003	0.000	0.000	0.000
	8	1.000	1.000	0.993	0.916	0.667	0.324	0.088	0.011	0.000	0.000	0.000
	9	1.000	1.000	0.998	0.967	0.814	0.500	0.186	0.033	0.002	0.000	0.000
	10	1.000	1.000	1.000	0.989	0.912	0.676	0.333	0.084	0.007	0.000	0.000
	11	1.000	1.000	1.000	0.997	0.965	0.820	0.512	0.182	0.023	0.000	0.000
	12	1.000	1.000	1.000	0.999	0.988	0.916	0.692	0.334	0.068	0.002	0.000
	13	1.000	1.000	1.000	1.000	0.997	0.968	0.837	0.526	0.163	0.009	0.000
	14	1.000	1.000	1.000	1.000	0.999	0.990	0.930	0.718	0.327	0.035	0.002
	15	1.000	1.000	1.000	1.000	1.000	0.998	0.977	0.867	0.545	0.115	0.013
	16	1.000	1.000	1.000	1.000	1.000	1.000	0.995	0.954	0.763	0.295	0.067
	17	1.000	1.000	1.000	1.000	1.000	1.000	0.999	0.990	0.917	0.580	0.245
	18	1.000	1.000	1.000	1.000	1.000	1.000	1.000	0.999	0.986	0.865	0.623
	19	1.000	1.000	1.000	1.000	1.000	1.000	1.000	1.000	1.000	1.000	1.000

						p						
	x	0.05	0.10	0.20	0.30	0.40	0.50	0.60	0.70	0.80	0.90	0.95
n=20	0	0.358	0.122	0.012	0.000	0.000	0.000	0.000	0.000	0.000	0.000	0.000
	1	0.736	0.392	0.069	0.008	0.001	0.000	0.000	0.000	0.000	0.000	0.000
	2	0.925	0.677	0.206	0.035	0.004	0.000	0.000	0.000	0.000	0.000	0.000
	3	0.984	0.867	0.411	0.107	0.016	0.002	0.000	0.000	0.000	0.000	0.000
	4	0.997	0.957	0.630	0.238	0.051	0.006	0.000	0.000	0.000	0.000	0.000
	5	1.000	0.989	0.804	0.416	0.126	0.021	0.002	0.000	0.000	0.000	0.000
	6	1.000	0.998	0.913	0.608	0.250	0.058	0.006	0.000	0.000	0.000	0.000
	7	1.000	1.000	0.968	0.772	0.416	0.132	0.021	0.001	0.000	0.000	0.000
	8	1.000	1.000	0.990	0.887	0.596	0.252	0.057	0.005	0.000	0.000	0.000
	9	1.000	1.000	0.997	0.952	0.755	0.412	0.128	0.018	0.001	0.000	0.000
	10	1.000	1.000	0.999	0.983	0.872	0.588	0.245	0.048	0.003	0.000	0.000
	11	1.000	1.000	1.000	0.995	0.943	0.748	0.404	0.113	0.100	0.000	0.000
	12	1.000	1.000	1.000	0.999	0.979	0.868	0.584	0.228	0.032	0.000	0.000
	13	1.000	1.000	1.000	1.000	0.994	0.942	0.750	0.392	0.870	0.002	0.000
	14	1.000	1.000	1.000	1.000	0.998	0.979	0.874	0.584	1.960	0.011	0.000
	15	1.000	1.000	1.000	1.000	1.000	0.994	0.949	0.762	0.370	0.043	0.003
	16	1.000	1.000	1.000	1.000	1.000	0.999	0.984	0.893	0.589	0.133	0.016
	17	1.000	1.000	1.000	1.000	1.000	1.000	0.996	0.965	0.794	0.323	0.075
	18	1.000	1.000	1.000	1.000	1.000	1.000	0.999	0.992	0.931	0.608	0.264
	19	1.000	1.000	1.000	1.000	1.000	1.000	1.000	0.999	0.988	0.878	0.642
	20	1.000	1.000	1.000	1.000	1.000	1.000	1.000	1.000	1.000	1.000	1.000
n=25	0	0.277	0.072	0.004	0.000	0.000	0.000	0.000	0.000	0.000	0.000	0.000
	1	0.642	0.271	0.027	0.002	0.000	0.000	0.000	0.000	0.000	0.000	0.000
	2	0.873	0.537	0.098	0.009	0.000	0.000	0.000	0.000	0.000	0.000	0.000
	3	0.966	0.764	0.234	0.033	0.002	0.000	0.000	0.000	0.000	0.000	0.000
	4	0.993	0.902	0.421	0.090	0.009	0.000	0.000	0.000	0.000	0.000	0.000
	5	0.999	0.967	0.617	0.193	0.029	0.002	0.000	0.000	0.000	0.000	0.000
	6	1.000	0.991	0.780	0.341	0.074	0.007	0.000	0.000	0.000	0.000	0.000
	7	1.000	0.998	0.891	0.512	0.154	0.022	0.001	0.000	0.000	0.000	0.000
	8	1.000	1.000	0.953	0.677	0.274	0.054	0.004	0.000	0.000	0.000	0.000
	9	1.000	1.000	0.983	0.811	0.425	0.115	0.013	0.000	0.000	0.000	0.000
	10	1.000	1.000	0.994	0.902	0.586	0.212	0.034	0.002	0.000	0.000	0.000
	11	1.000	1.000	0.998	0.956	0.732	0.345	0.078	0.006	0.000	0.000	0.000
	12	1.000	1.000	1.000	0.983	0.846	0.500	0.154	0.017	0.000	0.000	0.000
	13	1.000	1.000	1.000	0.994	0.922	0.655	0.268	0.044	0.002	0.000	0.000
	14	1.000	1.000	1.000	0.998	0.966	0.788	0.414	0.098	0.006	0.000	0.000
	15	1.000	1.000	1.000	1.000	0.987	0.885	0.575	0.189	0.017	0.000	0.000
	16	1.000	1.000	1.000	1.000	0.996	0.946	0.726	0.323	0.047	0.000	0.000
	17	1.000	1.000	1.000	1.000	0.999	0.978	0.846	0.488	0.109	0.002	0.000
	18	1.000	1.000	1.000	1.000	1.000	0.993	0.926	0.659	0.220	0.009	0.000
	19	1.000	1.000	1.000	1.000	1.000	0.998	0.971	0.807	0.383	0.033	0.001
	20	1.000	1.000	1.000	1.000	1.000	1.000	0.991	0.910	0.579	0.098	0.007
	21	1.000	1.000	1.000	1.000	1.000	1.000	0.998	0.967	0.766	0.236	0.034
	22	1.000	1.000	1.000	1.000	1.000	1.000	1.000	0.991	0.902	0.463	0.127
	23	1.000	1.000	1.000	1.000	1.000	1.000	1.000	0.998	0.973	0.729	0.358
	24	1.000	1.000	1.000	1.000	1.000	1.000	1.000	1.000	0.996	0.928	0.723
	25	1.000	1.000	1.000	1.000	1.000	1.000	1.000	1.000	1.000	1.000	1.000

VIII. 누적포아송분포표

$$P(X \le c) = F(c) = \sum_{x=0}^{c} p(x \,;\, \lambda) = \sum_{x=0}^{c} \frac{e^{-\lambda}\lambda^x}{x!}$$

					λ					
c	1.10	1.20	1.30	1.40	1.50	1.60	1.70	1.80	1.90	2.00
0	0.333	0.301	0.273	0.247	0.223	0.202	0.183	0.165	0.150	0.133
1	0.699	0.663	0.627	0.592	0.558	0.525	0.493	0.463	0.434	0.406
2	0.900	0.879	0.857	0.833	0.809	0.783	0.757	0.731	0.704	0.677
3	0.974	0.966	0.957	0.946	0.934	0.921	0.907	0.891	0.875	0.857
4	0.995	0.992	0.989	0.986	0.981	0.976	0.970	0.964	0.956	0.947
5	0.999	0.998	0.998	0.997	0.996	0.994	0.992	0.990	0.987	0.983
6	1.000	1.000	1.000	0.999	0.999	0.999	0.998	0.997	0.997	0.995
7	1.000	1.000	1.000	1.000	1.000	1.000	1.000	0.999	0.999	0.999
8	1.000	1.000	1.000	1.000	1.000	1.000	1.000	1.000	1.000	1.000
9	1.000	1.000	1.000	1.000	1.000	1.000	1.000	1.000	1.000	1.000

					λ					
c	2.10	2.20	2.30	2.40	2.50	2.60	2.70	2.80	2.90	3.00
0	0.122	0.111	0.100	0.091	0.082	0.074	0.067	0.061	0.055	0.050
1	0.380	0.355	0.331	0.308	0.287	0.267	0.249	0.231	0.215	0.199
2	0.650	0.623	0.596	0.570	0.544	0.518	0.494	0.469	0.446	0.423
3	0.839	0.819	0.799	0.779	0.758	0.736	0.714	0.692	0.670	0.647
4	0.938	0.928	0.916	0.904	0.891	0.877	0.863	0.848	0.832	0.815
5	0.980	0.975	0.970	0.964	0.958	0.951	0.943	0.935	0.926	0.916
6	0.994	0.993	0.991	0.988	0.986	0.983	0.979	0.976	0.971	0.966
7	0.999	0.998	0.997	0.997	0.996	0.995	0.993	0.992	0.990	0.988
8	1.000	1.000	0.999	0.999	0.999	0.999	0.998	0.998	0.997	0.996
9	1.000	1.000	1.000	1.000	1.000	1.000	0.999	0.999	0.999	0.999
10	1.000	1.000	1.000	1.000	1.000	1.000	1.000	1.000	1.000	1.000
11	1.000	1.000	1.000	1.000	1.000	1.000	1.000	1.000	1.000	1.000
12	1.000	1.000	1.000	1.000	1.000	1.000	1.000	1.000	1.000	1.000

	λ									
c	3.10	3.20	3.30	3.40	3.50	3.60	3.70	3.80	3.90	4.00
0	0.045	0.041	0.037	0.033	0.030	0.027	0.025	0.022	0.020	0.018
1	0.185	0.171	0.159	0.147	0.136	0.126	0.116	0.107	0.099	0.092
2	0.401	0.380	0.359	0.340	0.321	0.303	0.285	0.269	0.253	0.238
3	0.625	0.603	0.580	0.558	0.537	0.515	0.494	0.473	0.453	0.433
4	0.798	0.781	0.763	0.744	0.725	0.706	0.687	0.668	0.648	0.629
5	0.906	0.895	0.883	0.871	0.858	0.844	0.830	0.816	0.801	0.785
6	0.961	0.955	0.949	0.942	0.935	0.927	0.918	0.909	0.899	0.889
7	0.986	0.983	0.980	0.977	0.973	0.969	0.965	0.960	0.944	0.949
8	0.995	0.994	0.993	0.992	0.990	0.988	0.986	0.984	0.981	0.979
9	0.999	0.998	0.998	0.997	0.997	0.996	0.995	0.994	0.993	0.992
10	1.000	1.000	0.999	0.999	0.999	0.999	0.998	0.998	0.998	0.997
11	1.000	1.000	1.000	1.000	1.000	1.000	1.000	0.999	0.999	0.999
12	1.000	1.000	1.000	1.000	1.000	1.000	1.000	1.000	1.000	1.000
13	1.000	1.000	1.000	1.000	1.000	1.000	1.000	1.000	1.000	1.000
14	1.000	1.000	1.000	1.000	1.000	1.000	1.000	1.000	1.000	1.000

	λ									
c	4.50	5.00	5.50	6.00	6.50	7.00	7.50	8.00	8.50	9.00
0	0.011	0.007	0.004	0.002	0.002	0.001	0.001	0.000	0.000	0.000
1	0.061	0.040	0.027	0.017	0.011	0.007	0.005	0.003	0.002	0.001
2	0.174	0.125	0.088	0.062	0.043	0.030	0.020	0.014	0.009	0.006
3	0.342	0.265	0.202	0.151	0.112	0.082	0.059	0.042	0.030	0.021
4	0.532	0.440	0.358	0.285	0.224	0.173	0.132	0.100	0.074	0.055
5	0.703	0.616	0.529	0.446	0.369	0.301	0.241	0.191	0.150	0.116
6	0.831	0.762	0.686	0.606	0.527	0.450	0.378	0.313	0.256	0.207
7	0.913	0.867	0.809	0.744	0.673	0.599	0.525	0.453	0.386	0.324
8	0.960	0.932	0.894	0.847	0.789	0.729	0.662	0.593	0.523	0.456
9	0.983	0.968	0.946	0.916	0.877	0.830	0.776	0.717	0.653	0.587
10	0.993	0.986	0.975	0.957	0.933	0.901	0.862	0.816	0.763	0.706
11	0.998	0.995	0.989	0.980	0.966	0.947	0.921	0.888	0.849	0.803
12	0.999	0.998	0.996	0.991	0.984	0.973	0.957	0.936	0.909	0.876
13	1.000	0.999	0.998	0.996	0.993	0.987	0.978	0.966	0.949	0.926
14	1.000	1.000	0.999	0.999	0.997	0.994	0.990	0.983	0.973	0.959
15	1.000	1.000	1.000	0.999	0.999	0.998	0.995	0.992	0.986	0.978
16	1.000	1.000	1.000	1.000	1.000	0.999	0.998	0.996	0.993	0.989
17	1.000	1.000	1.000	1.000	1.000	1.000	0.999	0.998	0.997	0.995
18	1.000	1.000	1.000	1.000	1.000	1.000	1.000	0.999	0.999	0.998
19	1.000	1.000	1.000	1.000	1.000	1.000	1.000	1.000	0.999	0.999
20	1.000	1.000	1.000	1.000	1.000	1.000	1.000	1.000	1.000	1.000
21	1.000	1.000	1.000	1.000	1.000	1.000	1.000	1.000	1.000	1.000
22	1.000	1.000	1.000	1.000	1.000	1.000	1.000	1.000	1.000	1.000

연습문제 해답

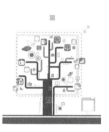

2장

01. b) $\overline{x} = 46.825$, $S_X = 21.06995$, 중앙값 $= 45$, 최빈값 $= 40$

제1 사분위수 $(Q_1) = 30$, 제2 사분위수 $(Q_2) = 45$, 제3 사분위수 $(Q_3) = 63.75$

02. a) ① 107, ② 102, ③ 105, ④ 105

b) a)를 통해서 $\overline{w} = \dfrac{m\,\overline{x} + n\,\overline{y}}{m+n}$ 이라고 할 수 있다.

03. a) $\overline{x} = 9$ b) -6, -2, -1, 3, 6 c) $\displaystyle\sum_{i=1}^{5}(x_i - \overline{x}) = 0$

04. a) 11.2   b) 8.9   c) $S_X^2 = 24.119$, $S_X = 4.9111$

05. a) $\overline{x} = 4$, 중앙값 $= 4$, $S_X^2 = 2.5$, $S_X = 1.58$, 변동계수 $= \dfrac{1.58}{4} = 0.395$,

범위 $= 6 - 2 = 4$

b) $\overline{x} = 0$, 중앙값 $= -0.5$, $S_X^2 = 3.4286$, $S_X = 1.8516$

변동계수는 분모가 0 이므로 계산할 수 없음, 범위 $= 3 - (-2) = 5$

c) $\overline{x} = 15$, 중앙값 $= 15$, $S_X^2 = 62.5$, $S_X = 7.9057$, 변동계수 : $\dfrac{7.91}{15} = 0.527$,

범위 $= 25 - 5 = 20$

06. a) $\overline{x} = 0.76$, 중앙값 $= 0.77$, 최빈값 $= 0.75$

b) 0.75, 0.77, 0.84 사분위수 범위: 0.09

07. $E(Y) = E(a+bX) = a + bE(X) = a + b\,\overline{X}$

$V(Y) = V(a+bX) = b^2\,V(X)$

$S_Y = \sqrt{V(a+bX)} = \sqrt{b^2\,V(X)} = |b|S_X$

08. a) $S_Y^2 = 36$ b) $S_Y^2 = 4$

09. a) 품종4를 선택해야 한다.

10. a) $\overline{x} = 69.5$, $S_X = 7.55$, 범위 $= 78 - 60 = 18$

b) $\overline{y} = 141$, $S_Y = 15.09$

11. a) 평균 $= 23.27$, 중앙값 $= 25$, 제1사분위수 $= 22$, 제2사분위수 $= 25$, 제3사분위수 $= 26$

3장

01. a) $S = \left\{ \begin{matrix} (H,1),(H,2),(H,3),(H,4),(H,5),(H,6), \\ (T,1),(T,2),(T,3),(T,4),(T,5),(T,6) \end{matrix} \right\}$ b) $\dfrac{1}{4}$

02. a) 0.4 b) 0.429 c) 0.675 d) 0.36 e) 0.36 f) 0.714

03. $\dfrac{\binom{13}{4} \times 4}{\binom{52}{4}}$

04. a) $\dfrac{1}{4}$ b) $\dfrac{3}{10}$ c) $\dfrac{5}{16}$ d) $\dfrac{31}{80}$

05. 뽑는 순서와 관계없이 확률은 $\dfrac{2}{18} = \dfrac{1}{9}$ 로 동일하다.

06. a) 사상 A와 사상 B는 서로 독립이다. b) 사상 A와 사상 B는 상호 배반이 아니다.

07. a) $\dfrac{24}{55}$ b) $\dfrac{32}{55}$

08. a) $\dfrac{2}{5}$ b) $\dfrac{1}{20}$

09. a) $\dfrac{7}{8}$ b) $\dfrac{1}{2}$ c) $\dfrac{4}{7}$ d) $\dfrac{3}{4}$

10. 0.552

11. 0.027

12. $\dfrac{1}{3}$

13. a) 0.06 b) 0.21 c) 0.44 d) 0.79

16. a) $\dfrac{13}{300}$ b) $\dfrac{10}{13}$

17. a) 0.125 b) 0.205 c) 0.61

18. $\dfrac{21}{29}$

19. a) $\dfrac{5}{8}$ b) $\dfrac{1}{3}$

20. $\dfrac{1}{n}$

21. a) 독립이 아니다. b) 독립이다.

22. a) 독립이다. b) 독립이 아니다. c) 독립이 아니다.

23. a) 독립이다. b) 독립이 아니다. c) 독립이다.

24. a) 독립도 상호 배반도 아니다. b) 상호 배반이며 독립이 아니다.

25. 사상 A, B, C 는 상호 독립이 아니다.

26. $\dfrac{1}{2}$

27. $\dfrac{10}{37} \approx 0.2703$

28. a) 0.0588 b) 0.6735 c) 0.9996

29. 0.832

30. a) 0.7 b) 0.533

31. a) 0.26 b) 0.6923

32. a) 0.16 b) 0.5625

33. $\dfrac{16}{34} \approx 0.4706$

34. $\dfrac{8}{23}$

35. 0.36

36. 0.4

37. 0.75

38. a) T b) F c) F d) F e) F

39. $\dfrac{1}{2}$

40. $\dfrac{\left(\dfrac{12!}{2!^6} \right)}{(6^{12})}$

41. 0.625

42. $\dfrac{1}{10}$

43. a) 모두 확률이 동일하다. 따라서 유리하지 않다. b) $\dfrac{1}{7}$

01. $f_X(x) = (\frac{x}{6})^n - (\frac{x-1}{6})^n$, $f_Y(y) = (\frac{7-y}{6})^n - (\frac{6-y}{6})^n$

02. 0.6154 달러

03. a) $p_2(x)$가 가장 적합하다.

b) $P(2 \leq X \leq 4) = 0.5$, $P(X \leq 2) = 0.6$, $P(X \neq 0) = 0.6$

c) $c = \frac{1}{15}$

04. $E(X) = 22$, $V(X) = 196$

05. a) $F_X(x) = \begin{cases} 0, & x < 0 \\ \frac{1}{4}, & 0 \leq x < 1 \\ \frac{3}{4}, & 1 \leq x < 2 \\ 1, & x \geq 2 \end{cases}$ b) $\frac{3}{4}$

06. a) 3 b) $\frac{1}{8}$ c) $\frac{7}{64}$ d) $E(X) = \frac{3}{4}$, $Var(X) = \frac{3}{80}$ e) $\frac{2}{5}$

07. $f_X(x) = \begin{cases} 0.3, & x = 1 \\ 0.1, & x = 3 \\ 0.05, & x = 4 \\ 0.15, & x = 6 \\ 0.4, & x = 12 \\ 0, & \text{그 외} \end{cases}$

08. a) $\frac{7}{8}$ b) $F(x) = \begin{cases} 0, & x < 0 \\ \frac{1}{4}x^2, & 0 \leq x < 1 \\ -\frac{1}{8}x^2 + \frac{7}{8}x - \frac{4}{8}, & 1 \leq x < 3 \\ 1, & 3 \leq x \end{cases}$

c) $E(X) = \frac{3}{2}$, $V(X) = \frac{11}{24}$

09. a) $\dfrac{1}{4}$ b) $F(x) = \begin{cases} 0, & x < 0 \\ \dfrac{x}{3}, & 0 \leq x < 1 \\ \dfrac{1}{2}, & 1 \leq x < 2 \\ \dfrac{3}{4}, & 2 \leq x < 3 \\ 1, & 3 \leq x \end{cases}$ c) $E(X) = \dfrac{19}{12}$, $V(X) = \dfrac{147}{144}$

10. a) $E(X^2) = 32.5$, $Var(X) = 7.5$

   b) $Var(X) = E(X(X-1)) + E(X) - (E(X))^2$

11. 2.33달러, 5권

13. 0.84

14. a) $\dfrac{2}{3}$ b) $\dfrac{3}{4}$

15. b) $E(Y) = 5$, $V(Y) = 4.1666$

16. a) $f(y) = \begin{cases} \dfrac{1}{27}, & 0 < y < 3, \\ \dfrac{2}{81}y, & 3 \leq y < 9, \\ 0, & 그 외 \end{cases}$ b) $\dfrac{2}{27}$ c) $\dfrac{51}{54}$ d) $\dfrac{2}{3}$ e) $\dfrac{107}{18}$ f) $\dfrac{1619}{324}$

17. 주행거리를 Y라고 할 때, $14672 \leq Y \leq 35328$ 로 광고해야 한다.

18. b) $E(X) = 3$

19. $F_X(x) = 1 - x^{-2}$, $1 < x < \infty$

20. $M(t) = \begin{cases} \dfrac{1}{k}\dfrac{e^t(1-e^{kt})}{(1-e^t)}, & t \neq 0 \\ 1, & t = 0 \end{cases}$

21. $M(t) = \begin{cases} \dfrac{e^{3t} - e^{-t}}{4t}, & t \neq 0 \\ 1, & t = 0 \end{cases}$

22. $M(t) = \begin{cases} \dfrac{e^{2t} - e^{-t}}{3t}, & t \neq 0 \\ 1, & t = 0 \end{cases}$

5장

01. a) 0.16807 b) 0.3456 c) 0.33696

02. a) 0.2364 b) 0.9905 c) 0.2364 d) 0.1384 e) 0.3649

03. a) 0.2528 b) 0.915

04. a) $E(X) = 50$, $Var(X) = 37.5$

b) $P(X = 35) = 0.0029$로서 25%는 학교를 대표할 수 있다고 말할 수 없다.

05. a) $E(X) = 7.5$, $\sigma_X = 2.2912$ b) 0.6175 c) 0.6170

06. a) 0.1679 b) 0.3763 c) 0

07. 0.728668

08. a) 0.4426 b) 0.0031

09. 0.9474

10. a) $Y \sim b(n, p)$ b) $E(Y) = np$, $Var(Y) \equiv np(1 - p)$

11. a) $X \sim b(50, 0.1)$ b) $E(X) = 5$, $Var(X) = 4.5$

12. a) $E(X) = 30$, $Var(X) = 21$ b) $E(X) = 50$, $Var(X) = 25$

13. a) 0.02523 b) $E(X_4) = 1.45$, $V(X_4) = 1.0295$

14. 2.4

15. a) $E(X) = 10$, $Var(X) = 6$ b) $(5.102, 14.898)$ c) 0.9933 d) 0.75

16. a) F b) F

17. 0.0027

18. a) 0.4546 b) $E(X) = 2$, 0.7273

19. a) 0.3991 b) $E(T) = 11.75$, $V(T) = 40.7673$, $\sigma(T) = 6.3849$

20. a) 0.3553, b) $E(X) = 2.4$, $V(X) = 1.04$

21. a) 0.2008 b) 0.1797

22. a) 0.0396 b) $E(X) = 7$, $V(X) = 23.333$

23. 0.0902

24. $P(X = 2) = 0.0842$, $P(X \leq 2) = 0.1247$

25. 0.1127

26. 0.7769

27. $E[C_A(10)] = 140$

28. a) $E(X) = 60$, $V(X) = 600$, b) $\dfrac{6}{11}$ (마코프 부등식), $\dfrac{6}{25}$ (체비셰프 부등식)

29. a) 0.0000425   b) 정규근사 : 0.0000343, 포아송근사 : 0.0019

30. a) 0.141966   b) 0.1428765

31. $\dfrac{2}{3}$

32. $\mu = 9.1998$

33. a) 0.00949   b) 0

34. 0.96875

35. 0.0228

36. 75.36분

37. a) 2612.277   b) 0.2959

38. 1.3488

39. a) $Y \sim N(a\mu + b, a^2 b^2)$ b) $Y \sim N(0, 1)$

40. a) 0.3679   b) 0.3679

41. 0.4724

42. a) $M_Y(t) = (1 - t\theta)^{-1}$ b) $E(Y) = \theta$, $V(Y) = \theta^2$

43. a) $E(X) = 20,000$, $V(X) = 1,000,000$

b) 연간 수입이 25,000만원을 초과한다고 기대할 수 없다.

44. $E(L) = 396$, $V(L) = 132624$

6장

01. a) x의 주변분포

x	1	2
$p(x)$	0.4	0.6

y의 주변분포

x	2	3	4	5
$p(x)$	0.2	0.3	0.4	0.1

b) 두 확률변수 X, Y는 서로 독립.

c)

w	3	4	5	6	7
$p(w)$	0.08	0.24	0.34	0.28	0.06

02. a) $\dfrac{1}{96}$ b) $f_X(x) = \dfrac{1}{8}x$, $0 < x < 4$, $f_Y(y) = \dfrac{1}{12}y$, $1 < y < 5$

03. a) 0.01158   b) 0.594

04. 0.926

05. $Cov(X, Y) = 1$, $\rho_{X, Y} = 0.1346$

06. a), b)

x ＼ y	1	2	3	$p_X(x)$
1	$\dfrac{1}{9}$	$\dfrac{1}{9}$	$\dfrac{1}{9}$	$\dfrac{1}{3}$
2	$\dfrac{1}{9}$	$\dfrac{1}{9}$	$\dfrac{1}{9}$	$\dfrac{1}{3}$
3	$\dfrac{1}{9}$	$\dfrac{1}{9}$	$\dfrac{1}{9}$	$\dfrac{1}{3}$
$p_Y(y)$	$\dfrac{1}{3}$	$\dfrac{1}{3}$	$\dfrac{1}{3}$	

c) $E(X) = 2$, $Var(X) = \dfrac{2}{3}$ d) $E(S) = 4$, $Var(S) = \dfrac{4}{3}$

$E(Y) = 2$, $Var(Y) = \dfrac{2}{3}$

07. a) $E(X) = \dfrac{2}{3}$, $Var(X) = \dfrac{1}{18}$ b) $\dfrac{4}{3}$ c) $Cov(X, Y) = 0$, $\rho_{X, Y} = 0$

$E(Y) = \dfrac{2}{3}$, $Var(X) = \dfrac{1}{18}$

08. a)

x ＼ y	0	1	$p_X(x)$
-1	0	$\dfrac{1}{3}$	$\dfrac{1}{3}$
0	$\dfrac{1}{3}$	0	$\dfrac{1}{3}$
1	0	$\dfrac{1}{3}$	$\dfrac{1}{3}$
$p_Y(y)$	$\dfrac{1}{3}$	$\dfrac{2}{3}$	

b) 독립이 아니다. c) 0

09. a) $f(x,y) = \dfrac{e^{-(\lambda + \mu)} \cdot \lambda^x \cdot \mu^y}{x!y!}$ b) $p(x + y \leq 1) = e^{-(\lambda + \mu)}(1 + \mu + \lambda)$

c) $p(x + y = m) = e^{-(\lambda + \mu)} \cdot (\lambda + \mu)^m \cdot \dfrac{1}{m!}$

d) $Z \sim Poi(\lambda + \mu)$

10. a)

x \ y	30	45	70	$p_X(x)$
0	0.01	0.02	0.05	0.08
1	0.03	0.06	0.1	0.19
2	0.18	0.21	0.15	0.54
3	0.07	0.08	0.04	0.19
$p_Y(y)$	0.29	0.37	0.34	

b) 독립이 아님.   c) $\mu_x = 1.84$, $\sigma_X = 0.8212$

11. a) $f_{Y_1}(y_1) = 2y_1$, $0 \le y_1 \le 1$, $f_{Y_2}(y_2) = 2y_2$, $0 \le y_2 \le 1$

   b) $\dfrac{1}{9}$ c) $f(y_1 | Y_2 = y_2) = 2y_1$ d) $f(y_2 | Y_1 = y_1) = 2y_2$ e) $\dfrac{9}{16}$

12. a)

x	1	2	3
$p(x|y=1)$	0.1	0.5	0.4

b) 동일하다.

c) 독립이다.

13. $E((X-1)(Y-1)) = 0.52$, $E((X-1)^2) = 2.1$, $E(3X + 2Y) = 9.7$

14. a)

r	2	5	8	10	13
f(r)	0.06	0.34	0.2	0.24	0.16

   $E(R) = 7.9$

   b) $E(X^2 + Y^2) = 7.9$

15. a) $E(W) = 8$, $Var(W) = 28$ b) $E(Z) = 19$, $Var(Z) = 144$

16. Y_1과 Y_2가 독립이므로 $Cov(Y_1, Y_2)$은 0이다.

17. $-\dfrac{1}{11}$

18. a) $E(Y|X) = 5.534$, b) $Cov(X, Y) = 0.69704$, $\rho_{X, Y} = 0.2098$

19. a)

x \ y	15	25	35	$p_X(x)$
20	$\frac{1}{10}$	$\frac{2}{10}$	0	$\frac{3}{10}$
30	$\frac{1}{10}$	$\frac{2}{10}$	$\frac{1}{10}$	$\frac{4}{10}$
40	0	$\frac{2}{10}$	$\frac{1}{10}$	$\frac{3}{10}$
$p_Y(y)$	$\frac{2}{10}$	$\frac{6}{10}$	$\frac{2}{10}$	

b) $E(X) = 30,\ Var(X) = 60$

c) $E(Y) = 25,\ Var(Y) = 40$

d) $Cov(X, Y) = 20$

20. a) $E(T) = 55,\ Var(T) = 140$ b) $E(W) = 39,\ Var(W) = 72$

21. a) $E(K) = 11,\ \sigma_K = 2.366$ b) $E(K) = 20,\ \sigma_K = 5.916$

22. a) $Cov(X, Y) = 0$

b) 두 확률변수 X, Y는 서로 독립이 아니다. 공분산이 0 이어도 항상 독립은 아니다.

23. a) x의 주변분포

x	0	1	2	3
$p(x)$	0.23	0.35	0.27	0.15

y의 주변분포

y	0	1	2	3	4
$p(y)$	0.21	0.26	0.3	0.13	0.1

b) 두 확률변수 X, Y는 서로 독립이 아님.

24. $E(W) = 110,\ Var(W) = 220$

25. a)

x \ y	1	2	3	$p_X(x)$
2	$\frac{1}{4}$	$\frac{1}{32}$	$\frac{1}{32}$	$\frac{10}{32}$
4	$\frac{1}{8}$	$\frac{1}{16}$	$\frac{1}{2}$	$\frac{22}{32}$
$p_Y(y)$	$\frac{12}{32}$	$\frac{3}{32}$	$\frac{17}{32}$	

b) 두 확률변수 X, Y는 서로 독립이 아님.

c)

t	3	4	5	6	7
$p_T(t)$	$\dfrac{8}{32}$	$\dfrac{1}{32}$	$\dfrac{5}{32}$	$\dfrac{2}{32}$	$\dfrac{16}{32}$

d) $E(T) = 5.531, \ Var(T) = 2.814$

26. a) F b) F c) F d) F e) F f) F g) T

27. Y_1과 Y_2는 독립이 아니다.

28. $\dfrac{1}{2}$

29. a) $\dfrac{2}{3}y_2, \ 0 \le y_2 \le 1$ b) $\dfrac{8}{15}$

30. a) $\dfrac{y_2}{2}, \ 0 \le y_2 \le 1$ b) $\dfrac{1}{4}$

31. a) 2

b) $f_{X|Y}(x|y) = \dfrac{f_{X,Y}(x,y)}{f_Y(y)} = \dfrac{2e^{-x}e^{-y}}{2e^{-2y}} = e^{-(x-y)}, \ x \ge y$

$f_{Y|X}(y|x) = \dfrac{f_{X,Y}(x,y)}{f_X(x)} = \dfrac{2e^{-x}e^{-y}}{2e^{-x}(1-e^{-x})} = \dfrac{e^{-y}}{1-e^{-x}}, \ 0 < y < x.$

c) 1/4   d) 두 확률변수 X와 Y는 독립이 아니다.

7장

01. a) $\mu = 3.5, \quad \sigma^2 = 3.15$

b)

$\overline{x}$	$p_{\overline{X}}(\overline{x})$
2	0.25
3	0.3
4	0.24
5	0.14
6	0.0525
7	0.015
8	0.0025

$E(\overline{X}) = \mu$

02. a) $\mu = 46.5$, $\sigma^2 = 15.25$

b)

$\overline{x}$	$p_{\overline{X}}(\overline{x})$
40	0.04
42.5	0.06×2
45	$0.09 + 0.1 \times 2$
47.5	0.15×2
50	0.25

c) $E(\overline{X}) = 46.5$, $Var(\overline{X}) = 7.625$, $E(S^2) = 15.25$

04. 240

05. 52명 이상

06. 0.2051

07. a)

$\overline{x}$	1	1.5	5	2.5	3	3.5	4	4.5	5
$p_{\overline{X}}(\overline{x})$	0.04	0.12	0.17	0.20	0.20	0.14	0.08	0.04	0.01

b) 0.05

08. a) $E(\overline{X}) \equiv 15$, $Var(\overline{X}) = 0.25$ b) 종모양 c) 1 d) -2

09. a) $E(\overline{X}) = 6$, $Var(\overline{X}) = 0.125$ b) 0.522 c) 0.078

10. a) $E(\hat{p}) = 0.3$, $Var(\hat{p}) = 0.0042$ b) 0.2206

11. 0

12. a) 87850, 19100116

b) 기대값은 동일함. $(a = 27, b = 125, c = 512)$

$$Var(aX_1 + bX_2 + cX_3) = a^2 Var(X_1) + b^2 Var(X_2) + c^2 Var(X_3)$$
$$+ 2ab\,Cov(X_1, X_2) + 2bc\,Cov(X_2, X_3) + 2ca\,Cov(X_3, X_1)$$

13. a) 0.9332 b) 0.6826895 c) 0.6826895

14. a) $E(\overline{X}) = 1$, $\sigma(\overline{X}) = 0.161$ b) 0.0312 c) 0.00095 d) 0.9678

15. a) 정규분포, b) $E(\overline{X}) = 5.5$, $\sigma(\overline{X}) = 0.4564$

16. 0.0645

17. 0.0548

18. 0.963642

19. 0.2776

20. a) 0.377   b) 0.2635   c) 0.3759

21. 0.00013

22. 0.8230

23. 0.0060

24. a) $\mu = 5.1$, $\sigma^2 = 0.89$ b) $E(\overline{X}) = 5.1$, $Var(\overline{X}) = 0.0182$ c) 0.0015

25. a) 0.4426   b) 0.0029

26. a) 0.0678   b) 0.9308

27. a) 0.9710   b) 256 이상의 주문을 받아야 한다.

28. 0.3765

29. b) $n = 1$인 경우 평균과 분산

$E(\overline{X}) = 50$, $V(\overline{X}) = 833.3333$

$n = 30$인 경우 평균과 분산

$E(\overline{X}) = 50$, $V(\overline{X}) = 27.77778$

30. 0.3604

31. $\mu = 14.5$, $\sigma^2 = 11.125$

8장

01. a) $\overline{X}_{100}$, $\overline{X}_{90}$ 모두 불편추정량이다.

b) 표본 100개를 이용한 추정량이 90개를 이용한 추정량보다 더 효율적이다.

02. a) $\overline{X}$, $\widetilde{X}^*$ 모두 불편추정량이다.

b) $\overline{X}$의 분산이 $\widetilde{X}^*$의 분산보다 작으므로 $\overline{X}$ 추정량이 더 효율적이다.

03. $RE(T_1, T_2) = \dfrac{n[4p^2 + np(1-p)]}{p(1-p)(n+2)^2}$

04. S^2은 불편추정량, σ^2은 편향추정량이고,

$e(S^2, \hat{\sigma}^2) = \dfrac{(2n-1)(n-1)}{2n^2}$ 으로 $\hat{\sigma}^2$이 더 좋다.

하지만 n이 증가함에 따라 차이가 없어진다.

5. a) 모두 불편추정량이다 b) $RE(\widehat{\mu_1}, \widehat{\mu_2}) = \dfrac{(n-2)+2}{4(n-2)}$

6. a) 모두 불편추정량이다 b) W_4, W_3, W_2, W_1 순서대로 효율적이다.

7. $\dfrac{1}{5}, \dfrac{5}{7}$

8. a) $E(\widehat{\theta_3}) = \theta$ b) $a = \dfrac{\sigma_2^2}{\sigma_1^2 + \sigma_2^2}$

9. a) P^*의 평균 $= \dfrac{np+1}{n+1}$, P^*의 분산 $= \dfrac{np(1-p)}{(n+1)^2}$ b) $\dfrac{(n-2)P - (n-1)P^2 + 1}{(n+1)^2}$

10. a) 불편추정량 b) 편향추정량
    c) 편향추정량

11. 0.75

12. 편의 추정량, $bias\left(\dfrac{X+2}{n+2}\right) = \dfrac{2(1-p)}{n+2}$

13. $\displaystyle\sum_{i=1}^{n} a_i = 1$

15. $\hat{\alpha} = \hat{\lambda}\,\overline{X}$, $\hat{\lambda} = \dfrac{\overline{X}}{\dfrac{n-1}{n}S^2}$

16. $\hat{\lambda} = \overline{x}$

17. $\hat{\theta} = \dfrac{\overline{X}}{1 - \overline{X}}$

18. $\hat{\alpha} = \overline{Y}/(4 - \overline{Y})$

19. $\hat{\theta}_{MLE} = \dfrac{1}{n}\displaystyle\sum_{i=1}^{n} x_i^2$

20. ① 적률방법
    $$\hat{\theta} = \sqrt{\frac{3}{n}\sum_{i=1}^{n} X_i^2}$$
    ② 최대우도방법
    $$\hat{\theta} = \max(|X_1|, |X_2|, ..., |X_n|)$$

01. a) $n = 100$일 때 $\bar{x} \pm 1.96$, $n = 200$일 때 $\bar{x} \pm 1.386$, $n = 400$일 때 $\bar{x} \pm 1.1316$

b) 신뢰구간의 너비가 표본의 크기의 영향을 받는다. 표본의 크기가 2인 경우보다 4
인 경우가 신뢰구간의 너비가 더 작다.

$$\bar{x} \pm z_{\alpha/2} \sqrt{\sigma^2/2}, \quad \bar{x} \pm z_{\alpha/2} \sqrt{\sigma^2/4} \ => \ \sqrt{\sigma^2/2} \ > \ \sqrt{\sigma^2/4}$$

c) 신뢰도가 90%, 95%, 99%로 변할수록 신뢰구간의 너비는 커진다.

02. $(3.0095,\ 3.2404)$

03. a) $(9.8554,\ 11.1445)$　b) 주장이 맞지 않다.

04. a) $(4.4713,\ 5.1287)$　b) $n = 14$

05. $(1345.4207,\ 2384.5792)$

06. $(254.06,\ 259.60)$

07. a) $(28.04,\ 31.96)$　b) 1.96

08. 방법2의 다이어트 효과가 더 크다.

09. $(-5.5419,\ 33.5419)$

10. $(277509.8,\ 322490.2)$

11. $(0.6102,\ 0.7898)$

12. $(-0.3083,\ -0.1917)$

13. $n = 27$

14. $(-10.5825,\ -1.4175)$

15. ① 95% 신뢰도를 위한 표본크기 $n = 97$

② 99% 신뢰도를 위한 표본크기 $n = 167$

16. a) $(47.28,\ 52.32)$, b) $n > 89.1570$, 90명 이상

17. 62명

18. ① 95% 신뢰도를 위한 표본크기, $n = 2401$

② 99% 신뢰도를 위한 표본크기, $n = 4161$

19. 0.0309

20. $\dfrac{5}{3} \approx 1.67$

21. $n = 3$씩 배정한다.

22. $(0.3321,\ 0.4679)$

23. a) $(-0.0669, 0.0869)$ b) $(-55.5745, 109.5745)$

24. $(0.2282, 0.7918)$, 신제품이 치아 플라그 세척에 더 효과적이다.

25. $(0.5753, 0.658)$, 95% 신뢰도로 지지율의 신뢰하한이 57.53%이다. 최소지지율이 0.5 보다 크므로 A당 후보가 당선될 가능성이 크다.

26. $(5.4568, 12.5432)$

27. $(-0.112, 0.212)$

28. $(1.25, 6.75)$

29. $(-9.9038, 4.3498)$

30. $(-2.197, 0.331)$

95% 신뢰구간이 0을 포함하여 케이블 TV 시청과 라디오 청취의 두 모집단 평균 이 용 시간 간에 차이가 없다고 볼 수 있다. 95% 신뢰수준에서 케이블 TV 시청 시간은 라디오 청취 시간에 비해 최소 2.197시간 적거나, 최대 0.331시간 많다.

31. $(-0.112, 0.012)$

32. a) $(-0.0977, 0.1377)$ b) 아니오. 98% 신뢰구간에 0이 포함되어 있다.

33. ① 모비율 $p = 0.3$일 때, $n = 1554$

② 모비율 p가 알려져 있지 않을 경우, $n = 1849$

10장

01. a) $(-0.00546, 0.05454)$ b) $H_0 : p_X = p_Y$ vs $H_1 : p_X \neq p_Y$

c) $P-$값 $= 0.0974728$ d) 귀무가설(H_0)을 기각할 수 없다.

02. H_0 채택

03. H_0 채택

04. H_0 채택

05. a) H_0 채택   b) $X_0^2 = 9$, $P(X_0^2 \geq 9) = 0.4373$

06. H_0 채택

07. $P-$값$= 0.1118$, H_0 채택

08. H_0 채택

09. a) $(-2.277, 0.231)$

b) H_0 채택, $0.1 < P-$ 값 < 0.2

10. a) $H_0 : p_X = p_Y$ vs $H_1 : p_X \neq p_Y$ b) $P-$ 값 $= 0.001$

c) H_0 기각, 따라서 나이별 안전의식에 차이가 존재한다.

11. H_0 채택

12. H_0 기각

13. H_0 기각

14. H_0 기각, $P-$ 값 $= P(T \leq |t_0|) = 2P(T \leq t_0)$, $0.02 < P-$ 값 < 0.05

15. a) $P-$ 값 $= 0.015$ b) H_0 기각, c) 0.2033

16. $(0.5742, 0.6258)$, $H_0 : p \leq 0.5$, $H_1 : p > 0.5$, H_0 기각

17. H_0 채택, 검정력 : 0.9788

18. $H_0 : \mu_1 \leq \mu_2$, H_0 채택

19. $H_0 : p = 0.29$, H_0 기각

20. a) $(122407.7 , 173592.3)$

b) 신뢰구간 사이에 주장하는 집값이 포함되지 않았으므로 거짓이다.

21. a) $H_0 : p = 0.75$, $H_1 : p > 0.75$, H_0 기각   b) 0.6726

22. a) $(13216 , 14784)$

b) $H_0 : d \leq 0$ vs $H_1 : d > 0.5$

$P(Z \leq z_0 ; H_0) = 0.9678$

23. a) $(14.5506, 25.4494)$ b) 여자교수의 연봉이 더 적다.

24. a) $H_0 : \mu_X = \mu_Y$, H_0 채택   b) $(-4.33, 46.93)$

25. a) $H_0 : \mu \geq 4$ vs $H_1 : \mu < 4$ b) t분포, $t_0 = -3.5714$

c) $P-$ 값 < 0.005, H_0 기각

26. a) $H_0 : \mu \geq 120$ vs $H_1 : \mu < 120$ b) R_2가 기각역으로 적당하다   c) 0.0020

d) 0.4522

27. $H_0 : p_1 = p_2$, $H_1 : p_1 \neq p_2$, H_0 채택

## 11장

01. H_0 채택, 멘델의 법칙을 따른다고 할 수 있다.

02. H_0 채택, A의 수는 포아송 분포를 따른다고 할 수 있다.

03. H_0 채택, 교통사고 건수는 포아송 분포를 따른다고 할 수 있다.

04. H_0 채택, 통계학원론 시험점수는 정규분포를 따른다고 할 수 있다.

05. H_0 기각, 교육수준이 결혼생활의 만족도에 영향을 미친다고 할 수 있다.

06. H_0 채택, 남학생과 여학생의 과목 선호도가 같다고 할 수 있다.

07. H_0 채택, 성별에 따라 최종학력에는 차이가 없다고 할 수 있다.

08. H_0 기각, 흡연여부와 폐암 간에는 연관성이 존재한다고 할 수 있다.

09. H_0 채택, 성별에 따라 혈액형 비율에는 차이가 없다고 할 수 있다.

10. H_0 기각, 지역에 따라 주로 이용하는 교통수단에 차이가 존재한다고 할 수 있다.

11. H_0 기각, 종교여부와 사후 세계에 대한 믿음에는 연관성이 존재한다고 할 수 있다.

12. H_0 채택, 운전경력과 교통법규 시험합격 여부 사이에는 연관성이 존재하지 않는다고 할 수 있다.

찾아보기

저자 약력

김동욱

성균관대학교 통계학과 졸업
성균관대학교 대학원(통계학 석사)
미국 University of Florida 대학원(통계학 박사)
현: 성균관대학교 통계학과 교수

통계학원론

초판발행	2015년 4월 10일
중판발행	2023년 4월 20일
지은이	김동욱
펴낸이	안종만·안상준
편 집	우석진
기획/마케팅	정연환
표지디자인	홍실비아
제 작	고철민·조영환
펴낸곳	(주) **박영사**
	서울특별시 금천구 가산디지털2로 53, 210호(가산동, 한라시그마밸리)
	등록 1959. 3. 11. 제300-1959-1호(倫)
전 화	02)733-6771
f a x	02)736-4818
e-mail	pys@pybook.co.kr
homepage	www.pybook.co.kr
ISBN	979-11-303-0168-6 93310

정 가   26,000원